개정판

반려동물을 위한 91가지 법률상담 이야기

반려동물 법률상담 사례집

박상진 · 이진홍 · 문효정 · 서영현
김명섭 · 김범상 · 나은지 · 안소영

박영story

개정판 저자 서문

반려동물과 함께 행복하게 잘 살아가고 계십니까?

반려동물 양육가구가 552만 가구, 1,500만 명을 넘어서고 있다는 발표를 비롯한 반려동물과 관련한 다양한 수치들이 보고되고 있습니다. 또한 직접적으로 양육하며 함께 살아가지 않더라도 집 주변이나 외부에서 산책하거나 기타 장소에서 목격하는 등 반려동물들을 동반하는 모습을 쉽게 볼 수 있습니다.

반려동물이란 '인간과 정신적 유대와 애정, 즉 정서적 교감을 나누고 더불어 살아가는 생명으로서 동물'이라고 할 수 있습니다. 특히, 반려인들의 인식의 변화로 반려동물을 가족의 일원으로 여기는 펫팸족(Pet+Family), 반려동물을 자신처럼 아끼는 펫미족(Pet+Me), 반려동물을 인간화하는 펫휴머니제이션(Pet+Humanization)들이 나타나면서 더욱 그러한 추세입니다.

저도 반려인으로서 크루(래브라도 리트리버, 8살)와 동키(진도 믹스, 5살)를 양육하는 크동이 아빠입니다. 반려인으로 살아간다는 것은 결코 쉬운 일이 아니며 고려해야 하는 것이 많습니다. 기본적으로 나와 다른 비반려인과 다름의 차이를 인정해야 합니다. 또한 산책 시 등의 인식표와 목줄 착용, 배변처리, 안전한 관리 등의 펫티켓을 지켜야 합니다. 뿐만 아니라 옷, 음식, 집 등의 의식주 그리고 자동차, 산책, 교육, 여행, 케어, 파티 등 모든 생활에 있어 변화와 영향을 끼치게 됩니다.

또한 정부에서도 반려동물 양육인구가 증가하고 있고 반려동물과 관련한 산업이 폭발적으로 증가함에 따라 반려동물 연관산업의 지원을 확대하고 있으며, 반려동물과 관련한 법률(동물보호법), 기질평가제도 등의 다양한 정책과 제도 그리고 동물보건사와 반려동물 행동지도사 등의 국가자격증 등을 도입하고 있습니다.

이처럼 인간의 삶은 이제 반려동물과 모든 부분에서 함께하는 떼려야 뗄 수 없는 공존 사회에 살고 있습니다. 그래서 반려동물에 대한 안전한 조치와 반려인과 비반려인과의 다름의 인정과 서로의 이해를 통해 함께 살아가야 합니다.

그러나 이렇게 반려동물과 함께 살아가는 동안에 우리 사회에서는 생각지 못한 반려동물과 관련한 다양한 사건·사고로 인해 각종 분쟁이 나타날 수 있습니다. 특히, 개물림 사고라든지 사기분양, 동물병원에서의 책임소재, 소음문제, 사고 이후의 손해배상과 형사책임 등등 상당히 곤혹스러운 경우가 많습니다.

그래서 건국대학교와 (주)한국반려동물진흥원(http://www.k-petservice.com)에서는 국내 최초로 설립된 반려동물 법률상담센터에 지난 2019년 6월에서 2024년 2월까지 접수된 반려동물과 관련된 법률적 문의사항과 그에 대한 답변 내용을 묶어 책으로 발간하면서 초판에 이어 이번에는 좀 더 다양한 내용을 추려 개정·증보판을 새롭게 발간하게 되었습니다.

이번 반려동물 법률상담사례집은 그동안 접수된 다양한 사례를 7가지로 유형화하여 분류하였습니다. ① 개-사람 물림, ② 개-개 물림, ③ 동물병원과 관련된 분쟁, ④ 분양과 관련된 분쟁, ⑤ 동물 이용 시설과 관련된 분쟁, ⑥ 강아지 관련 사고, ⑦ 기타 사건·사고가 그것입니다.

그중에서도 개물림 사고는 하루 평균 6건의 개물림 사고가 일어난다는 통계가 있으며, 동물병원과의 의료분쟁도 적지 않았고, 사기분양을 비롯한 다양한 계약위반들도 볼 수 있었습니다. 그 외에 동물학대나 유기, 공동주택에서의 소음, 동물호텔이나 미용실 이용과 관련된 분쟁들을 접할 수 있었습니다. 앞으로 반려동물 양육 가구의 증가와 산업의 증가로 인해 반려동물과 관련한 사건·사고로 인한 각종 분쟁은 더욱더 증가할 것으로 보입니다.

따라서 이 책은 단순히 반려동물과 관련한 법률상담사례만을 소개한다기 보다는 이를 통해 반려동물과 관련한 사건·사고를 통한 분쟁을 예방하고 반려동물과 함께 공존하는 아름다운 문화를 이끌어 가는 데 이바지하고자 합니다.

"누구나 양육할 수 있지만 아무나 양육해서는 안 된다."

제가 가장 좋아하면서도 제가 주장하는 말입니다. 반려인에게는 반려동물을 기르면서 얻는 기쁨도 크지만 반드시 그에 따른 책임도 따른다는 점을 분명히 인식하셔야 하며, 비반려인과의 다름을 인정하고 서로 이해해야 합니다. 이는 비반려인 분들도 마찬가지라고 생각합니다. 반려동물과 반려인들에 대한 다름의 인정과 이해를 부탁드립니다.

끝으로 이 책이 나오기까지 많은 도움을 주신 분들이 있습니다. 많은 사례들의 자료를 깔끔하게 정리해 준 박수진 석사와 윤시은 학사 그리고 구슬을 꿰어서 보배로 만들어 주신 박영사의 사윤지 님, 윤혜경 대리님, 김한유 과장님께 감사드립니다.

2024년 8월 25일
이 진 홍

저자 서문

반려동물과 함께하다 보면 생각지 못한 사건·사고를 당할 수 있습니다. 개물림 사고라든지 사기분양, 동물병원에서의 책임소재, 소음문제, 사고 이후의 손해배상과 형사책임 등등 상당히 곤혹스러운 경우가 있습니다.

이 책은 국내에서는 처음으로 설립된 반려동물법률상담센터(건국대학교 LINC+사업단)에서 지난 2019년 6월에서 2020년 7월까지 접수된 반려동물과 관련된 법률적 문의사항과 그에 대한 답변 내용을 묶은 것입니다.

이 기간 중에 접수된 86개 사례를 7가지로 유형화해 분류하였습니다. ① 개-사람 물림 ② 개-개 물림 ③ 동물병원과 관련된 분쟁 ④ 분양과 관련된 분쟁 ⑤ 동물 이용 시설과 관련된 분쟁 ⑥ 강아지 관련 사고 ⑦ 기타 사건·사고가 그것입니다. 반려동물과 관련된 다양한 법률적 문제가 발생하고 있음을 볼 수 있었습니다. 그 중에서도 개물림 사고는 2019년 기준 하루 평균 6건의 개물림 사고가 일어난다는 통계에서 볼 수 있듯이 실제로 센터에 접수된 사례 중 가장 많았습니다. 그리고 동물병원과의 의료분쟁도 적지 않았으며, 사기분양을 비롯한 다양한 계약위반들도 볼 수 있었습니다. 그 외에 동물학대나 유기, 공동주택에서의 소음, 동물호텔이나 미용실 이용과 관련된 분쟁들을 접할 수 있었습니다.

우리나라도 반려동물을 기르는 인구가 1,500만 명을 넘어선다고 하니 이제는 서너 집 걸러 한 세대가 반려동물과 함께 하고 있습니다. 더욱이 고령화 및 1인 가구의 증가로 인해 반려 가구는 더 증가할 것으로 보입니다.

제 어릴 적 기억을 돌이켜 보면, 당시에도 많은 집에서 개와 고양이를 길렀습니다. 그러나 그때와 비교해 지금은 크게 다른 점이 몇 가지 있습니다.

먼저 개와 고양이를 부르는 호칭이 달라졌습니다. 사람들은 얼마 전까지만 해도 이들을 '애완동물'이라 불렀습니다. '애완(愛玩)'은 무엇을 가까이 두고 귀여워하며 즐긴다는 뜻입니다. 하지만 이제는 애완동물보다는 사람들과 '더불어 사는 동물'이라는 뜻을 지닌 '반려동물(Companion animal)'이라 부르고 있습니다('반려동물'이란 말은 1983년 동물행동학자로 유명한 콘라트 로렌츠(Konrad Zacharias Lorenz, 1903년~1989년)의 80

세 생일을 축하하기 위해 오스트리아 과학아카데미가 주최한 국제심포지엄에서 처음 사용되었습니다. 전문적 학술용어가 상당히 짧은 기간에 전 세계적으로 일반화되었음을 알 수 있습니다). 우리 법원도 판결문에서 이제는 '애완견'이 아니라 '반려견'으로 표현하고 있습니다.

또 예전과 많이 달라진 점은 주거양식의 변화입니다. 예전에는 크든 작든 대부분의 가정이 개인주택에 살았습니다. 때문에 집을 지켜줄 개가 필요했고, 쥐를 잡아줄 고양이가 필요했습니다. 가축으로서 일정한 역할과 용도를 기대하는 경우가 많았습니다.

하지만 인구의 상당수가 아파트에 거주하는 지금은 개와 고양이에게 이러한 '용도'를 요구하지 않습니다. 이제는 정서적 교감을 나누고 더불어 같이 살아가는 우리 삶의 반려로 받아들이고 있는 것입니다. 저는 많은 상담사례에서 반려인들의 그러한 정서를 강하게 느꼈습니다.

이와 같이 반려동물에 대한 우리의 인식은 상당히 빠르게 변화하고 있지만 법과 제도는 빠른 변화의 속도를 맞추지 못하는 경우가 많습니다. 이 책에서 소개되는 상당수의 갈등도 여기에서 비롯된 경우가 많습니다. 더불어 반려동물을 기르면서 얻는 기쁨도 크지만 보호자는 반려동물과 함께하면서 많은 책임도 따른다는 점을 분명히 인식하셔야 합니다.

"한 국가의 위대함과 도덕성은 그 국가의 동물들이 어떠한 대우를 받고 있는가를 보면 알 수 있다." 인류의 지성 마하트마 간디의 말입니다.

끝으로 이 책이 나오기까지 많은 도움을 주신 분들이 있습니다. 센터의 설립 때부터 관심과 지속적 지원을 해주신 건국대학교 LINC+사업단의 노영희 단장님과 많은 사례들을 친절하게 받아서 분류해 주신 이미순 선생님, 자료를 깔끔하게 정리해 준 이진 석사 그리고 구슬을 꿰어서 보배로 만들어 주신 박영사의 김명희 차장님과 김한유 대리님께 감사드립니다.

2020년 1월 22일
박 상 진

견종별 설명

강아지

🐾 미니핀(미니어처 핀셔) 🐾

소형견이지만 근육질이므로 매일 충분히 운동시켜야 한다. 쾌활하고 활발하지만, 다소 신경질적이다. 응석을 받아주며 키우면 공연한 헛울음이 많고 신경질적인 개가 될 수도 있다.

🐾 말티즈 🐾

지중해 마르타 섬 출신으로, 항상 안겨 있고 싶어 하는 어리광쟁이다. 매우 다정다감한 성격으로 사람을 몹시 좋아하고 영리해 화장실 훈련이 잘 되고, 크게 손이 가지 않는다. 그러나 훈육방법이 좋지 않거나 커뮤니케이션이 부족해지면 헛울음이 많고 공격적인 면이 두드러진다.

🐾 비숑(비숑 프리제) 🐾

명랑하고 다정하며, 감수성이 풍부하고 똑똑하다. 포근한 털 밑에는 단단하고 튼튼한 근육질의 몸이 숨겨져 있다. 주인을 제일 소중하게 여기므로 마음을 치유해 주는 좋은 상대가 되어 줄 것이다.

🐾 포메라니안 🐾

북방 스피츠 계열인 사모예드가 조상으로 추정되는데, 이후 독일의 포메라니아 지방에서 소형화된 견종이다. 호기심이 왕성해 참견이 많은 편인데, 신경질적인 면도 있는 다소 자기중심적인 견종이다. 제대로 교육하지 않으면 낯선 사람에게 하염없이 짖기도 하고 공포를 느끼면 공격적일 수 있다.

🐾 스피츠 🐾

러시아어로 '불'을 의미하는 '스피츠'가 원어라고 한다. 일본에서 개량한 재패니즈 스피츠, 독일에서 자란 저먼 스피츠, 포메라니안과 섞인 폼피츠가 익히 알고 있는 스피츠이다. 총명하고 용감하며 쾌활한 성격을 가졌다. 주의력 및 관찰력이 좋으며, 경계심이 강하고 충성심이 높아 반려견으로 적합하다. 한편, 어릴 때 잘 훈련되지 않으면 주인 외 타인에 대한 공격성을 보이는 경우가 많다.

🐾 폼피츠(포메라니안과 스피츠의 교배견) 🐾

대개 스피츠와 비슷한 활발한 성격을 가진다. 활동량이 많지만 성격이 예민하고 까다로운 편이며, 매우 사납고 공격적인 경우도 있다. 다른 견종에 비해 더 급하게 흥분하는 경향이 있고, 흥분 시 가족에 집착하는 특이성을 보인다.

🐾 진도견 🐾

충실하고 경계심이 강하며 이상을 감지하는 능력이 뛰어나다. 그래서 수상한 사람이 접근하면 짖고, 상황에 따라 가차 없이 공격적인 모습을 보이기도 한다.

🐾 닥스훈트 🐾

닥스훈트는 수렵견에서 시작된 견종이다. 모질에 따라 스무스, 롱, 와이어 타입으로 나뉘며, 성격에도 차이가 있다. 스무스는 사람을 잘 따르고 명랑, 활발하다. 롱은 얌전하고 응석부리기 좋아하며, 와이어는 개구쟁이에 호기심이 왕성하고 장난치는 것을 좋아한다.

🐾 요크셔테리어 🐾

'요키'라는 애칭으로 불리며, 쥐를 잡기 위해 만들어진 견종이다. 그래서 경계심과 승부욕이 강하고 시끄럽게 잘 짖으며, 낯선 사람을 심하게 경계하는 모습을 보인다. 주인과 있으면 드세고 쾌활하지만, 외로움을 잘 타서 장기간 혼자 두면 갑자기 건강이 나빠지기도 한다.

🐾 치와와 🐾

세계에서 가장 작은 개로 알려져 있다. 몸이 작지만, 승부욕이 강하고 툭하면 싸우려는 기질이 있다. 평소에는 어리광을 부리고 천진난만하며, 겁쟁이 같은 모습도 보인다. 기분이 상하면 공격적으로 변하는 등 제멋대로의 성격이다.

🐾 푸들(스탠다드 푸들) 🐾

푸들이라는 이름은 독일어로 "물속에서 첨벙첨벙 소리를 낸다."라는 뜻인 '푸데룽'에서 유래한 것으로 알려져 있다. 푸들은 온순하고 쾌활하며, 어리광을 잘 부리고 사람을 매우 좋아한다.

🐾 토이 푸들 🐾

독일 출생인 푸들의 원형인 스탠다드 푸들과 달리, 토이푸들은 프랑스가 고향이다. 루이 14세의 애완견으로 이름을 알리면서 나라를 대표하는 견종이 되었다. 온순하고 쾌활하며 사람을 매우 좋아한다. 적응력이 빠르고 사교성이 좋으며, 똑똑해 말썽은 잘 피우지 않는다.

🐾 말라뮤트(알래스칸 말라뮤트) 🐾

알래스카 북서부의 말라뮤츠 부족이 썰매를 끌거나 사냥할 때 이용하던 견종으로 추위에 매우 강하다. 허스키와 비슷하지만, 더 조용하고 온순한 성격이다. 특히, 주인과 가족에게는 헌신적으로 복종하며 애정을 보인다.

🐾 코커스패니얼(잉글리시 코커스패니얼/ 아메리칸 코커스패니얼) 🐾

잉글리시 코커스패니얼은 영국에서 산도요새(코커)를 사냥하는 견종이었으며, 'E.코커'라고 불린다. 쾌활하며 인내심도 강하고 매우 영리한데, 주인이 간파당하면 반려가족에게 공격적인 모습을 보이기도 한다.
아메리칸 코커스패니얼은 잉글리스 코커스패니얼 중 얼굴이 둥근 개끼리 교배시켜 탄생했다. 쾌활하고 다정하며, 사람과 함께 있는 것을 좋아하고 잘 따른다. 훈련도 잘 이해하는 똑똑한 견종이다.

🐾 골든리트리버 🐾

온순하고 명랑, 쾌활한 견종이다. 생후 2세까지는 응석이 심하고, 과도하게 짖거나 심한 장난으로 집을 엉망으로 만들기도 한다. 하지만 3세부터는 믿을 수 없을 만큼 침착해져 반려인이 적적함을 느낄지도 모른다.

🐾 이탈리안 그레이하운드 🐾

고대 로마 시대부터 사람들과 함께 한 견종이다. 마음을 허락한 상대에게는 다정하고 애정이 깊다. 짖는 버릇이 없고 겁이 많은 편이지만, 상당히 활발하고 달리거나 점프하며 운동하는 것을 좋아한다.

🐾 도베르만 🐾

무서운 이미지와 다르게 온순하고 호기심이 왕성하며, 주인에게는 상당한 응석받이이다. 영리해서 훈련에도 잘 따르지만, 훈련이 부족하면 공격적인 면이 드러나 난폭꾼이 되기도 한다.

🐾 래브라도 리트리버 🐾

대형견의 대명사인 래브라도 리트리버는 온화하고 공격적인 면이 없으며, 애정이 극진한 견종이다. 생후 2세까지는 큰 몸짓 때문에 실내를 엉망으로 만드는 말썽꾸러기의 모습을 보이기도 한다. 하지만 시간이 지날수록 침착해져 맹도견이나 청도견, 간호견, 경찰견 등으로 능력을 발휘한다.

🐾 프렌치 불독 🐾

호기심이 많고 놀기 좋아하며 애교가 많다. 의외로 조용하고 정이 많으며 섬세한 것으로 알려져 있다. 코가 눌린 얼굴 구조로 기도가 짧아져 심하게 운동하면 금방 호흡이 거칠어진다.

🐾 아메리칸 불리 🐾

19세기에는 소 사냥을 위해 품종을 개량했으나, 이후 가정에서 키울 수 있도록 스텐포드셔의 유전자로 다시 개량되었다. 생긴 것과 다르게 애교가 많고 충성심이 뛰어나서 온순한 성격을 가진다. 농림수산식품부에서도 맹견이 아니라는 판단을 내렸다. 머리가 좋아 훈련을 잘 받으면 어떤 견종보다 친절하고 듬직하게 자랄 수 있다.

고양이

🐾 코숏(한국 고양이, 코리안 숏헤어) 🐾

주택가나 길거리에서 흔히 볼 수 있는 한국산 고양이를 말한다. 중국에서 경전을 들여올 때, 이를 보호하기 위해 데려온 것으로 알려졌다. 하지만 도둑 고양이라는 오명을 받으며 생존의 위협을 받기도 했다. 활발하고 대담한 성격을 가지며 감정변화가 큰 편이다. 반려인에 대해서는 깊은 애정과 애교를 보인다.

🐾 스핑크스 🐾

털이 전혀 없는 것처럼 보이지만, 실제로는 부드러운 솜털이 덮여 있다. 보기와 달리, 연약하거나 신경질적이지 않고 호기심이 왕성하다. 말귀를 잘 알아듣고 반려인을 잘 따르는 편이다.

🐾 노르웨이숲 고양이 🐾

추위가 심한 노르웨이에서 자라, 추위에 강한 것으로 유명하다. 다소 낯을 가리지만 위협하는 일이 없고, 대담하며 침착한 면이 있는 고양이이다.

🐾 페르시안 🐾

유럽 궁정 귀부인 사이에서 말티즈(개)나 앙고라(토끼)와 같은 애완동물을 안는 것이 유행이었다. 이때 느긋하고 우아한 고양이 페르시안은 귀부인이 안기에 어울리는 기품있는 모습이었고, 오랫동안 얌전히 있는 모습을 보여 사랑받았다.

🐾 먼치킨 🐾

고양이계의 닥스훈트라고 불릴 정도로 다리가 짧다. 짧은 다리를 가졌지만, 운동능력이나 기능에는 문제가 없고 의외로 다리가 빠르고 운동신경이 좋다. 활동적이며 협조성이 있고 태평한 성격이다.

🐾 샴 🐾

태국 왕궁에서 키우던 고양이가 선조로 고급스러운 외모와 다르게 활발하며 호기심이 왕성하다. 어리광을 부리고 싶을 때는 달라붙고 다른 것에 시선 주는 것을 허용하지 않지만, 관심 없을 때는 도망쳐버리는 제멋대로인 고양이이다.

토끼

🐾 토끼 🐾

환경과 스트레스에 민감한 동물이므로 적당한 온도와 편안한 환경을 유지해 주는 것이 필요하다. 스트레스를 받으면 먹이를 먹지 않고, 최악의 경우 죽음에 이르기도 한다.

페럿

🐾 페럿 🐾

식육목 족제비과의 동물로 유럽족제비를 길들였다고 알려졌으나 확실치 않다. 작은 머리, 긴 몸통을 가지고 있으며, 구부리기 쉬운 골격구조를 가지고 있어서 머리만 빠져나갈 수 있으면 어느 구멍이라도 빠져나간다.

기니피그

🐾 기니피그 🐾

돼지가 아니고, 생김새는 크기가 더 커지고 몸이 좀 더 길어진 햄스터와 같이 생겼다. 높은 번식률과 강한 생존력, 적당한 수명, 순한 성격 등의 특징을 지니며, 협회에서 인정한 13개의 품종이 있다.

햄스터

🐾 햄스터 🐾

실험용으로 쓰기 위해 야생의 햄스터를 잡아서 기르기 시작했던 것이 최초의 햄스터 사육이며, 현재는 작고 귀여운 외형 및 번식과 관리가 쉽다는 이유로 인해 전 세계적인 반려동물로서 높은 인기를 구가한다.

맹견 종류

🐾 맹견의 정의

"맹견"이란 다음 각 목의 어느 하나에 해당하는 개를 말한다.

    가. 도사견, 핏불테리어, 로트와일러 등 사람의 생명이나 신체 또는 동물에 위해를 가할 우려가 있는 개로서 농림축산식품부령으로 정하는 개

    나. 사람의 생명이나 신체 또는 동물에 위해를 가할 우려가 있어 제24조제3항에 따라 시·도지사가 맹견으로 지정한 개

🐾 맹견의 종류

맹견은 다음과 같다(「동물보호법」 제2조 제5호, 제24조 제3항, 「동물보호법 시행규칙」 제2조).

도사견과 그 잡종의 개

핏불테리어(아메리칸 핏불테리어를 포함한다)와 그 잡종의 개

아메리칸 스태퍼드셔 테리어와 그 잡종의 개

스태퍼드셔 불 테리어와 그 잡종의 개

로트와일러와 그 잡종의 개

시·도지사가 기질평가를 거쳐 맹견으로 지정한 개

상담 후기

🐾 1. 최○○ (2020-025 / 2020. 05 상담) 🐾

안녕하세요. 메일 잘 받았습니다.

상담 후기와 함께 반려동물의 사진을 요청해 주셨는데요.

저희가 기르던 아이는 사건 중 사망했고 사례집을 발간하는 일은 매우 고무적인 일이라 생각하지만 사진을 싣는 일은 원하지 않습니다.

부디 양해해주시기를 바랍니다.

우선은 사건의 상담을 도와주신 건국대학교 링크사업단의 이미순 선생님과 정인 법률사무소의 문효정 변호사님께 감사드립니다. 당시 도움을 받을 곳이 급했던 상황에 반려동물 법률상담센터를 발견하고 운영을 하고 있다는 사실을 알게 되어 매우 반가웠습니다. 상황에 대한 깔끔한 답변과 관련 조문의 정리가 해당 상황에서 무엇을 할 수 있을지 파악하는 데에 많은 도움이 되었습니다. 물론 인력난으로 인한 고군분투가 있었을 것으로 생각됩니다만, 아쉬웠던 것은 답변서가 오는데 시간이 걸려 당시의 급변하는 상황에 빠르게 대처하기 어려웠다는 것입니다.

또한 센터가 외부의 상담도 받고 있음에도 접할 수 있는 매체가 부족합니다. 처음 접했던 것은 센터를 개소한다는 짧은 기사였고, 건국대 홈페이지에서도 해당 사항을 볼 수 없어 현재도 운영을 하고 있는 것인지 알기 어려웠습니다. 모쪼록 앞으로 반려동물 법률상담센터가 농밀한 실력을 가진 분들의 많은 참여로 훨씬 더 커지기를 바랍니다.

반려동물 양육인구가 591만 가구로 집계되는 현재, 앞으로도 해당 센터는 중요 인프라로 작용하게 될 것입니다. 부디 센터가 무사히 성장하기를, 많은 사람들과 반려동물이 해당 센터에서 도움을 받을 수 있기를 바랍니다.

🐾 2. 정○○ (2019-002 / 2019. 05 상담) 🐾

마킹한 걸 보지 못했으나 옷값을 물어달라고 해서 상담 의뢰를 했는데, 세탁비만 배상해도 된다고 상담받았습니다. 상대가 너무 난리를 쳐서 그냥 옷값과 가방 세탁비 주고 마무리 지었습니다.

🐾 3. 윤○○ (2019-051 / 2019.12 상담) 🐾

안녕하세요. 콩이 입양 문제로 법률상담받았던 이진우입니다.
콩이를 입양하는 과정에서 보호소 측과 최초 임보자 측 그리고 저희, 세 입장이 정리되지 않아 너무 힘들었습니다. 법적인 문제까지 오고가는 상황에서 저희는 법에 대해 알지 못해 여러 방안을 생각하던 도중, 건국대학교 반려동물 법률상담센터를 알게 되어 상담을 받게 되었습니다. 객관적인 법률자문을 해주신 덕에 저희는 입장표명을 완강히 할 수 있었고, 다행히도 콩이를 저희 집으로 데려오는 데 있어 문제없이 진행이 되었습니다.
도움주신 센터 모든 분들께 감사말씀 전합니다.

🐾 4. 박○○ (2020-009 / 2020.3 상담) 🐾

안녕하세요. 올해 봄 상담을 신청하였던 견주입니다.
반려동물 사고에 대한 지식이 없어 막막했었는데 지인이 건국대학교 반려동물 법률상담센터를 알려주어 상담을 신청하였습니다. 너무나도 친절한 응대와 상세한 답변에 아주 감동했습니다. 다양한 사례와 판례를 찾아주셔서 많은 도움이 되었습니다. 사진은 반려견의 평소 모습입니다.
감사하다는 말씀드리며, 항상 좋은 날 되시길 바라겠습니다.

차례

개-사람 물림

개-개 물림

동물병원 관련

분양 관련

동물 이용 시설 관련

부록1 참조 판례

부록2 기타참조 판례

개-사람
물림

1 산책 시 목줄 손잡이를 놓쳐 도망가는 어린아이의 장딴지를 물었을 경우

종: 미니핀
성별: 남
나이: 12년

🐾 **내용:** 6월 11일 18시 무렵, 견주가 강아지를 산책시키다가 목줄 손잡이를 놓쳐 도망가는 어린아이의 장딴지를 물었습니다. 0.5cm 정도의 이빨 자국이 남았고 피가 맺혀 2주 치료 진단을 받았습니다. 하루가 지나 약간 붓고 멍이 넓어졌으며, 그 후 아이는 등교했습니다.

🐾 **상대방 측 입장:** 합의를 진행하겠으나, 거부하면 경찰에 신고하겠다고 하였습니다.

🐾 **견주 입장:** 병원비 일체를 본인이 부담하는 것은 당연하지만, 상대방 측에서 과도하게 합의금을 요구할 것으로 판단됩니다.

🐾 관련 법률에 따른 적당한 합의금과 합의가 원만히 이루어지지 않을 경우 신고 시 벌금이 궁금하며, 원만한 해결을 위한 방안이 궁금합니다.

상담

1 민·형사상 책임

견주는 반려견의 목줄을 단단히 잡고 있을 의무가 있습니다. 신청인은 그러한 의무를 위반하여 목줄을 놓친 과실이 있으므로 상해를 입은 어린아이에 대해 민사상 손해배상책임이 있습니다. 손해배상액은 어린아이의 기왕치료비, 향후치료비, 위자료 합계액입니다. 구체적인 손해배상액은 이 사안과 사실관계가 유사한 서울동부지방법원 2014나22750 판결[부록1-1]을 참조하여 주시기 바랍니다. 또한 견주가 목줄을 놓친 과실로 사람의 신체를 상해에 이르게 하였으므로 형사상 과실치상죄가 성립합니다.

관련 법률

＊ **민법 제759조(동물의 점유자의 책임)**

  ① 동물의 점유자는 그 동물이 타인에게 가한 손해를 배상할 책임이 있다. 그러나 동물의 종류와 성질에 따라 그 보관에 상당한 주의를 해태하지 아니한 때에는 그러하지 아니하다.

＊ **형법 제266조(과실치상)**

  ① 과실로 인하여 사람의 신체를 상해에 이르게 한 자는 500만원 이하의 벌금, 구류 또는 과료에 처한다.

  ② 제1항의 죄는 피해자의 명시한 의사에 반하여 공소를 제기할 수 없다.

---

2 합의금

피해자와 합의가 이루어지면 형사처벌이 면책되기 때문에 가급적 합의를 하시는 것이 바람직합니다. 과실치상죄는 반의사불벌죄, 즉 피해자의 명시한 의사에 반하여 처벌할 수 없는 죄이기 때문입니다. 합의금은 서울동부지방법원 2014나22750 판결[부록 1-1]을 참조하여 병원비 일체, 소정의 위자료 합계액이 적정할 것으로 보입니다. 위자료는 정해진 액수가 있는 것이 아니라, 사고의 경위와 피해 정도 등을 종합적으로 고려하여 산정합니다. 위 판결 사안에 비하여 이 사안에서 어린아이의 피해 정도가 경미한 것으로 보이므로 판결의 위자료를 기준으로 일정액을 감액한 위자료로 합의금을 산정하실 수 있을 것으로 보입니다.

3 신고 시 벌금

개 물림 사고로 피해자에게 경미한 상해가 발생한 경우 검사가 과실치상죄로 기소 시 대체로 벌금 50~100만원 정도의 약식명령이 나옵니다. 만약 약식명령으로 나온 벌금 액수가 부당하다고 판단되어 재판을 통해 다시 판단받기를 원한다면 약식명령서를 받은 날로부터 7일 이내에 법원에 정식재판을 청구할 수 있습니다. 기존에는 약식명령에 대한 정식재판 청구 시 불이익변경금지원칙에 따라 정식재판 판결 시 약식명령 벌금액보다 많은 벌금액을 선고할 수 없었으나, 2017년 12월 19일 형사소송법 개정(제457조의2)으로 현재는 약식명령 벌금 액수보다 더 많은 벌금이 선고될 수도 있습니다.

　과실치상죄는 반의사불벌죄이기 때문에, 피해자가 신고 또는 고소를 한 이후라도 검사가 기소하기 전인 경우 피해자와 합의를 하고 합의서(처벌불원서)를 검찰에 제출하면 검사는 '공소권없음'으로 불기소처분을 하고, 검사가 기소한 이후 피해자와 합의가 되면 법원에 합의서(처벌불원서)를 제출하여 '공소기각의 판결'을 받을 수 있습니다. 즉, 형사절차가 진행되더라도 피해자와 합의가 되고 피해자가 가해견주의 처벌을 원하지 않는다는 의사를 표시한 합의서(처벌불원서)가 검찰 또는 법원에 제출되면 형사절차가 종결되어 가해견주가 과실치상죄로 처벌받지 않을 수 있습니다.

관련 법률

❋ **검찰사건사무규칙 제69조(불기소처분)**
　③ 불기소결정의 주문은 다음과 같이 한다.
　4. 공소권없음 : 반의사불벌죄의 경우 처벌을 희망하지 아니하는 의사표시가 있거나 처벌을 희망하는 의사표시가 철회된 경우

❋ **형사소송법 제327조(공소기각의 판결)**
　다음 경우에는 판결로써 공소기각의 선고를 하여야 한다.
　6. 피해자의 명시한 의사에 반하여 죄를 논할 수 없는 사건에 대하여 처벌을 희망하지 아니하는 의사표시가 있거나 처벌을 희망하는 의사표시가 철회되었을 때

2 개 물림 사고에서 피해자가 끊임없이 치료비를 요구할 경우

종: 비숑

성별: 여

나이: 1년

내용: 애견 운동장에서 저희 강아지가 다른 견주의 다리를 물었습니다.

저와 저희 어머니는 정확히 무는 장면을 보지 못했지만, 피해자는 저희 강아지가 물었다고 주장했고 가벼운 상처였기에 따지기 싫어서 죄송하다고 말했습니다. 광견병 접수 내역을 보여달라 해서 보여주고 연락처를 알려줬습니다. 그런데 피해자가 치료를 받고 당장 치료비를 입금하라고 연락했고, 주말이라 평일에 입금하겠다고 하니 당장 치료비 입금 안 하면 형사소송과 손해배상을 청구하겠다 하였습니다. 겁이 나서 죄송하다고 하고 일을 크게 만들고 싶지 않아 치료비를 줬습니다. 이렇게 2주 동안 치료비를 달라고 할 때마다 영수증을 확인하고 치료비 총 11만원을 입금해줬습니다.

그러다 지난주에 갑자기 중앙병원에서 의원으로 병원을 옮기더니, 상처가 괴사 중이라며 흉이 질 것 같으니 흉터 레이저 치료도 받아야 할 것 같다고 주장했습니다. 저희는 피해자가 물렸다고 주장하는 장소에 CCTV가 없어서 저희 강아지가 물었다는 정확한 증거가 없고 목줄 의무화가 아닌 특수한 공간인 애견 운동장에서 발생했기 때문에, 앞으로 치료비를 못 주겠다고 했습니다. 대신 합의금으로 30만원을 제시하면서 합의하자고 했습니다. 하지만 피해자 측은 치료가 언제 끝날 줄 아느냐며 치료비를 안 주면 형사 고소를 하고 손해배상을 따로 진행하겠다고 합니다.

또한 CCTV가 없지만, 그때 앞에 앉아있던 애견 카페 주인이 증인이라고 주장합니다. 저희가 그 애견 카페 주인에게 전화해서 정확히 보셨냐고 물어보니 저희 강아지가 옆에 있는 건 봤지만, 정확히 앞을 물었는지 뒤를 물었는지 모르겠다고 하였습니다. 그리고 그 피해자 분과 카페 주인은 같이 앉아있었다는 점에서 원래부터 친분이 있는 사이처럼 보였습니다.

이런 상황에서 어떻게 판단하는 게 현명할지 모르겠습니다. 저희는 CCTV도 없고 목줄이 의무화가 아닌 애견 운동장에서 일어난 일이니 합의금을 주고 끝내고 싶은데, 피해자 측은 합의금은 필요 없고 병원에서 청구하는 치료비를 계속 달라고 요구합니다. 저희가 흉터 레이저 치료 비용까지 줘야 하는지 억울합니다.

만약 형사 고소가 진행된다면 과실치상으로 벌금형이 나올 확률이 높은가요? 그리고 무혐의 혹은 기소유예를 받으려면 어떤 준비를 해야 하나요?

또한, 민사소송으로 손해배상 소송 시 책임져야 하는 범위는 어디까지인가요? 정신적 손해배상 혹은 위자료 등까지 법적책임을 물어야 하나요?

상담

1 형사상 책임

상대방이 형사 고소 시 과실치상으로 벌금형이 나올 확률이 높습니다(형법 제266조).현장에 CCTV가 없다고 하더라도, 피해자의 진술과 신청인의 반려견이 상대방 주위에 있었다는 목격자 진술 등이 있으므로 증거불충분을 사유로 불기소처분이 나오기는 쉽지 않을 것으로 보입니다.

관련 법률

❋ 형법 제266조(과실치상)

① 과실로 인하여 사람의 신체를 상해에 이르게 한 자는 500만원 이하의 벌금, 구류 또는 과료에 처한다.

② 제1항의 죄는 피해자의 명시한 의사에 반하여 공소를 제기할 수 없다.

2 민사상 책임

비록 반려견의 목줄을 풀어놓을 수 있는 애견 운동장이라고 하더라도 견주는 자신의 반려견이 타인에게 위해를 가하지 못하도록 주의할 의무가 있습니다. 견주가 사고를 미리 예방하지 못한 과실이 있다면, 반려견에게 물려 상해를 입은 상대방에게 손해배상책임이 있습니다(민법 제759조). 손해배상액은 상대방의 병원비, 위자료(=정신적 손해배상) 합계액입니다. 만약 상대방의 흉터가 자연적으로 치유되는 흉터가 아니라 치료를 요하는 정도라면, 신청인께서 상대방의 과잉진료임을 입증하지 못하는 한 상대방의 흉터 레이저 치료비까지 상대방에게 지급하셔야 할 수도 있습니다. 구체적인 손해배상액은 개 물림 사고에서 견주의 손해배상책임에 관해 설시한 서울동부지방법원 2014나22750 판결[부록1-1]을 참조하여 주시기 바랍니다.

관련 법률

✳ 민법 제759조(동물의 점유자의 책임)

① 동물의 점유자는 그 동물이 타인에게 가한 손해를 배상할 책임이 있다. 그러나 동물의 종류와 성질에 따라 그 보관에 상당한 주의를 해태하지 아니한 때에는 그러하지 아니하다.

이 사안의 사고 발생장소는 반려견 호텔, 훈련소와 같이 반려견을 위탁하는 곳이 아니라, 애견 운동장이므로 영업주의 주의감독상 과실이 인정될 가능성은 낮습니다. 애견 운동장에 반려견과 동행한 견주는 자신의 책임하에 반려견을 주의감독해야 합니다.

3 광견병 미접종 개가 사람을 문 경우 견주에게 과태료 처분이 가능한지 여부

종: 폼피츠

성별: 중성

나이: 11년

🐾 **내용:** 2019년 7월 29일 오전 11시 30분경 동해 양양 소재 바닷가 해수욕장에서 목줄 안한 개(키키)에게 손과 다리를 물려 2주 진단을 받고 현재 치료 중입니다. 견주는 사고 당시 일부러 접근하여 물렸다는 등 상식 이하의 말과 함께 법적으로 하자고 말하고 있어 현재 형사 고소한 상태입니다. 견주는 광견병 주사에 관한 어떤 증명도 하지 않고, 10일간 강아지 상태가 어떠한지에 대한 연락에도 협조하지 않고 있는 상태입니다. 관할청의 도움으로 사고 9일째 되는 날에서야 처음으로 강아지 상태를 제가 확인할 수 있었으며, 광견병 접종을 최근 3년 이내에 하지 않았다는 것을 알 수 있었습니다. 이처럼 광견병 주사를 맞지 않은 개의 견주에게 가축전염병예방법 제15조 제1항을 적용하여 과태료 처분이 될 수 있는지 문의드립니다.

상담

해당 지자체의 접종 실시명령이 있었는지에 따라 과태료 처분 가능성이 결정될 것으로 보이므로 해당 지자체에 확인하시기 바랍니다. 정부에서는 매년 '가축방역사업' 계획에 의거 광견병 예방약을 지원하고 있습니다. 전국 시·도지사는 관할 시·군별 사육두수 및 발생동향 등을 감안하여 지원 물량을 배정하고, 시장·군수 또는 구청장은 가축전염병 예방법에 의거하여 예방주사 실시를 명령하게 됩니다. 광견병이 발생하여 해당 시군에서 접종 실시명령을 할 때, 예방접종을 미실시할 경우 가축전염병 예방법 제60조 및 동법 시행령 제16조 별표3 규정에 의거하여 과태료 처분될 수 있습니다. '광견병 표준방역지침'에 따르면 광견병 예방접종은 3개월령 이상 된 동물을 대상으로 매년 반복하여 접종하여야 합니다(농림축산식품부 농림축산검역본부 동식물위생연구부 바이러스질병과 작성 국민신문고 답변 참조).

관련 법률

✳ 가축전염병 예방법 제15조(검사·주사·약물목욕·면역요법 또는 투약 등)

① 농림축산식품부장관, 시·도지사 또는 시장·군수·구청장은 가축전염병이 발생하거나 퍼지는 것을 막기 위하여 필요하다고 인정하면 농림축산식품부령으로 정하는 바에 따라 가축의 소유자등에게 가축에 대하여 다음 각 호의 어느하나에 해당하는 조치를 받을 것을 명할 수 있다.

1. 검사·주사·약물목욕·면역요법 또는 투약
2. 주사·면역요법을 실시한 경우에는 그 주사·면역요법을 실시하였음을 확인할 수 있는 표시(이하 "주사·면역표시"라 한다)
3. 주사·면역요법 또는 투약의 금지

✳ 가축전염병 예방법 제60조(과태료)

① 다음 각 호의 어느 하나에 해당하는 자에게는 1천만원 이하의 과태료를 부과한다.

4. 제15조제1항, 제16조제5항 또는 제43조제6항에 따른 명령을 위반한자

③ 제1항 및 제2항에 따른 과태료는 대통령령으로 정하는 바에 따라 농림축산식품부장관, 동물검역기관의 장, 시·도지사, 시장·군수·구청장이 부과한다.

✳ 가축전염병 예방법 시행령 제16조(과태료의 부과기준)

법 제60조에 따른 과태료의 부과기준은 별표3과 같다.

4 개 물림 사고 이후 치료비 이외에 보상금을 계속 요구하는 경우

종: 말티즈

성별: ***

나이: 13년

🐾 **내용:** 제가 지난 10월 3일 강아지 관련하여 사고가 생겨서 문의드립니다.

10월 3일 오후 3시 30분경 산책로에서 여자친구와 함께 두 마리의 강아지를 산책시키던 중, 한 마리가 똥을 싸서 치우고 있었습니다. 이때, 다른 한 마리 강아지가 산책하던 60대 중후반 남성분의 다리 아랫부분(종아리 쪽)을 물었습니다. 당시 무는 장면을 저나 여자친구가 보지는 못했으나, 행인께서 그렇게 말씀하시고 바지를 올려보니 작은 상처가 있었습니다. 비닐 재질로 된 운동복 바지를 입고 계셨지만 바지가 찢어지거나 하지는 않았습니다. 바로 상태를 여쭙고, 이후 가까운 병원 응급실로 함께 향했습니다. 응급실에서 치료 시 의사 선생님께서 강아지 종과 접종 여부를 물으셨고, 광견병 주사는 어릴 때 맞았으며 예방접종 또한 했다고 말씀드렸습니다. 의사 선생님께서는 "큰 상처가 아니라서 뼈에 문제가 있는 거 같지는 않다. 사진을 찍어봐야 정확하겠지만 그 정도 상처로는 보이지 않으니 오늘은 응급처치해드릴 테니 다음날 주변 가까운 병원에 내원해서 확실하게 알아보시는 게 좋겠다."라고 하셨습니다. 또한, 피해자께서 불안하시다는 말에 응급실에서 파상풍 주사를 맞았습니다. 이후 보호자께서 응급실에 오셨고, 치료비는 현장에서 병원에 결제했습니다. 추후 병원에 가야 할 수 있다고 들어, 보호자께 해당 내용을 설명해 드렸고 이후 병원에 다녀오신 영수증을 보내주시면 해당 치료비까지 드리겠다고 말씀드렸습니다. 여러 번 죄송하다는 말과 함께 제 연락처와 택시비를 드리고 헤어졌습니다.

그러나 이후 연락이 없었고, 저는 워낙 작은 상처였기 때문에 동네병원 진단에서도 별문제가 없어 연락이 없는 것으로 생각하고 일상생활을 했습니다. 그러던 중 10월 16일 저녁 7시경 전화가 와, 보호자께서 "오늘까지 치료를 받았다.

개에 물린 상처로 인해 엄청나게 고생을 했다."라고 하셔서 저는 "고생하셨겠네요. 죄송합니다. 일전에 말씀드린 것처럼 병원에 다녀오신 영수증을 보내주시면 치료비를 바로 보내드리겠습니다."라고 말했습니다. 그러자 보호자는 "아니, 그건 아니지. 그렇게 끝낼 일은 아니지. 사람이 개에 물려서 고생을 이렇게 했는데 그렇게 치료비 영수증만 보내 달라고 해서는 돼요? 입장 바꿔 생각해 봐요. 우리가 얼마나 고생을 했는데. 나는 당연히 당신이 전화라도 할 줄 알았는데 그런 것도 없고 그러면 안 되는 거지. 찾아와요."라고 하셨습니다. 저는 굳이 찾아갈 이유가 없다고 생각했기에 "직장이 바빠서 찾아가는 건 어려울 것 같습니다. 앞서 말한 것처럼 영수증 보내주시면 치료비를 바로 보내 드리겠습니다. 왜 굳이 꼭 찾아오라고 하시는지 모르겠네요. 죄송하지만 그건 어려울 것 같습니다. 영수증 보내주시면 치료비 보내드리겠습니다."라고 했습니다. 하지만 이후 제 얘기는 듣지 않으시고 전화상으로 "사람이 도리를 지켜야지 그렇게 하면 안 되지."라는 내용으로 "알아서 하세요."라며 끊어버렸습니다.

직접적으로 보상금을 달라는 언급을 하지는 않았지만, 대화의 내용, "직접 찾아와라."라고 말하는 것으로 보아 보상금을 달라고 하시는 것 같습니다. 저는 해당 사고에 관하여 치료의 책임을 다하려고 당일 병원 동행뿐 아니라 구두 약속으로 "이후 치료비도 부담하겠다."라고 했는데 이외에 다른 보상을 해야만 하는 의무가 있나요? 또한, 고소한다는 말은 듣지 못했지만, 고소한다면 어떻게 처리해야 할까요? 아래에 강아지에 대한 내용 적어서 같이 보내겠습니다. 바쁘시겠지만, 가능하다면 빠른 답변 기다리겠습니다.

🐾 특이사항

1. 아이 때부터 키운 게 아닌 6살부터 키웠으며, 데려올 당시 광견병 접종 확인 후 데려왔습니다.
2. 본인의 강아지가 아닌 여자친구의 강아지입니다. 당시 목줄을 잡고 있던 사람이 본인이었습니다.

상담

1 형사책임

견주는 반려견이 사람을 깨물거나 할 위험성이 있으므로 위험 발생을 미리 막아야 할 주의의무가 있는데, 반려견이 사람을 물었다면 목줄을 매지 않거나, 입마개를 하지 않거나, 목줄을 충분히 당기지 않은 등의 이유로 반려견의 관리·감독을 소홀히 한 과실 또는 안전조치를 취하지 않은 과실이 인정됩니다. 실무에서는 반려견이 사람을 문 경우는 거의 예외 없이 견주의 과실을 인정하여 과실치상죄(형법 제266조 제1항)로 처벌하고 있습니다.

피해자가 가해견주를 신고하거나 고소할 경우 상해의 정도에 따라 선고형이 다른 데, 상해의 정도가 심하지 않다면 30만원에서 100만원 사이에서 벌금형이 선고됩니다.

과실치상죄는 피해자의 명시한 의사에 반하여 공소를 제기할 수 없기 때문에, 피해자와 합의를 한다면 기소를 하지 않거나 기소되더라도 공소기각의 판결을 하게 되므로 이러한 사안에서는 피해자와 합의를 하는 것이 필요한 접근방법입니다.

만일 외출할 때 목줄을 하지 않고 나갔다가 반려견이 사람을 물어 상해를 입혔다면, 과실치상죄 외에 동물보호법위반죄(동물보호법 제97조 제2항)에도 해당됩니다.

목줄을 하지 않는 등의 안전조치 위반으로 사람에게 상해를 입힌 경우 인정되는 동물보호법위반죄는 2019. 3. 21.부터 시행되고 있는데, 과실치상죄와 달리 그 형이 '2년 이하의 징역 또는 2천만원 이하의 벌금'으로 무겁고, 반의사불벌죄에 해당되지 않아 합의를 한다고 하더라도 양형에서 참작될 뿐 처벌이 면제되지는 않습니다.

과실치상죄의 경우 실무에서 30만원에서 100만원 정도의 벌금형이 선고되나, 그 형이 무거운 동물보호법위반죄에 해당할 경우 과실치상죄보다는 금액이 상향된 벌금형이 선고될 것으로 예상됩니다.

사안의 경우 상담자분과 여자 친구 중 목줄을 제대로 관리하지 않거나 입마개를 하지 않은 등 해당 주의의무를 위반한 책임이 있는 사람에게 형사책임이 인정될 것으로 보입니다.

✳ 형법 제266조(과실치상)

① 과실로 인하여 사람의 신체를 상해에 이르게 한 자는 500만원 이하의 벌금, 구류 또는 과료에 처한다.

② 제1항의 죄는 피해자의 명시한 의사에 반하여 공소를 제기할 수 없다.

✳ 동물보호법 제46조

② 다음 각 호의 어느 하나에 해당하는 자는 2년 이하의 징역 또는 2천만원 이하의 벌금에 처한다.<개정 2017. 3. 21., 2018. 3. 20.>

1의3. 제13조제2항에 따른 목줄 등 안전조치 의무를 위반하여 사람의 신체를 상해에 이르게 한 자

2 민사책임

동물점유자는 동물의 종류와 성질에 따라 그 보관에 상당한 주의를 해태하였음을 입증하지 않는 한, 그 동물이 타인에게 가한 손해를 배상할 책임이 있습니다(민법 제759조 제1항). 실무에서는 반려견이 사람을 문 경우는 거의 예외 없이 견주 및 점유자의 과실을 인정하고 있으므로 점유자는 피해자에게 손해배상책임을 져야 합니다.

손해배상의 범위에는 기왕치료비, 향후치료비, 일실수입 등의 재산상 손해와 위자료가 포함되는데, 피해자가 실제로 지급한 치료비, 입원기간 동안의 수입상실분이 재산상 손해로 인정됩니다. 통원치료로 회사를 가지 않았고, 그 기간 동안 회사 수입이 감소된 경우라면, 통원을 위한 일정기간 동안의 수입상실분도 재산상 손해로 고려될 수 있습니다.

피해자 측의 과실이 인정되는 경우 견주의 책임이 제한되고, 그만큼 비율적으로 재산상 손해에서 공제되는데, 판례에서는 개를 예의주시하면서 목줄 반경 밖으로 다니고 불필요하게 함부로 접근하지 않는 등 스스로의 안전을 도모할 주의의무가 있음에도 피해자가 이를 소홀히 한 점을 들어 견주의 책임을 90%로 제한한 사례가 있습니다(피해자의 과실을 10%로 봄).

위자료는 치료기간, 후유장애여부에 따라 다른데, 법원 실무에서는 물림 사고 경우 보통 50만원에서 200만원 사이에서 위자료를 인정해 주고 있습니다.

사안의 경우 반려견이 사람을 문 경우이므로 동물점유자는 손해배상책임을 져야 하고, 그 범위는 교상에 따른 직접 치료비와 위자료가 포함됩니다. 치료를 위해 휴가를 내었고, 그 기간 동안 입원치료를 받았다면, 일실수입도 재산상 손해에 포함되고, 통원치료를 받았더라도 회사결근에 따른 수입이 감소된 경우라면, 통원기간 동안의 수입상실분도 재산상 손해로 고려될 수 있습니다.

치료 후 남는 흉터는 시간이 흐름에 따라 자연적으로 제거되는 것이 아니고, 별도의 치료를 받아야 소멸되는 경우라면 이에 소요되는 치료비도 배상의 범위에 포함됩니다.

피해자가 치료비와 소정의 위자료를 받음으로 손해배상에 대한 합의를 해준다면, 처벌불원의 의사까지 담긴 합의서를 작성해 둘 필요가 있습니다.

관련 규정

＊ 민법 제759조(동물의 점유자의 책임)
① 동물의 점유자는 그 동물이 타인에게 가한 손해를 배상할 책임이 있다. 그러나 동물의 종류와 성질에 따라 그 보관에 상당한 주의를 해태하지 아니한 때에는 그러하지 아니하다.
② 점유자에 갈음하여 동물을 보관한 자도 전항의 책임이 있다.

5

개 물림 사고 이후 강아지를 없애달라고 하는 경우

종: 진도 믹스견

성별: 여

나이: 5~6년

🐾 **내용:** 시골에 살면서 앞집 강아지와 저희집 강아지의 문제로 이렇게 글을 적게 되었습니다. 약 8개월 전 저희가 집을 비운 상황에서 저희집 강아지의 목줄이 풀려있었고 앞집 강아지도 목줄이 풀려있어 집 앞 도로에서 싸움이 일어났습니다. 앞집 주인분께서 개싸움을 말리다가 저희집 강아지에게 물렸다고 하였습니다. 치료비를 드리려고 하다가 앞집 주인이 치료비 등을 받지 않고 사람을 문 개라 불안하다 하여 저희집 강아지를 없애 달라고 하였습니다.

그 사건 후 일단, 지인 등을 통해서 입양할 곳을 찾아보았지만 받아주는 곳은 없고 유기시키지도 못하였습니다. 계속 키우다가 작년 12월 말쯤 강아지에게 밥을 주는 도중, 목줄이 풀려 앞집 강아지와 또 싸우게 되었습니다(앞집과 저희 집은 산으로 강아지들끼리 오갈 수 있게 뚫려있습니다).

싸운 장소는 앞집이었고, 앞집 개는 동물병원에 가서 입원 치료를 하였다고 했습니다. 그리고 저희집에 오셔서 입원내역서, 카드 결제 영수증, 계좌번호를 주셔서 저희가 치료비(약 102만원)를 입금해 드렸습니다.

하지만 이후 저희 집과 사건이 있을 때도 경찰을 불러 강아지를 없애질 않는다고 신고하였고, 시청 축산과에 신고하여 공무원을 통해 경위서를 작성하고 1차 경고 행정처분이 나온다는 말을 들었습니다. 그런데 이제는 강아지를 없애지 않는다고 고소한다는 이야기까지 나오고 있어서 어떻게 해야 할지 정말 막막합니다.

강아지를 없애면 다 해결이 된다고 하지만 처리를 할 수 있는 상황이 아니어서 어떻게 행동을 해야 할지 고민이 많습니다. 도움을 주신다면 정말 감사하겠습니다.

또한 1차 사건 때 CCTV 등이 있었지만 시간이 지나서 삭제되었고 어느 개에게 물린 것인지는 식별이 불가능했습니다. 만약 고소까지 갈 경우 개에게 물린 사진만 있어도 증거로 처벌을 받을지 궁금합니다.

상담

견주는 반려견이 타인의 생명, 신체, 재산에 피해를 입히지 않도록 주의할 의무가 있습니다. 귀하의 반려견이 목줄이 풀린 상태에서 다른 반려견의 견주를 문 사고(1차 사고)와 다른 반려견을 문 사고(2차 사고)가 있었으므로, 귀하는 주의의무를 위반한 과실이 있습니다.

1차 사고는 민사상 손해배상책임과 형사상 과실치상죄가, 2차 사고는 민사상 손해배상책임과 경범죄처벌법위반죄가 성립됩니다.

관련 조문

❋ **민법 제759조(동물의 점유자의 책임)**
① 동물의 점유자는 그 동물이 타인에게 가한 손해를 배상할 책임이 있다. 그러나 동물의 종류와 성질에 따라 그 보관에 상당한 주의를 해태하지 아니한 때에는 그러하지 아니하다.
② 점유자에 갈음하여 동물을 보관한 자도 전항의 책임이 있다.

❋ **형법 제266조(과실치상)**
① 과실로 인하여 사람의 신체를 상해에 이르게 한자는 500만원 이하의 벌금, 구류 또는 과료에 처한다.
② 제1항의 죄는 피해자의 명시한 의사에 반하여 공소를 제기할 수 없다.

❋ **경범죄 처벌법 제3조(경범죄의 종류)**
① 다음 각 호의 어느 하나에 해당하는 사람은 10만원 이하의 벌금, 구류 또는 과료의 형으로 처벌한다.
25. (위험한 동물의 관리 소홀) 사람이나 가축에 해를 끼치는 버릇이 있는 개나 그 밖의 동물을 함부로 풀어놓거나 제대로 살피지 아니하여 나다니게 한 사람

귀하께서 상대방 견주가 청구한 2차 사고 병원비를 지급한 것은 민사상 손해배

상책임을 이행한 것인데, 그렇다고 하더라도 민사책임과 형사책임은 별개이고, 1차 사고와 2차 사고도 별개이므로 귀하의 형사책임은 면책되지 않습니다.

다만, 사고 당시 상대방 반려견도 목줄이 묶이지 않은 상태였던 것은 상대방도 어느 정도 과실비율이 있는 것이므로 귀하의 민사상 손해배상액이 줄어들 수 있고, 형사상으로도 양형에 참작되어 벌금이 일정 부분 감액될 수는 있습니다. 과실치상 죄는 반의사불벌죄이기 때문에 상대방 견주가 명시적으로 귀하의 처벌을 원하지 않을 경우 형사책임도 면책될 수 있습니다. 따라서 상대방 견주와 합의를 하셔서 상대방 견주가 고소를 하지 않도록 하거나, 이미 고소를 했더라도 취소하도록 설득하시는 것이 가장 필요합니다. 반려견을 입양보내기 어려우시다면 행동교정이나 반려견의 활동반경 조정 등 보다 적극적인 조치를 취하셔서 사고를 예방하셔야 할 것으로 보입니다.

개에게 물린 사진을 증거로 처벌이 가능한지 질의하셨는데, 과실치상죄 성립에 있어서 중요한 것은 상대방 견주가 두 반려견 중 어느 반려견에게 물렸는지보다는 두 반려견의 싸움이 일어난 데 귀하의 과실이 있다는 점과 반려견끼리의 싸움으로 인하여 상대방 견주가 상해를 입었다는 점입니다.

일반적으로 과실치상은 법원의 약식명령으로 벌금이 부과되는데, 사고 책임소재를 더 다투고 싶은 의향이시면 약식명령에 불복하는 정식 재판청구를 하실 수 있습니다. 그러나 실무에서 약식명령의 결과가 정식재판을 통해 뒤집히는 경우가 많지는 않습니다. 귀하와 반려견 이웃 모두 안전하고, 편안하게 지낼 수 있도록 여러모로 숙고하셔서 잘 해결하시기를 바라겠습니다.

6

현관문 부주의로 집을 나간 개를 집 근처에서 유기견이라
생각한 일반인이 구조하다 손등과 얼굴을 물렸을 경우

종: **믹스견**

성별: **여**

나이: **9년**

내용: 1월 29일, 오후 1시 30분경 모든 가족이 외출하며 문이 열린 사이에 반려견이 먼저 외출한 가족을 따라서 집을 나갔습니다. 다음날 오전 1시 귀가 후 반려견이 없어졌다는 사실을 알고 수소문 끝에 관청을 통해 다음날 경기 화성시의 동물병원에서 반려견을 찾아왔습니다.

반려견은 집 근처 아파트에서 배회 후, 의뢰인과 같은 동 206호 문 앞에 있었습니다. 젊은 남녀는 유기견이라 판단하고 앞에서 기다렸고, 반려견을 캔넬에 넣다가 남성(20대로 추정)의 손목을 가볍게 물었습니다(증인 있음). 몇 분 후 여성(약 30세로 추정)의 얼굴 입술 주위도 물었습니다.

우리 가족은 이 사실을 안 즉시, 1월 30일 병원에 찾아가 피해 여성을 위로하고 성형외과에서 치료를 받으라고 계속 연락하였습니다. 1월 31일 피해자의 보호자와 만나 병원비 일체와 위로금을 요구받았습니다. 의뢰인은 도의상 일반적인 상해에 의한 성형 진료비를 생각하고 있었지만, 의료보험이 적용되지 않는 미용성형외과의 고가의 치료비를 1월 31일 지급하였습니다.

이처럼 의뢰인은 적극적으로 피해회복을 위해 노력하고 있으나, 양측이 생각하는 피해회복 금액에 차이가 있는 상황입니다. 양측의 과실비율과 일반적인 피해회복 및 치료 범위, 위로금 지급 여부가 궁금합니다.

또한 반려견이 문 열린 사이 주인을 따라 집을 나가 이유 없이 타인을 문 것이 아닙니다. 관공서와 전문 구조조직에 신고만 할 수도 있었으나, 보호장구 없이 집 앞에서 기다리는 구호 활동을 한 점, 남자가 먼저 반려견에 물린 것을 통해 물릴 위험을 인지하였다는 점, 반려견이 점프하여 얼굴을 물지 않은 이상 개에게 다가가 얼굴을 가까이하여 얼굴을 물렸다는 점은 의뢰인의 반려견 보호 의

무를 벗어난 피해자의 과도한 의도로 발생한 것으로 생각합니다. 따라서 피해
범위에 대해 과실비율을 알고 싶습니다.

상담

사안의 경우 견주의 부주의로 반려견이 집을 나가기는 하였지만, 피해자가 반려
견을 유기견으로 알고 보호센터 등으로 이송을 위해 직접 캔넬에 넣는 과정에서 부
상을 당한 것이므로 민법상 불법행위에 의한 손해배상책임이 문제되기는 어렵고,
사무관리에 관한 규정이 적용되어야 할 것으로 보입니다.

의무 없이 타인을 위하여 사무를 관리하는 자가 사무관리를 함에 있어서 과실 없
이 손해를 받을 때에는 본인은 자신의 현존이익의 한도에서 그 손해를 보상하여야
합니다(민법 제740조).

피해자들이 유기견을 구조할 의무가 있는 것은 아니므로 구조과정에서 발생한
손해는 의무 없이 타인을 위하여 사무를 관리하는 자가 사무관리를 함에 있어서 과
실 없이 손해를 받을 때에 해당한다고 볼 수 있으므로 견주는 현존이익 내에서 손
해를 보상할 책임이 있습니다.

현존이익은 반려견의 가치라고 평가할 수 있는데, 객관적인 가치평가는 교환가
치로 평가할 수밖에 없을 것으로 보이고, 피해자들의 치료비가 반려견의 교환가치
를 초과한다면 그 초과부분에 대한 보상책임은 없다고 볼 수 있습니다.

만일 피해자들에게 과실이 있는 경우라면 구조과정에서 발생한 손해를 보상할
책임이 없다고 보아야 하는데, 사안의 경우 피해자(관리자)들의 과실도 인정될 여지
가 있지만, 실제 과실여부 및 범위는 구체적인 사안, 입증의 정도 등에 따라 다르
고, 이미 치료비 일부가 지급된 사정을 등을 참작하여 적정한 선에서 합의를 보는
것이 필요합니다.

✳ **민법 제734조(사무관리의 내용)**

① 의무없이 타인을 위하여 사무를 관리하는 자는 그 사무의 성질에 좇아 가장 본인에게 이익되는 방법으로 이를 관리하여야 한다.

② 관리자가 본인의 의사를 알거나 알 수 있는 때에는 그 의사에 적합하도록 관리하여야 한다.

③ 관리자가 전2항의 규정에 위반하여 사무를 관리한 경우에는 과실없는 때에도 이로 인한 손해를 배상할 책임이 있다. 그러나 그 관리행위가 공공의 이익에 적합한 때에는 중대한 과실이 없으면 배상할 책임이 없다.

✳ **민법 제740조(관리자의 무과실손해보상청구권)**

관리자가 사무관리를 함에 있어서 과실없이 손해를 받은 때에는 본인의 현존이익의 한도에서 그 손해의 보상을 청구할 수 있다.

종: 진도견

성별: ***

나이: 3년

내용: 지난주 일요일(19일) 아침 산책 중, 저희 개가 사람 손을 무는 일이 발생했습니다.

목줄을 착용하고 리드줄을 잡은 상태였고, 길에서 약간 벗어난 풀밭에서 냄새를 맡으며 놀고 있었습니다. 그때 젊은 남자분이 다가오셔서 개가 무는지 물어보셨고 그동안 산책하며 많은 사람을 만났지만 그런 일이 없었기에 안 문다고 답을 했습니다. 그러자 만져도 되냐는 말도 없이 바로 손바닥을 내밀어, 제가 "주먹을 쥐고 냄새를 맡게…"라고 말하는 순간, 저희 개가 그분 손을 물었습니다. 2~3초 이내에 일어난 일이었습니다.

연락처를 드렸고 그분은 주변에 계시던 지인과 병원 응급실에 가셨습니다. 집에 돌아와 걱정되어 병원에 전화하니, 치료 잘 받고 가셨다고 외과로 며칠 통원치료하시면 될 거라는 얘기를 들었고, 일단은 안심하고 있었습니다. 하지만 조금 후에 그 남자분에게서 온 메시지는 '큰 병원에 가서 정밀검사받으라고 해서, 다시 연락하겠다.'라는 내용이었습니다. 다시 병원 의사 선생님과 통화해보니 본인은 큰 병원에 가라고 한 적도 정밀검사받으라고 한 적도 없으시다고 하셨습니다. 이 내용을 문자로 보내니, 본인이 직접 들은 이야기가 아니라 보호자로 따라가셨던 분에게서 들은 거라고 확인해 보겠다고 하였습니다. 이후 다시 온 문자는 의사 선생님이 하신 말씀이 아니었다는 죄송하다는 내용과 큰 진단을 바라는 건 아니지만 치료비가 다가 아니란 걸 참고해 주시면 좋겠다는 내용이었습니다.

월요일, 남편이 가서 치료비를 계산하겠다고 하니 아주 꺼리는 내용의 문자가 왔습니다. 수요일에 제가 병원에 가니, 이모라는 분이 같이 계셨고 그분이 보상해줘야 한다는 식으로 계속 말씀하셨습니다. 일단은 2주간의 치료 결과를 보고 다시 얘기하기로 하고 헤어졌습니다. 금요일에는 상처 사진을 보내시고 몇 시간 후에는 5월 11일에 흉터 전문병원 상담 예약을 잡아났다는 문자가 왔습니다. 그리고 다음 날은 통화하고 싶다는 문자가 왔지만, 굳이 통화할 필요는 없는 것 같아 아직 하지 않았습니다.

조금 전에도 '오늘 전화주실 거냐'는 문자가 또 왔습니다. 흉터 전문병원은 의사 선생님 소견은 아니고 그냥 본인이 상담 예약해 놓은 것이고, 문자로 계속 연락하는 상황에서 굳이 통화를 원하는 건 5월 4일 치료가 끝나기 전에 금전적인 보상을 먼저 받으려 하는 의도로 생각이 됩니다.

저는 5월 4일 치료 경과를 보고 치료비는 물론 부담하겠지만, 저의 과실이 100%가 아닌 상황에서 이분이 처음부터 거짓을 하며 보상을 요구하는 게 너무 황당합니다.

이럴 경우 어떻게 대처하는 게 가장 합리적이고 원만한 해결을 할 수 있는 방법일까요?

상담

1. 형사책임

견주는 반려견이 사람을 깨물거나 할 위험성이 있으므로 위험발생을 미리 막아야 할 주의의무가 있는데, 반려견이 사람을 물었다면 목줄을 매지 않거나, 입마개를 하지 않거나, 목줄을 충분히 당기지 않은 등의 이유로 반려견의 관리·감독을 소홀히 과실 또는 안전조치를 취하지 않은 과실이 인정됩니다. 실무에서는 반려견이 사람을 문 경우는 거의 예외 없이 견주의 과실을 인정하여 과실치상죄(형법 제266조 제1항)로 처벌하고 있습니다.

피해자가 가해견주를 신고하거나 고소할 경우 상해의 정도에 따라 선고형이 다른 데, 상해의 정도가 심하지 않다면 30만원에서 100만원 사이에서 벌금형이 선고됩니다.

과실치상죄는 피해자의 명시한 의사에 반하여 공소를 제기할 수 없기 때문에, 피해자와 합의를 한다면 기소를 하지 않거나 기소되더라도 공소기각의 판결을 하게 되므로 이러한 사안에서는 피해자와 합의를 하는 것이 필요한 접근방법입니다.

관련 규정

❋ 형법 제266조(과실치상)

① 과실로 인하여 사람의 신체를 상해에 이르게 한 자는 500만원 이하의 벌금, 구류 또는 과료에 처한다.

② 제1항의 죄는 피해자의 명시한 의사에 반하여 공소를 제기할 수 없다.

2 민사책임

동물점유자는 동물의 종류와 성질에 따라 그 보관에 상당한 주의를 해태하였음을 입증하지 않는 한, 그 동물이 타인에게 가한 손해를 배상할 책임이 있습니다(민법 제759조 제1항). 실무에서는 반려견이 사람을 문 경우는 거의 예외 없이 견주의 과실을 인정하고 있으므로, 견주는 피해자에게 손해배상책임을 져야 합니다.

손해배상의 범위에는 기왕치료비, 향후치료비, 일실수입 등의 재산상 손해와 위자료가 포함되는데, 피해자가 실제로 지급한 치료비, 입원기간 동안의 수입상실분이 재산상 손해로 인정됩니다. 통원치료로 회사를 가지 않았고, 그 기간 동안 회사수입이 감소된 경우라면, 통원을 위한 일정기간 동안의 수입상실분도 재산상 손해로 고려될 수 있습니다.

피해자 측의 과실이 인정되는 경우 견주의 책임이 제한되고, 그만큼 비율적으로 재산상 손해에서 공제되는데, 판례에서는 피해자가 술이 취한 상태에서 반려견에 접근한 경우 반려견의 돌발적인 행동으로부터 스스로를 보호할 수 있도록 적절한 거리를 유지하거나, 반려견의 반응을 예의주시하는 등의 안전조치도 취하지 않았다는 점을 들어 견주의 책임을 80%로 제한한 사례가 있고(피해자의 과실을 20%로 봄), 피해자가 고양이 가까이 접근하여 안면부 할큄을 당한 경우 묘주의 책임을 60%로 본 사례가 있습니다(피해자의 과실을 40%로 봄).

위자료는 치료기간, 후유장애여부에 따라 다른데, 법원 실무에서는 가벼운 물림 사고라면 보통 50만원에서 200만원 사이에서 위자료를 인정해 주고 있습니다.

사안의 경우 반려견이 사람을 문 경우이므로, 손해배상책임을 져야 하고, 그 범위는 직접 치료비와 위자료가 포함됩니다. 치료를 위해 일주간 휴가를 내었는데,

그 기간 동안 입원치료를 받았다면, 일실수입도 재산상 손해에 포함되고, 통원치료를 받았더라도 회사결근에 따른 수입이 감소된 경우라면, 통원기간 동안의 수입상실분도 재산상 손해로 고려될 수 있습니다.

치료 후 남는 흉터는 시간이 흐름에 따라 자연적으로 제거되는 것이 아니고, 별도의 치료를 받아야 소멸되는 경우라면 이에 소요되는 치료비도 배상의 범위에 포함됩니다. 영구적으로 흉터가 남는 경우에는 물린 부위(얼굴 등 노출부위)에 따라 장해로 평가받을 수도 있고, 이러한 경우는 배상액이 상당히 증가될 수 있습니다.

사안의 경우 물림 사고로 인하여 손가락의 기능장해가 발생한 것으로는 보이지 않아 피해자가 골프선수라는 사정을 감안하더라도 특별히 달리 취급되어야 할 여지는 적어 보입니다.

보통 피해자 측과 치료의 필요성, 범위에 관해 갈등이 있을 수 있는데, 피해자 측에 실제로 치료받은 내용에 따른 내역서, 영수증 등을 요청하고, 그 내용에 따라 배상을 해 주는 방법이 추천됩니다. 피해자가 치료비와 소정의 위자료를 받음으로 손해배상에 대한 합의를 해 준다면, 처벌불원의 의사까지 담긴 합의서를 작성해 둘 필요가 있습니다.

관련 규정

✳ 민법 제759조(동물의 점유자의 책임)

① 동물의 점유자는 그 동물이 타인에게 가한 손해를 배상할 책임이 있다. 그러나 동물의 종류와 성질에 따라 그 보관에 상당한 주의를 해태하지 아니한 때에는 그러하지 아니하다.

② 점유자에 갈음하여 동물을 보관한 자도 전항의 책임이 있다.

택배 기사님의 개 물림으로 인한 합의금

종: **닥스훈트**

성별: **남**

나이: **＊＊＊**

🐾 **내용**: 제 동생은 원룸에서 살며 애완용(닥스훈트) 강아지를 키우고 있습니다. 동생은 택배를 시켰고 18일 우체국 택배회사에서 "택배요." 하고 문 앞에 택배를 두고 갔다고 합니다. 다음날 19일에도 똑같이 "택배요."라고 했다고 합니다. 동생이 옷을 입고 조금 있다가 나갔는데 택배 기사님이 문 앞에 계셨고, 동생의 강아지가 그 택배 기사님 다리 쪽에 가서 다리를 긁었다고 합니다. 광견병 예방주사도 다 맞혀 둔 상황이었으며, 택배 기사님께서도 살짝 물렸다고 표현하시며 괜찮다고 하셨지만, 혹시 몰라 병원에 가서 광견병 주사와 병원치료를 받을 수 있도록 했습니다. 19일, 20일, 21일 연달아 전화를 드리니 괜찮다고 말씀하셔서, 당연히 동생은 괜찮다고 생각했다고 합니다. 그분께서 21일에 병원에 가시는 날이어서 다녀오신 병원비도 계좌로 넣어드렸습니다. 하지만 21일 저녁 8시가 넘어서 동생에게 전화가 와, 교통사고도 합의금이 있는데 이것도 사고가 아니냐며 합의금을 요구하였다고 합니다.

혼자서는 안 될 것 같다고 생각한 동생은 어제서야 저에게 연락했습니다. 어떻게 해야 할지 모르겠고, 우체국 우정사업본부에 전화를 해야 할지 잘 몰라 문의드립니다.

상담

1 형사책임

견주는 반려견이 사람을 깨물거나 할 위험성이 있으므로 위험발생을 미리 막아야 할 주의의무가 있는데, 반려견이 사람을 물었다면 목줄을 매지 않거나, 입마개를 하지 않거나, 목줄을 충분히 당기지 않은 등의 이유로 반려견의 관리·감독을 소홀히 과실 또는 안전조치를 취하지 않은 과실이 인정됩니다. 실무에서는 반려견이 사람을 물었을 경우(반려견이 음식 배달원이나 택배 배달원을 문 경우도 포함) 거의 예외 없이 견주의 과실을 인정하여 과실치상죄(형법 제266조 제1항)로 처벌하고 있습니다.

피해자가 가해견주를 신고하거나 고소할 경우 상해의 정도에 따라 선고형이 다른 데, 상해의 정도가 심하지 않다면 30만원에서 100만원 사이에서 벌금형이 선고됩니다.

과실치상죄는 피해자의 명시한 의사에 반하여 공소를 제기할 수 없기 때문에, 피해자와 합의를 한다면, 기소를 하지 않거나 기소되더라도 공소기각의 판결을 하게 되므로, 이러한 사안에서는 피해자와 합의를 하는 것이 필요한 접근방법입니다.

관련 규정

❋ 형법 제266조(과실치상)
① 과실로 인하여 사람의 신체를 상해에 이르게 한 자는 500만원 이하의 벌금, 구류 또는 과료에 처한다.
② 제1항의 죄는 피해자의 명시한 의사에 반하여 공소를 제기할 수 없다.

2 민사책임

동물점유자는 동물의 종류와 성질에 따라 그 보관에 상당한 주의를 해태하였음을 입증하지 않는 한, 그 동물이 타인에게 가한 손해를 배상할 책임이 있습니다(민법 제759조 제1항). 실무에서는 반려견이 사람을 문 경우는 거의 예외 없이 견주의 과실을 인정하고 있으므로, 견주는 피해자에게 손해배상책임을 져야 합니다.

손해배상의 범위에는 기왕치료비, 향후치료비, 일실수입 등의 재산상 손해와 위자료가 포함되는데, 일반적으로 짧은 기간 동안 통원치료를 받은 경우 치료비 정도가 재산상 손해로 인정됩니다.

피해자 측의 과실이 인정되는 경우 견주의 책임이 제한되고, 그만큼 비율적으로 재산상 손해에서 공제되는데, 판례에서는 개를 예의주시하면서 목줄 반경 밖으로 다니고 불필요하게 함부로 접근하지 않는 등 스스로의 안전을 도모할 주의의무가 있음에도 피해자가 이를 소홀히 한 점을 들어 견주의 책임을 90%로 제한한 사례가 있습니다(피해자의 과실을 10%로 봄).

위자료는 치료기간, 후유장애여부에 따라 다른데, 법원 실무에서는 가벼운 물림 사고라면 보통 30만원에서 100만원 사이에서 위자료를 인정해 주고 있습니다.

사안의 경우 피해자인 택배 기사의 치료비는 지급하였고, 위자료 지급을 요구하고 있는 것으로 보이는데, 치료기간, 치료내용, 후유장애 여부 등을 고려하여 위자료를 지급해 주어야 합니다.

피해자가 치료비와 소정의 위자료를 받음으로 손해배상에 대한 합의를 해 준다면, 처벌불원의 의사까지 담긴 합의서를 작성해 둘 필요가 있습니다.

관련 규정

❋ 민법 제759조(동물의 점유자의 책임)

① 동물의 점유자는 그 동물이 타인에게 가한 손해를 배상할 책임이 있다. 그러나 동물의 종류와 성질에 따라 그 보관에 상당한 주의를 해태하지 아니한 때에는 그러하지 아니하다.

② 점유자에 갈음하여 동물을 보관한 자도 전항의 책임이 있다.

9 아파트에서 반려견 산책 중 사람을 물었을 때 보상 및 합의에 관한 경우

종: 푸들

성별: 남

나이: 12개월

🐾 **내용:** 거주 아파트 단지 내 산책 중 키우던 반려견이 사람을 무는 사고가 발생했습니다.

사고 직후에는 출혈이 없는 상처로 보였는데, 이후 출혈에 의한 응급실 방문 내역 및 일주일간 휴가 예정임을 통보받았고, 보상/합의금과 이후 흉터 제거를 위한 피부과 복구 치료비를 요구받았습니다.

피해 정도에 적합한 보상의 범위와 보상금/합의금을 선정하고 지급하는 방법 등에 있어 법률 조언을 구합니다.

상담

⭐1 형사적 책임

반려견주는 반려견이 사람을 깨물거나 할 위험성이 있으므로 위험발생을 미리 막아야 할 주의의무가 있는데, 반려견이 사람을 물었다면 목줄을 매지 않거나, 입마개를 하지 않거나, 목줄을 충분히 당기지 않은 등을 이유로 반려견의 관리·감독을 소홀히 과실 또는 안전조치를 취하지 않은 과실인정이 됩니다. 실무에서는 반려견이 사람을 문 경우는 거의 예외 없이 견주의 과실을 인정하여 과실치상죄(형법 제266조 제1항)로 처벌하고 있습니다.

피해자가 가해견주를 신고하거나 고소할 경우 상해의 정도에 따라 선고형이 다른데, 상해의 정도가 심하지 않다면 30만원에서 100만원 사이에서 벌금형이 선고됩니다.

과실치상죄는 피해자의 명시한 의사에 반하여 공소를 제기할 수 없기 때문에, 피해자와 합의를 한다면, 기소를 하지 않거나 기소되더라도 공소기각의 판결을 하게 되므로, 이러한 사안에서는 피해자와 합의를 하는 것이 필요한 접근방법이라고 하겠습니다.

만일 외출할 때 '목줄을 하지 않고' 나갔다가 반려견이 사람을 물어 상해를 입혔다면, 과실치상죄 외에 동물보호법위반죄(동물보호법 제97조 제2항)에도 해당됩니다.

목줄을 하지 않는 등의 안전조치 위반으로 사람에게 상해를 입힌 경우 인정되는 동물보호법위반죄는 2019. 3. 21.부터 시행되고 있는데, 과실치상죄와 달리 그 형이 '2년 이하의 징역 또는 2천만원 이하의 벌금'으로 무겁고, 반의사불벌죄에 해당되지 않아 합의를 한다고 하더라도 양형에서 참작될 뿐 처벌이 면제되지는 않습니다.

과실치상죄의 경우 실무에서 30만원에서 100만원 정도의 벌금형이 선고되나, 그 형이 무거운 동물보호법위반죄에 해당할 경우 과실치상죄보다는 금액이 상향된 벌금형이 선고될 것으로 예상됩니다.

2 민사적 책임

동물점유자는 동물의 종류와 성질에 따라 그 보관에 상당한 주의를 해태하지 않았음을 입증하지 않는 한, 그 동물이 타인에게 가한 손해를 배상할 책임이 있습니다(민법 제759조 제1항). 실무에서는 반려견이 사람을 문 경우는 거의 예외 없이 견주의 과실을 인정하고 있으므로, 견주는 피해자에게 손해배상책임을 져야 합니다.

손해배상의 범위에는 기왕치료비, 향후치료비, 일실수입 등의 재산상 손해와 위자료가 포함되는데, 피해자가 실제로 지급한 치료비, 입원기간 동안의 수입상실분이 재산상 손해로 인정됩니다. 통원치료로 회사를 가지 않았고, 그 기간 동안 회사수입이 감소된 경우라면, 통원을 위한 일정기간 동안의 수입상실분도 재산상 손해로 고려될 수 있습니다.

피해자 측의 과실이 인정되는 경우 견주의 책임이 제한되고, 그만큼 비율적으로 재산상 손해에서 공제되는데, 사람에 대한 물림사고의 경우 대체적으로 피해자의 과실을 인정하지 않고 있지만, 개를 예의주시하면서 목줄 반경 밖으로 다니고 불필요하게 함부로 접근하지 않는 등 스스로의 안전을 도모할 주의의무가 있음에도 이를 소홀히 한 점을 들어 견주의 책임을 90%로 제한한 판례가 있습니다(피해자의 과실을 10%로 봄).

위자료는 치료기간, 후유장애 여부에 따라 다른데, 법원 실무에서는 가벼운 물림 사고라면 보통 50만원에서 200만원 사이에서 위자료를 인정해 주고 있습니다.

사안의 경우 반려견이 사람을 문 경우이므로, 손해배상책임을 져야 하고, 그 범위는 개방성 창상에 따른 직접 치료비와 위자료가 포함됩니다. 치료를 위해 일주일 간 휴가를 내었는데, 그 기간 동안 입원치료를 받았다면, 일실수입도 재산상 손해에 포함되고, 통원치료를 받았더라도 회사결근에 따른 수입이 감소된 경우라면, 통원기간 동안의 수입상실분도 재산상 손해로 고려될 수 있습니다.

치료 후 남는 흉터는 시간이 흐름에 따라 자연적으로 제거되는 것이 아니고, 별도의 치료를 받아야 소멸되는 경우라면 이에 소요되는 치료비도 배상의 범위에 포함됩니다. 영구적으로 흉터가 남는 경우에는 물린 부위(얼굴 등 노출부위)에 따라 장해로 평가받을 수도 있고, 이러한 경우는 배상액이 상당히 증가될 수 있습니다.

피해자가 치료비와 소정의 위자료를 받음으로 손해배상에 대한 합의를 해 준다면, 처벌불원의 표시까지 담긴 합의서를 작성해 둘 필요가 있습니다.

관련 조문

❋ 형법 제266조(과실치상)
① 과실로 인하여 사람의 신체를 상해에 이르게 한 자는 500만원 이하의 벌금, 구류 또는 과료에 처한다.
② 제1항의 죄는 피해자의 명시한 의사에 반하여 공소를 제기할 수 없다.

❋ 동물보호법 제97조(벌칙)
② 다음 각 호의 어느 하나에 해당하는 자는 2년 이하의 징역 또는 2천만원 이하의 벌금에 처한다.
4. 제16조제1항 또는 같은 조 제2항제1호를 위반하여 사람의 신체를 상해에 이르게 한 자
5. 제21조제1항 각 호의 어느 하나를 위반하여 사람의 신체를 상해에 이르게 한 자

❋ 민법 제759조(동물의 점유자의 책임)
① 동물의 점유자는 그 동물이 타인에게 가한 손해를 배상할 책임이 있다. 그러나 동물의 종류와 성질에 따라 그 보관에 상당한 주의를 해태하지 아니한 때에는 그러하지 아니하다.
② 점유자에 갈음하여 동물을 보관한 자도 전항의 책임이 있다.

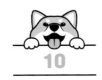

10 개 물림 사고 이후 치료비 이외에 보상금을 요구하는 경우

종: 진돗개

성별: 남

나이: 5

내용: 반려견 물림 사고 관련 상담을 요청드립니다. 사고 경위는 아래와 같습니다.

– 피해자: 옆 건물 세차장 아르바이트생

– 장소: 건물의 1층 창고 안

– 상황: 창고 문을 열고 들어갔다가 안에 있던 반려견에게 물림

– 상세 내용

1. 세차장 아르바이트생이 부모님의 차키를 받으러 심부름을 옴(방문요청 X).

2. 부모님이 근무하시는 곳은 2층 사무실임.

3. 1층 창고 문 앞에는 개조심 문패가 걸려있음.

– 진행 상황

1. 피해자는 전치 3주 진단을 받음.

2. 치료비 보험처리 완료.

3. 보상금으로 1개월 급여 약 250만원을 요구함.

위로금 차원에서 50~100만원 정도를 생각하고 있던 상황이었는데, 요구받은 금액을 보상해야 하는 의무가 있을지 의문스러워 상담 신청을 요청드렸습니다.

상담

1 반려견주의 책임

반려견주는 반려견이 타인의 생명, 신체, 재산에 피해를 입히지 않도록 주의할

의무가 있고, 이러한 주의의무를 위반한 경우 민사상 손해배상책임. 형사상 과실치상죄의 책임을 질 수 있습니다. 민·형사상 책임 성립여부는 반려견주의 과실 유무에 따라서 달라집니다. 견주의 과실이 있다면 책임이 성립되는 반면 과실이 없다면 책임을 면하게 됩니다. 현재로서는 상담자분 부모님의 과실 유무가 분명하지 않습니다만, 민·형사상 책임을 설명드리기 위해 과실이 인정될 경우를 전제로 말씀드리겠습니다.

민법 제759조(동물의 점유자의 책임) 제1항은 "동물의 점유자는 그 동물이 타인에게 가한 손해를 배상할 책임이 있다. 그러나 동물의 종류와 성질에 따라 그 보관에 상당한 주의를 해태하지 아니한 때에는 그러하지 아니하다"고 규정하고 있고, 형법 제266조(과실치상) 제1항은 "과실로 인하여 사람의 신체를 상해에 이르게 한 자는 500만원 이하의 벌금, 구류 또는 과료에 처한다"고 규정하고 있습니다. 즉, 부모님께서 반려견의 보관에 상당한 주의를 해태하지 않았는지가 관건입니다. 보내주신 신청서상 아르바이트생이 창고 문을 열고 들어온 점, 출입문에 "관계자 외 출입금지", "개조심" 표지가 부착되어 있었던 점, 방문요청이 없었던 점 등은 유리한 정황으로 보입니다. 그러나 만약 창고 문이 열려있었거나, 닫혀 있었더라도 누구든지 열 수 있는 상태에서 아르바이트생이 들어온 점, 부모님께서 2층 사무실에 계시면 1층에 있는 반려견은 견주가 통제할 수 없는 상태로 있는 점 등은 불리한 정황일 수 있습니다.

나아가 출입문의 상시 개폐여부, 초인종 등 호출장치가 있는지, 평소 방문객들이 어떤 방식으로 방문요청을 하였는지, 아르바이트생이 사고 이전에 방문한 적이 있는지, 개조심 문패의 위치 및 크기와 사고 당시의 밝기 등 문패 문구의 식별과 관련된 점, 부모님께서 세차장 사장에게 차키를 가져가도록 요청하였는지, 평상시와 방문객의 방문 시 반려견의 목줄 착용이나 울타리 등 사용 여부, 반려견이 이전에도 사람을 문 적이 있는지 등 여러 요인을 종합적으로 고려하여 과실비율이 결정되므로 구체적인 과실비율을 말씀드리기는 어렵습니다.

만약 견주의 책임이 성립된다면 민사상 손해배상책임의 범위는 아르바이트생이 입은 재산상, 정신상 손해(위자료)를 모두 포함합니다. 재산상 손해는 적극적 손해인 치료비 등 이미 지출했거나 지출될 비용, 소극적 손해인 사고로 인하여 일을 못하게 되는 기간 동안의 휴업손해이고, 위자료는 정신적 손해에 대한 손해배상책임입니다. 아르바이트생은 부모님께 1개월분의 월급을 요구하고 있는데, 위 기간 동안 입원치료를 한 것은 아닌 것으로 보이고 1개월 동안 일을 못하였거나 객관적으로 할 수 없는 상태였는지 우선 검토되어야 합니다. 아르바이트생이 일을 할 수 없는 상태여서 일을 못했다면 휴업손해에 대한 배상책임이 성립될 수 있습니다만, 이는 어디까지나 민사책임이 성립되는 경우에 한하고 책임이 성립되더라도 앞서 말씀드린 바와 같이 과실비율에 따른 책임만 부담하게 됩니다.

민사책임과 형사책임은 별개이므로 만약 아르바이트생에게 1개월분 월급 등 민사상 손해배상을 한다고 해서 형사책임이 면책되지는 않고, 아르바이트생이 상담자분 부모님을 신고·고소한다면 과실치상죄의 형사사건도 진행될 수 있습니다. 그러나 과실치상죄는 반의사불벌죄이기 때문에 아르바이트생이 신고·고소를 했다고 하더라도, 이후 부모님의 처벌을 원하지 않는다고 한다면 부모님의 형사사건은 그대로 끝납니다. 따라서 아르바이트생에게 일정 금액을 지급하고자 하는 의사가 있으시다면 아르바이트생과 합의를 하시고, 원만히 합의가 되시면 '추후 민·형사상 문제제기를 하지 않겠다'는 내용이 명시된 합의서, '아르바이트생은 부모님의 형사처벌을 원하지 않는다'는 내용이 명시된 고소취하서·처벌불원서를 아르바이트생에게 받으셔서, 경찰에 제출하셔야 합니다.

② 아르바이트생의 무단침입 관련

창고와 사무실은 사람이 관리하는 건조물에 해당하므로 아르바이트생이 무단으로 침입하였다면 건조물침입죄가 성립될 여지가 있을 수는 있습니다. 건조물침입죄에 있어서 침입행위의 객체인 건조물은 주위 벽 또는 기둥과 지붕 또는 천정으로 구성된 구조물로서 사람이 기거하거나 출입할 수 있는 장소를 말합니다. 관계자외 출입금지라는 표지가 있다고 해서 무조건 건조물침입죄가 성립되지는 않고, 범죄성립여부가 결정되려면 앞서 말씀드린 바와 같이 아르바이트생이 심부름을 하게된 경위와 창고에 들어간 행위 당시의 사실관계 등을 종합적으로 평가하여야 합니다.

③ 세차장 사장의 업무상 상해 보상 관련

산재보험은 민사상 손해배상책임과는 달리 사용자가 근로자의 업무상 재해에 대해 고의 또는 과실이 있는지 여부에 대해 묻지 않고 산업재해보상 보험급여를 지급하여야 하는 제도입니다.

✱ 민법 제759조(동물의 점유자의 책임)

① 동물의 점유자는 그 동물이 타인에게 가한 손해를 배상할 책임이 있다. 그러나 동물의 종류와 성질에 따라 그 보관에 상당한 주의를 해태하지 아니한 때에는 그러하지 아니하다.

② 점유자에 갈음하여 동물을 보관한 자도 전항의 책임이 있다.

✱ 형법 제266조(과실치상)

① 과실로 인하여 사람의 신체를 상해에 이르게 한 자는 500만원 이하의 벌금, 구류 또는 과료에 처한다.

② 제1항의 죄는 피해자의 명시한 의사에 반하여 공소를 제기할 수 없다.

✱ 형법 제319조(주거침입, 퇴거불응)

① 사람의 주거, 관리하는 건조물, 선박이나 항공기 또는 점유하는 방실에 침입한 자는 3년 이하의 징역 또는 500만원 이하의 벌금에 처한다.

② 전항의 장소에서 퇴거요구를 받고 응하지 아니한 자도 전항의 형과 같다.

✱ 산업재해보상보험법 제37조(업무상의 재해의 인정 기준)

① 근로자가 다음 각 호의 어느 하나에 해당하는 사유로 부상·질병 또는 장해가 발생하거나 사망하면 업무상의 재해로 본다. 다만, 업무와 재해 사이에 상당인과관계(相當因果關係)가 없는 경우에는 그러하지 아니하다.

1. 업무상 사고

　가. 근로자가 근로계약에 따른 업무나 그에 따르는 행위를 하던 중 발생한 사고

　나. 사업주가 제공한 시설물 등을 이용하던 중 그 시설물 등의 결함이나 관리소홀로 발생한 사고

　다. 삭제 <2017. 10. 24.>

　라. 사업주가 주관하거나 사업주의 지시에 따라 참여한 행사나 행사준비 중에 발생한 사고

　마. 휴게시간 중 사업주의 지배관리하에 있다고 볼 수 있는 행위로 발생한 사고

　바. 그 밖에 업무와 관련하여 발생한 사고

✱ 산업재해보상보험법 시행령 제27조(업무수행 중의 사고)

① 근로자가 다음 각 호의 어느 하나에 해당하는 행위를 하던 중에 발생한 사고는 법 제37조제1항제1호가목에 따른 업무상 사고로 본다.

1. 근로계약에 따른 업무수행 행위

2. 업무수행 과정에서 하는 용변 등 생리적 필요 행위

3. 업무를 준비하거나 마무리하는 행위, 그 밖에 업무에 따르는 필요적 부수행위

4. 천재지변·화재 등 사업장 내에 발생한 돌발적인 사고에 따른 긴급피난·구조행위 등 사회통념상 예견되는 행위

② 근로자가 사업주의 지시를 받아 사업장 밖에서 업무를 수행하던 중에 발생한 사고는 법 제37조제1항제1호가목에 따른 업무상 사고로 본다. 다만, 사업주의 구체적인 지시를 위반한 행위, 근로자의 사적(私的) 행위 또는 정상적인 출장 경로를 벗어났을 때 발생한 사고는 업무상 사고로 보지 않는다.

③ 업무의 성질상 업무수행 장소가 정해져 있지 않은 근로자가 최초로 업무수행 장소에 도착하여 업무를 시작한 때부터 최후로 업무를 완수한 후 퇴근하기 전까지 업무와 관련하여 발생한 사고는 법 제37조제1항제1호가목에 따른 업무상 사고로 본다.

11 미용 중 반려견에게 손을 물린 애견미용사가 고소를 하는 경우

종: 믹스견
성별: 여
나이: 2살

🐾 **내용**: 5/20일 애견미용실에 방문하여 입질이 있으니 입마개를 착용하고 미용하는지 물어보았습니다.

테이핑 후 입마개 착용한다고 하여 미용하기로 했습니다(예전에도 다른 곳에서 입마개 착용하고 항상 미용했었음. 그 전 방문한 2곳은 입질 있는 개는 안 한다고 하여 맡기지 못했음). 그래서 맡겨두고 나왔으며, 처음에는 입마개를 안 하고 등부터 밀었다고 했습니다. 그런데 반려견이 으르렁거려 입마개를 착용하려고 하니 미용사의 손을 물어버렸다고 했습니다.

죄송하다고 사과한 후 35,000원에서 입질비 추가로 50,000원을 결제하고 병원 다녀온 후 연락달라고 했습니다.

병원 가기 전 전화가 와서 책임배상 보험이 있으니 혹시 가입되어 있으면 알아보라고 하셨습니다. 알아보니 신랑 쪽으로 가족 책임배상 보험이 있어서 보험사를 연결해주었습니다(전화 통화로 본인은 병원비 반만 받아도 상관이 없으니 견주가 생각해서 보험을 말하는 거라고 이야기함. 입마개를 착용해야 한다는 말도 녹음함). 서로 좋게 좋게 끝내자고 이야기하고 치료 잘 받으라고 이야기한 후에 전화를 끊었습니다.

5/23일 보험사 측에서 반려견을 맡겼을 때는 권한을 미용사에게 위임하는 것이니 보험이 안 된다고 이야기했습니다. 치료비 선에서 적절히 합의보라고 하니 억울해서 고소를 하겠다고 했습니다. 저희는 도의적인 책임만 지면 되는 것이고 합의 시에도 100대 0은 없다고 이야기를 했습니다. 지금까지 병원비 14만원 정도 나왔다고 합니다.

견주 쪽에선 최선을 다해 합의를 하려고 하고 있는 상황에서 보험이 본인 뜻대로 안 되니 화가 난 상황으로 보이고, 고소가 되었을 때 저희 쪽에서는 어떻게 해야 하는지 궁금합니다.

미용사는 병원비뿐 아니라 그 외의 것(손해배상, 위로비 등)을 원하는 것 같습니다.

상담

동물점유자는 동물의 종류와 성질에 따라 그 보관에 상당한 주의를 해태하지 않았음을 입증하지 않는 한, 그 동물이 타인에게 가한 손해를 배상할 책임이 있습니다(민법 제759조 제1항).

일반적으로 반려견이 사람이나 반려견을 문 경우는 견주의 과실을 인정하고 있으나 사안의 경우 미용계약에 따라 반려견이 인도되어 미용사가 점유하고 있었던 점, 미용을 위임할 당시 입마개를 착용하고, 미용하는지를 물었으며, 입질이 있어 입마개 착용하고 미용을 해야 한다는 사실을 고지하였던 점, 이러한 사실을 증명할 자료가 있는 점 등을 고려할 때, 견주 측에 과실이 있다고 보기는 어려울 것 같습니다.

미용사의 미용계약은 위임유사계약으로 볼 수 있으므로, 위임에 관한 규정이 유추적용될 수 있습니다. 수임인이 위임사무의 처리를 위하여 과실없이 손해를 받은 때에는 위임인에 대하여 그 배상을 청구할 수 있는데, 미용을 위임할 당시 입마개를 착용하고, 미용하는지를 물었고, 입질이 있어 입마개 착용하고 미용을 해야 한다는 사실을 고지하였다면, 수임인이 과실 없이 손해를 입었다고 보기 어렵다고 판단됩니다.

보험사 측에서도 위와 같은 취지에서 보험처리가 되지 않는다고 한 것으로 보입니다. 다만, 고소나 소송이 제기되면 이에 대한 방어, 답변 등에 시간과 비용이 소요될 수 있으므로, 적정한 선에서 합의를 보는 것도 생각해 볼 수 있습니다.

관련 조문

✳ 민법 제759조(동물의 점유자의 책임)

① 동물의 점유자는 그 동물이 타인에게 가한 손해를 배상할 책임이 있다. 그러나 동물의 종류와 성질에 따라 그 보관에 상당한 주의를 해태하지 아니한 때에는 그러하지 아니하다.

② 점유자에 갈음하여 동물을 보관한 자도 전항의 책임이 있다.

✳ 민법 제688조(수임인의 비용상환청구권 등)

① 수임인이 위임사무의 처리에 관하여 필요비를 지출한 때에는 위임인에 대하여 지출한 날 이후의 이자를 청구할 수 있다.

② 수임인이 위임사무의 처리에 필요한 채무를 부담한 때에는 위임인에게 자기에 갈음하여 이를 변제하게 할 수 있고 그 채무가 변제기에 있지 아니한 때에는 상당한 담보를 제공하게 할 수 있다.

③ 수임인이 위임사무의 처리를 위하여 과실없이 손해를 받은 때에는 위임인에 대하여 그 배상을 청구할 수 있다.

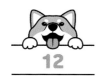
12 애견카페 개 물림 사고로 고소당한 경우

종: 진도 믹스

성별: 여

나이: 2021. 07. 02.

내용: 2022년 10월 1일 15시 30분경 애견카페 대형견존에서 사고가 발생했습니다. 운동장 입장 후 다른 아이들과 인사를 나누고 있던 중 상대측의 반려견(보더콜리)이 혼자 달려와 먼저 으르렁하며 적대적인 태도를 취했고, 제 반려견도 이에 반격을 하려던 찰나에 바로 옆에서 있던 저는 적극적으로 이를 제지하였습니다. 제지에도 불구하고 지속적으로 주변을 돌며 입질을 하고 공격적으로 달려드는 바람에, 18kg의 반려견을 들어 올려 세바퀴 이상 도는 상황이 발생하였으나, 그동안 상대견주는 이를 인지하지 못하였습니다. 이후에도 주변을 맴돌며 계속하여 달려들었고, 이러한 상황에서 상대견주가 뒤늦게 달려왔고 견주가 보더콜리를 잡으려는 그 순간 교상 사고가 발생했습니다. 제가 적극적인 제지를 하지 않았다면 주변의 개들까지 흥분하여 큰 싸움이 일어날 수 있을 상황이었습니다. 단순 교상으로 알고 있던 중 보더콜리가 입원처치를 받고 있다는 사실에 생각보다 크게 다친 것으로 생각하고 걱정이 되어, 사고발생 다음날, 상대측 반려견이 입원한 병원에 방문했습니다.

통상적으로 단순 교상은 당일 처치 후 필요에 따른 통원치료가 일반적이기 때문입니다. 방문 후 교상부위 확인 및 담당의를 통하여 전반적인 상태확인을 받았습니다. 하지만 확인된 상처는 봉합조차 필요없는 작은 교상이었으며, 담당의도 입원이 필수는 아니나 보호자가 원했고, 드레싱을 위한 통원이 불가하기에 입원치료를 진행한다는 이야기도 들었습니다. 이런 상황을 종합하여 단순 교상에 대한 치료비만을 지불하겠다는 의사를 밝혔으나 상대측은 본인이 원해서 받은 추가진료 및 입원비용에 대한 전액을 청구하였습니다.

이후 상대측은 자신의 반려견의 교상에 대한 경과 및 추가진료에 대한 내용을 공유하기를 거부한다는 입장을 밝히기도 하였습니다. 마치 제가 일부러 회피했다는 주장을 하고 있지만 저는 사건 발생 당시 치료비 지불에 대한 의사를 밝혔습니다.

소장의 내용 또한 사실과 다르며(제가 저의 반려견과 한참 떨어진 상태에서 제 반려견이 갑자기 상대방 반려견에게 달려들어 일방적으로 물었다고 적혀있음), 사실을 확인할 수 있는 CCTV 영상자료를 확보했습니다. 또한 과잉진료에 대한 진료비 청구와 변호사 수임료(8% 산정 내외) / 위자료 청구를 받았습니다.

치료비: 약 60만원, **변호사비:** 330만원(공급가액 300만원, 부가세 30만원), **위자료:** 100만원

상대측 반려견은 생식기 부종 및 핥음으로 3회 이상 병원을 방문하였던 기록이 있으며, 당시 생리 중(혹은 끝난지 얼마 안 된 상태)으로 흥분도가 굉장히 높은 상태였습니다. 생리 중(발정)이거나 생리가 끝난지 2~3주 이내의 암컷 강아지는 애견카페에 입장이 불가합니다. 중성화되지 않은 발정기의 강아지는 애견운동장 입장이 불가한 것은 업장의 방침이기도 하지만, 반려견 케어에 있어 기본 상식입니다. 사고당시의 CCTV 영상자료 확보된 상태이며, 행동학적 부분에 대한 전문가의 영상 분석 및 소견서 또한 확보된 상태입니다.

소장 받은 날짜는 2023. 02. 03.입니다. 답변서를 어떻게 작성해야 할지, 답변서와 함께 제출할 CCTV 영상자료는 어떤 방식으로 첨부하면 되는지(ex. 이메일 전송/usb 등), '변호사보수의 소송비용 산입에 관한 규칙'에 따라서 변호사비용을 지불하게 되는 것으로 알고 있는데 이 경우 대략 24~26만원 정도가 나올 것으로 예상됩니다. 과실비율에 따라 변호사보수 비용도 감액될 수 있는지, 사건의 진행절차가 대략 어떤 식으로 이어질지, 판례를 참고했을 때 소송이 끝난 후 제가 지불해야 할 비용은 대략 어느 정도일지 상담 부탁드립니다.

상담

신청인의 반려견에 관한 민사소송이 원만하게 해결되기를 바랍니다.
상담내용에 따르면 2022. 10. 1. 애견카페에서 신청인의 반려견이 상대방의 반

려견을 문 사건이 발생하였습니다. 이에 상대방은 신청인을 상대로 치료비, 위자료 등의 손해배상청구소송을 제기하였습니다. 신청인께서 질문하신 내용을 중심으로 답변을 드립니다.

1 법적 쟁점

이 사건에서 주로 문제가 되는 법 조항은 민법 제759조입니다. 이에 따르면 "동물의 점유자는 그 동물이 타인에게 가한 손해를 배상할 책임이 있다. 그러나 동물의 종류와 성질에 따라 그 보관에 상당한 주의를 해태하지 아니한 때에는 그러하지 아니하다."라고 명시합니다. 여기서 주목하여야 할 점은 동물의 보관에 상당한 주의를 다하였다면 손해배상책임에서 면책된다는 점입니다. 사안에서 신청인은 사고 직전 신청인의 반려견을 적극적으로 제지하였다는 점 등을 이유로 신청인의 반려견의 보관에 상당한 주의를 다하였다는 점을 주장할 수 있다고 생각합니다.

상대방의 반려견이 먼저 도발하였다는 점을 입증하는 것도 도움이 되리라 사료됩니다. 애견카페 대형견존에 입장한 직후 상대방의 반려견이 공격성을 보인 점을 보유하신 CCTV, 전문가의 동물행동학적 분석, 소견서, 중성화 수술 미실시와 반려견의 공격성 간의 상관관계 등을 통하여 증명하는 것이 좋다고 생각합니다.

그 밖에 치료비와 관련하여 상대방이 상대방의 반려견의 경과 및 추가 진료에 관한 정보 공유를 거부한 점, 치료비 청구액이 과다한 점 등에 관하여 주장할 수 있다고 보입니다.

2 답변서 작성

답변서는 소장부본을 송달받은 날로부터 30일 이내에 제출하여야 합니다. 답변서 양식은 대한법률구조공단 홈페이지 법률서식에서 다운받으실 수 있습니다. 답변서의 내용에 관해서는 1. 법적 쟁점에서 말씀드린 부분을 참조하시면 도움이 될 것입니다.

3 답변서 제출

전자소송과 일반소송으로 진행하는 방법이 있습니다. 전자소송을 선택하시면 법원 홈페이지를 통하여 답변서 및 증거자료를 제출하시면 됩니다. 일반소송의 경우 관할 법원에 답변서와 증거자료를 제출하시면 됩니다. 전자소송 홈페이지는 이하와 같습니다.

> 대한민국 법원 전자소송
> https://ecfs.scourt.go.kr/ecf/index.jsp

④ 변호사비용을 비롯한 소송 비용

주지하듯이 원칙적으로 '변호사보수의 소송비용 산입에 관한 규칙'에 따라 패소자는 상대방 변호사비용의 일부만 지급을 합니다. 변호사비용 이외에 송달료, 인지대, 증인여비 등 기본적인 소송비용이 발생합니다.

⑤ 사건의 진행절차

원고의 소장 접수 후 피고에게 소장 부본이 송달되면 2. 답변서 작성에서 언급하였듯이 피고는 송달일로부터 30일 이내에 답변서를 제출하여야 합니다. 이후 변론절차를 거쳐 판결이 선고됩니다. 상세한 설명은 이하를 참조하시면 도움이 되실 것이라 사료됩니다.

> 찾기쉬운 생활법령정보 나홀로 민사소송
> https://www.easylaw.go.kr/CSP/CnpClsMain.laf?popMenu=ov&cs
> mSeq=568&ccfNo=1&cciNo=1&cnpClsNo=2&search_put=

관련 조문

❋ 민법 제393조(손해배상의 범위)
① 채무불이행으로 인한 손해배상은 통상의 손해를 그 한도로 한다.
② 특별한 사정으로 인한 손해는 채무자가 그 사정을 알았거나 알 수 있었을 때에 한하여 배상의 책임이 있다.

❋ 민법 제750조(불법행위의 내용)
고의 또는 과실로 인한 위법행위로 타인에게 손해를 가한 자는 그 손해를 배상할 책임이 있다.

❋ 민법 제759조(동물의 점유자의 책임)
① 동물의 점유자는 그 동물이 타인에게 가한 손해를 배상할 책임이 있다. 그러나 동물의

종류와 성질에 따라 그 보관에 상당한 주의를 해태하지 아니한 때에는 그러하지 아니하다.
② 점유자에 갈음하여 동물을 보관한 자도 전항의 책임이 있다.

✳ 민법 제763조(준용규정)

제393조, 제394조, 제396조, 제399조의 규정은 불법행위로 인한 손해배상에 준용한다.

상담

보내주신 답변서를 잘 확인하였습니다.

먼저 상담 단계에서는 법률 서면에 대한 세심한 검토가 어렵다는 점에 관하여 양해의 말씀을 드립니다. 다만 전체적인 틀에서 답변서에 관한 개인적인 의견을 몇 가지 말씀드리겠습니다.

1 답변서의 형식

– 주어, 일시, 상대방, 목적, 행위의 순서대로 문장을 구성하면 좋을 것 같습니다.
– 청구원인에 대한 답변에 '–습니다.'와 '–하다.'가 혼용되어 있으므로 '–습니다.'로 일치하는 것이 나아 보입니다.
– 주어와 서술어가 호응하지 않는 등의 비문을 최소화하는 작업도 필요해 보입니다.

2 답변서의 내용

– 사안에서 주로 문제가 되는 법적 쟁점을 목차로 세분화하여 서면을 작성하면 가독성이 높아질 것 같습니다. 본 사안에서 민법 제759조와 관련하여 특히 문제 되는 것은 "동물의 보관에 상당한 주의를 다한 점"이므로, 이를 단독 목차로 구성하여 답변서를 작성하시면 도움이 되리라 생각합니다.
– 관련 판례나 문헌을 인용하는 방법으로 글의 설득력을 제고할 수 있을 것 같습니다.
– 피고의 치료비에 대한 적극적인 지급 의사는 현 단계에서 언급하기보다는 향후 소송을 진행하시면서 주장하셔도 좋을 것 같습니다.

답변서를 작성하시는 과정에서 제 답변이 도움이 되기를 바랍니다.

감사합니다.

❋ 민법 제393조(손해배상의 범위)

① 채무불이행으로 인한 손해배상은 통상의 손해를 그 한도로 한다.

② 특별한 사정으로 인한 손해는 채무자가 그 사정을 알았거나 알 수 있었을 때에 한하여 배상의 책임이 있다.

❋ 민법 제750조(불법행위의 내용)

고의 또는 과실로 인한 위법행위로 타인에게 손해를 가한 자는 그 손해를 배상할 책임이 있다.

❋ 민법 제759조(동물의 점유자의 책임)

① 동물의 점유자는 그 동물이 타인에게 가한 손해를 배상할 책임이 있다. 그러나 동물의 종류와 성질에 따라 그 보관에 상당한 주의를 해태하지 아니한 때에는 그러하지 아니하다.

② 점유자에 갈음하여 동물을 보관한 자도 전항의 책임이 있다.

❋ 민법 제763조(준용규정)

제393조, 제394조, 제396조, 제399조의 규정은 불법행위로 인한 손해배상에 준용한다.

13 상대방 강아지에게 견주와 강아지가 물려 고소하는 경우

종: 재패니즈 스피츠
성별: 여
나이: 2012. 03. 15

내용: 2022. 09. 30. 엄마와 반려견이 개에 물린사고입니다.
형사고발하여 약식명령으로 사건종료되어 공소장은 받아놓고, 민사소송을
진행해야 하는데 절차 및 가능여부를 상담받고 싶습니다.
공소장, 진단서, 물린사진을 첨부합니다.

상담

1 어머니에 관한 부분

가해견주는 민법 제759조의 손해배상책임을 집니다. 원칙적으로 손해배상의 액수는 적극적 손해로써 치료비(장래 치료비 포함), 수술비 등 상해를 치료하는 데 들어간 제반 비용, 소극적 손해로써 일실이익(손해배상청구의 발생 사실이 없었다면 얻을 수 있었다고 생각되는 이익), 정신적 손해로써 해당 사고로 인해 피해자가 입은 정신적 고통에 대한 손해배상액(위자료)을 모두 합한 금액입니다.

위자료는 피해자의 나이, 상해의 정도, 사고의 경위 및 결과 등 제반 사정을 참작하여 결정되므로 일률적으로 말씀드리기 힘듭니다. 참고로 만 4세의 어린아이가 약 2주간의 치료를 요하는 표재성 손상을 입은 사안에서 위자료로 2,500,000원을 인정한 사례(서울동부지방법원 2015. 5. 13. 선고 2014나22750 판결)가 있습니다.

제공해주신 자료로는 판단할 수 없으나, 만약 피해자에게도 사고 발생에 대한 과실(예: 개가 개를 문 사건에서, 피해견주도 목줄을 하지 않아 피해가 확대된 경우)이 있는 경우 손해배상액에서 과실비율에 따라 감액을 합니다(과실상계). 즉 전체 손해액에서 피해

자의 과실비율에 상응하는 금액이 공제됩니다.

2 반려견에 관한 부분

앞서 말씀드린 내용과 거의 동일합니다. 가해견주는 손해를 배상할 책임이 있으며, 그 액수는 치료비, 수술비 등 반려견의 부상을 치료하는 데 들어간 비용, 해당 사고로 인해 피해견주가 입게 된 정신적 고통에 대한 손해배상액을 모두 합한 금액이며, 위자료는 30만원에서 300만원 정도까지 다양합니다. 피해자 측(견주 또는 어머니)에게 목줄을 하지 않은 등의 과실이 있는 경우 그에 상응하는 부분은 배상액에서 감액됩니다(과실상계).

3 승소가능성 및 합리적 소송계획 수립의 필요성

법원의 약식명령 등이 존재하므로 손해배상청구 요건에 관한 입증은 어렵지 않을 것으로 보입니다. 다만, 가해자가 합의를 하지 않고 형사처벌을 받은 점에 비추어 보면, 가해자는 손해를 배상할 여력, 즉 금전이 없을 수도 있습니다. 이 경우 민사소송을 통해 승소를 하더라도 가해자로부터 임의 지급을 기대할 수 없거나 가해자에 대한 강제집행이 무의미할 수 있으므로, 소송을 제기하기 전 가해자의 재산을 미리 파악하여 가압류를 하는 등 전문가의 도움을 받아 합리적인 계획을 세울 필요가 있습니다.

실제 소송결과

본 건은 상담 이후 실제 변호사의 도움을 받아 가압류 및 민사소송을 진행한 사건입니다. 원고들은 제1심에서 승소하여 아래와 같이 손해배상액을 인정받았습니다(수원지방법원 안양지원 2024. 2. 8. 선고 2023가소120588 판결).

1 원고 1(어머니)

치료비 867,030원, 위자료 3,000,000원, 합계 3,867,030원

원고 2(피해견주)

반려견 치료비 951,900원, 위자료 1,000,000원, 합계 1,951,900원

관련 조문

✳ 민법 제759조(동물의 점유자의 책임)

① 동물의 점유자는 그 동물이 타인에게 가한 손해를 배상할 책임이 있다. 그러나 동물의 종류와 성질에 따라 그 보관에 상당한 주의를 해태하지 아니한 때에는 그러하지 아니하다.

② 점유자에 갈음하여 동물을 보관한 자도 전항의 책임이 있다.

✳ 민법 제763조(준용규정)

제393조, 제394조, 제396조, 제399조의 규정은 불법행위로 인한 손해배상에 준용한다.

✳ 민법 제396조(과실상계)

채무불이행에 관하여 채권자에게 과실이 있는 때에는 법원은 손해배상의 책임 및 그 금액을 정함에 이를 참작하여야 한다.

개-개
물림

종: **요크셔테리어**

성별: **여**

나이: **7년**

🐾 **내용**: 5월 25일 저녁 9시쯤, 제가 이모네 반려견을 데리고 산책하러 나갔다가 대문이 없는 집에서 목줄이 없는 개가 이모네 반려견의 흉강을 물어 수술하였고 그곳은 CCTV가 없는 골목이었습니다.

저녁 시간이라 목격자도 없었고 당시 저와 개 두 마리뿐이었고 가해견이 2차 공격을 가할 수도 있는 상황이라 저도 자리를 피한 뒤, 후에 강아지가 물린 것을 인지했습니다. 병원에 입원시킨 후, 가해견주에게 사실을 알리고 병원비를 보상해 달라고 부탁하여 승낙까지 받았습니다. 하지만 병원비가 많이 나오고, 근처 빌라의 CCTV 확인을 위해 경찰이 출동했으나 증거가 없다는 점을 확인한 후 가해견주는 "목줄을 풀어둔 것이 아니라 개가 끊은 것이며 본인이 못봤으니 보상해 줄 수 없다."라고 합니다.

그러나 경찰 출동 시 확인된 빌라 주인의 진술에 따르면, 가해견주의 개는 며칠 전부터 목줄이 풀린 채 돌아다녔고(녹취 X) 동네 주민분에게 물어본 결과 한 달 정도 됐다고 하셨습니다(녹취). 저 역시 그날 18시 30분경 그 골목을 지나며 돌아다니는 것을 목격하였습니다. 처음에는 저희 쪽 과실을 물어보시더니, 증거가 없다는 걸 아시고서는 잡아떼는 중이고 합의를 하려고 해도 대화조차 하지 않으려고 해서 증거를 수집하던 중 경찰서에 정보 공개요청을 하게 되었습니다. 거기서 가해견주가 "개가 목줄을 끊어 놓은 것은 인정하나 고의로 물게 한 것은 아니다."라는 진술을 발견하게 되었고 그것을 근거로 민사소송을 진행하려고 합니다.

현재 다른 모든 부분에 대해서는 증거를 가지고 있는 상태입니다. 저희 이모네 강아지를 제가 데리고 나가서 생긴 일이고 피해 당사자는 개인데, 개는 진술을 할 수 없으니, 제가 대신 대리소송으로 진행할 생각입니다. 저희 이모 쪽에서는 가해견주들이 너무 완강하고 뻔뻔하게 나오니 억울하지만 포기하고 계신 상태입니다. 하지만 너무 괘씸하고 억울해서 가만히 있을 수가 없습니다.

🐾 1. 경찰에 진술을 그렇게 하고 증거가 없다는 이유로 배 째란 식으로 나온 것에 대해 괘씸죄 등을 물을 수 없나요?
   2. 그 골목에서 개가 저희 개를 공격하는 걸 혼자 보았고 그 트라우마로 정신과 상담을 받고 새벽에 자다가도 개가 짖는 소리가 들리면 놀라서 깨곤 하는데 그것에 대한 위자료를 같이 청구할 수는 없나요?
   3. 한번 공격성을 보인 개가 대문이 없는 집에서 목줄을 끊고 그렇게 돌아다닌다면 제2, 3의 피해자가 또 발생할 수도 있는 문제인데, 구청에 민원을 넣어 봤더니 본인들은 주의밖에 줄 수 있는 게 없다고 하던 데 다른 방법은 없나요?
   4. 이 사건의 경우 민사소송에도 종류가 다양하던데 어떤 종류의 소송으로 가야 할지 그리고 승소 확률 등도 궁금해요. 셀프로 할 수 있는 방법이면 더 좋고, 되도록 전액과 위자료도 같이 받고 싶어요. CCTV 확인을 위해 빌라 주인분들과 시간 맞추느라, 법률상담으로 출근을 못했습니다. 증거수집을 위해 밤낮없이 일하면서 바쁘게 살았고, 경찰서에 간다고 조퇴한 점에 대해서요.

상담

1 상대방의 민사상 책임

민법 제759조에 의하면 견주는 자신의 반려견이 타인, 타인의 반려견에 위해를 가하지 못하도록 할 주의의무가 있습니다. 견주가 자신의 집 안에서 반려견의 목줄을 묶어 키울 의무는 없지만, 이 사안에서 상대방이 반려견을 목줄로 통제하지 않은 상태에서 대문이 없는 집에 방치한 것은 일응 반려견의 보관상 주의의무를 다하였다고 볼 수 없을 듯합니다. 상대방은 자신이 목줄을 풀어 놓은 것이 아니라, 그 반려견 스스로 목줄을 끊었다고 하여 고의가 없었다고 주장하면서 자신의 책임을 부정하는 듯하나, 민법 제759조의 불법행위책임은 불법행위자에게 과실이 있는 경우에도 성립합니다. 따라서 상대방은 신청인, 신청인의 이모에게 손해배상책임이 성립할 것으로 보입니다. 대구고등법원 80나258 판결[부록1-2]은 개가 스스로 목줄을 끊고 타인에게 피해를 입힌 사안에서 견주의 책임을 인정한 판결입니다. 비록 현장 상황이 찍힌 CCTV 동영상이 없다고 하더라도, 분쟁이 발생한 모든 경우에 현장 상황을 확인할 수 있는 동영상으로 입증해야 하는 것은 아니기 때문에, 소송에서 현재 확보하신 증거들로 손해 발생 사실을 입증하는 데 크게 무리는 없으실 것으로 보입니다.

상대방이 증거가 없다고 배째란 식으로 나오는 점은 민사소송 시 위자료 증액 사유가 됩니다. 아래의 부산지법 2007가단82390 판결의 위자료 부분에서 '가해자가 사고의 발생 자체와 손해배상책임을 부인하면서 손해배상을 위한 노력을 시도하지 아니한 점'을 위자료 증액 사유로 설시하고 있습니다.

관련 법률

❋ 민법 제759조(동물의 점유자의 책임)

① 동물의 점유자는 그 동물이 타인에게 가한 손해를 배상할 책임이 있다. 그러나 동물의 종류와 성질에 따라 그 보관에 상당한 주의를 해태하지 아니한 때에는 그러하지 아니하다.

❋ 부산지법 2008. 4. 16. 선고 2007가단82390 판결

다. 위자료

이 법원의 고신대학교복음병원장에 대한 신체감정촉탁 결과에 의하면, 원고는 이 사건 사고로 인하여 15%의 노동능력상실률이 발생한 사실을 인정할 수 있고, 반증이 없는바, 위에서 인정한 바와 같은 이 사건 사고의 경위, 원고의 상해의 정도 및 원고가 이 사건 사고 당시 만 66세의 고령의 여성인 점, 피고가 이 사건 사고 이후에 변론 종결일까지 약 1년 2개월 동안 이 사건 사고의 발생 자체와 손해배상책임을 부인하면서 손해배상을 위한 노력을 시도하지 아니한 점에 비추어 보면, 이 사건 사고로 인하여 피고가 원고에게 지급하여야 할 위자료는 금 5,000,000원으로 정함이 상당하다.

❷ 상대방의 형사상 책임 및 향후 제재방법

상대방이 자신의 개가 목줄을 끊고 다니는 데 방치한 행위는 경범죄처벌법 제3조 제1항 제25호 위반으로, 위험한 동물의 관리 소홀에 해당하므로 10만원 이하의 벌금에 처해질 수 있습니다. 또한 향후 해당 개가 다시 목줄 없이 다니는 경우 동영상을 촬영하셔서 경찰에 위 조항 위반으로 신고를 하면 상대방은 벌금형에 처해지게 됩니다.

관련 법률

＊ **경범죄 처벌법 제3조(경범죄의 종류)**

① 다음 각 호의 어느 하나에 해당하는 사람은 10만원 이하의 벌금, 구류 또는 과료의 형으로 처벌한다.

25. (위험한 동물의 관리 소홀) 사람이나 가축에 해를 끼치는 버릇이 있는 개나 그 밖의 동물을 함부로 풀어놓거나 제대로 살피지 아니하여 나다니게 한 사람

❸ 신청인의 위자료 청구 가부 및 이모를 대신한 소송 가부

반려견의 치료비 손해와 별개로 신청인께서도 상대방으로 인해 본인에게 휴업손해 또는 정신적 손해가 발생하였다면, 단독으로 원고로서 상대방을 피고로 하여 손해배상청구가 가능합니다.

민사소송법에서 반려견이 다친 피해의 당사자로서 상대방에게 반려견의 치료비를 청구할 수 있는 당사자는 반려견의 견주인 이모이므로 반려견의 치료비 청구의 원고는 이모가 되어야 합니다.

신청인께서 이모를 대신해서 소송을 하시려면 이모로부터 위임장을 받아 재판부로부터 소송대리허가를 받아 진행하실 수 있습니다. 소송대리허가신청은 이모가 단독 원고인 경우에도 가능하고, 신청인과 이모가 두 명의 원고로서 각자의 손해를 상대방에게 전부 청구하시는 경우에도 가능합니다.

원칙적으로 소송대리는 변호사만 가능하지만, 예외적으로 청구금액이 2억원 이하이고, 소송대리인과 대리권 수여하는 사람이 일정 범위 내 친족 또는 고용 관계에 있을 경우 재판부의 허가를 받아 소송대리를 할 수 있습니다. 이모와 신청인께

서는 4촌 이내의 친족이므로 소송대리가 가능하실 것으로 보입니다. 첨부한 소송대리허가신청과 소송위임장양식을 참고하시기 바랍니다.

4 소송의 종류, 승소 확률

민사소송의 종류 중 '손해배상(기)청구의 소'입니다. 상대방 손해배상책임의 근거 법조항은 앞서 말씀드린 민법 제759조입니다. 반려견의 치료비는 승소확률이 높은 편입니다. 신청인의 휴업손해와 위자료는 상대적으로 승소확률이 높지는 않은 편이기는 하나, 입증 자료가 충분하다면 승소하실 수 있으실 것입니다. 신청인께서 직접 소송을 수행하실 예정이시면 대한민국 법원 나홀로소송 웹사이트를 참고하시면 도움이 되실 겁니다. 만약 변호사를 선임하셔서 소송을 진행하시더라도 승소하시면 변호사비용 등 소송비용은 패소한 당사자인 상대방이 신청인에게 물어줘야 하므로 비용에 대한 부담을 덜 수 있습니다.

> 대한민국 법원 나홀로소송 웹사이트
> pro-se.scourt.go.kr/wsh/wsh000/WSHMain.jsp

15 목줄한 우리 강아지가 목줄하지 않은 상대방 강아지 다리를 물어 골절상을 입힌 경우

종: 믹스견

성별: 여

나이: 10년

🐾 **내용:** 어젯밤 11시경 제 강아지는 아니고, 이웃집 할아버지(거동이 불편하셔서 제가 자주 산책시킵니다)의 강아지를 데리고 바로 집 앞에서 산책했습니다. 저희 강아지는 목줄을 한 상태였고, 상대방 강아지는 목줄을 하지 않은 상태였습니다. 하지만 목줄을 안 한 강아지는 가만히 있었고, 저희 강아지가 그 강아지에게 다가가려고 하여 목줄을 길게 잡았습니다.

서로 냄새 맡던 중에 우리 강아지가 상대 강아지의 다리를 물어 골절됐습니다. 일단 서로 경황이 없어, 병원비만 제가 내주었습니다. 오늘 수술 예약을 잡고 수술 비용에 대해 다시 얘기하기로 했는데, 서로에 대한 과실이 몇 대 몇 정도인지 문의드립니다.

상담

반려견을 산책시키는 중인 점유자는 반려견이 타인 또는 타인의 반려견에게 위해를 가하지 않도록 주의할 의무가 있습니다. 신청인께서는 비록 반려견의 목줄을 하였지만, 사고를 예방하지 못한 과실로 상대방의 반려견에게 골절을 입혔으므로, 상대방에 대해 민사상 손해배상책임이 있습니다(민법 제759조).

다만, 상대방은 반려견에 목줄을 하지 않음으로써, 사고 상황에 즉시 반려견들을 떼어놓는 등 조치를 취하지 못한 과실이 있습니다. 나아가 상대방이 반려견의 목줄을 하지 않은 것은 동물보호법위반으로 과태료 부과 대상이기도 합니다.

※ 민법 제759조(동물의 점유자의 책임)

① 동물의 점유자는 그 동물이 타인에게 가한 손해를 배상할 책임이 있다. 그러나 동물의 종류와 성질에 따라 그 보관에 상당한 주의를 해태하지 아니한 때에는 그러하지 아니하다.

※ 동물보호법 제16조(등록대상동물의 관리 등)

② 등록대상동물의 소유자등은 등록대상동물을 동반하고 외출할 때에는 다음 각 호의 사항을 준수하여야 한다.

1. 농림축산식품부령으로 정하는 기준에 맞는 목줄 착용 등 사람 또는 동물에 대한 위해를 예방하기 위한 안전조치를 할 것
2. 등록대상동물의 이름, 소유자의 연락처, 그 밖에 농림축산식품부령으로 정하는 사항을 표시한 인식표를 등록대상동물에게 부착할 것
3. 배설물(소변의 경우에는 공동주택의 엘리베이터·계단 등 건물 내부의 공용공간 및 평상·의자 등 사람이 눕거나 앉을 수 있는 기구 위의 것으로 한정한다)이 생겼을 때에는 즉시 수거할 것

※ 동물보호법 제101조(과태료)

④ 다음 각 호의 어느 하나에 해당하는 자에게는 50만원 이하의 과태료를 부과한다.

4. 제16조제2항제1호에 따른 안전조치를 하지 아니한 소유자등

※ 동물보호법 시행령 [별표 4]

과태료의 부과기준 과태료 금액 : 1차 위반 20만원 / 2차 위반 30만원 / 3차 이상 위반 50만원

신청인과 상대방의 과실비율을 수치로 말씀드리기는 어려우나, 아래 판결을 참고하시기 바랍니다. 대구지방법원 2013가소35765 판결[손해배상]에서 피고의 개 (진돗개)가 목줄을 묶지 않은 채 다니다가, 마찬가지로 목줄을 묶지 않은 원고의 개 (치와와)와 싸우던 중 원고의 개를 물어 죽인 사안에서 법원은 과실비율을 50:50으로 판단한 바 있습니다.

신청인께서는 반려견의 목줄을 하고 계셨기 때문에 반려견의 목줄을 하지 않은 상대방에게 과실상계로 항변할 여지가 있습니다.

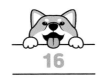

16 개-개 물림 사고 시, 처벌 가능 유무와 예방접종을 하지 않은 경우 과태료 처분 가능 여부

종: 진돗개

성별: ***

나이: ***

🐾 **내용:** 공원에서 진돗개가 다른 개와 견주를 물었습니다.

진돗개는 크기가 크고 목줄을 안 한 상태였고, 물린 개는 목줄을 하고 크기가 작았습니다. 물리는 것을 말리다가 견주도 같이 물렸습니다. 또한, 진돗개는 예방접종을 하지 않은 상태였습니다.

🐾 **상담 요청사항:** 강아지가 물린 경우, 형사적으로는 처벌이 어렵다고 들었는데, 동물보호법상으로는 처벌이 가능한지, 예방접종을 하지 않은 것에 대한 과태료는 어떻게 되는지 문의드립니다.

상담

처벌가능성

견주는 반려견이 사람을 깨물거나 할 위험성이 있으므로 위험발생을 미리 막아야 할 주의의무가 있는데, 반려견이 사람을 물었다면 목줄을 매지 않거나, 입마개를 하지 않거나, 목줄을 충분히 당기지 않은 등의 이유로 반려견의 관리·감독을 소홀히 한 과실 또는 안전조치를 취하지 않은 과실이 인정됩니다. 실무에서는 반려견이 사람을 물었을 경우 거의 예외 없이 견주의 과실을 인정하여 과실치상죄(형법 제266조 제1항)로 처벌하고 있습니다.

최근 동물보호법 처벌규정이 강화되었는데, 목줄을 하지 않는 등의 안전조치위반으로 사람에게 상해를 입힌 경우 그 형이 '2년 이하의 징역 또는 2천만원 이하의 벌금'으로 무겁고, 반의사불벌죄에 해당되지 않아 합의를 한다고 하더라도 양형에서 참작될 뿐 처벌이 면제되지는 않습니다(2019. 3. 21.부터 시행).

반면에 반려견이 반려견을 문 경우에는 우리법이 반려견을 물건으로 취급하고 있어서 재물의 효용을 해한 것을 보아 손괴죄가 문제됩니다. 반려견 물림 사고의 경우 고의 사고로 보기 어려워 과실범이 문제가 되는데, 손괴죄는 과실범 처벌 규정이 없어 현행형법에서는 처벌할 수가 없습니다.

사람이 반려동물에게 상해를 입혔고, 그것이 학대에 해당할 경우 동물보호법에서 처벌하는 규정이 있으나, 반려동물에 의한 상해와 관련해서는 따로 처벌규정이 없습니다.

위에서 언급한 바와 같이 반려견이 사람을 문 경우는 동물보호법 처벌규정이 강화되었습니다. 반려견 물림피해 사고도 증가하고 있어 앞으로 반려견이 목줄을 하지 않는 등의 안전조치 위반으로 반려견에게 상해를 입히거나 사망에 이르게 한 경우에는 반려견주를 처벌하는 규정이 신설될 수도 있을 것으로 보입니다.

2 광견병 예방접종

개는 가축전염병 예방법에서 규정하는 가축에 해당하고, 광견병은 2종 가축전염병으로 지정되어 반려견은 가축전염병 예방법의 적용대상이 됩니다.

농림축산식품부장관, 시·도지사 또는 시장·군수·구청장은 가축전염병이 발생하거나 퍼지는 것을 막기 위하여 필요하다고 인정하면 농림축산식품부령으로 정하는 바에 따라 가축의 소유자 등에게 검사·주사·약물목욕·면역요법 또는 투약을 명할 수 있는데, 시·도지사 또는 시장·군수·구청장이 광견병 예방접종 실시 명령을 하였음에도 가축의 소유자 등이 예방접종을 실시하지 않은 경우에는 200만원(1회)에서 1,000만원(3회)까지의 과태료 처분을 받게 됩니다.

그러나 광견병 비발생지역으로 발생이나 확산 우려가 낮아 광견병 예방접종 명령을 내린 적이 없는 지자체가 많습니다. 서울시의 경우 보통 3개월 이상의 반려동물에 대해 반드시 매년 1회 광견병 예방접종을 받도록 권고하고 있는데, 이를 광견병 예방접종 실시 명령으로 보아야 할지 아니면 단순 권고로 보아야 할지에 대해서는 논란이 있습니다.

우리나라에서는 2014년 이후 광견병 발생건수가 없어서 이와 관련하여 과태료 처분이 내려진 사례는 없는 것으로 보입니다.

　사안의 경우 물림 사고를 낸 진돗개의 등록지 지자체에서 지자체장이 광견병 예방접종 실시 명령을 하였음에도 불구하고, 예방접종을 시행하지 않았다면 200만원 (1회)에서 1,000만원(3회)까지의 과태료 처분을 받게 됩니다.

관련 규정

❋ 가축전염병 예방법 제2조(정의)

　이 법에서 사용하는 용어의 뜻은 다음과 같다.

　1. '가축'이란 소, 말, 당나귀, 노새, 면양·염소[유산양(젖을 생산하기 위해 사육하는 염소)을 포함한다], 사슴, 돼지, 닭, 오리, 칠면조, 거위, 개, 토끼, 꿀벌 및 그 밖에 대통령령으로 정하는 동물을 말한다.

❋ 가축전염병 예방법 제15조(검사·주사·약물목욕·면역요법 또는 투약 등)

　① 농림축산식품부장관, 시·도지사 또는 시장·군수·구청장은 가축전염병이 발생하거나 퍼지는 것을 막기 위하여 필요하다고 인정하면 농림축산식품부령으로 정하는 바에 따라 가축의 소유자등에게 가축에 대하여 다음 각 호의 어느 하나에 해당하는 조치를 받을 것을 명할 수 있다.

　1. 검사·주사·약물목욕·면역요법 또는 투약

　2. 주사·면역요법을 실시한 경우에는 그 주사·면역요법을 실시하였음을 확인할 수 있는 표시(이하 "주사·면역표시"라 한다)

　3. 주사·면역요법 또는 투약의 금지

❋ 가축전염병 예방법 제60조(과태료)

　① 다음 각 호의 어느 하나에 해당하는 자에게는 1천만원 이하의 과태료를 부과한다.

　4. 제15조제1항, 제16조제5항 또는 제43조제6항에 따른 명령을 위반한 자

17 가출한 개에게 물려 반려견이 사망하고 사람까지 상해를 입은 경우

종: **닥스훈트**

성별: **남**

나이: **4년**

🐾 **내용**: 10월 1일 오전 2~3시경 모르는 집의 개가 목줄을 끌고 다니며, 반려견들(리트리버, 닥스훈트)이 지내고 있는 저희 집 마당으로 들어왔습니다. 이후 동네가 시끄러워져 제가 마당의 개에게 다가갔고, 개가 절 보고 짖으며 저희 집 마당 건너 골프장 위쪽으로 도망가는 것을 보았습니다. 그 후 새벽에서 아침 사이에 개는 보이지 않았습니다.

같은 날 오전 저는 교육을 받으러 나갔고, 옆집 아주머니께서 아버지께 "마당 앞에서 새벽에 돌아다니던 그 개가 방금 반려견(닥스훈트)을 물고 흔들며 공격하는 장면을 보았다."라고 급하게 말씀하셔서, 아버지께서는 마당으로 곧장 가셨습니다. 하지만 저희 반려견(닥스훈트)은 목줄이 뜯어진 채 사라졌고, 급히 주변을 찾아보자 근처 풀숲에 힘없이 쓰러져 있는 반려견(닥스훈트)을 발견하셨습니다. 외상이 심해 보여 곧장 병원으로 향하였으나 이미 반려견(닥스훈트)은 두개골, 갈비뼈, 늑골이 심하게 부러졌으며, 폐 쪽의 내출혈로 피가 차고 있어 사망 가능성이 매우 높고, 이미 모든 감염이 다 되어서 당장은 치료가 불가하다는 소견을 받았습니다.

그 후 아버지께서는 의식이 없는 반려견(닥스훈트)을 태우고 그 개의 주인을 찾아다니셨습니다. 개의 가해견주는 죄송하다는 이야기도 없이 자기 개를 잡아오라고만 말했고 아버지께서는 동네의 안전을 위해 개를 찾았습니다. 발견 후 119에 신고하였으나 개가 사라져 철수하였고, 이후 다시 개가 나타나 119가 재출동하였습니다. 아버지께서는 그 개의 목줄을 잡은 상태에서 손을 물리는 공격을 당하셨습니다(상해진단서 첨부). 그 후 119가 도착하여 개를 포획하였습니다.

가해견은 목줄이 풀어져 몇 번 가출을 했던 개라고 가해견주가 직접 이야기하셨고 기다리면 돌아온다는 안일한 생각으로 목줄이 풀어져 가출한 개를 방치하였다고 합니다.

10월 2일, 개의 주인인 여성분의 남편과 두 번의 전화 통화 후 만나기로 하였고, 아버지께서 직접 만나 뵙고 합의금으로 200만원을 이야기했습니다. 그분이 하루만 시간을 달라고 하여 시간을 드렸으나 연락이 없었습니다.

10월 3일, 연락이 없어 하루만 더 기다리기로 한 후 저녁에 연락드렸으나, 전화도 받지 않고 무성의한 답변만 문자로 왔습니다(사진 첨부).

반려견을 키우는 입장에서 이러한 상황을 이해하지 못할 뿐더러 가족을 억울하게 잃었다는 정신적인 고통이 매우 커 온 가족이 일에 집중하지 못하고, 집에 남아 있는 반려견마저 위험해질까 집을 비우지 못하며 교대로 온 가족이 집을 지키고 있는 상황입니다. 저희는 진심이 담긴 사과조차 받지 못하였고, 오히려 상대편이 피해자인 양 도망간 개를 탓하고 있습니다. 소방관이 왔을 때는 본인 개에게 정이 떨어졌다며, 안락사를 진행해달라는 무책임한 모습을 보였습니다. 또한, 반려견들의 주인인 저는 상대방의 얼굴조차 모릅니다.

저희 집의 반려견들은 목줄이 이중으로 관리되어 있습니다. 그 개가 마당에 침입해 죄 없는 반려견에게 해를 입히고 결국 사람(아버지)까지 공격한 상태입니다 (예방접종, 반려견 등록 또한 되지 않은 상태로 추측됨).

잘못을 했음에도 불구하고, 무책임한 모습으로 일관하며 법대로 하라는 상대편이 너무 괘씸하며, 아무 죄없이 사망한 저희 반려견이 너무 안타깝고, 그로 인해 정신적으로 고통받고 힘든 상황이 지속되는 게 매우 억울합니다.

상담

1 반려견 상해 또는 사망 관련

동물점유자는 동물의 종류와 성질에 따라 그 보관에 상당한 주의를 해태하였음을 입증하지 않는 한, 그 동물이 타인에게 가한 손해를 배상할 책임이 있습니다(민법 제759조 제1항). 실무에서는 반려견이 사람이나 반려견을 문 경우는 거의 예외 없이 견주의 과실을 인정하고 있으므로, 견주는 피해자나 피해견주에게 손해배상책임을 져야 합니다.

물림 사고로 반려견이 부상을 입은 경우 견주에게 손해배상책임이 인정되는데, 손해배상의 범위에는 기왕치료비, 향후치료비 등의 재산상 손해와 위자료가 포함됩니다.

피해자 측의 과실이 인정되는 경우 견주의 책임이 제한되고, 그만큼 비율적으로 재산상 손해에서 공제되는데, 목줄을 하지 않고 산책하다가 물림 사고를 당한 경우 그 책임을 50%로 제한한 사례가 있습니다(**피해자의 과실을 50%로 봄**). 또한 개를 예의주시하면서 목줄 반경 밖으로 다니고 불필요하게 함부로 접근하지 않는 등 스스로의 안전을 도모할 주의의무가 있음에도 이를 소홀히 한 점을 들어 견주의 책임을 90%로 제한한 사례도 있습니다(**피해자의 과실을 10%로 봄**).

치료비와 관련하여 일반적으로 치료를 위한 검사비용, 수술 등 치료를 위해 직접 지출한 비용은 손해배상의 범위에 포함되나 추가 수술비, 향후치료비 등은 그 필요성과 소요 금액에 대해 다소 엄격한 입증을 요구하고 있으므로, 객관적인 자료에 의하여 입증되어야 합니다.

위자료와 관련하여 현재 법원 실무에서는 반려견이 다치거나 사망한 경우 반려견은 생명을 가진 동물이라는 점, 통상 반려견의 소유자는 보통의 물건과 달리 그 반려견과 정신적인 유대와 애정을 서로 나누는 점 등을 고려하여 정신적 손해인 위자료 배상의무를 인정하고 있습니다.

위자료는 반려견의 교환가치, 사고의 발생경위, 쌍방의 과실 정도, 상해의 부위와 정도, 반려견에 대한 치료과정 및 치료 정도 등 제반 사정을 참작하여 위자료 액수를 정하는데, 실무에서는 30만원에서 300만원 사이에서 정해지는 경우가 많습니다.

사안은 가해견이 풀린 상태로 피해자의 집에 들어와 피해견을 문 사건이므로, 가해견주에게 민사상 손해배상책임이 인정되고, 치료비와 위자료 배상을 해야 합니다. 사고경위상 피해자 측에 과실을 인정할 여지는 없으므로, 가해자의 책임이 제한될 가능성은 적어 보입니다.

가해견주는 '사람이나 가축에 해를 끼치는 버릇이 있는 개나 그 밖의 동물을 함부로 풀어놓거나 제대로 살피지 아니하여 나다니게 한 사람'에 해당하여 경범죄처벌법에 따라 10만원 이하의 벌금, 구류 또는 과료의 형으로 처벌될 수 있습니다.

＊ 민법 제759조(동물의 점유자의 책임)

① 동물의 점유자는 그 동물이 타인에게 가한 손해를 배상할 책임이 있다. 그러나 동물의 종류와 성질에 따라 그 보관에 상당한 주의를 해태하지 아니한 때에는 그러하지 아니하다.

② 점유자에 갈음하여 동물을 보관한 자도 전항의 책임이 있다.

＊ 경범죄처벌법 제3조(경범죄의 종류)

① 다음 각 호의 어느 하나에 해당하는 사람은 10만원 이하의 벌금, 구류 또는 과료의 형으로 처벌한다.

25. (위험한 동물의 관리 소홀) 사람이나 가축에 해를 끼치는 버릇이 있는 개나 그 밖의 동물을 함부로 풀어놓거나 제대로 살피지 아니하여 나다니게 한 사람

② 부친 부상 관련 형사책임

견주는 반려견이 사람을 깨물거나 할 위험성이 있으므로 위험발생을 미리 막아야 할 주의의무가 있는데, 반려견이 사람을 물었다면 목줄을 매지 않거나, 입마개를 하지 않거나, 목줄을 충분히 당기지 않은 등의 이유로 반려견의 관리·감독을 소홀히 한 과실 또는 안전조치를 취하지 않은 과실이 인정됩니다. 실무에서는 반려견이 사람을 물었을 경우 거의 예외 없이 견주의 과실을 인정하여 과실치상죄(형법 제266조 제1항)로 처벌하고 있습니다.

피해자가 가해견주를 신고하거나 고소할 경우 상해의 정도에 따라 선고형이 다른데, 상해의 정도가 심하지 않다면 30만원에서 100만원 사이에서 벌금형이 선고됩니다.

③ 부친 부상 관련 민사책임

동물점유자는 동물의 종류와 성질에 따라 그 보관에 상당한 주의를 해태하였음을 입증하지 않는 한, 그 동물이 타인에게 가한 손해를 배상할 책임이 있습니다(민법 제759조 제1항). 실무에서는 반려견이 사람을 문 경우는 거의 예외 없이 견주의 과실을 인정하고 있으므로, 견주는 피해자에게 손해배상책임을 져야 합니다.

손해배상의 범위에는 기왕치료비, 향후치료비, 일실수입 등의 재산상 손해와 위자료가 포함되는데, 위자료는 치료기간, 후유장애여부에 따라 다른데, 법원 실무에

서는 가벼운 물림 사고라면 보통 50만원에서 200만원 사이에서 위자료를 인정해 주 고 있습니다.

부친의 경우 가해견을 통제하는 과정에서 물렸으므로, 가해견주는 과실치상의 형사적 책임과 민사상 손해배상책임을 져야 하고, 그 범위는 부상에 따른 직접 치료비와 위자료가 포함됩니다.

관련 규정

❋ 형법 제266조(과실치상)

① 과실로 인하여 사람의 신체를 상해에 이르게 한 자는 500만원 이하의 벌금, 구류 또는 과료에 처한다.
② 제1항의 죄는 피해자의 명시한 의사에 반하여 공소를 제기할 수 없다.

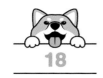

18
우리 강아지가 목줄을 안 한 상태로 다른 이의 농장에 들어갔다가 그 집 강아지에게 물려 죽은 경우

종: 포메라니안

성별: 남

나이: 4개월

내용: 저희 강아지가 목줄을 안 한 상태로 다른 이의 농장에 들어갔다가 그 집 강아지에게 물려 죽게 되었습니다. 그 농장에는 따로 문이 없었고 우리 강아지가 들어갔다가, 큰 개를 보고 놀라 도망나오다 큰 개의 줄이 너무 길어서 바로 잡혔고 물려 죽었습니다.

저희 강아지가 잘못은 했지만, 농장 주인분은 미안하다는 말도 안 하고 "네 집 개가 들어와 물려 죽은 걸 어찌하냐."는 식으로 나옵니다. 이런 경우 어떻게 해야 되는지 모릅니다. 저희 강아지가 들어간 건 잘못이지만, 비명을 지르고 울고 있는 저희 딸한테 미안하다는 말도 안 하고, 옆에서 보시던 분이 "박스에라도 담아줘!"라고 하니 그제야 박스에 강아지를 담아서 보냈습니다.

본인 개가 남의 강아지를 물고 흔들고 있는데, 말리지도 않고 방관만 하셨는데 그냥 넘어가야 하나요? 얼마 못살고 간 강아지한테 정말 미안하고 얼마나 아팠을까 생각하면 잠도 못잡니다.

상담

강아지를 갑작스러운 사고로 잃게 되신 상황은 심히 안타깝습니다만, 귀하께서 상대방 견주에게 책임을 묻기는 어려운 상황입니다. 사고가 발생한 장소는 상대방 견주의 사유지이고, 따로 문이 없었다고 하더라도 상대방은 자신의 반려견을 줄에 묶어두었으므로 견주로서 반려견의 보관에 필요한 주의의무를 이행하고 있었습니다. 견주가 자신의 반려견에 줄을 묶어둔 이상, 타인 또는 타인의 개가 자신의 사유지에 들어왔다가 미처 도망가지 못하고 물리는 경우까지 상정하여 그에 대비한 조치까지 취할 의무는 없습니다. 상대방 견주가 상황을 방관하였다고 말씀하시지만, 상대방 견주도 놀라고 충격을 받았을 것이 능히 예상되는 상황에, 즉시 적극적으로 상황을 저지하지 않았다고 해서 잘못이라고 하기는 어려워 보입니다. 또한 귀하께서 상대방 견주에게 미안하다는 말을 바라시는 것도 다소 무리가 아닌가 싶습니다. 냉정하게 말해서 이 사고의 책임은 반려견에게 목줄을 묶지 않은 상태로 방치한 귀하께 있습니다. 오히려 상대방 견주는 자신의 눈앞에서 자신의 반려견이 다른 반려견을 물어죽이는 원치 않는 상황을 겪게 되었고 나아가 최악의 경우 감염 등까지 걱정해야 하는 상황에 처하였습니다. 사고로 인한 슬픔은 깊이 공감하지만 상대방 견주가 사고에 대한 법률적 책임을 져야 할 상황에는 해당하지 않는다는 답변을 드릴 수밖에 없어 유감스럽습니다.

관련 조문

※ 민법 제759조(동물의 점유자의 책임)

① 동물의 점유자는 그 동물이 타인에게 가한 손해를 배상할 책임이 있다. 그러나 동물의 종류와 성질에 따라 그 보관에 상당한 주의를 해태하지 아니한 때에는 그러하지 아니하다.

② 점유자에 갈음하여 동물을 보관한 자도 전항의 책임이 있다.

19 잠깐 목줄을 풀어 준 사이, 우리 강아지가 풍산개에게 다가가 짖었고 풍산개가 우리 강아지를 문 경우

종: 치와와

성별: 남

나이: 4년

🐾 **내용:** 저희 강아지가 이웃집 풍산개에게 심하게 물려서 병원에 입원 중입니다. 풍산개는 마당이 있는 단독주택에서 할머니가 항상 풀어놓고 기르고 계십니다. 소형견을 몇 차례 물었던 전력이 있고, 작년 이맘때쯤에도 저희 강아지가 물려서 그때도 병원치료를 오래 받았습니다. 저희가 할머니에게 여러 차례 묶어서 기를 것을 요구하고 항의도 하였으나, 요지부동이었으며 주변 주민들로부터 항의와 신고도 많이 들어가지만, 여전히 풀어놓고 기릅니다.

이번 사고는 우리 남편이 강아지를 산책시키면서 잠깐 목줄을 풀어준 사이에, 우리 강아지가 풍산개에게 다가가 짖었고 풍산개가 허술한 울타리 밖으로 머리를 내밀어 우리 강아지를 물고 들어가 생긴 사건입니다.

제가 개 짖는 소리에 밖을 내려다보니 남편이 우리 강아지를 붙잡았는데도 순식간에 큰 개가 물고 들어가니 놓치고 말았으며 물고 뜯고 흔들어버려서, 엄청나게 큰 상처를 입었고 큰 수술 후 아직도 경과를 지켜보고 있는 상태입니다.

이번 사건은 남편의 부주의가 큰 원인이라고 생각하지만 만약에 풍산개를 묶어두었거나 울타리를 튼튼하게 만들었다면 이런 일이 생기지 않았을 거란 생각에 답답하고 억울한 마음이 듭니다. 평소에도 풍산개가 울타리 밖으로 머리를 내밀고 짖어서 주민들이 많이 두려워하고 불편해했으며 민원도 많은 편입니다. 할머니가 문단속을 잘하지 않아 가끔 개가 돌아다녀 신고도 많이 들어가는데, 경찰들도 강제적인 대처를 하지 못하는 것 같고 눈앞에서 참혹한 현장을 목격한 남편과 저는 트라우마가 생길 정도로 너무 고통스럽습니다.

저희가 대처를 하고 싶어도 법률적인 지식이 없어서 어떻게 해야 할지를 모르겠습니다. 좋은 말씀 부탁드립니다. 또한 치료비 보상 문제에 대해서도 궁금합니다.

일반적으로 단독주택 마당과 외부 사이에 울타리가 쳐진 상태에서 목줄이나 입마개를 하지 않고 반려견을 기르는 행위자체는 문제가 될 수 없습니다.

판례는 단독주택 내 마당에서 반려견을 풀어 놓고 기르다가 사고가 발생한 경우 "묶어 놓는 조치 등을 제대로 이행하지 않은 상태에서 사고가 발생하였다고 하더라도 견주에게 타인의 출입이 예견되지 않은 상황에서 자신의 주거지 내부에서 자신 소유의 반려견에 목줄 등을 두르고 입마개를 장치할 법적 의무는 없기 때문에 피고의 의무위반을 발견하기 어렵다."라고 판시한바 있습니다.

사안은 단독주택 마당과 외부 사이에 울타리가 쳐진 상태에서 마당에 있던 풍산개가 울타리 밖으로 머리를 내밀어 피해견을 물고 들어간 경우인데, 울타리의 상태가 부실한 점이 인정된다면, 가해견주에게 사고를 방지할 의무 위반에 따른 손해배상책임이 인정됩니다.

물림 사고로 반려견이 부상을 입은 경우 견주에게 손해배상책임이 인정되는데, 손해배상의 범위에는 기왕치료비, 향후치료비 등의 재산상 손해와 위자료가 포함됩니다.

피해자 측의 과실이 인정되는 경우 견주의 책임이 제한되고, 그만큼 비율적으로 재산상 손해에서 공제되는데, 목줄을 하지 않고 산책하다가 물림 사고를 당한 경우 그 책임을 50%로 제한한 사례가 있습니다(피해자의 과실을 50%로 봄).

사안의 경우 목줄이 풀린 상태에서 사고가 난 것이므로, 위 사례에 따를 때 가해견주에게 책임이 인정되더라도 50% 정도로 책임이 제한될 것으로 보입니다.

관련 규정

✳ 민법 제759조(동물의 점유자의 책임)
① 동물의 점유자는 그 동물이 타인에게 가한 손해를 배상할 책임이 있다. 그러나 동물의 종류와 성질에 따라 그 보관에 상당한 주의를 해태하지 아니한 때에는 그러하지 아니하다.
② 점유자에 갈음하여 동물을 보관한 자도 전항의 책임이 있다.

20

상대방 집 대문 앞을 지나가던 중, 조용히 있던 그 집 개가 갑자기 우리 강아지 입을 덥석 물고 놓지 않아 큰 상처를 입은 경우

종: 토이푸들

성별: 남

나이: 11년

내용: 5월 16일 1시경 우리 집 강아지는 목줄을 한 상태에서 산책하며, 그 집 대문 앞을 지나가고 있었고 조용히 있던 그 집 개가 갑자기 우리 강아지 입을 덥석 물고 놓지 않았습니다. 낡은 대문을 석쇠 판 하나로 막아 놓았는데, 그 개가 그 석쇠 판을 머리로 밀고 휘어진 틈새로 우리 강아지를 물고 들어갔습니다(참고로 석쇠 판은 고기 구워 먹는 석쇠인 것 같습니다). 순간 너무 놀라 대문을 발로 차고 그 집 안으로 들어가서 우리 강아지를 꺼내 왔는데, 온통 피바다에 입 주위와 목을 심하게 물린 상태였습니다.

그때 개 주인이 나오셨고, 저는 너무 충격받은 상태에서 우리 강아지를 안고, 다니던 동물병원으로 갔습니다. 치료가 어렵다고 하여 전북대 익산 동물 의료 센터로 가서 저희 개는 수술을 받았고 아직 입원 중입니다. 피부 손상이 너무 심해서 피부 괴사가 일어나고 있고 앞으로 장애를 갖고 살 수 있다고 합니다.

병원비는 수술비까지 240만원이 나온 상태이고, 앞으로 입원비와 치료비는 더 나올 거라 합니다.

사고 당일, 경찰서에 신고했고 내용 증명서를 직접 작성해서 그 집 앞에 붙여 두고 다음날 개 주인과 통화를 했습니다. 통화 내용은 녹음해 놓은 상태인데, 본인 과실을 인정하면서도 치료비 전부를 못 주시겠다고 하십니다.

일단 치료비 금액은 말하지 않은 상태입니다. 인터넷 등기소에 그 집 정보를 알아보니 대부업체에 집이 넘어간 상태이고 개 주인은 돈이 없다고 합니다. 너무 억울하고 저희 강아지가 너무 불쌍합니다. 분명 가해자는 있는데, 어떻게 해야 치료비를 받아낼 수 있을까요?

동물점유자는 동물의 종류와 성질에 따라 그 보관에 상당한 주의를 해태하였음을 입증하지 않는 한, 그 동물이 타인에게 가한 손해를 배상할 책임이 있습니다(**민법 제759조 제1항**). 실무에서는 반려견이 사람이나 반려견을 문 경우는 거의 예외 없이 견주의 과실을 인정하고 있으므로, 견주는 피해자나 피해 견주에게 손해배상책임을 져야 합니다.

일반적으로 단독주택 마당과 외부 사이에 울타리가 쳐진 상태에서는 목줄이나 입마개를 하지 않고 반려견을 기르는 행위자체는 문제가 될 수 없으나 울타리가 제대로 쳐져 있지 않은 상태에서 울타리 밖으로 머리를 내밀어 피해견을 문 경우라면, 울타리의 상태가 부실한 점이 인정되므로 가해견주는 사고를 방지할 의무 위반에 따른 손해배상책임을 져야합니다.

물림 사고로 반려견이 부상을 입은 경우 견주에게 손해배상책임이 인정되는데, 손해배상의 범위에는 기왕치료비, 향후치료비 등의 재산상 손해와 위자료가 포함됩니다.

치료비와 관련하여 일반적으로 치료를 위한 검사비용, 수술 등 치료를 위해 직접 지출한 비용은 손해배상의 범위에 포함되나 추가 수술비, 향후치료비 등은 그 필요성과 소요 금액에 대해 다소 엄격한 입증을 요구하고 있으므로, 객관적인 자료에 의하여 입증되어야 합니다.

위자료와 관련하여 현재 법원 실무에서는 반려견이 다치거나 사망한 경우 반려견은 생명을 가진 동물이라는 점, 통상 반려견의 소유자는 보통의 물건과 달리 그 반려견과 정신적인 유대와 애정을 서로 나누는 점 등을 고려하여 정신적 손해인 위자료 배상의무를 인정하고 있습니다.

위자료는 반려견의 교환가치, 사고의 발생경위, 쌍방의 과실 정도, 상해의 부위와 정도, 반려견에 대한 치료과정 및 치료 정도 등 제반 사정을 참작하여 위자료 액수를 정하는데, 실무에서는 30만원에서 300만원 사이에서 정해지는 경우가 많습니다.

피해자 측의 과실이 인정되는 경우 견주의 책임이 제한되고, 그만큼 비율적으로 재산상 손해에서 공제되는데, 목줄을 하지 않고 산책하다가 물림 사고를 당한 경우 그 책임을 50%로 제한한 사례가 있습니다(**피해자의 과실을 50%로 봄**).

사안의 경우 피해견이 목줄을 한 상태에서 물림 사고가 발생한 것이므로, 피해견주 측의 과실이 인정될 여지는 적어 보입니다.

가해견주가 임의로 손해배상을 하지 않을 경우 부득이 소송을 제기하여 판결을 받은 후 견주의 재산에 집행하는 방법으로 변제를 받을 수 있습니다.

관련 규정

※ **민법 제759조(동물의 점유자의 책임)**
① 동물의 점유자는 그 동물이 타인에게 가한 손해를 배상할 책임이 있다. 그러나 동물의 종류와 성질에 따라 그 보관에 상당한 주의를 해태하지 아니한 때에는 그러하지 아니하다.
② 점유자에 갈음하여 동물을 보관한 자도 전항의 책임이 있다.

종: **요크셔테리어**

성별: **남**

나이: **13년**

🐾 **내용**: 5월 17일 오전, 충북에 위치한 낚시터를 방문했습니다. 주차장에 주차 후, 남편이 먼저 내리고 저는 3분가량 주위를 살핀 후, 6살 딸과 애견 사랑이를 차에서 내려 주었습니다. 그런데 갑자기 낚시터 주인의 시바견이 달려와 사랑이를 물고 흔들었습니다. 매우 큰 덩치의 가해견을 보고 어린 딸과 저는 겁에 질렸고, 가해견을 애견 가방으로 쫓았습니다. 그러나 이미 사랑이는 피부 창상은 물론 우측 상완골 큰결절 골절과 좌측 견갑골 탈구로, 먼저 심각한 좌측 다리를 수술한 상태입니다.

사랑이는 유기견으로 발견되어 오랜 시간 우리 가족이 사랑으로 보듬어 온 가족입니다. 그러나 가해견주는 연락 한 통 하지 않고 미안하단 사과도 없습니다. 광견병 주사를 맞혔는지도 물었으나 그런 거 모른다고 안 맞췄다고 합니다. 왜 목줄을 하지 않았는지 여쭤보니 아침마다 오줌싸라고 풀어두신답니다.

딸은 자다가도 "사랑이 몸에 큰 구멍이 났어!"라며 여러 차례 자다 깨기를 반복하고 힘들어합니다. 저 또한 그러한 딸아이와 아픈 사랑이를 두고 일생 생활도 어려울 만큼 지쳐있습니다.

사랑이는 한차례 수술이 더 남았으나, 버거운 치료비로 인해 조기 퇴원한 상태입니다. 사랑이의 나이에서 큰 수술을 더 받는 것도 너무 걱정스럽고, 평생 고통과 장애를 안고 살아야 하는 사랑이를 볼 때마다 너무 괴롭습니다. 저는 가해견주에게 앞으로도 지속적인 재활과 수술이 필요한 상태지만 향후치료비는 제가 부담할 테니 위급하게 치료받은 치료비만이라도 부담해 주시길 부탁드렸으나 완곡히 거절당했습니다.

가해견주에게 치료비와 향후치료비 등을 청구할 수 있는 부분과 광견병 미접종, 목줄과 입마개 미착용 등 과태료 청구를 할 수 있는 방법이 있는지 문의드립니다.

상담

1 민사책임

동물점유자는 동물의 종류와 성질에 따라 그 보관에 상당한 주의를 해태하였음을 입증하지 않는 한, 그 동물이 타인에게 가한 손해를 배상할 책임이 있습니다(민법 제759조 제1항). 실무에서는 반려견이 사람이나 반려견을 문 경우는 거의 예외 없이 견주의 과실을 인정하고 있으므로, 견주는 피해자나 피해견주에게 손해배상책임을 져야 합니다.

물림 사고로 반려견이 부상을 입은 경우 견주에게 손해배상책임이 인정되는데, 손해배상의 범위에는 기왕치료비, 향후치료비 등의 재산상 손해와 위자료가 포함됩니다.

치료비와 관련하여 일반적으로 치료를 위한 검사비용, 수술 등 치료를 위해 직접 지출한 비용은 손해배상의 범위에 포함되나 추가 수술비, 향후치료비 등은 그 필요성과 소요 금액에 대해 다소 엄격한 입증을 요구하고 있으므로, 객관적인 자료에 의하여 입증되어야 합니다.

위자료와 관련하여 현재 법원 실무에서는 반려견이 다치거나 사망한 경우 반려견은 생명을 가진 동물이라는 점, 통상 반려견의 소유자는 보통의 물건과 달리 그 반려견과 정신적인 유대와 애정을 서로 나누는 점 등을 고려하여 정신적 손해인 위자료 배상의무를 인정하고 있습니다.

위자료는 반려견의 교환가치, 사고의 발생경위, 쌍방의 과실 정도, 상해의 부위와 정도, 반려견에 대한 치료과정 및 치료 정도 등 제반 사정을 참작하여 위자료 액수를 정하는데, 실무에서는 30만원에서 300만원 사이에서 정해지는 경우가 많습니다.

사안은 풀어 놓은 가해견이 차량에서 내린 피해견을 물었으므로, 가해견주에게 민사상 손해배상책임이 인정되고, 치료비와 위자료 배상을 해야 합니다.

✽ 민법 제759조(동물의 점유자의 책임)

① 동물의 점유자는 그 동물이 타인에게 가한 손해를 배상할 책임이 있다. 그러나 동물의 종류와 성질에 따라 그 보관에 상당한 주의를 해태하지 아니한 때에는 그러하지 아니하다.

② 점유자에 갈음하여 동물을 보관한 자도 전항의 책임이 있다.

② 형사책임

현행법은 반려견을 물건으로 취급하고 있어서 반려견이 반려견을 물어 상해를 입힌 경우 재물의 효용을 해한 것을 보아 손괴죄가 문제가 됩니다. 반려견 물림 사고의 경우 고의 사고로 보기 어려워 과실범이 문제가 되는데, 손괴죄는 과실범 처벌 규정이 없어 현행형법에서는 처벌할 수가 없습니다.

사람이 반려동물에게 상해를 입혔고, 그것이 학대에 해당할 경우 동물보호법위반으로 처벌할 수 있으나, 반려동물에 의한 상해와 관련해서는 따로 처벌규정이 없습니다.

다만, '사람이나 가축에 해를 끼치는 버릇이 있는 개를 풀어놓거나 제대로 살피지 아니하여 나다니게 한' 경우에는 경범죄에 해당하여 10만원 이하의 벌금, 구류 또는 과료의 형으로 처벌될 수는 있습니다.

✽ 형법 제366조(재물손괴등)

타인의 재물, 문서 또는 전자기록 등 특수매체기록을 손괴 또는 은닉 기타 방법으로 기 효용을 해한 자는 3년 이하의 징역 또는 700만원 이하의 벌금에 처한다.

✽ 경범죄처벌법 제3조(경범죄의 종류)

① 다음 각 호의 어느 하나에 해당하는 사람은 10만원 이하의 벌금, 구류 또는 과료의 형으로 처벌한다.

25. (위험한 동물의 관리 소홀) 사람이나 가축에 해를 끼치는 버릇이 있는 개나 그 밖의 동물을 함부로 풀어놓거나 제대로 살피지 아니하여 나다니게 한 사람

3 광견병 예방접종 등

개는 가축전염병 예방법에서 규정하는 가축에 해당하고, 광견병은 2종 가축전염병으로 지정되어 반려견은 가축전염병 예방법의 적용대상이 됩니다.

농림축산식품부장관, 시·도지사 또는 시장·군수·구청장은 가축전염병이 발생하거나 퍼지는 것을 막기 위하여 필요하다고 인정하면 농림축산식품부령으로 정하는 바에 따라 가축의 소유자 등에게 검사·주사·약물목욕·면역요법 또는 투약을 명할 수 있는데, 시·도지사 또는 시장·군수·구청장이 광견병 예방접종 실시 명령을 하였음에도 가축의 소유자 등이 예방접종을 실시하지 않은 경우에는 200만원(1회)에서 1,000만원(3회)까지의 과태료 처분을 받게 됩니다.

그러나 광견병 비발생지역으로 발생이나 확산 우려가 낮아 광견병 예방접종 명령을 내린 적이 없는 지자체가 많습니다. 서울시의 경우 보통 3개월 이상의 반려동물에 대해 반드시 매년 1회 광견병 예방접종을 받도록 권고하고 있는데, 이를 광견병 예방접종 실시 명령으로 보아야 할지 아니면 단순 권고로 보아야 할지에 대해서는 논란이 있습니다.

우리나라에서는 2014년 이후 광견병 발생 건수가 없어서 이와 관련하여 과태료 처분이 내려진 사례는 없는 것으로 보입니다.

사안의 경우 시바견 등록지 지자체에서 지자체장이 광견병 예방접종 실시 명령을 하였음에도 불구하고, 예방접종을 시행하지 않았다면 반려견주는 200만원(1회)에서 1,000만원(3회)까지의 과태료 처분을 받게 됩니다.

맹견(도사견, 아메리칸 핏불 테리어, 아메리칸 스태퍼드셔 테리어, 스태퍼드셔 불 테리어, 로트와일러)이 아닌 경우 입마개 착용 의무는 없습니다. 외출 시 목줄을 하지 않은 경우 과태료 부과처분을 받을 수 있는데, 이 사건은 자기 영업장에 개를 풀어놓은 것이므로, 위 과태료 부과처분 대상으로 보기는 어렵습니다.

22 애견 놀이터에서 개-개 물림 사고 발생 시 사후처리 방안

종: 포메라니안

성별: 남

나이: 2살

🐾 **내용 :** 2020년 11월 15일 OO시에서 임시로 운영했던 OO공원 애견 놀이터에서 시바견이 저희 강아지를 물었던 사건이 있었습니다. 당시 시바견이 저희 강아지를 갑자기 덮쳤고 서로 떼어낸 후 물린 곳이 있는지 확인했을 때 털도 많은 종이라 바로 육안으로 상처는 발견하지 못했고 이상이 없는 것 같아서 시바견주를 그냥 보냈습니다. 그런데 다음날 저의 와이프가 강아지 빗질을 하다가 등 쪽에 멍이 들어있고 피딱지가 붙어있는 상처를 발견했습니다. 바로 다니던 동물병원을 방문하여 상처를 보여드렸고 교상(강아지 물림)인 것 같다고 하셨으나 깊게 물린 것 같지 않고 항생제를 복용하고 소독하면 괜찮아질 거라고 심각하게 얘기를 하지 않으셔서 저희는 시바견주에게 연락을 하려고 하다가 그냥 저희가 치료비 부담하고 끝내자라고 와이프랑 얘기가 돼서 따로 시바견주에게 연락을 드리지 않았습니다.

하지만 시간이 지날수록 상처는 나아지지 않아 다른 두 군데 병원을 더 가보았습니다. 다른 병원에서는 상처가 계속 낫지 않으면 결국에는 수술을 해야 될 수도 있다고 얘기를 하셔서 저랑 와이프는 이 정도면 시바견주한테 알려야겠다고 생각하고 OO시 OO공원 애견 놀이터 관리부서 쪽으로 전화해서 11월 15일에 방문했던 시바견주 전화번호를 알려달라고 해서 관리부서에서 견주끼리 통화할 수 있게 조치를 취해주셔서 통화를 했습니다. 시바견주는 처음 그날에 상처를 서로 있는 곳에서 확인을 했고 그때 별 상처가 없어서 헤어졌는데 지금 와서 자기네 강아지가 물었다고 하면 자기네가 믿을 수 없다, 다른 곳에서 다른 강아지에게 물렸을 수도 있지 않느냐, 증거가 있냐, 이렇게 나오고 치료비도 못주겠다고 합니다.

그래서 저희는 문자로 처음 방문했던 병원 소견서를 보내주었습니다. 11월 15일날 사고가 있었고 바로 다음날에 병원을 방문하여 치료를 받았기 때문에 다른 곳에서 물릴 일은 없으니 의심하지 말고 먼저 저희 강아지가 치료를 받아서 완치가 되면 그때 다시 치료비 얘기를 하자고 했는데, 결국엔 치료비 줄 수 없고 증거도 없고 지금 와서 자기네 강아지가 물었다고 돈을 요구하지 말라고 법적으로 하라고 합니다. 그래서 인터넷으로 알아보고 여기저기 지인들 통해서 알아봤습니다. 개가 사람을 물었을 경우에는 과실치상으로 형사책임과 민사책임을 물을 수 있는데, 이번 사건은 강아지들 사이에 교상사건이라 민사(재물손괴죄)로 법적진행을 해야 된다고 합니다. 일단 저의 마음은 치료비를 안 받아도 됩니다. 다만 도의적인 책임을 원하는겁니다.

긴 글 읽어주셔서 감사드리고 법적인 부분을 잘 몰라서 상담드리오니 답변 부탁드리겠습니다.

감사합니다.

상담

반려견의 견주는 반려견이 타인의 생명, 신체, 재산에 피해를 입히지 않도록 주의할 의무가 있고, 주의의무를 위반한 경우 그로 인해 피해를 입은 상대방에 대해 손해배상책임이 있습니다(민법 제759조).

비록 반려견의 목줄을 풀어놓을 수 있는 애견 놀이터라고 하더라도, 반려견주는 자신의 반려견이 타인에게 위해를 가하지 못하도록 자신의 책임하에 반려견을 주의감독해야 합니다. 본 사안에서 상대방 견주는 위 주의의무를 다하지 않은 과실로 상담자분의 반려견을 물게 하여 상담자분의 재산에 피해를 입혔으므로 상담자분은 상대방 견주에게 민사상 손해배상청구소송을 제기할 수 있습니다.

손해배상의 범위에는 상담자분께서 지출한 기왕치료비(진료비, 약제비 등), 향후치료비 등의 재산상 손해액과 위자료가 포함될 수 있습니다. 기왕치료비, 향후치료비는 사고로 발생한 상해 치료에 관한 것이어야 하고, 상해 치료에 필요한 합리적인 범위 내에서 그 필요성과 소요 금액이 입증되어야 합니다. 상대방은 사고와 관련이 없거나 합리적인 범위를 넘어선 병원비 지출에 대해서는 책임이 없음을 주장할 수도 있습니다. 위자료는 반려동물의 정신적 피해가 아닌 견주의 정신적 피해에 대한 배상이고, 위자료의 경우 반려견이 다치거나 사망하였을 때, 반려견은 생명을 가진 동물이라는 점, 통상 반려견의 소유자는 보통의 물건과 달리 반려견과 정신적인 유대와 애정을 서로 나누는 점을 고려하여 인정되지만, 반려견의 부상 정도가 경미하거나 재산상 손해액인 병원비를 배상받음으로써 피해가 회복되는 경우 등은 위자료는 인정되기 어렵습니다.

현행법상 반려견의 법적 지위는 물건(재물)이므로, 반려견이 반려견을 문 경우 재물의 효용을 해한 것으로 보아 재물손괴죄 성립 여부를 생각해 볼 수 있습니다. 그러나 재물손괴죄는 고의범, 즉 행위자의 고의가 있는 경우 그 행위자를 처벌하는 규정입니다. 본 사안에서 상대방 견주의 고의가 있다고 보기는 어렵고, 재물손괴죄의 경우 과실치상죄와 달리 과실범은 처벌하지 않기 때문에 상대방 견주를 형사상 처벌할 수는 없습니다.

관련 조문

❋ 민법 제759조(동물의 점유자의 책임)

① 동물의 점유자는 그 동물이 타인에게 가한 손해를 배상할 책임이 있다. 그러나 동물의 종류와 성질에 따라 그 보관에 상당한 주의를 해태하지 아니한 때에는 그러하지 아니하다.
② 점유자에 갈음하여 동물을 보관한 자도 전항의 책임이 있다.

❋ 형법 제366조(재물손괴등)

타인의 재물, 문서 또는 전자기록등 특수매체기록을 손괴 또는 은닉 기타 방법으로 기 효용을 해한 자는 3년이하의 징역 또는 700만원 이하의 벌금에 처한다.

23 강아지 공원 내 개-개 물림 사고 시, 치료비 부담 비율 판단

종: 프렌치 불독

성별: 여

나이: 5살

🐾 **내용:** 강아지 공원에 입장하던 중 제가 저희 집 강아지 목줄을 잡고 뒤를 돌아 문을 잠그는 순간 저 멀리서 말티즈가 달려와 놀란 저희 집 강아지가 말티즈 귀를 물어 피가 났습니다.

심한 상처는 아니었고 소독으로 충분히 가능해보였으나 상대방 견주분이 너무 흥분하여 병원에 가라 하였고 치료비를 청구하라 하였습니다.

당일은 연락이 오지 않았고 다음날부터 문자가 왔는데 강아지 상처에 대한 언급(**귀가 아파 눕지를 못한다, 만지려면 피한다 등**)과 강아지의 정신적 피해(**패닉상태다 등**)에 대해서 길게 문자가 왔습니다. 이런 경우 제가 강아지의 정신적 피해까지 보상해야 하나요?

병원도 수차례 방문하여 방문할 때마다 문자를 보냅니다. 그리고 상대방 견주분이 계속해서 저희집 강아지 광견병주사기록서류를 제출해달라고 요구합니다.

제가 제출해야 하나요? 어이가 없습니다. 또 제가 상대방 견주가 무작정 주장하는 치료비를 다 보상해야 하나요? 법적으로 보상해줘야 하는 범위가 있을까요?

아무리 줄을 풀어놓고 놀 수 있는 강아지 공원이라고 해도 입장하는 강아지에게 달려오는 상대방 견주에게도 과실이 조금이라도 있는 건 아닌가요? 말티즈가 달려올때 견주분은 저 멀리서 친구분들과 얘기 중이었습니다.

긴 글 읽어주셔서 감사합니다.

반려견의 견주는 반려견이 타인의 생명, 신체, 재산에 피해를 입히지 않도록 주의할 의무가 있고, 주의의무를 위반한 경우 그로 인해 피해를 입은 상대방에 대해 손해배상책임이 있습니다(민법 제759조).

비록 반려견의 목줄을 풀어놓을 수 있는 강아지 공원이라고 하더라도, 반려견의 견주는 자신의 반려견이 타인에게 위해를 가하지 못하도록 자신의 책임하에 반려견을 주의감독해야 합니다. 본 사안에서 상담자분께서는 위 주의의무를 다하지 못한 과실로 반려견이 상대방의 반려견을 무는 것을 막지 못하셨으므로 손해배상책임이 있습니다.

손해배상의 범위에는 상대방 견주가 지출한 기왕치료비(진료비, 약제비 등), 향후치료비 등의 재산상 손해액과 위자료가 포함될 수 있습니다. 기왕치료비, 향후치료비는 사고로 발생한 상해 치료에 관한 것이어야 하고, 상해 치료에 필요한 합리적인 범위 내에서 그 필요성과 소요 금액이 입증되어야 합니다. 상담자분께서는 사고와 관련이 없거나 합리적인 범위를 넘어선 상대방의 병원비 지출에 대해서는 책임이 없음을 주장하실 수 있습니다. 위자료는 반려동물의 정신적 피해가 아닌 견주의 정신적 피해에 대한 배상이고, 위자료의 경우 반려견이 다치거나 사망하였을 때, 반려견은 생명을 가진 동물이라는 점, 통상 반려견의 소유자는 보통의 물건과 달리 반려견과 정신적인 유대와 애정을 서로 나누는 점을 고려하여 인정되지만, 반려견의 부상 정도가 경미하거나 재산상 손해액인 병원비를 배상받음으로써 피해가 회복되는 경우 등은 위자료는 인정되기 어렵습니다. 또한 상담자분께서 상대방에게 광견병 주사기록서류를 제출하실 법적 의무는 없습니다.

한편, 상대방도 자신의 반려견이 다른 반려견에게 달려들지 않도록 예방할 주의의무가 있음에도 이를 다하지 않아 사고를 유발한 측면이 있다면 상대방도 과실이 있는 것입니다. 그러므로 상담자분께서는 상대방이 청구하는 손해배상액에서 상대방의 과실비율에 해당하는 금액에 대해서는 면책을 주장하실 수 있습니다. 통상 목줄을 하지 않은 반려견 사이의 물림 사고에서 사고를 유발한 측의 과실비율은 50% 이내입니다.

✳ 민법 제759조(동물의 점유자의 책임)

① 동물의 점유자는 그 동물이 타인에게 가한 손해를 배상할 책임이 있다. 그러나 동물의 종류와 성질에 따라 그 보관에 상당한 주의를 해태하지 아니한 때에는 그러하지 아니하다.

② 점유자에 갈음하여 동물을 보관한 자도 전항의 책임이 있다.

산책 중 개-개 물림 사고 시, 치료비 요구 방안

종: **말티즈**

성별: **여**

나이: **6살**

🐾 **내용:** 안녕하세요. 저희 집 반려견은 6세 말티즈입니다.

사건 날짜는 2021. 2. 13. 오후 10시경 엄마가 반려견 데리고 산책을 나갔다가 사고를 당했습니다. 상대방 측 반려견은 웰시코기였고 목줄을 하고 있었고 저희 반려견은 잠시 목줄을 풀어놓은 상태였습니다. 그러던 중 웰시코기가 저희 반려견을 갑자기 공격하여 허벅지와 등을 여러 번 물고 놓아주지 않았고 당황한 상대방 주인이 목줄을 놓쳐서 엄마가 급하게 목줄을 잡아 힘들게 두 강아지를 떼어놓았습니다. 거기서 반려견은 상처가 심하게 났고 엄마는 아빠와 함께 급하게 24시 동물의료센터에 가서 수술을 했습니다.

상처는 심했고 놀란 엄마는 사고 난 장소에서 계속 울기만 하셨습니다. 반려견은 4시간 정도 수술을 하여 지금은 실밥을 풀었지만 그때의 공포로 구석에서 잘 나오지 않고 있습니다. 총 병원비는 200만원 정도 나왔고 아빠는 상대방 반려견 주인에게 연락해 수술 과정과 수술금액 영수증, 수술한 사진을 보냈지만 상대방은 본인 반려견을 어떻게 처리할지 고민 중이라며 연락을 피했습니다. 아빠가 계속해서 연락을 하자 20만원을 보냈다는 답장이 왔습니다.

저희야 돈도 돈이지만 한 가족인 반려견이 아직도 고통스러워하는데 상대방의 행동이 너무 어이가 없어 혹시 법적으로 어떤 처벌을 할 수 있는지 알고자 상담합니다.

⭐ 민사책임

　동물점유자는 동물의 종류와 성질에 따라 그 보관에 상당한 주의를 해태하지 않았음을 입증하지 않는 한, 그 동물이 타인에게 가한 손해를 배상할 책임이 있습니다(**민법 제759조 제1항**). 실무에서는 반려견이 사람이나 반려견을 문 경우는 거의 예외 없이 견주의 과실을 인정하고 있으므로, 견주는 피해자나 피해견주에게 손해배상책임을 져야 합니다.

　물림사고로 반려견이 부상을 입은 경우 견주에게 손해배상책임이 인정되는데, 손해배상의 범위에는 기왕치료비, 향후치료비 등의 재산상 손해와 위자료가 포함됩니다.

　피해자 측의 과실이 인정되는 경우 견주의 책임이 제한되고, 그만큼 비율적으로 재산상 손해에서 공제되는데, 목줄을 하지 않고 산책하다가 물림사고를 당한 경우 그 책임을 50%로 제한한 사례가 있습니다(**피해자의 과실을 50%로 봄**).

　치료비와 관련하여 일반적으로 치료를 위한 검사비용, 수술 등 치료를 위해 직접 지출한 비용은 손해배상의 범위에 포함되나 추가 수술비, 향후치료비 등은 그 필요성과 소요 금액에 대해 다소 엄격한 입증을 요구하고 있으므로, 객관적인 자료에 의하여 입증되어야 합니다.

　위자료와 관련하여 현재 법원 실무에서는 반려견이 다치거나 사망한 경우 반려견은 생명을 가진 동물이라는 점, 통상 반려견의 소유자는 보통의 물건과 달리 그 반려견과 정신적인 유대와 애정을 서로 나누는 점 등을 고려하여 정신적 손해인 위자료 배상의무를 인정하고 있습니다.

　위자료는 반려견의 교환가치, 사고의 발생경위, 쌍방의 과실 정도, 상해의 부위와 정도, 반려견에 대한 치료과정 및 치료 정도 등 제반 사정 참작하여 위자료 액수를 정하는데, 실무에서는 30만원에서 300만원 사이에서 정해지는 경우가 많습니다.

　사안은 가해견이 피해견을 물었고, 이로 인해 피해견이 부상을 입은 것이므로, 가해견주에게 민사상 손해배상책임이 인정되고, 치료비와 위자료 배상책임이 인정됩니다. 일반적으로 필요한 치료에 수반되는 검사비용도 치료비에 포함되나 일반적인 범위를 넘어서는 검사비용은 치료비에 포함되지 않을 수도 있습니다.

앞서 언급한 판례와 같이 목줄을 하지 않고 산책하다가 물림사고를 당한 경우 그 책임을 50%로 제한한 사례가 있어서 가해견주의 책임이 일정 부분 제한될 수 있습니다.

2 형사책임

현행법은 반려견을 물건으로 취급하고 있어서 반려견이 반려견을 물어 상해를 입힌 경우 재물의 효용을 해한 것을 보아 손괴죄가 문제가 됩니다. 반려견 물림사고의 경우 고의로 문 것은 아니기 때문에 과실범이 문제가 되는데, 손괴죄는 과실범 처벌 규정이 없어 현행형법에서는 처벌할 수가 없습니다.

사람이 반려동물에게 상해를 입혔고, 그것이 학대에 해당할 경우 동물보호법위반으로 처벌할 수 있으나, 반려동물에 의한 상해와 관련해서는 따로 처벌규정이 없습니다.

다만, '사람이나 가축에 해를 끼치는 버릇이 있는 개를 풀어놓거나 제대로 살피지 아니하여 나다니게 한' 경우에는 경범죄에 해당하여 10만원 이하의 벌금, 구류 또는 과료(科料)의 형으로 처벌될 수는 있습니다.

관련 조문

✻ 민법 제759조(동물의 점유자의 책임)

① 동물의 점유자는 그 동물이 타인에게 가한 손해를 배상할 책임이 있다. 그러나 동물의 종류와 성질에 따라 그 보관에 상당한 주의를 해태하지 아니한 때에는 그러하지 아니하다.

② 점유자에 갈음하여 동물을 보관한 자도 전항의 책임이 있다.

✻ 경범죄 처벌법 제3조(경범죄의 종류)

① 다음 각 호의 어느 하나에 해당하는 사람은 10만원 이하의 벌금, 구류 또는 과료(科料)의 형으로 처벌한다.

25. (위험한 동물의 관리 소홀) 사람이나 가축에 해를 끼치는 버릇이 있는 개나 그 밖의 동물을 함부로 풀어놓거나 제대로 살피지 아니하여 나다니게 한 사람

25 목줄 미착용 상태에서 상대방과 상대방 강아지를 물었을 경우

종: 진도견

성별: 남

나이: 6살

🐾 **내용:** 안녕하세요. 제가 이런 경우 처음이라 답답한 마음에 문의드립니다. 우선 전 가해견주입니다.

3월 10일 밤 10시 30분경 저희 강아지는 목줄을 하지 않은 상태로 아파트 엘레베이터를 기다리는 상황에 엘레베이터 안에 있던 상대방 견주와 상대방 강아지를 물었습니다. 상대방 강아지를 물고 떼어내는 상황에서 상대방 견주의 손가락에 상해를 입혔습니다.

저희로 인해 사고가 발생되었기 때문에 저희는 차로 병원에 모셔다 드리면서 병원치료를 위해 동행을 해오고 있었습니다. 갈 때마다 죄송하다고 계속 사죄를 드렸으며 저희 입장에선 최대한으로 불편함 없이 해드리는 게 예의라는 생각에 의해서 그렇게 했습니다(치료비 관련해서는 전적으로 제가 부담하고 있었으며, 상대방 견이 충격으로 인해 사료 안 먹는다 하여 너무 미안한 마음에 사심없이 추가로 병원에 갈 때마다 오메가3며, 사료에 비벼먹는 영양식이며, 심신에 좋은 간식이며, 몸보신 시키라고 곰탕 등을 제공했습니다).

하지만 3월 15일 병원에 갔다 오고 난 뒤 상대방 견주는 더 이상 병원에 안 가도 되는 상황이고 상대방 견은 드레싱을 하면서 더 관리를 해야 된다 해서 3월 17일에 병원을 오라고 하였습니다. 하지만 3월 15일 밤 10시 30분경에 병원비 제외 합의금 200만원을 달라는 문자를 받고 너무 하다는 생각이 들어 제 입장에 대해 말씀을 드리며, 병원비 제외 최대 50만원 정도밖에 못드린다고 했습니다. 그랬더니 경우 없는 발언으로 말씀하셨고 저는 제가 형편이 어려워 조율을 부탁드렸더니 150만원 이하로는 안 되며 법적 대응하겠다는 답변이 왔습니다.

당연히 저의 부주의로 일어났기 때문에 최대한 제가 할 수 있는 도리는 다해야

겠단 생각을 했지만, 상대방 견주의 태도에 너무 속상합니다. 그래서 경찰서, 시청에 직접 찾아가서 문의를 드렸는데 뚜렷한 답변을 들을 수가 없었고, 제 과실로 인해 발생되었기 때문에 법적처벌을 받으려고 하며, 이러한 경우에 과태료 및 벌금이 어떻게 진행이 되는지에 대해 여쭙고자 문의드립니다. (3월 15일에 상대방 차도 아닌 저희 차에 다친 강아지를 두고(방치) 본인 병원에 먼저 가야 된다는 견주의 태도에 저는 어이가 없었고 평소에도 자주 그랬다는 답변에 너무 어처구니가 없었지만 제 소관이 아니기에 그렇게 상대방 견주 병원부터 가게 되었습니다. – 상식적으로 같이 반려견을 키우는 입장에서 동물병원부터 간 뒤 동물병원에 양해를 구하고 사람 병원에 갔다 온다고 하는 게 반려견을 생각하는 행동이 아닌가라는 저의 생각입니다. 상대방 견주 말따라 오히려 더 정신적 충격을 주는 행동이 아닌가 싶습니다.) 저는 개 물림이 기사로만 듣다가 제가 이런 상황이 처음이라 어떻게 대처해야 되나 싶습니다. (15일에 상대방 견주는 더 이상 병원 안 가도 되고 상대방 강아지는 병원에 2주 정도 더 치료를 받아야 된다고 했습니다.) 3월 17일부터 병원에 동행하지 않으려고 동물병원에 미리 전화를 드려 치료 후 치료비 나오는 것만 따로 저한테 연락을 주시면 계좌이체를 시켜드린다고 말씀을 한 뒤입니다.

상담

피해견주 물림사고 관련

1 형사책임

반려견주는 반려견이 사람을 깨물거나 할 위험성이 있으므로 위험발생을 미리 막아야 할 주의의무가 있는데, 반려견이 사람을 물었다면 목줄을 매지 않거나, 입마개를 하지 않거나, 목줄을 충분히 당기지 않은 등의 이유로 반려견의 관리·감독을 소홀히 한 과실 또는 안전조치를 취하지 않은 과실이 인정됩니다. 실무에서는 반려견이 사람을 문 경우는 거의 예외 없이 견주의 과실을 인정하여 과실치상죄(**형법 제366조 제1항**)로 처벌하고 있습니다.

피해자가 가해견주를 신고하거나 고소할 경우 상해의 정도에 따라 선고형이 다른데, 상해의 정도가 심하지 않다면 30만원에서 100만원 사이에서 벌금형이 선고됩니다.

과실치상죄는 피해자의 명시한 의사에 반하여 공소를 제기할 수 없기 때문에, 피해자와 합의를 한다면, 기소를 하지 않거나 기소되더라도 공소기각의 판결을 하게 되므로, 이러한 사안에서는 피해자와 합의를 하는 것이 필요한 접근방법입니다.

만일 외출할 때 목줄을 하지 않고 나갔다가 반려견이 사람을 물어 상해를 입혔다면, 과실치상죄 외에 동물보호법위반죄(**동물보호법 제97조 제2항**)에도 해당됩니다.

목줄을 하지 않는 등의 안전조치 위반으로 사람에게 상해를 입힌 경우 인정되는 동물보호법위반죄는 2019. 3. 21.부터 시행되고 있는데, 과실치상죄와 달리 그 형이 '2년 이하의 징역 또는 2천만원 이하의 벌금'으로 무겁고, 반의사불벌죄에 해당되지 않아 합의를 한다고 하더라도 양형에서 참작될 뿐 처벌이 면제되지는 않습니다.

과실치상죄의 경우 실무에서 30만원에서 100만원 정도의 벌금형이 선고되나, 그 형이 무거운 동물보호법위반죄에 해당할 경우 과실치상죄보다는 금액이 상향된 벌금형이 선고될 수 있습니다.

사안의 경우 목줄을 하지 않은 상태에서 상대방 견주를 물었으므로, 가해견주에게 형사책임이 인정될 것으로 보입니다.

2 민사책임

동물점유자는 동물의 종류와 성질에 따라 그 보관에 상당한 주의를 해태하지 않았음을 입증하지 않는 한, 그 동물이 타인에게 가한 손해를 배상할 책임이 있습니다(**민법 제759조 제1항**). 실무에서는 반려견이 사람을 문 경우는 거의 예외 없이 견주 및 점유자의 과실을 인정하고 있으므로, 점유자는 피해자에게 손해배상책임을 져야 합니다.

손해배상의 범위에는 기왕치료비, 향후치료비, 일실수입 등의 재산상 손해와 위자료가 포함되는데, 피해자가 실제로 지급한 치료비, 입원기간 동안의 수입상실분이 재산상 손해로 인정됩니다. 통원치료로 회사를 가지 않았고, 그 기간 동안 회사수입이 감소된 경우라면, 통원을 위한 일정기간 동안의 수입상실분도 재산상 손해로 고려될 수 있습니다.

피해자 측의 과실이 인정되는 경우 견주의 책임이 제한되고, 그만큼 비율적으로 재산상 손해에서 공제되는데, 판례에서는 개를 예의주시하면서 목줄 반경 밖으로 다니고 불필요하게 함부로 접근하지 않는 등 스스로의 안전을 도모할 주의의무가 있음에도 이를 소홀히 한 점을 들어 견주의 책임을 90%로 제한한 사례가 있습니다 (피해자의 과실을 10%로 봄).

위자료는 치료기간, 후유장애여부에 따라 다른데, 법원 실무에서는 물림사고 경우 보통 50만원에서 200만원 사이에서 위자료를 인정해 주고 있습니다.

사안의 경우 피해견주가 가해견을 떼려다가 부상을 입은 것이므로, 동물점유자는 손해배상책임을 져야 하고, 그 범위는 교상에 따른 직접 치료비와 위자료가 포함됩니다.

피해자가 치료비와 소정의 위자료를 받음으로 손해배상에 대한 합의를 해 준다면, 처벌불원의 의사까지 담긴 합의서를 작성해 둘 필요가 있습니다.

피해견 물림사고 관련

동물점유자는 동물의 종류와 성질에 따라 그 보관에 상당한 주의를 해태하지 않았음을 입증하지 않는 한, 그 동물이 타인에게 가한 손해를 배상할 책임이 있습니다(민법 제759조 제1항). 실무에서는 반려견이 사람이나 반려견을 문 경우는 거의 예외 없이 견주의 과실을 인정하고 있으므로, 견주는 피해자나 피해견주에게 손해배상책임을 져야 합니다.

물림사고로 반려견이 부상을 입은 경우 견주에게 손해배상책임이 인정되는데, 손해배상의 범위에는 기왕치료비, 향후치료비 등의 재산상 손해와 위자료가 포함됩니다.

치료비와 관련하여 일반적으로 치료를 위한 검사비용, 수술 등 치료를 위해 직접 지출한 비용은 손해배상의 범위에 포함되나 추가 수술비, 향후치료비 등은 그 필요성과 소요 금액에 대해 다소 엄격한 입증을 요구하고 있으므로, 객관적인 자료에 의하여 입증되어야 합니다.

위자료와 관련하여, 현재 법원 실무에서는 반려견이 다치거나 사망한 경우 반려견은 생명을 가진 동물이라는 점, 통상 반려견의 소유자는 보통의 물건과 달리 그 반려견과 정신적인 유대와 애정을 서로 나누는 점 등을 고려하여 정신적 손해인 위자료 배상의무를 인정하고 있습니다.

위자료는 반려견의 교환가치, 사고의 발생경위, 쌍방의 과실 정도, 상해의 부위와 정도, 반려견에 대한 치료과정 및 치료 정도 등 제반 사정 참작하여 위자료 액수를 정하는데, 실무에서는 30만원에서 300만원 사이에서 정해지는 경우가 많습니다.

피해자 측의 과실이 인정되는 경우 견주의 책임이 제한되고, 그만큼 비율적으로 재산상 손해에서 공제되는데, 목줄을 하지 않고 산책하다가 물림사고를 당한 경우 그 책임을 50%로 제한한 사례가 있습니다(피해자의 과실을 50%로 봄).

사안의 경우 가해견이 목줄이 없는 상태에서 다른 반려견을 물었으므로, 가해견 주의 손해배상책임이 인정될 것으로 보입니다.

결어

피해견주와 피해견에 소요되는 치료비는 지급한 것으로 보여 남아 있는 문제는 적정 위자료로 보입니다. 실제로 합의가 결렬되어 소송이 제기될 경우 어느 정도 위자료가 인정될지 여부는 예상하기 어렵습니다.

앞서 말씀드린 바와 같이 위자료는 반려견의 교환가치, 사고의 발생경위, 쌍방의 과실 정도, 상해의 부위와 정도, 반려견 및 견주에 대한 치료과정 및 치료 정도 등 제반 사정 참작하여 위자료 액수를 정하게 됩니다. 피해자 측에서 형사고소를 제기 하면 여러 가지로 곤란할 수 있으므로, 가급적 합의로 정리를 하시되, 금액은 좀 더 조율을 해 보시는 것을 추천드립니다.

관련 조문

❋ 형법 제366조(재물손괴등)

타인의 재물, 문서 또는 전자기록등 특수매체기록을 손괴 또는 은닉 기타 방법으로 기 효용을 해한 자는 3년이하의 징역 또는 700만원 이하의 벌금에 처한다.

❋ 형법 제266조(과실치상)

① 과실로 인하여 사람의 신체를 상해에 이르게 한 자는 500만원 이하의 벌금, 구류 또는 과료에 처한다.

② 제1항의 죄는 피해자의 명시한 의사에 반하여 공소를 제기할 수 없다.

❋ 민법 제759조(동물의 점유자의 책임)

① 동물의 점유자는 그 동물이 타인에게 가한 손해를 배상할 책임이 있다. 그러나 동물의 종류와 성질에 따라 그 보관에 상당한 주의를 해태하지 아니한 때에는 그러하지 아니하다.

② 점유자에 갈음하여 동물을 보관한 자도 전항의 책임이 있다.

애견미용실 내에서 개-개 물림 사고 시, 미용사의 과실비율

종: **푸들**

성별: **여**

나이: **4살**

🐾 **내용**: 23일 일요일 강아지를 미용실에 미용 예약을 맡기면서 요즘 예민하니 다른 강아지들과 분리를 시켜주시면 바로 데리러 오겠다 말씀드렸고 선생님께서도 이 사실을 인지하고 있었습니다.

그런데 선생님이 키우시는 강아지와 전혀 문제 없이 잘 지내길래 그냥 풀어두셨고 새로운 손님이 오셨을 때 강아지를 분리시키지 않고 문을 열어 주셨습니다.

그러다 제가 없는 상황에서 강아지들끼리 싸움이 났고 그쪽 강아지(포메라니안)의 귀가 찢어져 봉합수술을 하였고 보호자분께서 말리시는 와중에 손가락 세 군데에 자상을 입으셨습니다. 병원에서 진료받은 결과 꿰매거나, 부러진 상처는 아니라서 그냥 처치를 받고 파상풍 주사를 맞아 병원비가 약 2만원가량 나왔고, 강아지의 봉합 수술비가 20만원가량 나왔습니다.

헌데 이 상황에서 위자료로 300만원을 요구하고 계십니다.

그쪽 강아지는 원래도 입질이 종종 있었는데 그날도 입마개를 착용하지는 않고 손에 들고 오셨고 진료를 보기 위해 병원을 갔을 때에도 지속해서 입질이 있다, 문다, 입마개를 착용해야 한다, 선생님께 괜찮냐며 반복적으로 물으셨습니다. 또한 그날은 그쪽 미용실에 처음 방문하신 터라 낯선 환경, 사람, 강아지들이 있었고 싸움이 발생하였기에 충분히 입질의 가능성이 높아 보이고 CCTV 확인 결과 본인의 강아지에게 물리는 듯한 상황도 보였습니다.

저희 강아지의 경우에는 그때까지 사람이나 강아지에게 공격을 해 상해를 입한 사항은 없으나 애가 예민해 혹시나 피해가 되지 않을까라는 차원에서 분리를 요청드린 것입니다.

또한 그쪽에 계셨던 모두가 저희 강아지가 포메라니안의 귀를 물고 놔주지 않앉다고 말씀하고 계시며, 영상에서도 놓지 않아 저희 강아지를 반복적으로 때리는 장면이 나타나고 있습니다. 떼어낸 후에는 그 보호자분께서 저희 강아지의 가슴 부분을 양손으로 잡고 계셔 물 수가 없는 상황이라 판단됩니다.

자세한 사항은 영상을 첨부했습니다.

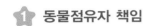

1 동물점유자 책임

가. 의의

민법 제759조에 의하면, 동물의 점유자는 그 동물이 타인에게 가한 손해를 배상할 책임이 있습니다. 점유자가 이러한 배상책임을 면하기 위해서는 동물의 종류와 성질에 따라서 상당한 주의를 다 하였음을 입증해야 합니다.

나. 배상책임의 주체

동물의 점유자 또는 보관자가 배상책임을 부담하며, 배상책임을 지는 동물의 점유자가 따로 있는 경우 소유자는 배상책임을 부담하지 않습니다. 다만, 점유자 등은 그 손해의 원인에 대해 책임 있는자에 대하여 구상권을 행사할 수 있습니다. 예컨대, 구입한 개 쇠사슬에 흠이 있어 이것이 끊어지면서 타인에게 손해를 가한 때에는, 배상을 한 점유자는 그 제조업자에게 구상할 수 있습니다.

다. 관련판례

1) 수원지방법원 여주지원 양평군법원 2018. 5. 17. 선고 2017가소3563 판결

동물의 점유자가 동물의 종류와 성질에 따라 그 보관에 상당한 주의를 해태하지 아니한 경우에는 면책될 수 있는데(**민법 제759조 제1항 단서 참조**), 이와 같은 면책사유의 입증책임은 동물점유자에게 있는바, 피고가 진돗개들의 보관에 상당한 주의를 해태하지 않았음을 인정할 증거가 부족하므로, 피고의 위 주장은 이유 없다.

다만 위 사고 당시 원고도 잭 러셀 테리어를 목줄에 제대로 묶지 않아 목줄에서 벗어나게 하는 등 자신의 애완견을 위험요소로부터 적절히 보호 및 관리를 할 의무를 소홀히 하여 목줄에 묶어 둔 상태인 진돗개들에게 물리게 한 과실이 있으므로

원고의 그 과실비율을 70%로 인정하고, 피고의 책임을 30%로 제한한다.

2) 부산지방법원 2018. 11. 22. 선고 2018나49215 판결

민법 제758조 제1항에 의하면, 동물의 점유자는 그 동물이 타인에게 가한 손해를 배상할 책임이 있는바, 이때의 점유자는 직접 점유자만을 의미하고, 간접 점유자는 이에 포함되지 않으며, 동물이 타인에게 손해를 가한 때라 함은 동물이 그 성질상 타인에게 손해를 가하기에 충분한 행위를 하여 그 결과 손해를 발생하게 한 때를 의미한다.

2 과실상계

과실상계란, 피해자에게 손해의 발생 또는 확대에 기여한 과실이 있는 경우에, 이를 참작하여 가해자의 손해배상책임을 감면하는 제도입니다. 다시 말해, 피해자에게도 과실이 있는 때에 그 정도에 따라 배상책임을 부정하거나 배상액을 감액하는 것입니다.

3 본 사안의 경우

가. 강아지 미용사의 책임여부

강아지 미용사는 사고 발생 당시 상담 신청인의 강아지를 점유하고 있는 자, 즉 직접 점유자로서 민법 제759조에 의해 손해를 배상할 책임이 있습니다. 신청인이 미용사에게 강아지가 예민하니 다른 강아지들과 분리해 달라고 사전에 요청한 사정에 비추어 보면, 미용사가 강아지 보관에 상당한 주의를 다하였다고도 볼 수 없습니다. 따라서 미용사는 손해배상책임이 있습니다.

나. 상담 신청인의 책임여부

신청인은 강아지의 소유자입니다. 따라서 점유자인 미용사가 배상책임을 지므로 피해견주에 대해 별도의 손해배상책임은 부담하지 않습니다.

다. 과실상계 여부

피해견주가 병원으로부터 지속적인 입질로 인한 입마개 착용을 권유받았음에도 착용시키지 않은 점은 손해발생에 대한 피해자의 과실로 인정됩니다. 따라서 이러한 피해자의 과실을 참작하여 미용사의 손해배상액이 감경되어야 할 것입니다.

관련 조문

❋ **민법 제759조(동물의 점유자의 책임)**

　① 동물의 점유자는 그 동물이 타인에게 가한 손해를 배상할 책임이 있다. 그러나 동물의 종류와 성질에 따라 그 보관에 상당한 주의를 해태하지 아니한 때에는 그러하지 아니하다.

　② 점유자에 갈음하여 동물을 보관한 자도 전항의 책임이 있다.

❋ **민법 제763조(준용규정)**

　제393조, 제394조, 제396조, 제399조의 규정은 불법행위로 인한 손해배상에 준용한다.

❋ **민법 제396조(과실상계)**

　채무불이행에 관하여 채권자에게 과실이 있는 때에는 법원은 손해배상의 책임 및 그 금액을 정함에 이를 참작하여야 한다.

종: 리트리버 진도 믹스
성별: 남
나이: 3살 추정

🐾 **사고 대상견 정보:**

1) 본인(가해)견: 리트리버 진도 믹스/17kg/입마개 미착용/1m 목줄+리쉬일체형 착용/강아지와의 사회성 아주 좋지는 않음

2) 상대(피해)견: 말티즈/3~5kg 내외/자동리쉬줄 착용/H형 하네스 착용/강아지를 보고 흥분

🐾 **상황설명:** 시간 순서대로 나열

1) 본인과 본인의 반려견이 공원산책 진행 중 약 50m 전방에 소형견 강아지와 견주가 다가오는 것을 보고 본인은 직선으로 마주치지 않기 위해 왼쪽 측면 길로 이동(약 12m 이동)하였고 각자 시선에서 벗어나 산책진행(공원 CCTV 확인 시, 해당 부분까지만 확인가능)

2) 약 10m의 안전거리를 확보하고 본인의 강아지를 본인의 왼편에 두고 조심스럽게 이동하던 중 소형견 강아지가 자동 리드줄이 늘어남과 동시에 하네스가 풀린 채 본인의 강아지 쪽으로 뛰어왔음

3) 본인 강아지는 순간 상대 소형견 강아지를 물었고, 이를 말리던 양쪽 견주가 손, 무릎 등을 다치게 됨

4) 즉시 소형 강아지 및 상대견주를 응급병원으로 보냈고, 당일 발생한 비용 처리 및 최소한의 도의적 책임은 본인이 다했음

5) 본인 또한 말리던 중에 손과 무릎 등을 다쳐 상대견주가 방문한 동일한 응급병원으로 가서 치료를 받았고, 그곳에서 "우리 강아지(소형견 강아지)가 반가워서 인사하려고 쫓아가려 해서 순간 자동 리드줄을 컨트롤했으나, 하네스

가 어쩐 일인지 풀려서 코앞까지 갔던 것이다. 그럼에도 너의 강아지가 진도견이니 입마개를 했어야 하지 않냐"라는 입장을 보였음

6) 하지만 이후 사고 처리를 위해 본인 강아지의 보호소 측 관계자가 연락을 하니 상대견주는 말을 바꿨고 "자동리드줄이 늘어났고, 오히려 진도견이 길 한 가운데 있었다"라고 입장을 번복했다가 하네스가 풀려서 왔다고 말하지 않았냐 물으니 "지금 생각하니 하네스는 물리는 도중 풀린 것 같다"라고 거짓 또는 명확하지 않은 진술을 계속함

7) 이후 상대견주는 소형 강아지의 입원비, 병원비, 견주의 휴업 손실비, 병원비, 정신적 피해비 등을 들어 과하게 돈을 요구하고 있음

🐾 문의내용:

1) 해당 사건이 100% 본인의 과실인지?

2) 해당 사건에서 과실이 양쪽 모두에게 있다면 어느 정도의 비율로 산정할 수 있는지(판례 또는 유사사고 내용 등 고려)?

3) 본인은 당일 도의적인 책임을 다하였고 이후 발생하는 부분에 대해서는 책임부분에 있어서 회피하지 않겠다는 입장을 명확히 전달했으나 상대측이 거짓말, 입장번복을 통해 100% 과실 인정 요구를 하며 과한 피해보상 및 위자료를 요청하는 상황임. 이에 명확한 과실비율 판단이 필요함. 양측 과실인정 및 비율산정을 위해 민사 또는 형사소송 가능한지 여부

당시 상황으로 보아 상담자분께 100% 과실이 있다고 보기는 어려울 것 같고 양측 과실비율에 따라 상담자분의 책임범위가 결정될 것으로 보입니다. 과실비율 산정은 민사재판을 통해 판단을 받아야 합니다.

반려견의 보호자는 반려견이 타인의 생명, 신체, 재산에 피해를 입히지 않도록 주의할 의무가 있고, 상당한 주의를 게을리하지 않은 경우에만 손해배상책임이 면책됩니다. 상담자분께서 임보 중이신 우주가 타인의 신체(**상대방 견주의 상해**)와 재산(**상대방 반려견의 상해**)에 피해를 입혔으므로, 상담자분께서 상당한 주의를 게을리하지 않았음을 증명하지 못하신다면 상대방에게 일부라도 민사상 손해배상책임을 부담하고, 형사상 과실치상죄의 죄책까지 질 수도 있습니다. 다만, 민사책임과 형사책임은 과실의 무게를 달리하므로 민사상 손해배상책임이 있다고 반드시 형사처벌까지 이루어지지는 않습니다. 또한 민사상 손해배상책임 성립도 상대방이 요구하는 모든 금액이 아니라 통상손해 등 법적으로 인정되는 범위 내의 손해만 인정됩니다.

상대방 견주가 본 사고의 발생 또는 확대에 기여한 과실이 있다면 상담자분의 손해배상액은 과실비율에 따라 산정한 금액으로 줄어들게 됩니다.

상대방 견주의 귀책사유부터 보면, 상대방 견주가 반려견에게 하네스를 착용하기는 했으나 반려견이 흥분하는 시점에 자동 리드줄을 적절하게 당겨 반려견을 통제해야 함에도 제대로 통제하지 아니한 점, 무게가 적게 나가는 소형견임에도 뛰는 것만으로 하네스가 쉽게 풀린 점에 비추어 보아 하네스를 제대로 착용하였는지 다소 의문스러운 점, 상대방 반려견이 상담자분의 반려견에게 먼저 달려와 본 사고가 촉발된 점 등입니다.

다음으로 상담자분께 불리한 사정은, 상담자분의 반려견은 17kg으로, 소형견 견주보다 주의의무가 좀 더 강하게 요구됨에도 우주가 상대방 반려견을 무는 것을 방지하지 못한 과실이 있는 점, 상대방 반려견이 소형견이므로 중·대형견에게 물리는 경우 치명상을 입을 수 있는 우려가 있는 점 정도로 보입니다. 현행 동물보호법에서는 맹견(도사견, 핏불테리어, 아메리칸 핏불테리어, 아메리칸 스태퍼드셔 테리어, 스태퍼드셔 불 테리어, 로트와일러와 위 종의 잡종의 개)에 한하여 입마개 착용의무를 부과하므로, 입마개 미착용은 상담자분의 귀책사유로까지 보기는 어려울 것입니다.

한편, 상대방 견주가 상담자분께 터무니없이 많은 금액을 요구하면서 '돈을 주지 않으면 고소하겠다' 등 위협을 한다면 상대방 견주의 행위는 형법상 공갈죄(또는 공갈미수)에 해당할 수 있는 행위입니다.

공갈죄의 수단인 협박은 사람의 의사결정의 자유를 제한하거나 의사 실행의 자유를 방해할 정도로 겁을 먹게 할 만한 해악을 고지하는 것을 말하고, 비록 고소가 법적으로 허용된 것이라고 하더라도, 고소를 하겠다고 겁을 주는 행위도 협박에 해당할 수 있고, 상대방에게 고소를 하겠다고 겁을 줘서 재물의 교부나 재산상 이익을 요구하는 행위는 공갈죄에 해당할 소지가 있습니다.

관련 조문

✳ 민법 제759조(동물의 점유자의 책임)

① 동물의 점유자는 그 동물이 타인에게 가한 손해를 배상할 책임이 있다. 그러나 동물의 종류와 성질에 따라 그 보관에 상당한 주의를 해태하지 아니한 때에는 그러하지 아니하다.

② 점유자에 갈음하여 동물을 보관한 자도 전항의 책임이 있다.

✳ 형법 제266조(과실치상)

① 과실로 인하여 사람의 신체를 상해에 이르게 한 자는 500만원 이하의 벌금, 구류 또는 과료에 처한다.

② 제1항의 죄는 피해자의 명시한 의사에 반하여 공소를 제기할 수 없다.

✳ 형법 제350조(공갈)

① 사람을 공갈하여 재물의 교부를 받거나 재산상의 이익을 취득한 자는 10년 이하의 징역 또는 2천만원 이하의 벌금에 처한다.

② 전항의 방법으로 제삼자로 하여금 재물의 교부를 받게 하거나 재산상의 이익을 취득하게 한 때에도 전항의 형과 같다.

28 호텔링 중, 매장 내에서 다른 강아지를 문 경우, 매장 주인의 관리감독 책임

종: 믹스

성별: 남

나이: 1살

🐾 **내용:** 2022년 11월 1일 화요일 저녁 7시 정도, 이사를 하루 앞두고 짐 정리 때문에 그동안 다녔던 반려동물 미용실에 호텔링을 맡겼습니다. 반려동물의 미용과 호텔링을 겸하는 곳이었고, 그동안 제 반려동물의 성격에 대해서 자주 이야기를 나누고 소통해왔던 곳이기에 이틀가량을 믿고 맡겼습니다.

카카오톡으로 아이에 대해서 어떻게 지내는지, 어떤 일과를 보냈는지와 함께 사진도 주고 받으며 이사 준비를 끝내고 2022년 11월 3일 목요일 저녁 7시 정도 픽업 예정이었던 터라 퇴근 후 데리러 가려고 했습니다. 그런데 11월 3일 목요일 11시 13분쯤에 반려동물 미용실에서 부재중이 찍혀있었고, 업무 중이었기도 했고 익숙한 매장 전화가 아닌 개인 전화번호로 전화가 왔기에 확인했지만 다시 걸지 못했습니다.

매장 주인의 '아이가 귀엽고 착하다'라는 메시지(아침 8시 29분)에 12시 3분에 답장을 했고 곧이어 바로 매장 주인에게 사고가 났다며 전화가 왔습니다. 상황 설명을 들어본 결과, 2.2kg인 푸들을 제 반려동물이 물어 병원을 다녀왔고, 상처는 등에 났기 때문에 크게 걱정하지 않아도 된다고 했으며 반려견은 미용방에 따로 격리가 되어 있다고 했습니다.

저는 상대견주 전화번호를 알 수 있겠냐 물었고 바로 옆에 있다길래 바꿔달라고 하여 사과를 했습니다. 그리고 다른 보호자인 제 친구에게 바로 상황 전달 후 반려견을 데리고 와달라고 부탁했고 친구가 매장에 방문했을 때, 매장 안은 매장 주인과 피해견주를 포함해 매장 주인의 지인들까지 4~5명 정도가 있었고 그 상황을 모두 아는 듯했다고 했습니다.

매장 주인은 제 친구에게 반려견을 데리러 오는 사이에 2차 사고가 있을 뻔했다면서 미용방에 있는 반려견이 낑낑거리자 걱정이 된다며 미용방 문을 살짝 열었고, 다친 강아지가 호기심에 문틈 사이로 들어가 반려견에게 엉덩이 쪽을 물릴 뻔했다는 것입니다.

전화상으로 친구에게 그 이야기를 전달받고 있는데 매장 주인에게 다친 강아지가 미용을 하러 왔다가 물렸기에 위생 미용만 하고 보내기 위해 미용방으로 데리고 가서 발털, 발톱 그리고 배를 밀어주려 배 쪽을 보니 배가 딱딱해져 부풀어 올랐고 피가 살짝 묻어있어 다시 병원을 갔다며 탈장에 위험이 있으니 경과를 지켜보자고 했다는 내용을 저에게 전달했습니다. 그래서 저에게 와줄 수 있냐는 말에 업무 중이라 가기 힘들 거 같다고 매장 주인에게 상황을 전달해달라고 하고 전화를 끊었습니다만 아무리 생각해도 제가 가보는 게 맞다 생각하여 조퇴를 내고 매장을 방문했습니다.

매장을 방문하니 매장 주인, 피해견주뿐 아니라 매장 주인의 지인 2명도 같이 있었고 그 상황에 대해 다 알고 이야기를 나누고 있었습니다. 매장에서 조용히 당사자들끼리 이야기를 할 수 없는 분위기라 제가 먼저 미용방에서 이야기를 하자 제안했습니다. 저는 먼저 피해견주에게 사과를 했고 피해견주는 매장 주인은 잘못이 없다라고 시작하며 오늘 고비를 잘 넘기더라도 후유증이 클 것이다고 말하였고 저는 치료비와 병원비 그리고 외적으로 드는 비용까지 처리하겠다고 거듭 말했습니다.

그 후 피해견주에게 전화번호를 건넸고 매장 주인과도 독대를 하며 이야기를 했습니다. 요약하자면 매장 주인은 그곳에 누가 있었어도 그 사고를 막을 수 없었다는 주장이며 이 사고는 가해견주인 제가 책임져야 한다고 했습니다. 제가 1차 사고는 어쩔 수 없었다 하지만 2차 사고는 관리 책임이 아니냐는 말에 가해견주로써 제가 할 말은 반려견이 한 번 강아지를 물었으니 앞으로 또 물 것이고 주의를 시키겠다는 다짐을 해야 한다고 했습니다.

저는 당연히 그것은 이 사고 이후에 제가 책임을 져야 하는 부분이지만 매장에서 관리에 대한 책임은 없느냐 했지만 왜 본인이 책임을 져야 하냐고 하면서 저에게 기분이 나쁘다고 했습니다. 피해견주가 본인 매장에 단골이고 마음씨가 좋아 이 정도로 끝낸 것이 다행이라며 고요가 본인을 무서워해서 그나마 큰 사고로 번진 것이 아니라며 죽일 수도 있었지만 본인이 막은 것이라고 강하게 주장하였습니다. 이 상황이 처음이었을뿐더러 그날 그 매장의 분위기 흐름상 정상적인 사고를 하기가 어려웠고 피해견주에게 미안함과 죄송함이 커서 일단 매장 주인에게도 영업장에 방해가 되게 해서 미안하다고 하고 호텔링 비용과 1차 사고로 갔던 병원비까지 지불하고 나왔습니다.

제 반려동물과 제가 작은 강아지를 다치게 했다는 생각에 너무 속이 상해 제 주변 사람에게 이 사실을 알렸더니 다들 제가 그 상황에 없었고, 그 매장에서도 반려견을 흔쾌히 맡아 준다고 했으며 위탁비를 주고 맡긴 곳에서 제가 없을 때는 고요의 보호자로써 상황을 예의주시하고 있어야 하는 거 아니냐는 반응이었습니다. 제가 정상적인 사고가 힘들어 반려견을 사랑해주는 제 어머니와 친구, 친구가 도움을 청한 지인까지 4명이 그 매장을 다시 방문했습니다. 매장이 일찍 문을 닫을 것 같아 연락을 못하고 급하게 갔더니 매장은 문을 닫았고 그 안에 강아지 5마리만 있었습니다.

전화를 해보았더니 저녁을 먹으러 나왔다는 것입니다. 우여곡절 끝에 매장으로 모여 매장 주인 포함해서 3명, 저 포함해서 4명이 대립을 했습니다. 저에게 했던 말을 그대로 하면서 낮에 이야기를 잘 끝내놓고 갔는데 왜 또 이러냐고 따졌습니다. 매장 주인의 지인들 또한 나서서 제 일행에게 큰 소리를 쳤고 끝에는 보호자도 많이 알아보고 온 거 같으니 본인들도 알아본 후 연락을 준다고 했고 CCTV 또한 당일에 넘겨준다고 본인들이 먼저 이야기했습니다. 그 날 밤 10시가 넘어서야 매장 주인에게서 본인 책임이니 제가 결제했던 병원비를 환불해주겠다며 계좌를 보내라고 연락이 왔습니다.

저는 약속했던 CCTV를 보자고 했으나 CCTV 공개는 거부한다며 환불 계좌를 보내고 연락을 하지 말라며 강요적인 태도로 나왔습니다. 제가 계속 CCTV를 요구하자 사고가 난 부분만 잘라 저에게 보여줬고 그 내용은 그 당시 매장 주인과 피해견주만 있었고 매장 주인은 본인이 키우는 고양이만 보고 있었습니다. 오직 피해견의 보호자만이 그 상황을 지켜보고 있었습니다.

사고는 매장 주인 바로 옆에서 난 사고지만 매장 주인은 아무것도 하지 않았습니다. 저는 경위를 파악하고 싶어 사고가 나기 전, 후 1시간을 보여달라고 했지만 제3자의 얼굴도 나왔으니 공개를 하지 않겠다며 정말 원하면 정중하게 와서 요구를 하라고 했습니다. 저는 제가 매장에 방문했을 때에도 사건에 무관한 제3자들이 이미 저보다 빠르게 알고 있었으며, 사건의 당사자보다 더 나서서 책임을 지지 않겠다고 강하게 이야기했으므로 그런 주장은 옳다고 생각하지 않았고 계속되는 거부에 저 또한 매장 주인과 더 이상 연락하고 싶지 않았고 위탁자로써 본인이 책임지겠다고 한 부분이 있으니 그만 연락하겠다 하고 일단락된 상태입니다.

피해견주에게는 11월 5일 피해 강아지가 고열로 인해 수술을 들어갔다며 화가 치밀어 오른다고 저에게 문자를 했고 저는 거듭 죄송하다고 했습니다. 저는 이번 사고에서 제 반려견의 보호자로써, 반려동물과 더불어 사는 입장으로써 굉장히 안타깝고 죄송하게 생각합니다. 또한 그 현장에서 조금만 주의를 기울였다면 막을 수 있었던 사고라 더 안타깝다고 전했습니다.

상황 설명이 장황하여 죄송합니다만 저는 이 모든 상황에서 제 반려동물과 상대 강아지를 보호하지 못했다는 죄책감 때문에 좀 더 확실히 하고 싶어 상담 요청을 드립니다. 그리고 이러한 사건으로 인해서 그 업주에게 법적인 책임을 물수 있는지, 보호자는 없었으나 위탁자가 존재함으로 위탁자의 관리소홀(부주의)로 책임을 물 수 있는지, CCTV를 공개하지 않는 이유도 굉장히 의심스러워서 확인을 하고 싶은데 경찰을 대동해야만 볼 수 있는지 여쭙고 싶습니다. 시시비비를 가리는 것도 중요하지만 제가 사랑하는 반려견이 받았던 시선이 적합한지에 대해서도 알고 싶습니다. 긴 글 읽어주셔서 감사합니다.

상담

신청인이 제공한 자료와 설명해주신 내용에 따라 제가 이해하고 있는 본건 문의 사항은 반려견을 호텔링 업체에 위탁한 상황에서 발생한 개 물림 사고와 관련하여 신청인이 호텔링 업주에 대하여 법적책임을 물을 수 있는지 및 호텔링 업체 내부 CCTV를 열람할 수 있는 방법이 있는지 여부입니다. 아래 의견은 신청인의 질의 내용만을 전제로 검토한 것이며, 사실관계가 달라지거나 입증자료의 유무에 따라 상담 의견이 달라질 수 있습니다.

1 신청인이 호텔링 업주에 대하여 법적책임을 물을 수 있는지 여부

이 사건은 호텔링 계약에 따라 가해견이 호텔에 머무는 상황에서 발생하였으므로, 가해견이 호텔링 업주의 점유하에 있었던 것으로 보입니다. 호텔링 업주와 신청인에게 구체적인 상황에 따라 법적책임이 발생할 수 있습니다.

먼저, 호텔링 업주는 피해견주에 대하여 가해견의 종류와 성질에 따라 그 보관에 상당한 주의를 다하지 않았다면 민법상 동물점유자의 책임 또는 불법행위 책임이 문제될 수 있습니다.

신청인은 피해견주에 대하여 가해견의 종류와 성질에 따라 그 보관에 상당한 주의를 기울였음을 입증하고, 호텔링 위탁에 과실이 없는 경우 불법행위책임이 발생하지 않을 가능성이 높습니다. 이 경우 신청인이 이미 피해견주에게 지급한 병원비 등에 대해서는 호텔링 업자에게 부당이득 반환청구를 할 수 있을 것입니다. 그러나 신청인이 피해견주에 대하여 가해견의 소유자로서 주의의무를 다하지 못한 경우에는 불법행위 책임(**민법 제759조**)이 발생할 수 있습니다.

호텔링 업주와 신청인이 피해견주에 대하여 불법행위 책임을 부담하는 경우, 호텔링 업주와 신청인의 법률관계는 부진정연대채무관계에 있게 됩니다. 부진정연대채무 법리에 따라, 부진정연대자 중 1인인 신청인이 피해견주에게 피해 금액을 지급하여 자기의 부담 부분 이상을 변제한 것으로 공동의 면책을 얻게 한 경우로 볼 수 있으므로 다른 부진정연대채무자인 호텔링 업주에게 내부적 부담 부분 비율에 따라 구상권을 행사할 수 있을 것으로 보입니다.

별도로, 호텔링 비용에 대해서는 신청인과 호텔링 업주 간의 계약서의 규정에 따라 정해지게 될 것입니다.

② 호텔링 업체 내부 CCTV를 열람할 수 있는 방법이 있는지 여부

신청인이 확보하고자 하는 영상은 신청인 본인이 아닌 신청인의 반려견이 녹화되어 있는 화면으로 보입니다. 개인이 찍힌 영상에 대해서는 개인정보보호법상 청구 근거가 있으나, 신청인의 반려견은 신청인 본인이 아니므로 위 법령상 청구권을 행사할 수 없습니다. 또한 경찰 입회하에 열람하는 방법은 범죄의 예방 및 수사목적인 경우로 한정되는데, 이 건의 경우에는 도난(**절도**), 분실(**점유이탈물횡령**) 등 범죄에 해당한다고 볼 수 없어 경찰이 입회해도 열람이 어려울 수 있습니다.

다만, 민사소송을 전제로 관할법원에 민사소송법상 증거보전 신청제도를 통한 CCTV 열람 방법을 고려해볼 수 있습니다. 단, 증거보전절차 이용 시 입증자료를 통해 증거보전 사유를 소명하는 경우에만 가능하므로 반드시 인용되지 않는다는 문제는 남아 있습니다. CCTV의 경우 보관기간이 짧으므로 보관기간이 경과된 경우, 증거보전에 대한 인용 결정을 받더라도 실질적으로 확보하지 못할 수 있다는 점을 주의하여야 합니다.

관련 조문

❊ 민법 제750조(불법행위의 내용)

고의 또는 과실로 인한 위법행위로 타인에게 손해를 가한 자는 그 손해를 배상할 책임이 있다.

❊ 민법 제759조(동물의 점유자의 책임)

① 동물의 점유자는 그 동물이 타인에게 가한 손해를 배상할 책임이 있다. 그러나 동물의 종류와 성질에 따라 그 보관에 상당한 주의를 해태하지 아니한 때에는 그러하지 아니하다.

② 점유자에 갈음하여 동물을 보관한 자도 전항의 책임이 있다.

❊ 민사소송법 제275조(준비서면의 첨부서류)

① 당사자가 가지고 있는 문서로서 준비서면에 인용한 것은 그 등본 또는 사본을 붙여야 한다.

② 문서의 일부가 필요한 때에는 그 부분에 대한 초본을 붙이고, 문서가 많을 때에는 그 문서를 표시하면 된다.

③ 제1항 및 제2항의 문서는 상대방이 요구하면 그 원본을 보여주어야 한다.

❊ 민사소송법 제276조(준비서면에 적지 아니한 효과)

준비서면에 적지 아니한 사실은 상대방이 출석하지 아니한 때에는 변론에서 주장하지 못한다. 다만, 제272조제2항 본문의 규정에 따라 준비서면을 필요로 하지 아니하는 경우에는 그러하지 아니하다.

❊ 민사소송법 제277조(번역문의 첨부)

외국어로 작성된 문서에는 번역문을 붙여야 한다.

❊ 민사소송법 제278조(요약준비서면)

재판장은 당사자의 공격방어방법의 요지를 파악하기 어렵다고 인정하는 때에는 변론을 종결하기에 앞서 당사자에게 쟁점과 증거의 정리 결과를 요약한 준비서면을 제출하도록 할 수 있다.

❊ 민사소송법 제279조(변론준비절차의 실시)

① 변론준비절차에서는 변론이 효율적이고 집중적으로 실시될 수 있도록 당사자의 주장과 증거를 정리하여야 한다.

② 재판장은 특별한 사정이 있는 때에는 변론기일을 연 뒤에도 사건을 변론준비절차에 부칠 수 있다.

※ 민사소송법 제280조(변론준비절차의 진행)

① 변론준비절차는 기간을 정하여, 당사자로 하여금 준비서면, 그 밖의 서류를 제출하게 하거나 당사자 사이에 이를 교환하게 하고 주장사실을 증명할 증거를 신청하게 하는 방법으로 진행한다.

② 변론준비절차의 진행은 재판장이 담당한다.

③ 합의사건의 경우 재판장은 합의부원을 수명법관으로 지정하여 변론준비절차를 담당하게 할 수 있다.

④ 재판장은 필요하다고 인정하는 때에는 변론준비절차의 진행을 다른 판사에게 촉탁할 수 있다.

※ 민사소송법 제281조(변론준비절차에서의 증거조사)

① 변론준비절차를 진행하는 재판장, 수명법관, 제280조제4항의 판사(이하 "재판장등"이라 한다)는 변론의 준비를 위하여 필요하다고 인정하면 증거결정을 할 수 있다.

② 합의사건의 경우에 제1항의 증거결정에 대한 당사자의 이의신청에 관하여는 제138조의 규정을 준용한다.

③ 재판장등은 제279조제1항의 목적을 달성하기 위하여 필요한 범위안에서 증거조사를 할 수 있다. 다만, 증인신문 및 당사자신문은 제313조에 해당되는 경우에만 할 수 있다.

④ 제1항 및 제3항의 경우에는 재판장등이 이 법에서 정한 법원과 재판장의 직무를 행한다.

※ 민사소송법 제282조(변론준비기일)

① 재판장등은 변론준비절차를 진행하는 동안에 주장 및 증거를 정리하기 위하여 필요하다고 인정하는 때에는 변론준비기일을 열어 당사자를 출석하게 할 수 있다.

② 사건이 변론준비절차에 부쳐진 뒤 변론준비기일이 지정됨이 없이 4월이 지난 때에는 재판장등은 즉시 변론준비기일을 지정하거나 변론준비절차를 끝내야 한다.

③ 당사자는 재판장등의 허가를 얻어 변론준비기일에 제3자와 함께 출석할 수 있다.

④ 당사자는 변론준비기일이 끝날 때까지 변론의 준비에 필요한 주장과 증거를 정리하여 제출하여야 한다.

⑤ 재판장등은 변론준비기일이 끝날 때까지 변론의 준비를 위한 모든 처분을 할 수 있다.

※ 민사소송법 제283조(변론준비기일의 조서)

① 변론준비기일의 조서에는 당사자의 진술에 따라 제274조제1항제4호와 제5호에 규정한 사항을 적어야 한다. 이 경우 특히 증거에 관한 진술은 명확히 하여야 한다.

② 변론준비기일의 조서에는 제152조 내지 제159조의 규정을 준용한다.

※ 민사소송법 제284조(변론준비절차의 종결)

① 재판장등은 다음 각호 가운데 어느 하나에 해당하면 변론준비절차를 종결하여야 한다. 다만, 변론의 준비를 계속하여야 할 상당한 이유가 있는 때에는 그러하지 아니하다.

1. 사건을 변론준비절차에 부친 뒤 6월이 지난 때
2. 당사자가 제280조제1항의 규정에 따라 정한 기간 이내에 준비서면 등을 제출하지 아니하거나 증거의 신청을 하지 아니한 때
3. 당사자가 변론준비기일에 출석하지 아니한 때
② 변론준비절차를 종결하는 경우에 재판장등은 변론기일을 미리 지정할 수 있다.

✳ **민사소송법 제285조(변론준비기일을 종결한 효과)**
① 변론준비기일에 제출하지 아니한 공격방어방법은 다음 각호 가운데 어느 하나에 해당하여야만 변론에서 제출할 수 있다.
1. 그 제출로 인하여 소송을 현저히 지연시키지 아니하는 때
2. 중대한 과실 없이 변론준비절차에서 제출하지 못하였다는 것을 소명한 때
3. 법원이 직권으로 조사할 사항인 때
② 제1항의 규정은 변론에 관하여 제276조의 규정을 적용하는 데에 영향을 미치지 아니한다.
③ 소장 또는 변론준비절차전에 제출한 준비서면에 적힌 사항은 제1항의 규정에 불구하고 변론에서 주장할 수 있다. 다만, 변론준비절차에서 철회되거나 변경된 때에는 그러하지 아니하다.

동물병원
관련

29 동물병원으로부터 고소당한 경우

종: ***

성별: ***

나이: ***

내용: 저는 3마리 강아지를 키우는 견주입니다. 2019년 1월 12일 우연히 트위터에서 한 동영상을 보았습니다. 강아지가 애견미용사에게 학대를 당하는 영상이었고, 그 미용사가 소속된 동물병원을 알리는 영상이었습니다. 해당 동물병원은 인천 간석동에 있었고 저는 서울 송파구에 거주 중이라 그 곳에 갈 일이 전혀 없습니다. 하지만 그런 사건을 전혀 모르는 인천 지역의 견주들을 위해, 자주 가는 동물관련 카페에 해당 영상과 병원 위치를 적었습니다. 병원명은 두글자인데 앞글자는 쓰고 뒷글자는 적지 않았습니다. 한 마리라도 피해를 줄이고자 하는 마음에서 올렸고 잊고 지냈는데, 며칠 전 2019년 6월 13일 인천 지역 경찰서에서 담당 형사라며 전화가 왔습니다. 강압적인 말투로 동물병원에서 고소가 들어왔으니, 제가 사는 지역 경찰서에서 연락을 받으면 출석하라고 했습니다. 개인적으로 고소당할 이유가 없다고 생각하지만, 경찰서에서 연락이 오면 출석해서 조서를 작성해야 한다고 알고 있습니다.

해당 내용에 대해 그대로 적고 합의나 사과는 하지 않을 생각입니다. 저에게 문제되는 부분이 있을지, 어떤 준비가 필요한지에 대해 정확히 알고 싶습니다. 지인에게 역으로 동물보호법으로 고소하라는 말을 들었는데, 생각은 없지만 고소가 가능한지 궁금합니다. 트위터에 타인이 올렸던 링크된 영상은 현재 삭제된 상태이고, 제 게시글은 아직 지우지 않았습니다. 법적으로 준비가 필요하다면, 증거로 해당 영상 복원 가능성을 알아봐야 하는지도 알고 싶습니다. 동물관련 법률 문의를 해 주는 곳이 생겨 반가운 마음에 메일을 드리게 되었습니다.

1 형사 책임 성립 여부

신청인께서 링크한 영상 속 미용사의 행위가 실제로 고소인 동물병원에서 발생한 일인지 아닌지에 따라 적용되는 법률 조항이 달라지게 됩니다. 실제 발생한 일이라면 정보통신망법 제70조 제1항 사실 적시 명예훼손죄가 성립할 수 있는 반면, 다른 동물병원에서 발생하는 등 사실과 다른 점이 있다면 정보통신망법 제70조 제2항 허위사실 적시 명예훼손죄, 허위사실 유포에 의한 형법 제314조의 업무방해죄가 성립될 수 있습니다.

관련 법률

✻ 정보통신망 이용촉진 및 정보보호 등에 관한 법률 제70조(벌칙)

① 사람을 비방할 목적으로 정보통신망을 통하여 공공연하게 사실을 드러내어 다른 사람의 명예를 훼손한 자는 3년 이하의 징역 또는 3천만원 이하의 벌금에 처한다.

② 사람을 비방할 목적으로 정보통신망을 통하여 공공연하게 거짓의 사실을 드러내어 다른 사람의 명예를 훼손한 자는 7년 이하의 징역, 10년 이하의 자격정지 또는 5천만원 이하의 벌금에 처한다.

③ 제1항과 제2항의 죄는 피해자가 구체적으로 밝힌 의사에 반하여 공소를 제기할 수 없다.

✻ 형법 제314조(업무방해)

① 제313조(허위의 사실을 유포하거나 기타 위계로써)의 방법 또는 위력으로써 사람의 업무를 방해한 자는 5년 이하의 징역 또는 1천500만원 이하의 벌금에 처한다.

영상 속 미용사의 행위가 고소인 동물병원에서 실제 발생한 일이라는 전제하에 말씀드리겠습니다. 정보통신망법상 명예훼손죄가 성립하려면 신청인의 행위가 다음의 요건을 충족해야 합니다.

① 명예훼손의 대상이 특정되어 있을 것, ② 공연성(전파가능성), ③ 사실(또는 허위사실)의 적시, ④ 그 적시한 사실이 사람의 사회적 평가를 저하시킬 만할 것, ⑤ 비방의 목적

신청인께서 비록 해당 동물병원명 두 글자 중 뒷글자는 적지 않으셨으나, 위치

등을 기재하여 다른 사람들이 쉽게 해당 동물병원을 알 수 있다면 특정성, 공연성, 해당 동물 병원장의 사회적 평가를 저하시킬 만한 사실의 적시 요건은 충족될 것으로 보입니다. 다만, 신청인께서 고소인에 대한 비방의 목적이 없었고, 공공의 이익을 위한 것이었다는 점이 인정된다면 명예훼손죄의 죄책을 지지 않을 가능성이 있습니다. 이에 관한 자세한 내용은 대법원 2012도10392 판결[부록1-3]을 참조하여 주시기 바랍니다.

참조 판례

✴ 대법원 2012도10392 판결[부록1-3] 발췌

'사람을 비방할 목적'이란 가해의 의사나 목적을 필요로 하는 것으로서, 사람을 비방할 목적이 있는지는 해당 적시 사실의 내용과 성질, 해당 사실의 공표가 이루어진 상대방의 범위, 그 표현의 방법 등 그 표현 자체에 관한 제반 사정을 고려함과 동시에 그 표현으로 훼손되거나 훼손될 수 있는 명예의 침해 정도 등을 비교·고려하여 결정하여야 한다.

또한 비방할 목적은 행위자의 주관적 의도의 방향에서 공공의 이익을 위한 것과는 상반되는 관계에 있으므로, 적시한 사실이 공공의 이익에 관한 것인 경우에는 특별한 사정이 없는 한 비방할 목적은 부인된다. 공공의 이익에 관한 것에는 널리 국가·사회 그 밖에 일반 다수인의 이익에 관한 것뿐만 아니라 특정한 사회집단이나 그 구성원 전체의 관심과 이익에 관한 것도 포함한다.

⭐ ② 동물병원에 대한 고발 가능 여부

동물병원 미용사의 행위가 동물보호법 제8조 제2항에서 정한 동물학대에 해당할 경우 해당 미용사, 동물병원장을 고발할 수 있습니다. 고소는 범죄 피해자가 할 수 있는 반면(형사소송법 제223조), 고발은 누구든지 할 수 있기 때문입니다(형사소송법 제234조). 신청인께서 고발을 하여 경찰이 미용사, 동물병원장에 대한 수사를 개시한다면, 경찰이 해당 영상의 복원 가능성을 확인할 것입니다. 다만, 해당 영상이 미용사, 동물병원장의 범죄 혐의 입증에 유일한 증거임에도 복원이 불가능하다면 미용사, 동물병원장이 증거불충분으로 불기소처분을 받아 형사 책임이 면책될 수 있습니다. 그렇지만 미용사, 동물병원장이 불기소처분을 받는다고 하더라도 고발인이 허위의 사실을 고발한 것이 아니라면, 고발인이 무고죄의 죄책을 지지는 않습니다.

✴ 형사소송법 제223조(고소권자)

범죄로 인한 피해자는 고소할 수 있다.

✴ 형사소송법 제234조(고발)

① 누구든지 범죄가 있다고 사료하는 때에는 고발할 수 있다.

✴ 형법 제156조(무고)

타인으로 하여금 형사처분 또는 징계처분을 받게 할 목적으로 공무소 또는 공무원에 대하여 허위의 사실을 신고한 자는 10년 이하의 징역 또는 1천500만원 이하의 벌금에 처한다.

✴ 동물보호법 제10조(동물학대 등의 금지)

② 누구든지 동물에 대하여 다음 각 호의 행위를 하여서는 아니 된다.

1. 도구·약물 등 물리적·화학적 방법을 사용하여 상해를 입히는 행위. 다만, 해당 동물의 질병 예방이나 치료 등 농림축산식품부령으로 정하는 경우는 제외한다.

2. 살아있는 상태에서 동물의 몸을 손상하거나 체액을 채취하거나 체액을 채취하기 위한 장치를 설치하는 행위. 다만, 해당 동물의 질병 예방 및 동물실험 등 농림축산식품부령으로 정하는 경우는 제외한다.

3. 도박·광고·오락·유흥 등의 목적으로 동물에게 상해를 입히는 행위. 다만, 민속경기 등 농림축산식품부령으로 정하는 경우는 제외한다.

4. 동물의 몸에 고통을 주거나 상해를 입히는 다음 각 목에 해당하는 행위

   가. 사람의 생명·신체에 대한 직접적 위협이나 재산상의 피해를 방지하기 위하여 다른 방법이 있음에도 불구하고 동물에게 고통을 주거나 상해를 입히는 행위

   나. 동물의 습성 또는 사육환경 등의 부득이한 사유가 없음에도 불구하고 동물을 혹서·혹한 등의 환경에 방치하여 고통을 주거나 상해를 입히는 행위

   다. 갈증이나 굶주림의 해소 또는 질병의 예방이나 치료 등의 목적 없이 동물에게 물이나 음식을 강제로 먹여 고통을 주거나 상해를 입히는 행위

   라. 동물의 사육·훈련 등을 위하여 필요한 방식이 아님에도 불구하고 다른 동물과 싸우게 하거나 도구를 사용하는 등 잔인한 방식으로 고통을 주거나 상해를 입히는 행위

✴ 동물보호법 제97조(벌칙)

② 다음 각 호의 어느 하나에 해당하는 자는 2년 이하의 징역 또는 2천만원 이하의 벌금에 처한다.

1. 제10조제2항 또는 같은 조 제3항제1호·제3호·제4호의 어느 하나를 위반한 자

2. 제10조제4항제1호를 위반하여 맹견을 유기한 소유자등

3. 제10조제4항제2호를 위반한 소유자등

✱ 동물보호법 제99조(양벌규정)

법인의 대표자나 법인 또는 개인의 대리인, 사용인, 그 밖의 종업원이 그 법인 또는 개인의 업무에 관하여 제97조에 따른 위반행위를 하면 그 행위자를 벌하는 외에 그 법인 또는 개인에게도 해당 조문의 벌금형을 과한다. 다만, 법인 또는 개인이 그 위반행위를 방지하기 위하여 해당 업무에 관하여 상당한 주의와 감독을 게을리하지 아니한 경우에는 그러하지 아니하다.

강아지 골절 수술

종: ***
성별: 여
나이: 3~4년

내용: 2017년 9월경 강아지(보리)가 애견 카페 테이블에서 떨어져 왼쪽 앞 다리가 골절되어 병원에 내원하였고, 병원 측에서 사선 방향으로 골절이 되어 수술이 필요하다고 말했습니다. 3kg 중소형견으로 뼈가 얇아 수술 방법이 한정적이라며 플레이트를 대는 수술을 진행했습니다(수술 비용: 80~90만원).

사후치료로 최소 6개월 간격으로 나사를 2~3개씩 제거하기로 하였고, 최소 2년이 걸린다고 안내를 받았습니다.

2018년도에 1차로 나사 2개를 제거했습니다(1회 제거할 때마다 비용: 25~30만원). 그리고 2019년 6월 15일 2차 나사 제거를 위해 방문했습니다. 수술 이후 2~3회 내원 당시 CT를 찍었지만, 사진상으로 볼 때 확연히 봐도 뼈가 붙은 것처럼 보이지 않았었고, 맨눈으로 보기에도 애견의 다리가 휘어있었으며 잘 걷지 못하는 등의 행동을 보였습니다. 그러나 의사가 "플레이트로 인한 이물감 때문에 불편을 느끼는 것이고, 휘어 보이는 것이다."라고 하여 안심하였고, 플레이트를 최종 제거할 때까지 기다려보자고 생각했습니다. 의사 측은 "수술에는 문제가 없었으며, 뼈가 붙지 않은 것은 2차 골절로 인해 그렇다. 재수술을 필요로 한다."라고 말했습니다. 다만, 본인(첫 수술을 받은 병원)은 수술 진행이 어렵다며, "타의사를 소개해 주겠다. 수술비용은 120~150여만원을 예상해야 한다."라고 말했습니다. 좀 더 생각해 보고 재방문하기로 하고 귀가했습니다.

하지만 저는 잘못된 수술로 뼈가 2년째 붙지 않았다고 생각하고, 결과가 좋지 않은 상황에서 부담스러운 재수술 비용이 발생하는 것과 수술을 진행했던 의사가 책임을 회피하려는 듯한 태도가 너무 부당하다 생각됩니다.

의사의 과실이 의심되나 전문의 소견을 충분히 들어보고 말씀드리려고, 병원 측에는 억울한 심정이나 불편한 감정은 전혀 내비치지 않았습니다.

1. 재수술이 시급하여, 병원 추천이 가능한지 추가로 상담을 원합니다.
2. 혹시 어떠한 자료가 있으면 수술이 잘못되었는지 알 수 있나요?
   또, 만약 수술이 잘못되었으면 증빙자료는 어떤 게 필요한가요?
   (최초 발생 시부터 CT 사진, 반대 방향의 각도 사진 등)

상담

수의사의 의료상 과실로 인하여 적기에 적절한 치료를 받지 못해 증상이 악화되었다면 신청인께서는 민법 제750조에 따라 수의사에게 이에 대한 손해배상을 청구하실 수 있습니다. 관련하여 유사한 사안에서 수의사의 손해배상책임을 인정한 서울동부 지방법원 2009나558 판결[부록1-4]을 첨부하오니 참고하시기 바랍니다.

관련 법률

❋ **민법 제750조(불법행위의 내용)**

고의 또는 과실로 인한 위법행위로 타인에게 손해를 가한 자는 그 손해를 배상할 책임이 있다.

저희 상담센터에서 병원 추천을 해드리기는 어렵습니다. 수술이 잘못되었을 경우 증빙 자료는 다른 동물병원에서 최초 수술 병원에서의 처치가 적절하지 않았다는 소견서를 발급받으신다면 가장 유력한 증빙자료가 될 수 있습니다. 다만, 다른 동물병원에서도 위의 내용을 소견서로 작성하는 것은 꺼려할 것으로 보이긴 합니다. 하지만 다른 동물병원에서 진료 중에 구두로는 그러한 의견을 밝힐 수도 있으니, 진료하실 때 대화내용을 녹음해두시는 것도 고려해보실 수 있습니다. 수술 전후 반려견의 상태 변화를 확인할 수 있는 보리의 사진이나 보행 동영상, CT 사진을 다른 동물병원에 제시하셔서 의견을 구할 수도 있을 것입니다.

31 동물병원에서 주사맞은 후 반려견 사망

종: 말티즈

성별: 여

나이: 10년

내용: 2주 전 강아지 미용 후 호흡이 거칠어졌습니다. 그래서 산책겸 병원에 가서 진료를 받고 X-ray를 찍고 피검사를 하였습니다. 하지만 당시 혈압체크는 물론, 몸무게 또한 재지 않았습니다.

병원에서는 심장이 크다고 하여 2가지 방안을 제시하였는데, 첫 번째는 24시간 병원에 입원하는 것, 두 번째는 주사맞고 약을 처방한 뒤 경과를 지켜보자는 것이었습니다. 저는 후자인 주사맞고 약을 처방받아 경과를 지켜보는 것을 선택하였습니다. 진통제 및 기도확장제를 투여했고, 4시간 만에 강아지가 사망했습니다. 나중에 들어보니 위 주사는 천천히 놔야 하는데, 병원에서는 주사를 빠르게 놓았습니다.

추후 병원에 전화하고 찾아갔지만 적절한 사과는커녕 핑계대기 바빴습니다. 그래서 인터넷에 이 내용을 올렸습니다. 단, 병원명은 기재하지 않았습니다. 그랬더니 얼마 전 이 병원에서 명예훼손으로 고소를 했다고 경찰서에서 전화가 왔습니다.

10년을 키운 강아지이고 믿고 맡긴 병원이었으며, 밥도 잘 먹고 간식소리만 나도 달려오던 강아지가 죽었으니 당연히 납득이 되질 않았습니다. 그래서 올린 페이스북 모임글에 대해 처벌이 가능한지요?

신청인께서 인터넷에 올린 글에서 묘사한 동물병원장의 행위가 사실 그대로라면 정보통신망법 제70조 제1항 사실 적시 명예훼손죄, 사실과 다른 점이 있다면 정보통신망법 제70조 제2항 허위사실 적시 명예훼손죄에 해당할 수 있습니다.

관련 법률

※ 정보통신망 이용촉진 및 정보보호 등에 관한 법률 제70조(벌칙)

① 사람을 비방할 목적으로 정보통신망을 통하여 공공연하게 사실을 드러내어 다른 사람의 명예를 훼손한 자는 3년 이하의 징역 또는 3천만원 이하의 벌금에 처한다.

② 사람을 비방할 목적으로 정보통신망을 통하여 공공연하게 거짓의 사실을 드러내어 다른 사람의 명예를 훼손한 자는 7년 이하의 징역, 10년이하의 자격정지 또는 5천만원 이하의 벌금에 처한다.

③ 제1항과 제2항의 죄는 피해자가 구체적으로 밝힌 의사에 반하여 공소를 제기할 수 없다.

정보통신망법상 명예훼손죄가 성립하려면 신청인의 행위가 다음의 요건을 충족해야 합니다.

① 명예훼손의 대상이 특정되어 있을 것, ② 공연성(전파가능성), ③ 사실(또는 허위사실)의 적시, ④ 그 적시한 사실이 사람의 사회적 평가를 저하시킬 만할 것, ⑤ 비방의 목적

신청인께서 비록 해당 동물병원 상호를 적지는 않으셨으나, '대형마트 안에 있는 체인점 동물병원'이라고 기재하여, 다른 사람들이 쉽게 해당 동물병원을 알 수 있다면 특정성, 공연성, 해당 동물병원장의 사회적 평가를 저하시킬 만한 사실의 적시 요건은 충족될 것으로 보입니다. 다만, 신청인께서 동물병원장에 대한 비방의 목적이 없었고, 공공의 이익을 위한 것이었다는 점이 인정된다면 명예훼손죄의 죄책을 지지 않을 가능성이 있습니다. 이에 관한 자세한 내용은 대법원 2012도10392 판결 [부록1-3]을 참조하여 주시기 바랍니다.

참조 판례

❋ 대법원 2012도10392 판결[부록1-3] 발췌

'사람을 비방할 목적'이란 가해의 의사나 목적을 필요로 하는 것으로서, 사람을 비방할 목적이 있는지는 해당 적시 사실의 내용과 성질, 해당 사실의 공표가 이루어진 상대방의 범위, 그 표현의 방법 등 그 표현 자체에 관한 제반 사정을 고려함과 동시에 그 표현으로 훼손되거나 훼손될 수 있는 명예의 침해 정도 등을 비교·고려하여 결정하여야 한다. 또한 비방할 목적은 행위자의 주관적 의도의 방향에서 공공의 이익을 위한 것과는 상반되는 관계에 있으므로, 적시한 사실이 공공의 이익에 관한 것인 경우에는 특별한 사정이 없는 한 비방할 목적은 부인된다. 공공의 이익에 관한 것에는 널리 국가·사회 그 밖에 일반 다수인의 이익에 관한 것뿐만 아니라 특정한 사회집단이나 그 구성원 전체의 관심과 이익에 관한 것도 포함한다.

또한 반려견이 동물병원장의 의료상 과실로 인하여 죽음에 이르게 되었다면 신청인께서는 민법 제750조에 따라 동물병원장에게 이에 대한 손해배상을 청구하실 수 있습니다. 관련하여 유사한 사안에서 수의사의 손해배상책임을 인정한 서울동부지방법원 2009나558 판결[부록1-4]을 참조하여 주시기 바랍니다.

관련 법률

❋ 민법 제750조(불법행위의 내용)

고의 또는 과실로 인한 위법행위로 타인에게 손해를 가한 자는 그 손해를 배상할 책임이 있다.

한방동물병원에서 비용을 환불해 주지 않는 경우

종: **포메라니안**	
성별: **남**	
나이: **4년**	

🐾 **내용:** 반려동물 치료 관련하여 서울에 한방병원을 우연히 알게 되어 SNS로 상담을 받고 그곳에서 치료를 받게 되었습니다. 치료비는 500만원이었고, 2달 안에 완치가 가능하다고 하였으나, 결론적으로 1년 동안 치료하였음에도 외관상 아무런 호전을 보이지 못하였습니다(치료 기간 2018.07.~2019.07.).

이에 치료를 그만하겠다고 말하였으며, 병원장 또한 치료가 안 된 것을 인정하며 호의적으로 100% 환불 진행에 동의하였습니다.

그러나 "동물병원 운영이 어렵다, 직원들 월급도 제대로 주고 있지 않다, 자신은 신용불량자이다, 임대료가 밀려 압류상태이다."라는 등의 이유로 차일피일 미루며 계속 환불이 이루어지지 않고 있습니다. 이에 직접 동물병원에 찾아가 치료비 환불 약정서를 작성하여 2019년 10월부터 월 83만원씩 환불해 주기로 약속하였으나, 이 또한 지켜지지 않고 있는 상황입니다.

따라서 법적 절차를 밟아 해결하고자 하는데 원만하게 해결할 수 있을지 상담 요청합니다. 환불 약정서를 작성하면서 녹음하였으며, 기존에 통화했던 부분도 녹취록을 가지고 있습니다.

저도 어렵게 벌어서 모은 돈을 반려동물 상태가 호전되길 바라며 기꺼이 결제하였습니다. 애초에 병원 측에서 환불에 대한 이야기가 없었더라면 저의 결정이었기에 환불 요청을 할 수조차 없었을 것입니다. 병원 측에서 먼저 치료되지 않으면, 100% 환불이라는 마케팅 수단을 이용하여 1년 동안 치료를 받게 해놓고선 환불을 미루는 것은 잘못되었다고 생각합니다. 현재 다른 사람들도 환불을 기다리는 상황이라고 알고 있습니다. 환불을 받을 수 있을지, 환불을 받기 위해서는 어떤 법적 조치와 절차를 거쳐야 하는지 법률 자문을 구해봅니다.

현재 우기고 우겨서 겨우 10만원 환불받은 상황입니다. 그리고 배상지급명령신청이 법적 효력이 있다고 하는데, 해당 건만으로도 환불을 받을 수 있을지 궁금합니다.

상담

상담자분은 한방동물병원과 반려동물에 대해 치료계약을 체결하고, 치료비 명목으로 500만원을 지급하였습니다. 치료계약에는 치료되지 않으면 환불하겠다는 내용의 특약이 있었는데, 그러한 내용이 담긴 계약서가 있지는 않은 것으로 보입니다. 다만, 서면으로 작성된 환불 약정서를 통해 특약내용은 확인되고, 병원 측도 특약의 존재를 부정하고 있지는 않아 보입니다.

치료되지 않으면 환불하겠다는 내용의 특약이 담긴 치료계약이 체결되고, 실제 치료행위를 하였음에도 동물의 상태가 호전되지 않았다면, 동물병원 측은 특약에 따라 지불한 치료비를 반환할 책임이 있습니다.

병원 측이 현실적으로 환불을 하고 있지 않고 있다면(임의로 지급을 하고 있지 않다면), 이에 대하여 지급명령, 소송 등 법적 조치를 통하여 배상의무(집행권원)가 있음을 확인하고, 병원 또는 병원 원장의 재산에 대하여 강제집행을 통해 현실적으로 지급을 받을 수 있습니다.

소송이 제기될 경우 병원 측에서는 현실적으로 치료에 소요된 비용을 공제하자는 주장을 할 수도 있는데, 진료채무는 결과채무가 아닌 수단채무인 특성상 이 주장이 받아들여져 일부 공제가 인정될 수도 있습니다.

의사의 진료채무는 질병의 치유와 같은 결과를 반드시 달성해야 할 결과채무가 아니라 환자의 치유를 위하여 선량한 관리자의 주의의무를 가지고 현재의 의학수준에 비추어 필요하고 적절한 진료조치를 다해야 할 책무 이른바 수단채무라고 보아야 하므로 진료의 결과를 가지고 바로 진료채무불이행사실을 추정할 수는 없습니다(대법원 1988. 12. 13. 선고 85다카1491 판결[부록1-5]).

33   초기진단받은 병원에서 치료를 지연하고 진료를 거부하다 사망한 경우

종: 코리안 숏헤어

성별: 남

나이: 7년

🐾 **내용:** 지난주에 아이가 기침이 심하여 춘천 동물병원에 내원했습니다. 우리 아이가 병원만 가면 사나운데, 병원 측에서 무섭다며 피검사 등 다른 검사를 진행하지 않은 채 X-ray만 찍고 폐렴과 폐수종이라는 진단을 내렸었습니다. 그리고 무작정 이뇨제를 투여했습니다. 그 후에 아이의 상태가 급격히 나빠져 동물병원의 원장에게 입원을 요구했지만, 아이가 사나워 무섭고 자신이 없다는 이유로 거부당하였습니다. 아이 상태가 더 나빠지고 나서야 큰 병원으로 가라고 해서 다퉈야 하는 건 미루고 일단 급히 2차, 3차 병원까지 옮기게 되었습니다. 3차 방문한 동물병원에서는 수치가 그리 높지도 않은 상태여서 탈수와 전해질 등부터 잡았어야 했는데 서울 큰 병원으로 가라는 겁니다. 그래서 급히 옮기는 사이 5분 만에 우리 소중한 아이가 떠났습니다.

지금 가장 분노되는 건 처음 방문한 동물병원의 이후 반응입니다. 초기 허술한 진단과 대처를 했던 동물병원에 X-ray를 요구했지만 돌아오는 1차 답변은 "어쩌다 보니 지웠어요. 숨기려는 건 아니고요. 근데 어디다 쓰려고요?" 2차 답변에서는 "제가 지웠어요."였고 3차 답변에서는 "자동 저장 설정이 안 돼 있었어요. 중요한 건 핸드폰으로 찍어봐요."였습니다. 녹음도 했습니다.

제가 알기로는 수의사법에 기록 보관 의무가 1년 이상 있고, 정당한 사유 없이 진료나 기록요청을 거부하면 안 되는 걸로 명시되어 있습니다.

처음 방문한 동물병원은 환자의 진료 기록을 직접 제거했으며, 포렌식 복구든 뭐든 자기는 모른다며 알아서 하라는 입장입니다.

아이는 그렇게 고통스럽게 가버렸는데, 어제 돌아온 말은 "나는 솔직히 걔 진단하기 싫었어."라는 말이었습니다. 녹음도 했습니다.

심장이 찢어지는 고통에 더 비수를 꽂았습니다. 제발 도와주세요.

상담

1 진료지연 및 거부 관련

동물진료업을 하는 수의사가 동물의 진료를 요구받았을 때에는 정당한 사유 없이 거부하여서는 아니 되고, 이를 위반하였을 경우 500만원 이하의 과태료가 부과됩니다.

동물보호자의 입원 요구에 대해 사납다거나 무섭다거나 진단하기 싫다는 이유로 진료를 거부하고, 이로 인한 치료 지연으로 반려동물이 사망하였다면, 수의사는 민법상 불법행위 책임이 인정될 수 있고, 수의사법상 진료거부죄가 문제가 됩니다.

반려동물의 상태가 해당 동물병원의 인적, 물적 시설이 불비하여 치료할 수 있는 더 큰 병원으로 전원을 하라는 취지였다면, 진료거부죄에 해당되기는 어려우나 단순히 사납다거나 무섭다거나 진단하기 싫다는 이유로 진료를 거부한 것이라면, 진료거부죄에 해당할 수 있습니다.

수의사가 진찰·치료 등의 의료행위 과정에서 임상의학 분야에서 실천되고 있는 의료행위의 수준에서 요구되는 주의의무를 다하지 못하였다면, 진료계약 위반에 따른 채무불이행 책임 또는 불법행위 책임을 져야 하며, 동물에게 발생한 재산상, 정신적 손해를 배상해야 합니다.

수의사는 의료과실과는 달리 설명의무를 다하였다는 점을 입증하여야 하는데, 이를 입증하지 못할 경우 진료계약 위반에 따른 채무불이행 책임 또는 불법행위 책임을 져야 합니다. 다만, 진료의 결과를 가지고 바로 진료채무불이행사실을 추정할 수는 없고, 진료상 주의의무 위반에 대한 입증은 이를 주장하는 쪽에서 입증을 하여야 합니다.

동물의료사고의 경우 전문적인 의학지식이 필요하고, 입증가능성, 손해배상의 정도 등을 종합적으로 고려해야 하므로, 관련 자료를 가지고 별도의 상담을 받은 뒤 소송 등 법적 조치를 취하는 것이 필요합니다.

2 진료부 작성 및 보관의무 관련

수의사는 진료부를 갖추어 두고 진료한 사항을 기록하고 서명하여야 하는 진료부 작성의무가 있고(**수의사법 제13조 제1항**), 직접 진료하거나 검안한 동물에 대하여 진단서, 검안서, 증명서 또는 처방전의 발급을 요구받았을 때에는 정당한 사유 없이 이를 거부하여서는 아니 되는 진단서 등의 발급의무가 있습니다(**수의사법 제12조 제3항**).

수의사법은 수의사에게 진료부 작성의무를 부과하고 있지만, 의료법과 달리 환자에게 진료기록이나 검사기록을 열람하게 하거나 그 사본을 교부하는 권리를 인정하고 있지 않습니다. 따라서 현행법상으로 수의사가 진료부(**진료기록**)나 영상자료를 열람, 복사해 주지 않는다고 하더라도 위법으로 보기는 어렵습니다.

사람의 경우는 진료기록 열람복사를 해 주지 않는 경우 의료법에서 처벌 규정을 두고 있으나 동물의 경우는 이와 달리 진료부 작성의무만 존재하고, 발급, 열람, 복사 의무는 부과하고 있지 않습니다. 이로 인한 중복검사 비용증가, 진료협조 어려움 등의 불편이 가중되고 있는데, 조만간 입법을 통해 시급히 보완되어야 할 사항으로 보입니다.

수의사에게 진단서, 처방전 발급의무는 있으므로, 동물 소유자가 요청하는 경우 진단서, 처방전은 발급을 해 주어야 합니다. 수의사가 진료부 또는 검안부를 갖추어 두지 아니하거나 진료 또는 검안한 사항을 기록하지 아니하거나 거짓으로 기록한 경우, 정당한 사유 없이 진단서, 검안서, 증명서 또는 처방전의 발급을 거부한 경우에는 100만원 이하의 과태료 처분을 받게 됩니다.

관련 규정

※ 수의사법 제11조(진료의 거부 금지)

동물진료업을 하는 수의사가 동물의 진료를 요구받았을 때에는 정당한 사유 없이 거부하여서는 아니 된다.

※ 수의사법 제41조(과태료)

① 다음 각 호의 어느 하나에 해당하는 자에게는 500만원 이하의 과태료를 부과한다.

1. 제11조를 위반하여 정당한 사유 없이 동물의 진료 요구를 거부한 사람

관련 규정

※ 수의사법 제12조(진단서 등)

③ 수의사는 직접 진료하거나 검안한 동물에 대한 진단서, 검안서, 증명서 또는 처방전의 발급을 요구받았을 때에는 정당한 사유 없이 이를 거부하여서는 아니 된다.

※ 수의사법 제13조(진료부 및 검안부)

① 수의사는 진료부나 검안부를 갖추어 두고 진료하거나 검안한 사항을 기록하고 서명하여야 한다.

② 제1항에 따른 진료부 또는 검안부의 기재사항, 보존기간 및 보존방법, 그 밖에 필요한 사항은 농림축산식품부령으로 정한다.

③ 제1항에 따른 진료부 또는 검안부는 「전자서명법」에 따른 전자서명이 기재된 전자문서로 작성·보관할 수 있다.

※ 수의사법 제41조(과태료)

② 다음 각 호의 어느 하나에 해당하는 자에게는 100만원 이하의 과태료를 부과한다.

1의3. 제12조제3항을 위반하여 정당한 사유 없이 진단서, 검안서, 증명서 또는 처방전의 발급을 거부한 자

2. 제13조를 위반하여 진료부 또는 검안부를 갖추어 두지 아니하거나 진료 또는 검안한 사항을 기록하지 아니하거나 거짓으로 기록한 사람

34 디스크 수술 후 상태가 나빠졌으며, 추가 비용 지급

종: **말티즈**
성별: **남**
나이: **10년**

🐾 **내용:** 충남에 거주하는 말티즈(둘리) 보호자입니다. 우리 둘리는 부모님과 가족 같이 생활하고 있습니다. 둘리는 건강하고 식성도 좋으며 활발합니다.

2019년 12월 10일경 종일 움직이지도 않고 자기 집에서 나오지도 않았습니다. 이름을 부르면 어렵게 일어나 다리를 약간 절뚝거렸고, 허리 아래 부분을 만지면 아파했습니다. 그래서 A동물의료원에 갔습니다. 낯선 곳이라 당황해서 그런지 아픈 기색을 보이지 않았고, 수의사는 바닥에 내려놓으며 좀 떨어져서 불러보라고 하셨습니다. 정상적으로 활발하게 움직이는 걸 보고, 수의사도 정상 같다며 정확한 원인을 모르겠다고 하셨습니다.

병원에서 돌아온 저녁, 둘리는 방 한쪽 구석에 누워서 다리가 저린 듯 바르르 떨었습니다. 힘겹게 일어나는 둘리를 보며 동영상을 찍어 A동물의료원 수의사한테 메신저로 보냈습니다. 신경에 문제가 있는 것 같아 MRI를 찍어 봐야 할 것 같다고 하며, B병원과 C병원 두 곳을 추천하여 주셨습니다. 인터넷으로 검색해보니 후기도 좋아, 거리상 가까운 B병원에 12월 18일경 전화하여 12월 21일 예약했습니다.

2019년 12월 21일, B병원 원장님께서는 일단 초음파와 CT를 촬영하고 혈액검사 등 여러 가지 검진을 해 주셨고, 다행히 모두 정상으로 나와, MRI로 디스크인지 확인해야 한다고 했습니다. 40% 이하면 다른 방법이 있지만, 50% 이상이면 수술을 해야 하고, 수술하지 않으면 신경이 빠져, 점점 굳어져서 나중에는 방법이 없다고 하셨습니다.

14시경 MRI를 찍고 결과를 확인하니 둘리는 50% 초반이었습니다. 점점 나빠져서 걷지도 못할 거라는 말에 수술을 진행하기로 했고 중성화 수술도 함께 진행하기로 했습니다. 17시 30분경 수술은 끝났지만, 체온이 떨어져 있어 온도를 높인 후 둘리와 만날 수 있다고 했습니다. 잠시 후 허리에 붕대를 감은 둘리를 보았습니다. 원장님은 수술이 잘 되었다고 하시면서 5일 후에는 퇴원할 수 있다고 말씀해 주셨습니다. 당분간 입원을 해야 한다고 하시며, 수술 비용으로 356만 5천원을 청구했습니다. 나중에는 입원료만 내면 될 것 같다고 하였습니다. 6개월 할부로 계산하고 19시 30분경 집으로 돌아왔습니다.

하지만 5일이 지나도 병원에서 퇴원하라는 연락이 없었습니다. 매일 사진만 찍어서 줄로 배뇨했고, 밥을 제공했다고만 보내주었습니다. 2주 후에도 연락이 없어, 원장님과 통화하니 "좀 기다려 주셔야 할 것 같다."라고 하셨습니다. 어떻게 된 일인지 궁금하여 2020년 1월 4일 B병원으로 찾아갔습니다. 간호사가 둘리를 안겨주길래 바닥에 내려놔도 되냐고 물었더니 안고만 있으라고 했습니다. 소파에 내려놓으니 병원에 오기 전보다 더 다리를 못 움직이고 소파에서 다리를 질질 끌며 이동하는 모습을 보였습니다. 다리를 만져보았지만, 둘리는 감각도 못 느끼고 꼬집어도 아픈 줄 몰랐습니다. 손님들이 많아서 크게 소리도 못 쳤지만, 한순간의 실수로 둘리에게 많은 고통을 주는 것 같아서 울음이 나왔습니다. 자책감이 들었습니다. 원장님은 토요일이라서 나오지 않으셨다며 월요일에 통화하라고 했습니다. 병원에서는 말도 못 하고 "병원에서 개를 더 병신 만들어놨다."라고 전화로 따졌습니다.

2020년 1월 6일 월요일에 원장님께서 전화를 주시며, "더 기다려 봐야 할 것 같다."라고만 하셨습니다. 5일 후에는 퇴원하라고 하셨는데 어찌 된 일이냐고 재차 물어도 계속 "기다려봐야 할 것 같다."라고만 하셨습니다. 이후 병원에서는 케이지에 가둬져 있는 사진만 보내주고, 식사는 잘하고 배뇨도 줄로 하고 있다고 메신저로 보내왔습니다.

2020년 1월 11일 다시 B병원으로 찾아갔습니다. 간호사가 둘리가 있는 케이스를 알려 주며, 허리를 자주 움직이면 안 되니 안에서만 보라고 했습니다. 둘리를 안고 싶다고 하자, 멋쩍은 듯 꺼내주었습니다. 이번에도 둘리의 다리를 꼬집어 봤습니다. 다행히 미동과 함께 살짝 다리를 빼는 모습에 안도의 한숨이 나왔습니다. 진료실로 들어가 어떻게 된 일인지 물었습니다. 원장님은 "왜 그런지 이상하다."라며 고개만 갸우뚱하시고, 수술한 몇 개의 뼛조각과 수술한 허리 사진, MRI 사진, 중성화 사진만 보여주셨습니다. 수술이 잘못된 게 아닌지, 초반이면 약이나 침 등 물리치료로 해야 했지 않냐고 물었습니다. 원장님은 "시멘트에 소나무를 심으면 금방은 뽑히지만 굳으면 뽑히지도 않는다."라며 기분 나빠하셨습니다.

계속 한풀이 하며 저번에는 다리를 꼬집어도 둘리가 몰랐는데 오늘은 다리를 좀 뺐다고 말씀드리니, 걱정하지 말라 하셨습니다. 병원비도 많이 나오지 않겠냐는 말에 감면해 준다고 하셨고, 설날 명절 전까지는 무슨 일이 있어도 걸어서 보내겠다고 약속하셨습니다. 하지만 명절이 지나도 연락도 없고, 침 치료 사진과 동영상만 찍어 보냈습니다.

연락도 없고 A동물의료원에 하소연하니, 거기서는 MRI 결과를 보지 못한 상태라 뭐라 말할 수 없고, 절대 그 병원과 인프라가 잘못 구성된 건 아니라며 재활치료에 들어간 것 같다고 하셨습니다.

2월 1일 B병원에서 원장님께 전화가 와, 말 못하는 짐승한테 너무 고통을 주는 것 아니냐며 따졌습니다. 원장님은 다음 주 토요일에 다시 전화하겠다며 끊었지만, 2월 8일에도 연락은 없었습니다. 저는 둘리를 데려오고 싶습니다. 언제까지 기다려야 되는지도 말씀도 안해 주시니, 마냥 기다릴 수 없습니다. 밤마다 둘리 사진을 보면 억장이 무너지고 잠도 못 들어, 뒤척이고 있습니다. 오히려 정신적 피해를 요구해야 할 것 같습니다.

두 번째는 추가 비용 문제입니다.

수술 비용은 수술한 날 모두 지불해서 없을 것 같은데 추가 비용이 얼마인지도 모르는 상황에서 감면해준다는 원장님 말에 대해, 왜 원장님께서 잘못한 수술을 제가 지불해야 하는지, 신뢰가 가지 않은 원장님 말씀을 언제까지 믿어야 하는지 모르겠습니다. 추가 비용은 절대 지불하고 싶지 않습니다.

원장님의 계속된 거짓말로 더는 믿음이 가지 않습니다. 2020년 2월 13일이면 둘리가 수술한 지 54일이 됩니다. 수술을 잘못하셨다는 인정과 둘리를 원 상태로 돌려주셨으면 하고, 추가 비용 없이 둘리를 데려왔으면 합니다.

디스크가 재발하지 않는다는 보장도 없습니다. 병원에서 기다리다가 디스크가 재발하였다는 강아지도 보았습니다. 디스크 수술은 침 치료와 병행하면 늦어도 3주면 걸을 수 있다고 알고 있습니다. 이렇게 오래 기다릴 것 같았으면 대전에서 수술하지도 않았을 겁니다.

인테넷을 검색하던 중 반려동물 무료 법률상담을 해 주는 곳이 있다 하여 연락하게 되었습니다. 둘리를 데려올 방법과 병원에서 추가 비용 요구 시 어떻게 처리를 해야 하는 지 자문하고 싶습니다.

상담

먼저 아파하는 둘리와 힘든 시간을 보내고 있을 가족들께 위로의 말씀을 전합니다. B병원 원장이 수술을 제대로 하였는지, 적절한 치료를 하였는지 등은 불분명하긴 합니다. 그러나 원장 스스로 5일의 치료기간을 고지하였고, 귀하께서 말씀하신 것과 같이 통상 3주면 치료가 되는 경우라면 현재 둘리의 상황은 예외적인 경우에 해당한다고 할 것입니다. 사람이든 동물이든 수술이라는 것은 위험성이 따르고, 같은 수술을 하더라도 결과는 다르게 나타날 수 있기는 합니다. 그러나 둘리는 수술 이후에 그 이전보다 상태가 급격하게 나빠졌고 입원기간도 상당성을 초과한 것으로 보입니다. 원장은 적절한 처치를 하였다고 주장하면서 도의적으로 일부 치료비 감면 정도만 해 주려는 의사인 듯한데, 그렇다면 귀하와 추가 비용 지급에 관해서 지급의무 발생여부 및 그 범위에 다툼을 피하기는 어려워 보입니다. 추가 비용과 관련한 권리의무관계는 귀하께서 원고로서 원장을 피고로 하여 법원에 '채무부존재 확인소송'을 제기하셔서 판단을 받으시는 것이 가장 유효한 방법입니다.

'채무부존재 확인소송'이란 권리 또는 법률관계에서 범위의 다툼이 있는 경우 존부확인에 관한 판단을 청구하는 것을 말합니다. 소 제기 시 법원에 인지대 및 송달료를 납부하셔야 하는데, 비용은 아래 산식에 따라 산정되고, 그 비용이 부담스러운 수준은 아닙니다.

인지대는 소송목적의 값(소가)에 비례하여 정해진 산식에 따라 산정합니다. 소가 1천만원 미만인 사건의 인지액 산식은 〈소가×50/10,000〉입니다. 송달료는 〈당사자수×4,800원×15회분〉입니다. 다만 이후 둘리의 상태에 관한 추가 감정료가 발생할 수 있습니다.

소송에서 입증이라는 것이 결코 쉽지는 않은 과정이기는 하나, 만약 소송에서 원장의 잘못이 입증된다면 추가 비용 지급을 면하실 수 있습니다. 또한 별도의 손해배상청구로 이미 지급하신 수술비, 둘리의 향후치료비 또는 위자료 등도 지급받으실 수 있습니다.

35 주치의가 실험적으로 처방한 강아지와 맞지 않는 약으로 인한 사망

종: 요크셔테리어

성별: 여

나이: 8년

내용: 반려견(티나)는 L.A 2011년 7월 29일생이며, 2016년 한국으로 넘어왔습니다. 2015년 뇌수막염이 발병했고, 미국에서는 간질로 Levetriacetam을 하루 3번 1년간 투약했으며, 한 달에 2번 발작이 있었습니다. 한국으로 들어와서 갑자기 몇 시간 만에 발작이 3번 왔고, 응급실로 입원한 후 MRI 소견이 뇌수막염이었습니다. 스테로이드를 처방받았고, 근 4년간 스테로이드를 최대한 낮추기 위해 최소한의 스테로이드를 유지하고 있었습니다. 서울에서 용인으로 이사와 병원을 바꿨고 한국에 들어와 병원을 20번 옮겼습니다. 왜냐하면 방문한 병원 80%의 수의사들은 협박 아닌 협박으로 상담 때마다 자신의 안전을 우선에 두었으며, "이 아이는 어차피 죽을 아이니 언제 죽어도 우리는 잘못이 없다."라는 입장을 보였기 때문입니다. 수의사와 합의해 최대한 아이에게 부담가지 않는 스테로이드와 약물 처치가 가능한 병원을 골랐고, 그나마 4년간 유지가 되고 있었습니다. 하지만 마지막 동물병원에서는 "스테로이드를 쓰지 않는다. 우리는 대학병원 교수가 만든 처방을 쓴다."라고 했습니다. 스테로이드에 예민했던 저는, 처음 티나가 병을 확인했을 때 "Levetriacetam이 신약이고 잘 든다."라고 하여 사용했고 괜찮았던 기억이 있어, 그 약을 처방해달라고 했습니다. 그런데 갈수록 아이의 발병 주기가 불규칙적으로 바뀌었으며 상태도 악화했습니다. 배가 검게 변하고 눈 한쪽에 경련이 생겼으며, 한쪽 눈알이 풀렸고, 경련도 3일에 한 번, 1주일에 한 번, 이틀에 한 번 등 일정하지 않았습니다. 상담을 위해 병원에 전화해도 원장님은 항상 바쁘셨고 몇 시간 뒤에 전화를 주셔서 제대로 물어보지도 못했습니다.

11일 티나가 2시간 동안 3번의 발작 증세를 보여, 곧바로 병원에 응급상태를 알렸고 내원하겠다고 하였습니다. 하지만 수술 중이니 3시간 뒤에 오라고 하여, 전화달라고 했고 4시간 뒤에 전화가 왔습니다. 전화를 받은 당시에 인근에 있는 이전 병원 응급실에 있었습니다. 아이에게 약이 듣질 않는다고 말하니, 주치의 원장은 "그러면 기존에 쓰던 약물을 쓰세요."라고 답했습니다. 저는 할 말을 잃었고, 당시 응급실에 계시던 이전 주치의 원장님도 그 이야기에 어이없다는 듯이 고개를 돌리셨습니다. 일단 응급실에 24시간 돌봐줄 인력이 없어 다른 동물병원으로 옮겼으나, 11일 오후 3시 40분부터 시작된 발작은 12일 오전 5시 10분까지 약 13시간 동안 멈추지 않았습니다. 결국, 티나는 무지개다리를 건넜습니다.

고의적인 의도로 실험적 처방을 해서 아이를 죽게 한 수의사와 동물병원을 고소하고 싶습니다. 가능하다면, 수의사의 면허를 정지시키고 싶습니다.

상담

우선 갑작스럽게 티나를 떠나보내신 충격과 슬픔에 위로의 말씀을 드립니다. 법률적인 책임소재 규명에 있어서 수의사의 진료행위에 고의적인 잘못이 있었고 그로 인하여 티나가 사망에 이른 것을 밝히는 것은 매우 어렵습니다.

동물보호법 제8조 제1항 제4호에서 누구든지 정당한 사유 없이 동물을 죽음에 이르게 하는 행위를 하여서는 아니 된다고 정하고 있으나, 같은 조항에서 수의학적 처치의 필요를 정당한 사유로 규정하고 있습니다. 즉, 수의사의 진료행위가 수의학적 처치의 필요가 없음에도 시행됐다거나, 수의학적 처치의 필요는 있으나 잘못된 진료행위를 하였음이 입증되어야 해당 수의사에게 책임을 물을 수 있을 것입니다.

관련 법률

❋ 동물보호법 제10조(동물학대 등의 금지)

① 누구든지 동물을 죽이거나 죽음에 이르게 하는 다음 각 호의 행위를 하여서는 아니 된다.

1. 목을 매다는 등의 잔인한 방법으로 죽음에 이르게 하는 행위
2. 노상 등 공개된 장소에서 죽이거나 같은 종류의 다른 동물이 보는 앞에서 죽음에 이르게 하는 행위

3. 동물의 습성 및 생태환경 등 부득이한 사유가 없음에도 불구하고 해당 동물을 다른 동물의 먹이로 사용하는 행위

4. 그 밖에 사람의 생명·신체에 대한 직접적인 위협이나 재산상의 피해 방지 등 농림축산식품부령으로 정하는 정당한 사유 없이 동물을 죽음에 이르게 하는 행위

✳ 동물보호법 제97조(벌칙)

① 다음 각 호의 어느 하나에 해당하는 자는 3년 이하의 징역 또는 3천만원 이하의 벌금에 처한다.

1. 제10조제1항 각 호의 어느 하나를 위반한 자
2. 제10조제3항제2호 또는 같은 조 제4항제3호를 위반한 자
3. 제16조제1항 또는 같은 조 제2항제1호를 위반하여 사람을 사망에 이르게 한 자
4. 제21조제1항 각 호를 위반하여 사람을 사망에 이르게 한 자

....

유감스럽게도 현행법상 수의사의 진료상 잘못이 인정된다고 하더라도, 그에 대한 책임은 금전배상 외에 피해를 전보받을 수 있는 방법이 없다는 한계가 있습니다. 불법행위로 인한 손해배상책임의 범위는 재산상 손해액(**치료비 및 티나의 분양대금**)과 정신적 손해액(**위자료**)까지입니다. 또한 현재까지의 법원 판례는 반려견의 사망 등에 대한 손해배상액을 사회 일반적인 법감정에 비하여 매우 적게 인정하고 있습니다. 따라서 이와 유사한 사례에서 피해자들은 민사상 손해배상청구소송을 하더라도 적정한 피해구제를 받지 못하고 실익도 없어 대부분 포기하게 되는 것이 안타까운 현실입니다.

36 동물병원의 의료과실 은폐

종: **말티즈**

성별: **남**

나이: **14살**

내용: 2020. 3. 10. 근래부터 보호자 반려견의 호흡이 다소 가빠져(분당 30회) 심장병이 의심됐던 보호자는 어머니와 함께 반려견을 데리고 '① 동물병원'에서 내원 및 종합검사를 받았습니다. 하지만 반려견 혈액수치상 심장약을 바로 복용할 수 있는 상태가 아니어서 심장약 처방을 1주일 뒤로 미루고 혈액수치를 개선하는 알약만 1주일치 처방받았습니다. 그런데 내원했던 당일 22시경부터 반려견의 호흡이 평소와 다르게 가빠지면서 마른기침을 하며 체온이 상승하기 시작하더니 다음날 아침 8시까지 분당 100회 남짓의 여태껏 보지 못한 이상호흡증상으로 한숨도 못자고 힘든 시간을 보냈습니다.

2020. 3. 11. 오전 10시에 어머니와 함께 ① 동물병원을 재방문해서 전날 밤의 반려견의 이상호흡증상에 대해 말하니, ① 동물병원에서 처방받은 알약을 보호자가 반려견에게 잘못먹인 탓이라며 그 수의사뿐만 아니라 당시 ① 동물병원을 내원했던 다른 손님들도 볼 수 있는 개방된 장소에서 보호자에게 알약을 직접 반려견에게 먹여보라고 했습니다. 하지만 보호자의 알약복용방식이 잘못되지 않았음이 입증되자 그 수의사는 추가 X-ray 촬영을 권했습니다. 보호자는 이미 반려견의 호흡은 정상으로 돌아와 있는 상태였고, 더욱이 이틀 연속 추가 X-ray 촬영은 반려견에게 부담스러워 거절했습니다. 그러자 그 수의사는 알약 성분은 호흡질에 영향을 주는 것이 아니며 처방약이 마음에 들지 않으면 다른 병원을 찾아보라며 아무 조치없이 보호자를 돌려보냈습니다.

2020. 3. 12. 오전 10시경에 반려견을 진료했던 ① 동물병원 수의사가 2020. 3. 11.에도 전날 밤과 같은 증상이 있었는지를 묻는 전화를 걸어 왔습니다(반려견의 이상호흡증상은 2020. 3. 10. 22시경부터 2020. 3. 11. 8시경에 나타났었고, 그 이후로

없었음). 그리고 반려견의 보호자는 그 수의사에게 2020. 3. 10. 실시했던 ① 동물병원의 종합검사로 인한 스트레스 때문이었던 것 같다고 말했습니다.

이후, 마지막으로 ① 동물병원을 내원했던 2020. 5. 23.까지 반려견을 진료했던 ① 수의사는, 2020. 3. 10. 22경부터 2020. 3. 11. 8시경까지 있었던 반려견의 이상호흡증상에 대해서 어떠한 언급도 하지 않았고, 보호자가 그 날의 반려견의 이상호흡증상을 그저 쉽게 여겨도 되는 것인지를 물으면 2020. 3. 11. 자신이 권했던 추가 X-ray 촬영을 하지 않았으니 자신도 모른다고 말했습니다.

2020. 3. 16. ① 동물병원은 1주일분으로 반려견의 첫 심장약을 1차례 처방해주었고, 그 이후로는 반려견의 호흡변화에 따라 조금씩 조율하면서 한 달 단위로 심장약을 처방해주었는데, 2020. 3. 16. 반려견의 1주일분이었던 첫 심장약이 그 이후에 처방된 심장약의 용량과는 큰 차이가 있었으며 그러한 사실에 대해 보호자에게 어떠한 설명도 없었고, 보호자가 심장약을 4차례 처방받는 과정에서 같은 강도의 약인지를 2차례 물었는데 매번 같은 강도의 약이라고 대답했습니다(같은 강도의 약이 아니었음을 나중에야 알게 됨).

2020. 7.에 ① 동물병원에서 반려견의 심장 초음파검사가 예약돼 있었는데(① 동물병원 수의사가 초음파검사는 4개월에 한 번씩 실시한다고 함), 보호자는 반려견이 또다시 2020. 3. 10.과 같은 스트레스를 받을까 봐 염려가 돼 다른 병원을 알아보다가 2020. 7. 3. '② 동물병원'을 첫 내원, 초음파 및 혈액검사를 실시했습니다.

보호자는 2020. 3. 10.에 있었던 반려견의 이상호흡증상이 계속 마음에 쓰여 ② 동물병원을 내원할 때 ① 동물병원에서 받았던 반려견의 진료기록(혈액검사결과, 초음파사진)을 갖고 가서 ② 동물병원 수의사에게 보여주며 2020. 3. 10. 22시경부터 다음날 8시경까지 지속됐던 반려견의 이상호흡증상에 대해 물어본 결과 2020. 3. 10.부터 다음날 오전 8시까지 지속됐던 반려견의 급성 호흡곤란 증상은 일시적 과도한 스트레스에 노출되면서 발생한 폐부종 증상이고 빠른 조치가 취해지지 않으면 상황에 따라 폐사가능성도 상당한 위급상황임을 처음 알게 됐습니다.

그리고 보호자가 '② 동물병원'을 찾게 된 반려견의 주 증상이었던 분당 30회의 호흡은 심장약을 처방하지 않아도 되거나 하더라도 약하게 처방하면 되는 경미한 단계라는 사실과, 2020. 3. 10. ① 동물병원에서 찍었던 초음파사진과 2020. 7. 3. ② 동물병원에서 찍은 초음파사진의 비교한 결과 115일 동안 반려견의 심장병이 상당히 진행된 사실 또한 알게 되었습니다.

종별 또는 개체별 성격에 따라 수의사의 진료방식에서 받게 되는 동물 개개의 스트레스의 정도의 차이가 있을 수 있음을 이해는 할 수 있으나, 반려견의 이상 호흡증세로 2020. 3. 11. 내원했을 때는 물론 ① 동물병원의 수의사가 반려견의 보호자에게 안부전화를 걸었던 2020. 3. 12.까지도 반려견의 이상호흡증세에 대해 조치를 취할 수 있는 충분한 시간이 있었음에도 그러하지 않고 오히려 환자에게 신체적 부담이 될 수 있는 1가지의 방법만을 제시함으로써 결과적으로 환자를 방관한 ① 동물병원 수의사의 태도와 한번 복용을 시작하면 중단할 수 없는 '심장약'을 (② 동물병원 수의사에 의하면) '이른 단계'에서부터 보호자에게 아무런 설명도 없이 고강도로 처방해줌으로써 이제는 일정 수준의 심장약이 아니고서는 하루도 지낼 수 없는 상태에 이르게 하여 결과적으로 심장병의 진행을 가속화시킨 ① 동물병원의 과실 은닉 의도의 방관적 진료에 대해 책임을 묻고 싶습니다.

상담

상담자분께서 수의사의 진료상 잘못이 있을 것이라는 심증이 강하게 들고 그에 대해 책임을 묻고 싶으시다면 "손해배상청구소송"을 제기하시는 방법이 있습니다.

그러나 반려견 의료사고, 수의사 의료과실의 법률적인 책임소재 규명에 있어서, 수의사의 치료행위에 잘못이 있다는 것과 그로 인하여 반려견의 상태가 악화된 것을 밝히는 것은 복잡하고 어려운 문제입니다. 사람과 달리 현행법상 수의사의 설명의무를 규정하고 있지 않을 뿐만 아니라, 유감스럽게도 수의사의 진료상 잘못이 인정된다고 하더라도, 그에 대한 책임은 민사소송을 통한 금전배상 외에 피해를 전보받을 수 있는 방법이 없다는 한계가 있습니다. 만약 수의사의 불법행위로 인정되는 경우 손해배상책임의 범위는 원칙적으로 재산상 손해액(치료비나 향후 약제비 등)이고, 위자료는 반려동물의 정신적 피해가 아닌 견주의 정신적 피해에 대한 배상인데, 위자료의 경우 반려견은 생명을 가진 동물이라는 점, 통상 반려견의 소유자는 보통의 물건과 달리 반려견과 정신적인 유대와 애정을 서로 나누는 점을 고려하여 인정되지만, 반려견의 질병 정도가 경미하거나 재산상 손해액인 병원비를 배상받음으로써 피해가 회복되는 경우 등은 위자료는 인정되지 않을 수도 있습니다.

현재까지는 반려동물의 상해·사망 등에 대한 손해배상액을 사회 일반적인 법감정에 비하여 다소 적게 인정하고 있는 편입니다. 따라서 이와 유사한 사례에서 피해자들은 민사상 손해배상청구소송을 하더라도 적정한 피해구제를 받지 못한다고 생각하고 포기하게 되는 것이 안타까운 현실입니다. 수의사의 과실이 인정된 판결과 인정되지 않은 판결 등을 첨부하오니 참고해주시기 바랍니다.

서울동부지방법원 2011. 9. 21. 선고 009나558 판결은 수의사의 과실을 인정한 판결인데, 수의사의 손해배상책임을 인정한 법리는 수의사가 반려동물의 증상을 통해 질병 발생을 예견하고 진단을 위한 검사를 실시하였어야 함에도 실시하지 않아 반려동물을 오진하여 잘못된 처방 및 투약을 하였고, 반려동물 및 보호자가 재방문했을 때에도 수의사가 적절한 검사를 실시하지 않은 채 부적절한 처방을 한 의료상 과실로 인하여 반려동물의 질병이 만성화 악화되었으므로 수의사는 반려동물 보호자가 입은 손해를 배상할 책임이 있다는 것입니다.

상담자분의 반려견의 경우 현재 상태에 이르게 된 경위에 비추어 위 판결의 손해배상책임 법리를 적용할 수 있을 것으로 보입니다.

고양이 구내염으로 인한 발치 수술 중 의료과실 발생

종: 고양이

성별: 남

나이: 7~8세로 추정
(길고양이 입양)

내용: 저희 큰아이가 평소 동물을 좋아해서 동네주변의 길고양이들에게 사료를 주는 봉사활동을 하다가 놀이터에 몇 년 동안 밥을 주던 길고양이를 올해 6월 20일쯤 입양하였습니다.

나이는 대략 7~8세로 추정되는 수컷 오렌지색 고양이로 입양된 다음날 바로 근처 동물병원에서 간단한 검사를 받았습니다. 당시 의사선생님 소견으로는 구내염이 심해서 전체 치아의 발치를 해야 한다는 소견과 함께 동네 동물병원의 형편상 발치 수술을 할 수 없으니 수술이 가능한 큰 병원에서 수술 권유를 받게되어 인터넷 및 지인의 권유로 "OO 동물병원"으로 결정하고, 7월 중 두 번의 상담전화를 통해서 7월 18일 전체 발치 수술을 했습니다.

당시 유명한 병원이라 그런지 매우 많은 손님들이 있었고, 구내염에 따른 전체 발치수술을 이미 알려드린 상황이라 그런지 별다른 검사없이 바로 전신 마취 후 수술을 진행하게 되었으며, 수술시간은 대략 30~40분 정도 소요되었고, 100만원 카드결제로 진료 및 수술비를 지불하였습니다. 수술 후 한 달 치의 약과 함께 송곳니 4개와 멀쩡한 어금니 4개는 괜찮다 싶어 나머지만 수술을 하였다는 안내를 받았습니다.

이후 집에 돌아와 돌보았습니다. 그러는 와중에도 계속 침을 흘리고 출혈도 있는 것 같아 8월 10일경 해당 병원에 전화로 상담을 했더니 한번 내원하시거나 가까운 동물병원에서 치료를 받아도 좋을 것 같다는 의견을 듣고, 8월 18일 동네병원에서 진료를 받았습니다.

동네병원 의사가 진료를 보더니 "전체 발치가 전혀 되어 있지 않으며, 뽑은 치아도 뿌리만 남겨두고 위에 있는 치아만 부러뜨린 것으로 보인다"며 해당 동물병원의 X-ray를 통해 알게 되었습니다.

이에 진료를 마치고 OO 동물병원에 전화로 상황을 이야기했더니, 가볍게 한번 고양이와 함께 내원해 달라는 이야기만 듣게 된 상황입니다. 혼란스러운 상황에 객관적 판단을 위해 8월 19일 다른 종합동물병원에 다시 내원하여 고양이의 상태를 진료했더니 "전체 발치가 아닌 부분 발치로 치아는 남아 있는 상태에 구내염도 계속 진행 중인 상황이며, 뿌리가 남은 치아는 다시 잇몸을 절개하고 치아뿌리를 모두 제거해야 하는 수술을 진행해야 하며, 수술시간도 꽤 걸린다"는 이야기를 듣게 되었습니다.

위의 같은 상황에서 일단 신뢰감이 없는 OO 동물병원에서 진료 및 수술을 할 의향은 없습니다. 전치 발치가 아닌 뿌리를 남겨놓은 상태로 오히려 재수술도 어렵게 만든 상황에 대해 너무도 분개한 상태이며, 아내와 아이들 모두 정신적으로 충격을 받는 상황입니다.

이러한 상황에서 제가 할 수 있는 법률적인 자문을 받고자 하오니 검토해 주시고 연락주시면 감사하겠습니다.

– 8월 18일 고양이 X-ray 사진과 현재 입안 상태 사진도 첨부와 같이 보냅니다.

X-ray 사진

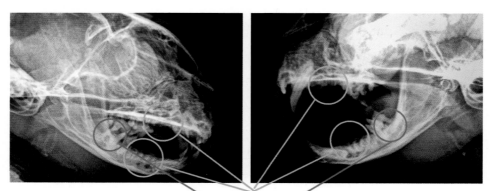

잇몸위의 치아만 절단한 상태 (잇몸속 치아뿌리는 미제거상태)

어금니 뿌리쪽 뼈가 녹는 상태로 발치가 시급한 곳

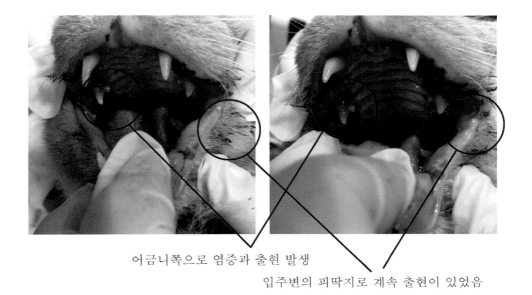

어금니쪽으로 염증과 출현 발생

입주변의 피딱지로 계속 출현이 있었음

　상담자분께서 수의사의 진료상 잘못이 있을 것이라는 심증이 강하게 들고 그에 대해 책임을 묻고 싶으시다면 "손해배상청구소송"을 제기하시는 방법이 있습니다.

　그러나 반려동물 의료사고, 수의사 의료과실의 법률적인 책임소재 규명에 있어서, 수의사의 치료행위에 잘못이 있었고 그로 인하여 반려동물의 상태가 악화된 것을 밝히는 것은 복잡하고 어려운 문제입니다. 사람과 달리 현행법상 수의사의 설명의무를 규정하고 있지 않을 뿐만 아니라, 유감스럽게도 수의사의 진료상 잘못이 인정된다고 하더라도, 그에 대한 책임은 민사소송을 통한 금전배상 외에 피해를 전보받을 수 있는 방법이 없다는 한계가 있습니다. 만약 수의사의 불법행위로 인정되는 경우 손해배상책임의 범위는 원칙적으로 재산상 손해액(치료비나 향후 약제비 등)이고, 위자료는 반려동물의 정신적 피해가 아닌 묘주의 정신적 피해에 대한 배상인데, 위자료의 경우 반려묘는 생명을 가진 동물이라는 점, 통상 반려묘의 소유자는 보통의 물건과 달리 반려묘와 정신적인 유대와 애정을 서로 나누는 점을 고려하여 인정되지만, 반려묘의 질병 정도가 경미하거나 재산상 손해액인 병원비를 배상받음으로써 피해가 회복되는 경우 등은 위자료는 인정되지 않을 수도 있습니다.

현재까지는 반려동물의 상해·사망 등에 대한 손해배상액을 사회 일반적인 법감정에 비하여 다소 적게 인정하고 있는 편입니다. 따라서 이와 유사한 사례에서 피해자들은 민사상 손해배상청구소송을 하더라도 적정한 피해구제를 받지 못한다고 생각하고 포기하게 되는 것이 안타까운 현실입니다. 수의사의 과실이 인정된 판결과 인정되지 않은 판결 등을 첨부하오니 참고해주시기 바랍니다.

서울동부지방법원 2011. 9. 21. 선고 2009나558 판결은 수의사의 과실을 인정한 판결인데, 수의사의 손해배상책임을 인정한 법리는 수의사가 반려동물의 증상을 통해 질병 발생을 예견하고 진단을 위한 검사를 실시하였어야 함에도 실시하지 않아 반려동물을 오진하여 잘못된 처방 및 투약을 하였고, 반려동물 및 보호자가 재방문했을 때에도 수의사가 적절한 검사를 실시하지 않은 채 부적절한 처방을 한 의료상 과실로 인하여 반려동물의 질병이 만성화 악화되었으므로 수의사는 반려동물 보호자가 입은 손해를 배상할 책임이 있다는 것입니다.

상담자분의 반려견의 경우 현재 상태에 이르게 된 경위에 비추어 위 판결의 손해배상책임 법리를 적용할 수 있을 것으로 보입니다.

38 고양이 치료 후 동물병원의 처치 미흡 및 피해보상 방안

종: 코리안 숏헤어

성별: 여

나이: 7살

내용: 8월 28일 ① 동물병원에 스케일링, 복부 초음파를 예약하고 반려묘를 12시간 금식(물 포함)시킨 후 당일 아들인 제가 내원하였습니다. 피 검사, 마취(주사), 스케일링이 진행되었고 그 과정에서 발치가 필요하다는 수의사의 소견을 들은 후 발치가 진행되었습니다. 이후 마취에서 깨지 않은 상태로 복부 초음파 검사를 진행했고 지난 5월 방문했을 때 지방간 위험에 대해 고지받았기에 그 부분을 재차 확인하고 진료를 마쳤습니다. 이후 진통제와 마취에서 깨는 약물을 주사한 뒤 수의사가 몇몇 사항을 전달해주었습니다. "4시간 이후 급수를 해보고 토를 할 경우 20~30분의 간격을 둔 후 다시 급수하라, 이후 토를 하지 않으면 사료를 급여하라", "피가 섞인 토가 나올 수 있고 소화된 피가 섞여 검은 변이 나올 수 있다." 정도의 소견을 들은 후 까망이를 데리고 집으로 돌아왔습니다. 저는 다른 지역 쪽에서 자취를 하고 있기에 막차가 끊기기 전 자취방으로 돌아왔고 어머니께서 이후 관리를 맡으셨습니다. 하지만 새벽까지 토는 그치지 않았고 물과 사료를 정상적으로 섭취할 수 없는 상태가 되자 걱정이 된 어머니는 토요일 아침에 다시 ① 동물병원에 전화한 뒤 내원하였고 아직까지는 별다른 이상이 없다는 의사의 소견과 함께 구토방지, 진통제(확실친 않습니다)를 주사받고 되돌아왔습니다. 이후 물 몇 모금, 츄르 약간을 섭취하여 그나마 안심했으나 일요일 내내 원활한 사료 섭취가 이루어지지 않았고, ① 동물병원도 휴일인 탓에 아무런 대처도 하지 못한 채 월요일이 되었습니다(근처에 다른 병원이 있긴 했으나 아무런 위험성을 고지받지 못했고 전날까지만 해도 괜찮다는 소견을 들었기에 반려묘가 더는 스트레스를 받으면 안 되겠다 판단하여 데려가지 않았습니다).

① 동물병원이 개원하는 9시부터 전화를 해서 상황설명을 하자 ① 동물병원 측

에선 응급실로 가야 한다는 얘기를 했고 어머니는 그쪽으로 가면 되겠느냐 물으셨지만 ① 동물병원에는 그러한 응급 시설이 없다는 답변을 받았습니다. 결국 2018년도에 방문했던 ② 동물병원에 직접 찾아갔고 수액을 맞으며 확인한 결과 신장이 완전히 망가졌다는 얘기를 듣게 되었습니다. 충격을 받은 어머니는 당장 ① 동물병원에 전화해 미흡했던 처치와 위험성에 대한 고지를 하지 않은 것들을 얘기하셨고, ① 동물병원 측에서도 치료비의 어느 정도(**확실한 범위를 전해 듣지 못했습니다**)를 부담할 테니 우선 ③ 동물병원(**2차 병원**)에 가서 입원을 시키라는 답변을 하였습니다. 반려묘를 살리는 게 최우선적인 일이었기에 ③ 동물의료센터 입원실로 찾아가 접수를 했고 현재 수액을 투여하며 소변이 적절하게 배출되는지를 수시로 확인하며 경과를 지켜보고 있습니다.

여기까지가 지금의 상황이고 아직 반려묘가 살 수 있는지, 없는지도 확신할 수 없습니다. 다만 확실한 것은 반려묘가 가까스로 살아난다 하더라도 망가진, 회복 불가능한 신장을 가지고 살아야 한다는 것이고 그 관리(**피하수액 투여 등**)는 고스란히 저희 가족이 떠안게 되었다는 것입니다.

이러한 상황을 토대로 보았을 때 제가 부당하다 생각하는 것들은 아래와 같습니다.

1) X-ray와 같은 진찰도 없이 육안으로 판단하여 5개의 치아를 발치한 것(**동의서 X, 정신없던 저에게 구두로 물었을 것 같은데 기억이 잘 안 납니다**)

2) 발치 후 확실한 음식 섭취가 불투명한 상황에서 수액 처치 하나도 없이 귀가 시킨 것

3) 응급, 격리 시설도 없이 위험성이 있는 치료를 한 것

4) 이후 문제가 생겼을 경우 마땅한 대처 방안(수술실, 입원실)도 준비되지 않은 상황에서 위험한 상황들에 대해 고지하지 않은 것(**① 동물병원에서 적어도 토요일 날 진찰할 때, "지금은 괜찮지만 휴일에 문제가 생겼을 경우 이렇게 대처해라." 정도만 책임감 있게 말했더라도 이렇게 신장이 망가진 채로 응급실에 실려 가진 않았을 것입니다**)

어머니가 원체 심장이 약하신데 반려묘가 생사를 넘나드니 무너지시기 일보 직전이라 이전 상황에 대해 자세한 설명을 들을 수 없는 상황입니다. 저 또한 3개월이 갓 넘어가던 피부병 걸린 반려묘를 길에서 구조해와 지금까지 키워왔고 만에 하나라도 반려묘가 잘못되었을 경우 평정심을 유지한 채 상담 신청하긴 어려울 듯하여 정보가 군데군데 비어있으나 문의드리게 되었습니다. 글이 길다

면 요약해서 다시 보내고 정보가 필요하다면 어머니를 진정시켜서라도 여쭤보고 오겠습니다. 이러한 상황에 대해 무지한 저희는 절실하게 도움이 필요하니 꼭 좀 도와주시길 부탁드리겠습니다. 감사합니다.

상담

상담자분께서 수의사의 진료상 잘못이 있을 것이라는 심증이 강하게 들고 그에 대한 적합한 책임을 묻기를 원하신다면 "손해배상청구소송"을 제기 하시는 방법이 있습니다.

그러나 반려동물 의료사고, 수의사 의료과실의 법률적인 책임소재 규명에 있어서, 수의사의 치료행위에 잘못이 있었고 그로 인하여 반려동물의 상태가 악화된 것을 밝히는 것은 복잡하고 어려운 문제입니다. 사람과 달리 현행법상 수의사의 설명 의무를 규정하고 있지 않을 뿐만 아니라, 유감스럽게도 수의사의 진료상 잘못이 인정된다고 하더라도, 그에 대한 책임은 민사소송을 통한 금전배상 외에 피해를 전보받을 수 있는 방법이 없다는 한계가 있습니다. 만약 수의사의 불법행위로 인정되는 경우 손해배상책임의 범위는 원칙적으로 재산상 손해액(지출한 치료비, 향후치료비 또는 약제비 등)이고, 위자료는 반려동물의 정신적 피해가 아닌 묘주의 정신적 피해에 대한 배상인데, 위자료의 경우 반려묘는 생명을 가진 동물이라는 점, 통상 반려묘의 소유자는 보통의 물건과 달리 반려묘와 정신적인 유대와 애정을 서로 나누는 점을 고려하여 인정되지만, 반려묘의 질병 정도가 경미하거나 재산상 손해액인 병원비를 배상받음으로써 피해가 회복되는 경우 등은 위자료는 인정되지 않을 수도 있습니다.

현재까지는 반려동물의 상해·사망 등에 대한 손해배상액을 사회 일반적인 법감정에 비하여 다소 적게 인정하고 있는 편입니다. 따라서 이와 유사한 사례에서 피해자들은 민사상 손해배상청구소송을 하더라도 적정한 피해구제를 받지 못한다고 생각하고 포기하게 되는 것이 안타까운 현실입니다. 수의사의 과실이 인정된 판결과 인정되지 않은 판결 등을 첨부하오니 참고해주시기 바랍니다.

서울동부지방법원 2011. 9. 21. 선고 2009나558 판결은 수의사의 과실을 인정한 판결인데, 수의사의 손해배상책임을 인정한 법리는 수의사가 반려동물의 증상을 통해 질병 발생을 예견하고 진단을 위한 검사를 실시하였어야 함에도 실시하지 않아 반려동물을 오진하여 잘못된 처방 및 투약을 하였고, 반려동물 및 보호자가 재방문했을 때에도 수의사가 적절한 검사를 실시하지 않은 채 부적절한 처방을 한 의료상 과실로 인하여 반려동물의 질병이 만성화 악화되었으므로 수의사는 반려동물 보호자가 입은 손해를 배상할 책임이 있다는 것입니다.

상담자분의 반려묘의 경우 현재 상태에 이르게 된 경위에 비추어 위 판결의 손해배상책임 법리를 적용할 수 있을 것으로 보입니다.

39 동물병원에서 사람용의약품 사용 시, 약물 정보에 대한 고지의무

종: * * *
성별: 여
나이: 6개월

내용: 눈병문제로 동물병원에서 안약을 처방받았었는데 안약의 이름을 알려달라고 요청드렸지만 수의사분께서 눈병에 쓰인 안약이 사람용의약품이라 알려줄 의무가 없다고 말씀해주셨습니다.

수의사분께서는 수의사법에 반려동물 치료에 쓰인 동물용의약품에 대해 처방전, 진단서와 같은 것을 알려줄 의무가 있다고 명시되어 있지만 사람용의약품을 사용한 경우에 대해서는 명시되어 있지 않아서 알려줄 의무가 없다고 하셨는데, 반려동물 치료에 사람용의약품이 쓰인 경우에는 치료에 쓰인 약물의 이름을 알 수 없는 것인지 궁금합니다. 또한 고지할 의무가 없다면 약물에 대한 정보를 알 수 있는 방법이 있는지도 궁금합니다.

상담

의약품은 사람에게만 쓰이는 인체용의약품과 동물에게만 쓰이는 동물용의약품으로 나뉘는데, 수의사는 동물을 진료하면서 동물용의약품과 인체용의약품을 모두 사용합니다. 동물에게 꼭 필요함에도 동물용의약품으로는 품목허가를 받지 않은 약성분이 많아 인체용의약품이라도 사용하는 것입니다.

그런데 수의사들의 인체용의약품 사용은 약사법에 따라 허가 외로 사용할 수 있도록 되어 있지만 이와 관련된 세부 사항은 정부 어디에서도 관리되지 않고 있습니다. 인체용의약품은 식품의약품안전처가, 동물용의약품은 농림축산식품부가 관리를 담당하면서 동물병원에서 사용하는 인체용의약품은 관리 사각지대에 빠져있는 상황입니다.

수의사법 및 수의사법 시행규칙에서는 반려동물 치료와 관련하여 처방 전에 동물용의약품 기재의무만 규정하고 있고, 인체용의약품에 관하여는 규정하고 있지 않습니다. 따라서 수의사가 인체용의약품을 사용한 경우 고지의무가 없고 약물에 대한 정보를 알 수 있는 방법도 마땅치 않습니다. 아래 관련조문 및 첨부한 진단서, 처방전 양식을 참고해주시기 바랍니다.

관련 조문

⁂ 수의사법 제12조(진단서 등)

③ 수의사는 직접 진료하거나 검안한 동물에 대한 진단서, 검안서, 증명서 또는 처방전의 발급을 요구받았을 때에는 정당한 사유 없이 이를 거부하여서는 아니 된다.

④ 제1항부터 제3항까지의 규정에 따른 진단서, 검안서, 증명서 또는 처 방전의 서식, 기재사항, 그 밖에 필요한 사항은 농림축산식품부령으로 정한다.

⁂ 수의사법 제12조의2(처방대상 동물용 의약품에 대한 처방전의 발급 등)

① 수의사(제12조제5항에 따른 축산농장, 동물원 또는 수족관에 상시고용된 수의사를 포함한다. 이하 제2항에서 같다)는 동물에게 처방대상 동물용 의약품을 투약할 필요가 있을 때에는 처방전을 발급하여야 한다.

③ 제1항에도 불구하고 수의사는 본인이 직접 처방대상 동물용 의약품을 처방·조제·투약하는 경우에는 제1항에 따른 처방전을 발급하지 아니할 수 있다. 이 경우 해당 수의사는 수의사처방관리시스템에 처방대상 동물용 의약품의 명칭, 용법 및 용량 등 농림축산식품부령으로 정하는 사항을 입력하여야 한다.

④ 제1항에 따른 처방전의 서식, 기재사항, 그 밖에 필요한 사항은 농림축산식품부령으로 정한다.

⁂ 수의사법 시행규칙 제11조(처방전의 서식 및 기재사항 등)

③ 수의사는 처방전을 발급하는 경우에는 다음 각 호의 사항을 적은 후 서명(「전자서명법」에 따른 공인전자서명을 포함한다. 이하 같다)하거나 도장을 찍어야 한다. 이 경우 처방전 부본(副本)을 처방전 발급일부터 3년간 보관하여야 한다.

1. 처방전의 발급 연월일 및 유효기간(7일을 넘으면 안 된다)
2. 처방 대상 동물의 이름(없거나 모르는 경우에는 그 동물의 소유자 또는 관리자가 임의로 정한 것), 종류, 성별, 연령(명확하지 않은 경우에는 추정연령), 체중 및 임신 여부. 다만, 군별 처방인 경우에는 처방 대상 동물들의 축사번호, 종류 및 총 마릿수를 적는다.
3. 동물의 소유자 또는 관리자의 성명·생년월일·전화번호. 농장에 있는 동물에 대한 처방

전인 경우에는 농장명도 적는다.

4. 동물병원 또는 축산농장의 명칭, 전화번호 및 사업자등록번호

5. 다음 각 목의 구분에 따른 동물용 의약품 처방 내용

　가. 「약사법」 제85조제6항에 따른 동물용 의약품(이하 "처방대상 동물용 의약품"이라 한다): 처방대상 동물용 의약품의 성분명, 용량, 용법, 처방일수(30일을 넘으면 안 된다) 및 판매 수량(동물용 의약품의 포장 단위로 적는다)

　나. 처방대상 동물용 의약품이 아닌 동물용 의약품인 경우: 가목의 사항. 다만, 동물용 의약품의 성분명 대신 제품명을 적을 수 있다.

6. 처방전을 작성하는 수의사의 성명 및 면허번호

40

반려견 병원 입원 후 홍역 감염이 된 경우

> 종: **늑대개**
>
> 성별: **남**
>
> 나이: **2개월**

내용: 파보/코로나 양성으로 병원에 입원시켰습니다. 그 당시 수의사분이 홍역 치료 중인 아이가 있다고 하여 혹시 몰라 홍역키트검사를 했었는데 홍역은 음성으로 나왔습니다. 1주일 입원 후 퇴원하였고(완치x) 퇴원 후 아이를 집에서 케어했습니다. 그날 저녁에는 아이의 변상태나 컨디션 상태가 모두 좋았지만, 퇴원 후 5일 뒤 감기증상과 설사를 했습니다. 그리고 검사해보니 홍역 양성반응이 나왔습니다. 감염경로는 병원뿐인데 병원 측은 아니라고 하는 상황입니다.

상담

수의사는 진료상 주의의무를 부담하는데, 이와 관련하여 환자와 의사 사이에 정립된 판례들은 동물진료의 경우에도 그대로 유추적용될 수 있습니다. 수의사의 진료상 주의의무는 '의사가 진찰·치료 등의 의료행위를 하는 경우 사람의 생명·신체·건강을 관리하는 업무의 성질에 비추어 환자의 구체적인 증상이나 상황에 따라 위험을 방지하기 위하여 요구되는 최선의 조치를 행하여야 할 주의의무가 있고, 의사의 이와 같은 주의의무는 의료행위를 할 당시 의료기관 등 임상의학 분야에서 실천되고 있는 의료행위의 수준을 기준으로 판단'하여야 합니다(대법원 1998. 2. 27. 선고 97다38442 판결 등).

수의사의 진료채무는 질병의 치유와 같은 결과를 반드시 달성해야 할 결과채무가 아니라 환자의 치유를 위하여 선량한 관리자의 주의의무를 가지고 현재의 의학 수준에 비추어 필요하고 적절한 진료조치를 다해야 할 책무 이른바 수단채무라고 보아야 하므로 진료의 결과를 가지고 바로 진료채무불이행사실을 추정할 수는 없습니다(대법원 1988. 12. 13. 선고 85다카1491 판결).

입원 당시 홍역검사에서 음성으로 나온 사실, 병원에 홍역으로 치료받은 반려견이 있었던 사실, 홍역이 호흡기를 통해 감염이 일어난다는 사실 등에 비추어 보면, 감염이 확인된 홍역은 병원입원 중 병원에서 감염된 것으로 의심됩니다. 다만, 병원 측에 책임을 묻기 위해서는 홍역의 감염을 일으킨 사실을 넘어 병원 측에 주의의무 위반이 인정되어야 하는데, 이를 주장하는 쪽에서 입증을 하여야 합니다.

사람의 경우 병원 측에서 감염에 대한 과실을 인정하는 경우는 구체적인 감염경로와 주사기 재사용 등의 주의의무 위반사항이 확인된 특별한 경우에 한해 인정되고 있습니다.

동물의료사고의 경우 전문적인 의학지식이 필요하고, 감염사건의 경우 입증이 어려운 점, 책임을 묻기 위해 소요되는 시간과 비용 등을 고려하면, 현재 병원에서 홍역에 대한 치료를 해 주고 있으므로, 치료는 받으면서 이후 후유장애 등은 병원 측과 합의를 통해 해결하는 것을 고려해 보시기 바랍니다.

관련 조문

✳ **민법 제390조(채무불이행과 손해배상)**
채무자가 채무의 내용에 좇은 이행을 하지 아니한 때에는 채권자는 손해배상을 청구할 수 있다. 그러나 채무자의 고의나 과실없이 이행할 수 없게 된 때에는 그러하지 아니하다.

✳ **민법 제393조(손해배상의 범위)**
① 채무불이행으로 인한 손해배상은 통상의 손해를 그 한도로 한다.
② 특별한 사정으로 인한 손해는 채무자가 그 사정을 알았거나 알 수 있었을 때에 한하여 배상의 책임이 있다.

✳ **민법 제750조(불법행위의 내용)**
고의 또는 과실로 인한 위법행위로 타인에게 손해를 가한 자는 그 손해를 배상할 책임이 있다.

동물병원 오진으로 인한 반려견 사망

41

종:	**블랙탄 진돗개**
성별:	**여**
나이:	**9개월**

내용: OO동물병원에서의 중성화 수술 이후, 시름시름 앓던 강아지가 6월 15일 화요일 새벽부터 혈액이 섞인 구토를 시작했습니다. 중성화 수술을 시행했던 병원에서는 강아지가 무언갈 잘못먹어서 그런 것이니, 다른 검사를 전혀 시행하지 않고, 수액만을 맞추고, 약을 주며 절대로 물과 사료를 주지 말라는 당부를 했습니다. 그리고 구토가 반복되면 다시 재방문해달라 했습니다.

경과를 지켜보니, 강아지는 이유없이 계속 토를 했고, 피가 섞여 나왔습니다. 다시 병원에 재방문하자, 의사는 수액만 맞추고, 약을 주며 같은 말을 반복했습니다. 그리고 수의사는 야간 진료를 하지 않으면서 입원을 권했습니다. 이에 보호자인 저는 입원 후에 어떻게 진료되는 거냐는 질문을 했습니다. 수의사는 그냥 집으로 데려가라는 대답을 했습니다. 제가 걱정되어, 큰 병원을 보내야 하지 않냐는 말에 의사가 경과가 더 심해지면 큰 병원으로 데려가라는 말을 했습니다. 이때까지도 의사는 어떠한 검사를 권하지 않았습니다. 그저 약을 먹이고 경과를 지켜보다가 심각하면 큰 병원을 가라는 말뿐이었습니다.

오늘 6월 16일 새벽, 반려견은 구토를 하며 쓰러졌습니다. 타지에 있는 24시로 운영하는 다른 병원으로 가니, 혈액검사 등 할 수 있는 조치를 해줬습니다. 반려견은 약을 먹이고 지켜봐야 할 수준이 아닌, 심각한 탈수로 인한 저혈당 쇼크가 온 상태였습니다.

중대형견 진돗개인 반려견의 혈관은 초소형견인 토이푸들만큼 수축된 상태였습니다. 여러 차례 약을 놓고, 심폐소생술을 하는 등 온 힘을 다했지만, 반려견은 더 이상 숨을 쉬지 않았습니다. 물을 마시지 못하게 한 제가 저의 가족 같은 아이에게 살육을 저지른 듯한 정신적 충격을 받았습니다. 위만의 문제가 아닌,

사망이 되었습니다.

저는 OO동물병원의 안이한 진단으로 사망했다는 생각을 떨칠 수가 없었습니다. 그래서 OO동물병원에 관련한 정보를 찾던 중 리뷰(참고자료1)를 발견하였고, 이전에도 오진을 내린 전적이 있었습니다.

전적이 있었음에도 동물병원을 계속 운영한 OO동물병원 수의사에게 목숨을 담보로 한 사기를 당한 비참한 기분이 들었습니다. 오진을 몰랐던 저의 잘못인 건지, 저희 강아지의 중성화 수술을 진행한 수의사의 오진인지는 그 수의사에게 직접 물었습니다.

구체적인 상황 설명을 하자, 이에 수의사는 "제가 그래서 수액 놔드렸잖아요"라는 말뿐이었습니다.

이 동물병원은 영업해선 안 됩니다. 이전 전적과 함께 저는 두 번째 피해자인 것입니다. 피해는 저로 끝내고 싶습니다. 돈은 바라지 않습니다. 해당 병원에 영업정지 처벌을 가하게 할 순 없을까요?

상담

우선 반려견의 죽음에 관하여 삼가 안타까운 마음을 전합니다. 말씀하신 부분들을 요약하자면 반려견이 수의사의 처치 후 죽었다고 의심이 되는 상황입니다. 신청인께서는 이를 이유로 해당 동물병원의 영업정지가 가능한지를 문의하여 주셨습니다.

결론부터 말씀드리면 현재로서는 수의사의 면허정지를 통하여 간접적으로 해당 수의사의 진료를 중단하도록 하는 방안을 생각해 볼 수 있습니다. 수의사의 면허정지에 관한 법적 근거는 수의사법 제32조(면허의 취소 및 면허효력의 정지)입니다. 같은 조항에서 규정하고 있는 사항 중 크게 두 가지를 근거로 면허정지를 주장해 볼 수 있습니다.

첫째, 수의사법 제32조 제2항 제6호는 면허정지 사유 중 동물병원 운영과 관련된 사항을 규정합니다. 그중 하나가 "정당한 사유 없이 응급진료가 필요한 동물을 방치하여 질병이 악화되게 하는 행위"를 하는 경우입니다(수의사법 시행령 제20조의2 제2호, 수의사법 시행규칙 제23조 제3호). 사안의 경우 해당 수의사는 중성화 수술 후 반려견의 혈액성 구토 증세에 관하여 약물과 수액 외에 다른 조치를 하지 않았습니다. 상담내용에 따르면 신청인께서 해당 동물병원에 재방문 당시에도 수의사는 반려견의 증세가 호전되지 않았음에도 불구하고 약물과 수액 외에 별다른 조치를 취하지 않았습니다. 이후 반려견이 저혈당 쇼크, 나아가 죽음에 이르렀다는 점에서 '응급진료가 필요한 동물'과 '질병이 악화'에 해당한다고 주장할 수 있습니다. 약물과 수액 외에 다른 조치를 하지 않은 점에 대해서는 '방치'라고 주장할 수 있습니다. 또한 수의사가 혈액검사 등 다른 조치를 취하지 않은 데에 '정당한 사유가 없어' 보입니다. 한편 첨부파일에 따르면 해당 동물병원에서는 다른 반려동물이 구토 증세를 보였는데 약물 외에 다른 조치를 취하지 않은 점, 다른 동물병원에서 해당 동물의 식도에 큰 이물질이 걸린 사실이 밝혀졌다는 점에서 이 사안에서도 수의사가 적절한 조치를 취하지 않았을 가능성이 높다고 주장할 수 있습니다. 이를 종합해 볼 때 앞서 언급한 조항들에 근거하여 해당 수의사의 면허가 정지되어야 한다고 주장해 볼 수 있습니다.

둘째, 수의사법 제32조 제2항 제6호의 면허정지 사유 중 동물병원 운영과 관련하여 "예후가 불명확한 수술 및 처치 등을 할 때 그 위험성 및 비용을 알리지 아니하고 이를 하는 행위"를 규정하고 있습니다(**수의사법 시행령 제20조의2 제2호, 수의사법 시행규칙 제23조 제2호**). 만약 해당 수의사가 중성화 수술을 시행하기 전에 그 위험성에 관하여 제대로 설명하지 않았다면 언급한 조항들을 근거로 수의사의 면허정지를 주장할 수 있습니다. 다만 중성화 수술이 '예후가 불명확한 수술'인지에 관해서는 다툼이 있을 수 있다고 예상합니다.

한편 말씀하신 사안을 바탕으로 동물병원의 영업정지를 직접적으로 주장하기는 어려워 보입니다. 수의사법 제33조(**동물진료업의 정지**)는 동물진료업의 정지에 관하여 규정하고 있습니다. 그런데 같은 조항은 무자격자에게 진료하게 한 경우(**같은 조항 제2호**) 등을 규정하고 있을 뿐, 수의사의 의료과실에 관한 부분을 규정하고 있지 않습니다. 따라서 같은 조항을 근거로 동물병원의 영업정지를 주장하기는 어려워 보입니다.

앞서 언급한 사항들을 근거로 해당 지자체에 민원을 제기하는 방법을 고려해 볼 수 있습니다(**수의사법 제31조 제2항**). 참고로 수의사의 면허정지는 농림축산식품부에서 담당하고 있습니다(**수의사법 제32조 제2항**). 아무쪼록 제 답변이 신청인께서 사안을 해결하시는 데에 조금이라도 도움이 되었으면 좋겠습니다. 감사합니다.

✳ 수의사법 제31조(보고 및 업무 감독)

② 시·도지사 또는 시장·군수는 수의사 또는 동물병원에 대하여 질병 진료 상황과 가축 방역 및 수의업무에 관한 보고를 하게 하거나 소속 공무원에게 그 업무 상황, 시설 또는 진료부 및 검안부를 검사하게 할 수 있다.

✳ 수의사법 제32조(면허의 취소 및 면허효력의 정지)

② 농림축산식품부장관은 수의사가 다음 각 호의 어느 하나에 해당하면 1년 이내의 기간을 정하여 농림축산식품부령으로 정하는 바에 따라 면허의 효력을 정지시킬 수 있다. 이 경우 진료기술상의 판단이 필요한 사항에 관하여는 관계 전문가의 의견을 들어 결정하여야 한다.

6. 과잉진료행위나 그 밖에 동물병원 운영과 관련된 행위로서 대통령령으로 정하는 행위를 하였을 때

✳ 수의사법 제33조(동물진료업의 정지)

시장·군수는 동물병원이 다음 각 호의 어느 하나에 해당하면 농림축산식품부령으로 정하는 바에 따라 1년 이내의 기간을 정하여 그 동물진료업의 정지를 명할 수 있다.

1. 개설신고를 한 날부터 3개월 이내에 정당한 사유 없이 업무를 시작하지 아니할 때
2. 무자격자에게 진료행위를 하도록 한 사실이 있을 때
3. 제17조제3항 후단에 따른 변경신고 또는 제18조 본문에 따른 휴업의 신고를 하지 아니하였을 때
4. 시설기준에 맞지 아니할 때
5. 제17조의2를 위반하여 동물병원 개설자 자신이 그 동물병원을 관리하지 아니하거나 관리자를 지정하지 아니하였을 때
6. 동물병원이 제30조제1항에 따른 명령을 위반하였을 때
7. 동물병원이 제30조제2항에 따른 사용 제한 또는 금지 명령을 위반하거나 시정 명령을 이행하지 아니하였을 때
8. 동물병원이 제31조제2항에 따른 관계 공무원의 검사를 거부·방해 또는 기피하였을 때

✳ 수의사법 시행령 제20조의2(과잉진료행위 등)

법 제32조제2항제6호에서 "과잉진료행위나 그 밖에 동물병원 운영과 관련된 행위로서 대통령령으로 정하는 행위"란 다음 각 호의 행위를 말한다.

2. 정당한 사유 없이 동물의 고통을 줄이기 위한 조치를 하지 아니하고 시술하는 행위나 그 밖에 이에 준하는 행위로서 농림축산식품부령으로 정하는 행위

✳ 수의사법 시행규칙 제23조(과잉진료행위 등)

영 제20조의2제2호에서 "농림축산식품부령으로 정하는 행위"란 다음 각 호의 행위를 말한다.

2. 예후가 불명확한 수술 및 처치 등을 할 때 그 위험성 및 비용을 알리지 아니하고 이를 하는 행위

3. 유효기간이 지난 약제를 사용하거나 정당한 사유 없이 응급진료가 필요한 동물을 방치하여 질병이 악화되게 하는 행위

42 진료기록 누락 및 비대면 약 처방 등 수의사법 위반 여부

종: •••

성별: •••

나이: •••

🐾 **진료기록 누락**: 4월 2~3일 입원을 위해 내원하였는데, 상담 시 모니터를 보니 3/27 기록에 중요한 부분인 오처방된 내용, 과다 처방된 약으로 인하여 악화된 상태 등 이에 대한 기록이 전혀 없었습니다(3/27 상담 시 아이 상태를 설명하였고 오처방된 사실을 알았으며, 실수를 인정한 녹취도 있음).

4월 2~3일 기록에도 오처방된 약으로 인해 아이가 악화되어, 수액치료하는 내용은 일체 없었습니다.

🐾 **추가 문의 사항**:

"수의사법 제12조 제1항에 따라서 수의사는 직접진료하거나 검안하지 아니하고는 진단서, 검안서, 증명서 또는 처방전을 발급하지 못하며 동물용 의약품을 처방, 투약할 수 없다"라고 되어 있습니다.

위 내용처럼 그동안은 미처 몰랐는데, 이번 일을 겪고 법조항을 알아보니, 진료 없이 약을 처방하는 건 수위사법 위반이라고 합니다.

동물병원 수의사는 3년간 수십 번 넘게 직접 진료없이 반려견 약을 처방하여 택배로 저한테 보내줬습니다.

(저뿐만 아니라, 동물병원에 다니는 다른 아이들도 카톡이나 전화로 아이 컨디션 상태만 확인하여, 이런 식으로 위험한 처방을 받은 아이들이 꽤 많은 걸로 알고 있습니다.)

위 내용도 조사할 수 있을까요? 반려견은 1~4주에 한 번씩 약을 받았고, 해당되는 일자에는 해당 병원에 진료기록없이 처방내역이 남아 있습니다.

진료 없이 처방한 날짜가 필요하면 드리겠습니다. 추가로 필요한 내용 있으면 말씀 부탁드립니다.

라는 민원이 들어와서 법률적인 위반사항이 있는지 검토 부탁드립니다.

상담

1 진료기록 누락에 관하여

사안에서 말씀하신 진료기록 누락행위는 수의사법 제41조 제2항 제2호 위반으로 100만원 이하의 과태료 부과 대상입니다.

과태료 부과 주체는 농림축산식품부장관, 시·도지사 또는 시장·군수이므로 진료기록 누락행위를 해당 행정청에 신고하시면 됩니다.

2 추가문의 사항에 관하여 – '직접진료' 규정 위반 여부

가. 문제점

수의사법 제12조 제1항의 '직접진료'가 대면진료만을 의미하는 것인지가 문제됩니다.

나. 관련 판례

수의사법에 관한 판례는 아니지만, 이와 유사한 의료법 제17조 제1항의 '직접 진찰'에 관한 대법원과 헌법재판소 판례가 있습니다.

헌법재판소는 "동 법률조항은 대면진료가 아닌 형태의 진료를 금지하는 것이 분명하고, '직접 진찰한'은 '자신이 진찰한'을 전제로 하는 것이므로 결국 이 사건 법률규정은 '대면진료 의무'와 '진단서 등의 발급 주체'의 양자를 모두 규율하고 있다(헌법재판소 2012. 3. 29. 선고 2010헌바83 결정)."라고 하였습니다.

반면에, 대법원은 해당 조항은 "스스로 진찰을 하지 않고 처방전을 발급하는 행위를 금지하는 규정일 뿐 대면진찰을 하지 않았거나 충분한 진찰을 하지 않은 상태에서 처방전을 발급하는 행위 일반을 금지하는 조항이 아니다(대법원 2013. 4. 11. 선고 2010도1388 판결)."라고 하여 동 법률조항이 '진단서 등의 발급주체'만을 규율하는 것이라 판단함으로써, 의사가 전화진료 후 환자에게 처방전을 발급한 행위가 동 조항을 위반하는 것은 아니라고 하였습니다. 즉 헌법재판소와 대법원은 의료법 제17조제1항의 '직접 진찰'이라는 문언에 대하여 서로 달리 해석하고 있습니다(이얼, "의료법상 직접진료 원칙과 그 예외에 관한 소고", 법학연구 제22권 제2호, 경상대학교 법학연구소, 2014.4, 3쪽 참조).

라. 검토

– 아래의 검토 내용은 개인적인 견해임을 미리 밝힙니다. –

의료법은 '사람'을 대상으로 하는 의사 등을 규율하는 반면 수의사법은 '동물'을 대상으로 하는 수의사 등을 규율한다는 점에서, 의료법이 수의사법보다 더욱 엄격한 규율을 요구하고 있다고 볼 수 있습니다. 이렇게 더욱 엄격한 의료법에서조차 대법원은 위와 같이 해석하고 있으므로, 수의사법 제12조 제1항의 '직접 진료'를 대면 형태의 진료로만 한정 해석하기는 어렵습니다.

관련 조문

※ 수의사법 제12조(진단서 등)

① 수의사는 자기가 직접 진료하거나 검안하지 아니하고는 진단서, 검안서, 증명서 또는 처방전(「전자서명법」에 따른 전자서명이 기재된 전자문서 형태로 작성한 처방전을 포함한다. 이하 같다)을 발급하지 못하며, 「약사법」 제85조제6항에 따른 동물용 의약품(이하 "처방대상 동물용 의약품"이라 한다)을 처방·투약하지 못한다. 다만, 직접 진료하거나 검안한 수의사가 부득이한 사유로 진단서, 검안서 또는 증명서를 발급할 수 없을 때에는 같은 동물병원에 종사하는 다른 수의사가 진료부 등에 의하여 발급할 수 있다.

※ 수의사법 제13조(진료부 및 검안부)

① 수의사는 진료부나 검안부를 갖추어 두고 진료하거나 검안한 사항을 기록하고 서명하여야 한다.

※ 수의사법 제41조(과태료)

② 다음 각 호의 어느 하나에 해당하는 자에게는 100만원 이하의 과태료를 부과한다.

1의2. 제12조제1항을 위반하여 처방대상 동물용 의약품을 직접 진료하지 아니하고 처방·투약한 자

2. 제13조를 위반하여 진료부 또는 검안부를 갖추어 두지 아니하거나 진료 또는 검안한 사항을 기록하지 아니하거나 거짓으로 기록한 사람

③ 제1항이나 제2항에 따른 과태료는 대통령령으로 정하는 바에 따라 농림축산식품부장관, 시·도지사 또는 시장·군수가 부과·징수한다.

43 동물병원 진료내용 및 비용 온라인 공개 합법 여부

종: **말티즈**

성별: **여**

나이: **11세**

내용: 안녕하세요. 서울 성북구에 거주하고 있는 반려인입니다. 동물병원에서 어떤 제안을 받아 법률상담을 신청하게 되었습니다. 보시기에 소소할 수 있지만 자주 이용하던 동물병원과의 이후 관계와 밀접한 관계가 있는 내용이어서 상담을 신청드리오니 답변 주시면 정말 감사하겠습니다.

어디인지 밝히기는 어렵지만 반려견이 최근 3년간 다니고 있는 동물병원이고 지역의 중소형 병원이면서도 선생님이 자상하고 치료도 잘 해서 다니고 있습니다. 얼마 전에 병원에서 블로그 홍보를 하고 싶은데 사례가 필요하다고 하여 얘기를 들어보니, 동물병원 이용할 때 금액적인 부분에서 보호자분들의 불만에 대해 고민이 있다고 합니다. 모든 동물병원이 고민하는 내용일 것 같은데, 이유인즉 사전에 안내해준 금액과 진료 후에 결제하는 금액이 더 싸면 불만이 없고 더 비싸면 불만을 표출하는 경우가 있고, 힘든 부분이 이런 불만을 주변 보호자들에게 알리거나 인터넷에 올린다고 합니다.

그래서 선생님이 생각한 방식이 병원에서 먼저 진료에 대한 내용을 보호자들이 참고할 수 있도록 올리고 싶다고 합니다. 예를 들면 "처음 상담할 때 예상비용이 얼마였고, 진료 전 검사해보니 상태가 어땠고, 그래서 어떤 치료가 필요할지 안내를 했고, 동의 후 수술이나 주사(투약) 등 이런 치료를 했고, 진료 후 치료항목과 처방약에 따라 결제한 비용이 얼마였다"라는 내용의 글이라고 합니다. 결국은 처음 견적과 결제한 비용이 가격이 동일하거나 달랐고, 이유는 이러하다는 내용이 되는데, 내용 자체는 아주 합리적이라는 생각이 듭니다.

제가 궁금한 부분은 이런 경우 여러 가지로 저나 반려견의 정보가 블로그에 올라가게 되는데, 예민한 정보는 지워준다고 하시지만 필요할 것 같다 하시는 내용은 다음과 같습니다.

1) 반려견의 견종, 무게(크기), 나이, 성별, 사진(이름 빼고)

2) 반려견의 치료 전 증상, 상태

3) 검사내용, 치료내용(어떤 검사를 했는지, 어떤 질병인지, 어떤 약을 썼는지)

4) 결제한 비용(어떤 진료, 처방약 항목이 있는지, 얼마를 결제했는지)

간단하게 올라간다고 해도 법률상 개인정보 보호법 위반이나 환자 유인행위의 성격은 없는지, 수의사법 등에 걸리는 건 없는지, 단골이고 좋은 취지라 도와드리고 싶은데 그런 행위에 동참하면 누가 정보를 줬는지 어차피 추적하면 알 텐데 위법이라 할 때 같이 처벌받는 것은 아닌지, 동네에서 열심히 하시는 분인데 법률을 잘 모르고 하다가 불이익 당하시는 건 아닌지 등이 궁금하고 걱정되어서 상담 요청을 드립니다.

웬만하면 도와드리고자 드리는 상담 신청이니 많이 바쁘시겠지만 답변 주시면 정말 감사하겠습니다. 감사합니다.

상담

 결론

말씀해주신 내용은 수의사법 및 개인정보 보호법 위반에 해당하지 않습니다.

 이유

가. 수의사법 위반 여부

1) 관련규정

관련 조문

✳ 수의사법 제32조(면허의 취소 및 면허효력의 정지)

② 농림축산식품부장관은 수의사가 다음 각 호의 어느 하나에 해당하면 1년이내의 기간을 정하여 농림축산식품부령으로 정하는 바에 따라 면허의 효력을 정지시킬 수 있다. 이 경우 진료기술상의 판단이 필요한 사항에 관하여는 관계 전문가의 의견을 들어 결정하여야 한다.

1. 거짓이나 그 밖의 부정한 방법으로 진단서, 검안서, 증명서 또는 처방전을 발급하였을 때

2. 관련 서류를 위조하거나 변조하는 등 부정한 방법으로 진료비를 청구하였을 때

3. 정당한 사유 없이 제30조제1항에 따른 명령을 위반하였을 때

4. 임상수의학적(臨床獸醫學的)으로 인정되지 아니하는 진료행위를 하였을 때

5. 학위 수여 사실을 거짓으로 공표하였을 때

6. 과잉진료행위나 그 밖에 동물병원 운영과 관련된 행위로서 대통령령으로 정하는 행위를 하였을 때

✳ 수의사법 시행령 제20조의2(과잉진료행위 등)

법 제32조제2항제6호에서 "과잉진료행위나 그 밖에 동물병원 운영과 관련된 행위로서 대통령령으로 정하는 행위"란 다음 각 호의 행위를 말한다.

1. 불필요한 검사·투약 또는 수술 등 과잉진료행위를 하거나 부당하게 많은 진료비를 요구하는 행위

2. 정당한 사유 없이 동물의 고통을 줄이기 위한 조치를 하지 아니하고 시술하는 행위나 그 밖에 이에 준하는 행위로서 농림축산식품부령으로 정하는 행위

3. 허위광고 또는 과대광고 행위

4. 동물병원의 개설자격이 없는 자에게 고용되어 동물을 진료하는 행위

5. 다른 동물병원을 이용하려는 동물의 소유자 또는 관리자를 자신이 종사하거나 개설한 동물병원으로 유인하거나 유인하게 하는 행위

6. 법 제11조, 제12조제1항·제3항, 제13조제1항·제2항 또는 제17조제1항을 위반하는 행위

··

2) 사안의 경우

수의사법 제32조 제2항 제6호 및 수의사법 시행령 제20조의2 제3호에 따르면, 관련 사안은 블로그에 게시된 내용이 허위광고 또는 과대광고에 해당하지 않는 한 수의사법 위반에 해당하지 않습니다. 상담내용에서 말한 블로그에 올릴 정보를 살펴보면, 이를 가지고 곧바로 허위 또는 광대광고라 할 수는 없습니다.

나. 개인정보 보호법 위반 여부

1) 관련규정

❋ 개인정보 보호법 제15조(개인정보의 수집·이용)

① 개인정보처리자는 다음 각 호의 어느 하나에 해당하는 경우에는 개인정보를 수집할 수 있으며 그 수집 목적의 범위에서 이용할 수 있다.

1. 정보주체의 동의를 받은 경우
2. 법률에 특별한 규정이 있거나 법령상 의무를 준수하기 위하여 불가피한 경우
3. 공공기관이 법령 등에서 정하는 소관 업무의 수행을 위하여 불가피한 경우
4. 정보주체와의 계약의 체결 및 이행을 위하여 불가피하게 필요한 경우
5. 정보주체 또는 그 법정대리인이 의사표시를 할 수 없는 상태에 있거나 주소불명 등으로 사전 동의를 받을 수 없는 경우로서 명백히 정보주체 또는 제3자의 급박한 생명, 신체, 재산의 이익을 위하여 필요하다고 인정되는 경우
6. 개인정보처리자의 정당한 이익을 달성하기 위하여 필요한 경우로서 명백하게 정보주체의 권리보다 우선하는 경우. 이 경우 개인정보처리자의 정당한 이익과 상당한 관련이 있고 합리적인 범위를 초과하지 아니하는 경우에 한한다.

2) 사안의 경우

개인정보 보호법 제12조 제1항 제1호에 따르면, '정보주체의 동의'가 있는 경우 개인정보를 수집하고 이용할 수 있습니다.

블로그에 올라갈 정보는 상담 신청인의 개인정보에 해당합니다. 따라서 신청인이 그 정보의 정보주체입니다. 결국 본 사안은 개인정보 이용에 관하여 신청인의 동의가 있는 경우로써 개인정보 보호법 위반에 해당하지 않습니다.

❋ 수의사법 제32조(면허의 취소 및 면허효력의 정지)

② 농림축산식품부장관은 수의사가 다음 각 호의 어느 하나에 해당하면 1년이내의 기간을 정하여 농림축산식품부령으로 정하는 바에 따라 면허의 효력을 정지시킬 수 있다. 이 경우 진료기술상의 판단이 필요한 사항에 관하여는 관계 전문가의 의견을 들어 결정하여야 한다.

1. 거짓이나 그 밖의 부정한 방법으로 진단서, 검안서, 증명서 또는 처방전을 발급하였을 때

동물병원 관련

2. 관련 서류를 위조하거나 변조하는 등 부정한 방법으로 진료비를 청구하였을 때

3. 정당한 사유 없이 제30조제1항에 따른 명령을 위반하였을 때

4. 임상수의학적(臨床獸醫學的)으로 인정되지 아니하는 진료행위를 하였을 때

5. 학위 수여 사실을 거짓으로 공표하였을 때

6. 과잉진료행위나 그 밖에 동물병원 운영과 관련된 행위로서 대통령령으로 정하는 행위를 하였을 때

※ 수의사법 시행령 제20조의2(과잉진료행위 등)

법 제32조제2항제6호에서 "과잉진료행위나 그 밖에 동물병원 운영과 관련된 행위로서 대통령령으로 정하는 행위"란 다음 각 호의 행위를 말한다.

1. 불필요한 검사ㆍ투약 또는 수술 등 과잉진료행위를 하거나 부당하게 많은 진료비를 요구하는 행위

2. 정당한 사유 없이 동물의 고통을 줄이기 위한 조치를 하지 아니하고 시술하는 행위나 그 밖에 이에 준하는 행위로서 농림축산식품부령으로 정하는 행위

3. 허위광고 또는 과대광고 행위

4. 동물병원의 개설자격이 없는 자에게 고용되어 동물을 진료하는 행위

5. 다른 동물병원을 이용하려는 동물의 소유자 또는 관리자를 자신이 종사하거나 개설한 동물병원으로 유인하거나 유인하게 하는 행위

6. 법 제11조, 제12조제1항ㆍ제3항, 제13조제1항ㆍ제2항 또는 제17조제1항을 위반하는 행위

※ 개인정보 보호법 제15조(개인정보의 수집ㆍ이용)

① 개인정보처리자는 다음 각 호의 어느 하나에 해당하는 경우에는 개인정보를 수집할 수 있으며 그 수집 목적의 범위에서 이용할 수 있다.

1. 정보주체의 동의를 받은 경우

2. 법률에 특별한 규정이 있거나 법령상 의무를 준수하기 위하여 불가피한 경우

3. 공공기관이 법령 등에서 정하는 소관 업무의 수행을 위하여 불가피한 경우

4. 정보주체와의 계약의 체결 및 이행을 위하여 불가피하게 필요한 경우

5. 정보주체 또는 그 법정대리인이 의사표시를 할 수 없는 상태에 있거나 주소불명 등으로 사전 동의를 받을 수 없는 경우로서 명백히 정보주체 또는 제3자의 급박한 생명, 신체, 재산의 이익을 위하여 필요하다고 인정되는 경우

6. 개인정보처리자의 정당한 이익을 달성하기 위하여 필요한 경우로서 명백하게 정보주체의 권리보다 우선하는 경우. 이 경우 개인정보처리자의 정당한 이익과 상당한 관련이 있고 합리적인 범위를 초과하지 아니하는 경우에 한한다.

44 스케일링 후 갑작스러운 반려견의 죽음에 대한 동물병원 의료과실 판단 여부

종: 비글
성별: 여
나이: 8살

🐾 **내용:** 지난주 31일 화요일, 강아지 2마리를 '① 동물병원'에 스케일링을 맡겼습니다. 좋다고 해서 한 시간 정도 걸리는 거리를 달려갔고 오전 11시 20분쯤 도착하였습니다.

3시 30분쯤 둘 다 스케일링이 잘되었다고 연락이 와서 가보니 (1마리는 7살, 죽은 아이는 8살입니다) 7살짜리는 ① 병원 밖에서 들릴 정도로 낑낑거렸으나(평소 분리불안이 있어요) 잘 걷고 집에서 하는 행동 그대로 하고 있어 안심했습니다.

8살짜리 죽은 아이는 체격이 좀 뚱뚱한 편이라 병실에서 데리고 나올 때 간호사가 들지를 못해서 저를 부른 다음 안고 나가는 게 좋다고 해서 수술실은 아니고 진료실에서 안고 나왔습니다.

저희는 수액 좀 천천히 맞고 5시쯤 데리러 가고 싶었지만 병원에서 "아이들이 병원을 좀 무서워하는 것 같다고, 빨리 오시는 게 좋지 않을까요?"라며 전화가 왔길래 좀 빠른 듯하지만 3시 30분쯤 도착했습니다.

8살짜리는 만지니 쉬도 싸고 축축한 상태였고, 몸도 얼음장처럼 차갑고 고개를 가누지 못한 상태였지만, 마취는 다 깼다 해서 데리고 나왔습니다. 오는 내내 고개도 못 가누었지만 집에 도착하니 제 발로 일어나서 화장실에 가서 응가를 했습니다. 평소 화장실에서 배변을 하고 있어서 배변까지 하러 올 정도니 정신이 어느 정도는 돌아왔다고 생각했습니다.

화장실에서 나온 후 다시 털썩 앉더니 곧장 누웠습니다. 자리를 편안하게 만들어주었고 중간중간 자기가 자리를 방석에서 켄넬로, 켄넬에서 이불 위로 움직였습니다.

그런데 7시 40분쯤 아이를 보니 혀가 나와 있고 숨을 쉬지 않는 것 같아 24시

② 동물병원을 급하게 찾아갔는데, 시간이 30분이나 걸려서 이미 죽은 것 같았지만, 한 줄기 희망을 안고 소생술을 하였지만 돌아오지 못하였습니다.

비슷한 사례가 있는지 찾아봤지만, 완전 같은 사례는 한 번도 볼 수 없었고 갑자기 죽은 이유를 모르겠습니다. 왜 아이가 차가운 상태로 보냈는지도요. 마취 후 체온을 올려서 깨워야 한다는 걸 유튜브에서 봤는데 저희 아이는 쉬도 싸서 축축한 상태로 저희에서 건네주었습니다.

다음날 화장 전 병원을 찾아갔고 CCTV와 모든 서류를 요청했지만, 이상이 없으니 줄 수 없다 하였고 누가 먼저 수술을 했냐 물으니 수의사와 간호사 말이 다릅니다. 간호사를 내보낸 뒤 의사는 간호사가 착각했다고 합니다.

긴긴 대화와 설득 끝에 수의사는 과실을 인정했습니다. 인정 후 아이 병원비, 응급실비, 장례비, 위로비 지원을 말씀드렸고 ① 동물병원에서도 도의적으로 책임진다고 하였습니다.

그런데 화장하고 있는 그 상황에서 수의사의 매형이라는 사람이 전화해서 ① 동물병원으로 다시 오라고 했습니다. ① 동물병원을 가니 수의사는 쏙 빠진 채 수의사의 아버님, 매형, 누나라는 제3자들이 돈은 줄 수 없고 법대로 하라기에 저희도 대화가 안 되는 듯하여 법대로 하자고 하고 나왔고, 진료실에 있다는 수의사에게 앞으로 이렇게 진행할 것이라고 통보만 하려고 다시 들어가니 아버님이 다시 한번 생각해달라고 아주 간곡히 부탁하셨습니다.

이미 저희는 저희 나름대로 흥분한 상태였고 고개 숙여 사과는 받지 못할지언정 매형이라는 사람은 동네 건달처럼 저희를 협박했습니다. 이런 일 아니면 아가씨 같은 사람과는 대화할 사람도 아니라면서 무시하는 말을 내뱉었습니다. 생각이 짧아 그날 합의를 하고 나왔는데 합의를 번복할 수는 없는지 궁금합니다. 합의금은 받았지만 사과는 한 번도 받지 못하였습니다. 너무너무 분하여 며칠째 잠도 이루지 못하고 있습니다. 합의금으로는 병원비+장례비용+응급실비용 100만원을 합쳐 총 300만원에 싸인을 했습니다.

처음에는 저에게 과실을 인정하는 녹취가 있어서 승산이 있을 것이라 생각했고 법으로 해도 저는 어려울 것이 없다고 생각했습니다. 진정한 사과나 ① 동물병원만 문을 닫는다면 저는 돈, 시간 모든 것을 쓸 준비가 되어 있었습니다. 저희 아이는 유기견센터에서 8년 전 데리고 온 아이이고 합의금 역시 그 센터에 기부할 예정으로 합의를 했습니다. 300만원이면 몇 명의 아이들이 몇 달은 잘 먹을 수 있으니까요.

아이가 가는 데 더 값어치 있는 일이라 생각했지만, 시간이 지날수록 사과하나 못받고 억울합니다.

그 병원은 이제 개원한지 1년이 되었고 합의서도 이 일에 관해서 자세히 적혀있지 않아 번복이 가능하지 않을까요?

상담

우선 반려견의 사망에 대해 깊은 위로의 말씀을 드립니다.

이미 완료된 합의를 무효 또는 취소할 수 있는지 문의주신 것으로 보입니다. 합의서의 구체적인 내용에 따라 그 결론이 달라질 수 있으나, 구체적인 합의서의 내용을 제공해주시지 않았으므로 일반적인 합의서를 전제로 말씀드리겠습니다.

⭐1 결론

특별한 사정이 없는 한 합의를 무효ㆍ취소할 수는 없습니다.

⭐2 이유

가. 무효 여부

화해계약(합의) 당시 의사무능력 등 화해계약을 무효로 할 수 있는 사유는 보이지 않으므로 화해계약은 유효합니다.

나. 취소 여부

화해계약은 민법 제733조 단서에 해당하는 경우, 즉 화해 당사자의 자격 또는 화해의 목적인 분쟁 이외의 사항에 착오가 있는 때에 취소할 수 있습니다.

분쟁 이외의 사항이란, 분쟁의 전제나 기초로서 다툼이 없는 사실로 양해된 사항입니다. 사안에서는 수의사의 과실로 반려견이 사망했다는 사실이 이에 해당합니다.

가해자 측이 진심 어린 사과를 하지 않은 점은 분쟁의 전제나 기초로서 다툼이 없는 사실로 양해된 사항이 아닙니다. 이는 화해계약 이후 그 이행과 관련된 사항(예: 합의금의 지급 등)에 해당하지도 않으며, 화해계약의 성립 후 상대방이 보이는 태도에 해당할 뿐입니다. 따라서 이를 이유로 이미 성립된 화해계약을 취소할 수는 없습니다.

다만, 만약 합의서에 "가해자가 피해자에게 진심 어린 사과를 하지 않을 경우 본 합의를 취소할 수 있다"와 같은 조항이 있다면, 상대방의 합의 내용 불이행을 이유로 합의를 취소할 수는 있습니다.

③ 기타 가능한 수단

만약 수의사 없이 간호사가 단독으로 수술 등(본래 간호사의 업무 제외)을 진행한 부분이 있다면, 이는 수의사법 제33조 제2호에 해당하여 동물진료업 정지 대상입니다. 따라서 상담 신청인께서는 이를 증명할 수 있는 자료를 가지고 관련 행정청에 고발할 수 있습니다.

관련 조문

✳ 민법 제733조(화해의 효력과 착오)

화해계약은 착오를 이유로 하여 취소하지 못한다. 그러나 화해 당사자의 자격 또는 화해의 목적인 분쟁 이외의 사항에 착오가 있는 때에는 그러하지 아니하다.

✳ 수의사법 제33조(동물진료업의 정지)

시장·군수는 동물병원이 다음 각 호의 어느 하나에 해당하면 농림축산식품부령으로 정하는 바에 따라 1년 이내의 기간을 정하여 그 동물진료업의 정지를 명할 수 있다.

1. 개설신고를 한 날부터 3개월 이내에 정당한 사유 없이 업무를 시작하지 아니할 때
2. 무자격자에게 진료행위를 하도록 한 사실이 있을 때
3. 제17조제3항 후단에 따른 변경신고 또는 제18조 본문에 따른 휴업의 신고를 하지 아니하였을 때
4. 시설기준에 맞지 아니할 때
5. 제17조의2를 위반하여 동물병원 개설자 자신이 그 동물병원을 관리하지 아니하거나 관리자를 지정하지 아니하였을 때
6. 동물병원이 제30조제1항에 따른 명령을 위반하였을 때
7. 동물병원이 제30조제2항에 따른 사용 제한 또는 금지 명령을 위반하거나 시정 명령을 이행하지 아니하였을 때
7의2. 동물병원이 제30조제3항에 따른 시정 명령을 이행하지 아니하였을 때
8. 동물병원이 제31조제2항에 따른 관계 공무원의 검사를 거부·방해 또는 기피하였을 때

45

과거(7년 전) 반려견 수술 시, 의료과실에 대한 피해 보상

종: 닥스훈트

성별: 남

나이: 7살

🐾 **내용:** 2014년 10월 반려견을 데려오고 난 후 몇 차례 밥을 먹고 난 후에 이상행동(낑낑거리며 돌아다니고 벽에 부딪히고야 방향전환을 하는 등)을 보여 병원에 데려갔으나 이상을 발견하지 못하였고 12월경 비슷한 이상행동과 발작증상을 보여 방문했다가 전정계 이상 가능성으로 설명을 듣고 다음날 암모니아 수치가 높아 PSS 가능성으로 CT 촬영을 권유받았습니다.

CT 촬영 이후 비장정맥-후대정맥 단락이 확인되었으며 수술을 진행했습니다. 이후 1년 정도 해당 병원에서 혈액검사 등 정기적으로 검진을 시행했으며 도중에 잠복고환으로 수술도 진행했습니다. 마지막으로 병원에서 검사할 때까지 암모니아 수치가 높은 상태였으나 좋아지고 있다고 설명을 들었는데, 지역을 옮겨가며 다른 병원에서 정기검진을 시행하게 되었고 신장에 물혹이 발견되었고, BUN 수치가 낮게 측정되었으나 다른 수치들은 정상수치 범주에 들어있는 상태였습니다.

아이가 잘 크지 못하고 작은 상태이며 소간증이 있었지만 점차 좋아지리라 생각하고 식이 조절 및 정기검진을 하며 지내던 중에 수술 부위 쪽으로 탈장이 생겼고 작아 수술이 필요하지 않다고 듣고 지켜보다가 최근 그 부위가 점차 커지면서 2021년 8월 탈장 수술을 위해 방문한 병원에서 아이가 수술 후에도 너무 자라지 못한 상태이고(보통 7~8kg이나 통통한 상태에도 5.2kg 정도) 소간증이 있으며 BUN 수치가 낮은 것이 걸린다며 CT 재검을 권유하였습니다.

아메로이드링이 덜 닫히는 경우가 있어 확인 후 재수술이 필요할 수도 있다고 알고 검사를 진행하였는데, 검사 결과 링이 덜 닫힌 경우가 아니라 아예 발견된 단락이 아닌 정상혈관에 링이 걸린 상태로 정상혈관이 닫히고 단락은 더 넓어진 상태가 발견되었습니다. 병원 설명으로는 아이가 살기 위해 단락을 3개 더 만들어내면서 현재 총 4개의 단락이 발견된 상태입니다. 이 문제로 해당 수술 병원을 방문해 문의하였고 병원 측에서는 수술이 잘못되었어도 아이가 살아있고 발작증상이 없다는 이유로 수술의 효과를 보았다고 임상증상이 없어졌다고 주장합니다. 그러나 재검한 병원에서는 현재에도 아이가 크지 못하였고 소간증도 그대로이며 담즙산 검사도 높은 상태, BUN수치도 계속 낮게 측정된 점, 그리고 저희는 어릴 때 아파서 예민한 거라고 생각했던 부분들이(**밥 먹고 난 후에는 인형을 물고 낑낑거리며 돌아다니다가 인형을 뺏고 안아서 안정시키면 이불을 물고 잠이 듦**) 신경학적 문제일 수 있다고 설명하였습니다.

현재 다른 소견도 들어보기 위해 건국대 부속 동물병원에 14일 진료를 예약해 놓은 상태로 CT도 재판독 의뢰한 상태입니다. 수술을 한 해당 병원은 수술이 잘못되었으니 100만원을 보상하고 1년마다 건강검진을 해주겠다고 했으나 병원에 들어간 수술비만 그 금액을 초과하고 신뢰가 없는 병원에서 검진을 진행하고 싶은 마음은 없는 상태입니다.

아이는 현재 단락을 닫는 수술을 진행할 수 있을지 없을지 모르는 상태로(**원래 닫는 게 맞으나 정상혈관이 닫혀 있어 이런 수술 사례가 없기에 판단이 어렵다고 합니다. 정상 혈관에 걸려있는 링은 풀기 어렵다고 합니다**) 오히려 처음 수술을 진행하기 전보다 안 좋은 상황으로 저희는 느끼고 있습니다. 수술을 진행한 병원은 발작을 자꾸 예로 들며 이야기하는데, 발작증상은 병원을 방문한 1번뿐이었고 해당 질병에서 수술을 진행하지 않고 내과적 치료만 하는 아이들을 봐도 식이조절과 약복용만으로도 발작증상은 좋아진다고 봤기에 이해할 수 없는 상태입니다.

해당 병원은 이 이야기를 논하면서 본인이 전문가로서 다른 판례를 봐도 보호자가 이길 수 없다는 식으로 이야기하며 소송하고 싶으면 하라고 했습니다. 적어도 처음 문의하러 갔을 때 사과할 거라고 생각했습니다(**가면서 진심으로 사과하면 우리도 잘 이야기해서 풀어보자 하고 마음먹었었습니다**). 그러나 이런 상황이라 저희도 좋게 마무리할 수는 없다고 생각되었고 아이를 위해서도 최대한 이 문제의 심각성을 알았으면 해서 상담드립니다. 적는다고 적었으나 정신없는 글이 되었습니다. 이 경우 어떻게 풀어나갈 수 있을까요?

　신청인의 반려견이 하루속히 건강을 회복하기를 바랍니다. 상담내용을 정리하
자면 반려견의 비장정맥–후대정맥 단락에 대한 수술 과정에서 수의사의 의료과실
이 의심되며, 수의사는 자신의 의료과실을 인정하나 100만원과 연 1회 정기검진에
한하여 배상하겠다는 상황입니다. 신청인은 이에 대해 어떠한 조치를 취할 수 있는
지에 관하여 문의하셨습니다. 사안에서는 수의사가 의료과실을 인정하고 있으므로
주로 손해배상의 범위가 문제될 것으로 보입니다.

　결론부터 말씀드리면 손해배상의 범위와 관련하여 ① 수의사의 설명의무 위반,
② 의료행위상 주의의무 위반에 따른 치료비 및 정신적 손해에 대한 배상(위자료)을
청구하는 방안을 고려하여 볼 수 있습니다. 우선 수의사의 설명의무 위반과 관련하
여 반려견의 비장정맥–후대정맥 단락에 대한 수술 당시 수의사가 해당 수술의 내
용과 예상되는 위험 등에 관해 설명하지 않았다면 이를 이유로 손해배상을 청구할
수 있습니다. 한편 의료행위상 주의의무 위반에 따른 손해배상청구와 관련하여 과
거에 해당 수술과 관련하여 지출한 치료비, 향후 지출할 것으로 예상되는 치료비를
주장할 수 있습니다. 정신적 손해에 따른 배상과 관련해서는 신청인께서 반려견과
약 7년이란 오랜 세월 동안 함께 지내온 점, 반려견이 의료상의 과실로 7년이란 상
당한 기간 제대로 자라지 못하고 소간증, 이상행동 등을 보였던 점, 반려견의 수술
이 잘못된 사실을 알게 되는 과정에서 상당한 시간이 소요되고 적지 않은 의료비용
을 지출한 점, 향후에도 치료와 관리가 필요할 것으로 예상되는 점 등을 종합적으
로 고려할 때 상당한 정신적 고통을 겪었다는 이유로 위자료를 청구하는 방법을 생
각해 볼 수 있습니다. 신청인께서 반려견의 비장정맥–후대정맥 단락 수술 과정에
서 소요된 의료비용 및 해당 수술이 잘못된 것을 알게 되는 과정에서 지출한 의료
비용에 관한 내역서와 향후에 지출이 예상되는 치료비 내역을 확보하는 것이 중요
하다고 사료됩니다. 이에 더해 수의사가 자신의 의료과실을 인정하고 있으나, 수의
사의 의료과실과 반려견의 성장부진, 소간증, 이상행동 등 사이의 인과관계에 대한
수의학적 증명이 가능하다면 손해배상청구에 보다 도움이 될 것으로 예상합니다.

　언급한 결론에 대한 법적인 근거와 판결은 이하와 같습니다. 수의사의 의료과실
에 따른 손해배상청구권의 법적 근거는 민법 제390조와 민법 제750조입니다. 구체
적으로 살펴보면 민법 제390조는 반려인과 수의사 간에 체결한 계약상의 의무 위

반에 따른 손해배상청구권의 법적 근거이며, 민법 제750조는 수의사의 불법행위에 따른 손해배상청구권의 법적 근거입니다. 각 청구권의 요건을 충족한다면 수의사의 의료과실 소송에서 반려인은 수의사를 상대로 두 청구권을 경합하여 행사할 수 있습니다(대법원 1983. 3. 22. 선고 82다카1533 전원합의체 판결).

수의사의 설명의무와 관련하여 대법원은 "일반적으로 의사는 환자에게 수술 등 침습을 가하는 과정 및 그 후에 나쁜 결과 발생의 개연성이 있는 의료행위를 하는 경우 또는 사망 등의 중대한 결과 발생이 예측되는 의료행위를 하는 경우에 있어서 응급환자의 경우나 그 밖에 특단의 사정이 없는 한 진료계약상의 의무 내지 침습 등에 대한 승낙을 얻기 위한 전제로서 당해 환자나 그 법정대리인에게 질병의 증상, 치료방법의 내용 및 필요성, 발생이 예상되는 위험 등에 관하여 당시의 의료수준에 비추어 상당하다고 생각되는 사항을 설명하여 당해 환자가 그 필요성이나 위험성을 충분히 비교해 보고 그 의료행위를 받을 것인가의 여부를 선택할 수 있도록 할 의무가 있다."라고 판시하고 있습니다(대법원 1995. 1. 20. 선고 94다3421 판결). 이에 따르면 사안에서 수의사는 신청인 반려견의 비장정맥-후대정맥 단락에 대한 수술에 앞서 수술의 내용, 예상 위험 등에 대한 설명의무가 있습니다.

손해배상의 범위는 크게 통상손해(민법 제393조 제1항)와 특별손해(민법 제393조 제2항)로 나뉩니다. 통상손해는 채무자가 손해에 관하여 예견이 가능하였는지에 관계없이 당연히 인정되는 손해를 의미합니다. 한편 특별손해는 채무자가 손해에 관하여 예견이 가능한 경우에 인정됩니다. 불법행위책임에서 손해배상의 범위에 관한 규정은 민법 제763조에 따라 민법 제393조를 준용하고 있습니다. 현재 우리나라 법원은 반려동물의 치료비를 통상손해로 보며, 반려인의 정신적 손해를 특별손해로 보고 있으나 정신적 손해에 대한 배상도 대체로 인정하는 추세입니다(불법행위로 반려동물이 상해를 입은 경우 치료비와 정신적 손해를 인정한 판결로 서울중앙지방법원 2019. 7. 26 선고 2018나64698 판결, 울산지방법원 2020. 6. 24 선고 2019가소219840(본소), 2020가소 201265(반소) 판결 등).

정신적 손해에 대한 배상의 근거와 관련해 법원은 양육 기간, 장기간 치료 사실, 상당한 치료비 지출, 향후치료비 등을 언급하고 있습니다. 가령 수의사의 의료과실로 반려견의 방광염이 만성화되었다는 이유로 손해배상을 청구한 사건에서 법원은 "원고는 상당한 기간 동안 함께 지내 온 이 사건 반려견이 피고의 의료상의 과실로 인하여 방광염 및 방광결석에 대한 치료를 적기에 적절하게 받지 못하여 방광염이 만성화되는 바람에, 이미 오랫동안 상당한 시간과 비용을 들여 이 사건 반려견의 만성 방광염 등을 치료하여 왔을 뿐만 아니라, 향후에도 계속하여 만성 방광염의 재발을 예방하기 위하여 주기적으로 관련 검사를 받게 하거나, 만성 방광염이 재발하는 경우 이를 치료하여야 함으로써 상당한 정신적 고통을 겪었다고 할 것이어서, 피고는 위와 같은 원고의 정신적 고통을 금전으로 위자할 의무가 있다고 할 것인데, 이 사건 반려견이 앓는 만성 방광염의 정도, 재발 가능성, 이 사건 반려견의 기대여명, 치료기간, 치료내역 및 피고의 과실 정도 등 이 사건 변론에 나타난 모든 사정을 참작하면"이라고 판시하였습니다. 해당 판결에서 법원은 기왕치료비 및 향후치료비 5,296,652원(피고의 책임비율 80%)과 위자료 2,000,000원에 대한 배상을 인정하였습니다(서울동부지방법원 2011. 9. 21. 선고 2009나558 판결).

앞서 말씀드린 사안에 관한 결론을 비롯하여 이에 대한 법적 근거 및 판례의 동향이 신청인께서 소송외적 구제방안이나 소송을 통하여 사안을 해결하시는 데에 조금이라도 도움이 되었으면 좋겠습니다. 감사합니다.

관련 조문

✻ **민법 제390조(채무불이행과 손해배상)**

채무자가 채무의 내용에 좇은 이행을 하지 아니한 때에는 채권자는 손해배상을 청구할 수 있다. 그러나 채무자의 고의나 과실없이 이행할 수 없게 된 때에는 그러하지 아니하다.

✻ **민법 제393조(손해배상의 범위)**

① 채무불이행으로 인한 손해배상은 통상의 손해를 그 한도로 한다.
② 특별한 사정으로 인한 손해는 채무자가 그 사정을 알았거나 알 수 있었을 때에 한하여 배상의 책임이 있다.

✻ **민법 제750조(불법행위의 내용)**

고의 또는 과실로 인한 위법행위로 타인에게 손해를 가한 자는 그 손해를 배상할 책임이 있다.

✻ **민법 제763조(준용규정)**

제393조, 제394조, 제396조, 제399조의 규정은 불법행위로 인한 손해배상에 준용한다.

46 동물병원 퇴원 후 시력상실 및 목 돌아감 증상 등 의료과실에 대한 고소 방법

종: 말티즈

성별: 여

나이: 7살

🐾 사고경위:

2021. 12. 10 빈혈치료차 24시 동물병원에 입원(1일)하여 2차수혈 및 주사약 치료를 한 후 12. 11 16시 담당의가 상태가 괜찮다고 하여 받아보니 시선이 멍하고 혼나간 아이 같아 수혈 및 입원치료로 지친 것으로 생각하고 퇴원 귀가하여 살펴보니 앞을 보지 못하고 고개가 우측 돌아가고 좌측다리 일부가 정상으로 걷지 못하는 상태로 복부가 자색이 되었고 온몸과 항문 주위가 부은 상태였습니다.

12. 17 담당의에게 실명과 목 돌아간 증상이 입원 당시 병원에서 발생한 문제라고 따지자 퇴원 전 산책에서 이상발견 없었다고 주장하며, 원인은 수혈 및 주사 약물(스테로이드)부작용이 아니고 새로 발생된 뇌병변으로 추측되고 넘어져 머리 부딪치거나 중풍일 수 있으며 세부원인규명 MRI진단으로 가능하나 원인이 명확히 안 나올 수도 있고 병약한 경우는 마취회복에서 사망할 수 있다고 답변을 받았습니다.

12. 20 대표원장 면담에서 위 상태가 입원 중 발생된 것으로 의사는 이미 알고 있으면서 보호자에게 말하지 않은 것으로 생각되어 퇴원 당시 집에서 한걸음도 걷지 못하였는데 산책 중 이상 없다는 말에 CCTV 확인요청을 하였으나 뒤뜰에 설치가 안 되었다며 MRI진단결과 충격원인일 경우 병원책임을, 그 외 진단은 견주책임을 제안하여 원인규명이 안 될 수도 있고 마취회복 시 사망할 수도 있어 수용할 수 없다고 하자 법대로 하라고 하였습니다.

12. 22 담당의 면담에서는 병원 측의 20일부터 당분간(1~2주) 치료비용 무상제안에 대하여 초기진료비용부터 전액무상으로 하자고 수정 요청하였으나 거절

당했습니다. 병원 측의 책임 없다는 입증을 하라고 요구하자 내용증명으로 보내면 답변하겠다 했습니다. 약자로서 할 수 있는 모든 대응 통보하고 약을 달라고 하였으나 투약마저 거부 당했습니다.

상담요점:
- 민사소송절차와 예상성패 및 준비서류
- 입원 중 발생사고에 대한 입증방법
- 부작용 및 예후 사전, 사후 불고지에 대한 책임범위
  (실명, 신경이상 등 각종 세부증상 고지 무)
- 반려동물 의료사고 분쟁조정 기관단체
- 보상범위

상담

우선 신청인의 반려견이 이른 시일 내에 건강을 회복하기를 바랍니다. 상담내용을 요약하자면 신청인의 반려견의 빈혈 치료 과정에서 수의사의 의료 과실로 시력 상실과 우측 목이 돌아간 것 등이 의심되는 상황입니다. 신청인께서 문의하신 사항에 관하여 이하와 같이 답변 드립니다.

1 민사소송절차와 예상성패 및 준비서류

민사소송은 관련 증거를 수집한 후 관할 법원에 소장을 접수하면서 절차가 시작됩니다. 전자소송으로 진행하시는 방법도 있습니다. 이때 소장은 청구취지, 청구원인 등 형식에 맞게 작성하셔야 합니다. 소송비용으로는 인지대, 송달료, 기록감정비 등이 있습니다. 민사소송의 성패는 충분한 증거 확보와 논리적인 주장에 달렸다고 볼 수 있습니다.

민사소송절차에 관한 정보를 취득하실 수 있는 사이트는 다음과 같습니다.

찾기쉬운 생활법령정보 나홀로 민사소송
https://www.easylaw.go.kr/CSP/CnpClsMain.laf?csmSeq=568&c
cfNo=1&cciNo=1&cnpClsNo=1

2 입원 중 발생사고에 대한 입증방법

　진료기록부를 확보하는 것이 상대적으로 효율적인 방법이라고 볼 수 있습니다. 다만 진단서, 검안서와는 달리 수의사는 진료기록부를 제출할 의무가 없습니다. 현재 수의사법에는 의료법 제21조와 같은 규정이 존재하지 않기 때문입니다. 소송을 제기하신 후에는 문서제출명령 등을 활용하여 진료기록부를 확보하실 수 있습니다. 일반적으로는 사진, 동영상, 본인을 포함한 대화 녹음, 문자, 이메일도 증거가 될 수 있습니다. 그 밖에 담당 수의사의 진료행위와 강아지의 건강 이상 간의 인과관계와 관련하여 기존 유사 판례나 학술 교과서, 논문 등을 활용하여 입증하실 수 있습니다.

3 부작용 및 예후 사전, 사후 불고지에 대한 책임범위

(실명, 신경이상 등 각종 세부증상 고지 무)

　신청인께서는 담당 수의사가 사전에 신청인 반려견의 빈혈 치료로 예상되는 위험 등에 관하여 설명하여 신청인께서 치료에 대해 결정을 하실 수 있게 하여야 했는데 이런 설명의무를 위반하였다고 주장하실 수 있습니다. 다만 빈혈 치료와 실명 및 우측 목이 돌아간 결과 등 사이에 개연성이 있을 것을 전제로 하므로 이에 관한 다툼이 있을 수 있습니다.

　수의사의 설명의무와 관련하여 대법원은 "일반적으로 의사는 환자에게 수술 등 침습을 가하는 과정 및 그 후에 나쁜 결과 발생의 개연성이 있는 의료행위를 하는 경우 또는 사망 등의 중대한 결과 발생이 예측되는 의료행위를 하는 경우에 있어서 응급환자의 경우나 그 밖에 특단의 사정이 없는 한 진료계약상의 의무 내지 침습 등에 대한 승낙을 얻기 위한 전제로서 당해 환자나 그 법정대리인에게 질병의 증상, 치료방법의 내용 및 필요성, 발생이 예상되는 위험 등에 관하여 당시의 의료수준에 비추어 상당하다고 생각되는 사항을 설명하여 당해 환자가 그 필요성이나 위험성을 충분히 비교해 보고 그 의료행위를 받을 것인가의 여부를 선택할 수 있도록 할 의무가 있다."라고 판시하고 있습니다(대법원 1995. 1. 20. 선고 94다3421 판결).

4 반려동물 의료사고 분쟁조정 기관단체

　한국소비자원을 생각해보실 수 있습니다. 신청인의 반려견 사례에 관하여 상담

접수를 통하여 분쟁 해결을 시도해 보실 수 있다고 사료됩니다. 한국소비자원은 상담 접수된 분쟁 사례를 피해구제나 분쟁조정 등을 통하여 분쟁을 해결하고 있습니다.

한국소비자원 홈페이지
https://www.kca.go.kr/home/main.do

⑤ 배상범위

수의사의 의료과실에 따른 손해배상책임의 법적 근거는 통상 민법 제390조와 민법 제750조입니다. 수의사의 의료 과실에 따른 손해배상(폐사 제외) 범위는 크게 ① 진료비(검사, 치료, 수술 비용 등), ② 위자료로 구분할 수 있습니다. 참고로 수의사의 의료과실로 반려견의 방광염이 만성화된 사건에서 법원은 기왕치료비, 향후치료비, 위자료(200만원)를 각 인정하였습니다(서울동부지방법원 2011. 9. 21. 선고 2009나558 판결).

관련 조문

✻ 민법 제390조(채무불이행과 손해배상)

채무자가 채무의 내용에 좇은 이행을 하지 아니한 때에는 채권자는 손해배상을 청구할 수 있다. 그러나 채무자의 고의나 과실없이 이행할 수 없게 된 때에는 그러하지 아니하다.

✻ 민법 제393조(손해배상의 범위)

① 채무불이행으로 인한 손해배상은 통상의 손해를 그 한도로 한다.

② 특별한 사정으로 인한 손해는 채무자가 그 사정을 알았거나 알 수 있었을 때에 한하여 배상의 책임이 있다.

✻ 민법 제750조(불법행위의 내용)

고의 또는 과실로 인한 위법행위로 타인에게 손해를 가한 자는 그 손해를 배상할 책임이 있다.

✻ 민법 제763조(준용규정)

제393조, 제394조, 제396조, 제399조의 규정은 불법행위로 인한 손해배상에 준용한다.

동물병원의 의료과실로 인한 반려묘의 쇼크사

종: 코숏

성별: 남

나이: 1살

🐾 **내용:** 11월 1일(화)에 반려묘가 얼음처럼 움직이지 않고 컨디션이 좋지 않은 것을 확인하여 기존에 다니던 병원에 가서 진료를 봤습니다. 진료 결과 방광에 오줌이 차 있으나 오줌을 누지 못하는 요도폐색 상태였고 신장수치, 염증수치가 높아진 상태여서 요도 카테터 시술이 필요하다고 수의사님께 안내받았습니다. 마취의 위험성에 대해 안내를 받고 마취 동의서, 시술 동의서를 작성한 후 시술에 들어갔으며, 이틀 동안 입원하며 수액을 맞고 신장수치, 염증수치가 정상으로 돌아온 후 퇴원했습니다. 이러한 방광염은 재발이 잦고 긴 기간 약을 먹이며 지켜봐야 한다는 안내 또한 받았으며 하루 2번씩 약을 먹이고 아이의 상태는 호전되어 갔습니다.

열흘 뒤 11월 12일(토) 방광염에 걸리기 전처럼 형제 고양이들과 장난도 치고 밥도 잘 먹고 활력도 좋았던 반려묘(바둑)가 22시경 화장실에서 소변보는 자세를 취한 후 소변을 보지 못하고 들락날락거렸습니다. 요도폐색이 재발했다고 저희는 판단을 했습니다. 하지만 기존에 다니던 병원은 문을 닫은 상태여서 주변에 있는 24시 동물병원(가해)에 23시 20분경 방문했습니다.

해당 병원 수의사는 반려묘가 방광염으로 약을 먹고 있고, 열흘 전 카테터 시술을 했다는 보호자의 이야기를 듣고는 "대부분의 방광염은 소화불량에서 오는 것이고 그걸 파악할 수 있는 검사가 헬리코박터균 검사다."라고 하며 소변을 보지 못해 방문한 아이의 분변검사를 먼저 진행했습니다(당장의 요도폐색과 관련 없는 검사 진행이므로 과잉진료라고 생각합니다).

이후 X-ray 촬영을 했으며 X-ray 결과를 저희에게 보여주며 방광에 오줌이 차 있으니 카테터 시술이 필요하다고 안내했습니다. "오늘 카테터 시술이 들어

갈 것이고 잠깐 졸리게 해서 진행할거다. 그러나 이 아이는 방광염보다 소화기 문제가 커 보이니 카테터 시술 후 며칠 입원을 하며 헬리코박터균 수치를 떨어뜨리자"라고 말하고 처치실에 들어갔습니다. 저희는 이때 방광염 및 카테터 시술을 위한 추가 검사나 혈액검사 등을 진행하는 중이라 생각하였지만, 곧바로 호흡마취를 진행하려고 하였던 것이었습니다. 보호자에게 마취를 할 것이라는 안내가 없었으며, 마취의 위험성에 대한 안내도 전혀 없었고, 마취 동의서 및 시술 동의서를 받지 않았습니다(이에 대해 후에 문의하자 해당 의사는 '졸리게 할 것'이라는 설명이 충분한 설명 아니냐고 반문하였습니다).

호흡마취 과정에서 반려묘가 놀래 도망갔으나 3분 정도 실랑이 과정 후에 아이를 잡아와서 진정시키는 과정 없이 곧바로 마취를 진행했습니다(이후 왜 극도로 흥분한 아이에게 곧바로 마취를 강행했냐는 질문에 의사는 "흥분한 아이에게 누가 바로 마취를 강하게 했겠냐 그러면 오히려 마취가 안 되기 때문에 약한 농도로 마취에 들어갔다."라고 답변했으나 실제 CCTV 화면을 확인했을 때, 세보플루란 8%, 즉 해당 기기로 처음부터 가장 강한 농도의 마취제를 기화시켜 사용한 것을 확인했습니다). 약 1분 정도 수의사가 반려묘의 몸통을 잡고 간호사가 마스크를 씌워 호흡 마취를 진행하고 반려묘의 움직임이 잦아들자, 의사는 반려묘에게 마취 마스크를 씌운 채 간호사에게 맡겨두고, 저희에게 돌아와 헬리코박터균 검사 결과 수치에 대해 설명을 했습니다. 다른 고양이의 헬리코박터균 수치와 비교하여 보여주며 반려묘의 헬리코박터균 수치가 36이니 3일 정도 입원하며 헬리코박터균 수치를 떨어뜨리는 수액을 맞도록 할 것이고, 처방약을 지어줄 테니 기존 병원에서 받아왔던 약 대신 먹이라고 하였고, 사료 또한 의사 처방식 사료로 바꾸는 것이 좋다고 이야기했습니다(의사는 진료 및 처치 내내 방광염과 카테터 시술에 대한 설명보다 헬리코박터균에 대한 설명과 이를 치료하기 위한 방법을 주로 설명하였습니다. 당일 밤 이뤄졌던 카테터 시술과 관련하여 보호자가 반드시 알아야 할 것에 대해서는 충분히 설명 및 고지를 하지 않았고, 오히려 해당 상황에서 불필요한 내용에 대해 과하게 오랜 시간을 들여 설명하였습니다).

약 5분여간의 설명 이후 수의사는 처치실로 이동하여 카테터 시술을 진행했습니다. 시술 내내 호흡마취 마스크는 반려묘 얼굴에 씌워진 상태입니다. 시술 과정에서 반려묘의 호흡에 이상이 있음을 감지한 간호사가 반려묘의 겨드랑이에 손을 넣어 맥박을 확인한 후 흉부 마사지를 5회 정도 합니다. 이후 의사가 촉진으로 맥박을 다시 확인한 후 카테터 시술을 진행합니다(해당 과정에서 아이의 호흡,

맥박이 정상인지에 대한 확인을 촉진과 육안으로만 하였습니다. SPO2(경피적 산소포화도) 측정기를 달지 않았습니다. 저희가 나중에 질문했을 때 의사의 촉진이 가장 정확한 방법이며 시술 중에 지속적으로 육안으로 확인했다고 답변하였습니다).

요도 카테터 시술 후 채혈과 수액 처치를 위한 혈관 확보를 진행했으며 채혈 후 마취액 기화기 농도를 낮췄습니다. 이때 한 채혈은 방광염과 요도폐색을 앓는 고양이의 상태를 확인하기 위한 신장수치, 염증수치를 파악하는 검사가 아닌 '정맥혈액가스검사'였습니다. '정맥혈액가스검사'를 통해서는 혈액의 PH농도를 확인할 수 있는 것이었습니다. 이에 대해 훗날 저희가 찾아가서 이 검사를 진행한 이유를 물어봤더니, 헬리코박터균과 혈액 산성화의 관련성을 설명하며 혈액이 산성화되었을 경우 의사 처방식 사료를 먹이고 해당 병원에서의 헬리코박터균 치료를 진행해야 하기 때문이라고 설명했습니다(이 또한, 당시 진행했던 카테터 시술과 무관한 것으로 불필요한 처치 및 과잉진료라고 생각합니다).

수의사는 채혈 및 혈관 확보 과정에서 반려묘의 피가 잘 나오지 않아 반려묘의 팔을 주물러 혈액을 짜냅니다(이 때문에 의사는 탈수로 인한 쇼크로 반려묘가 사망한 것이라고 진단을 내렸고, 탈수인 것을 채혈 및 혈관 확보 과정에서 알아차렸다고 했습니다). 의사는 반려묘의 채혈이 어려울 정도로 '피가 찐득하다'고 느꼈으면서도 이를 채혈 과정에서 알아차렸을 때 곧바로 수액처치나 응급처치를 하지 않고, 아이의 발톱을 깎으며 시간을 보냅니다. 발톱을 깎은 후 방광의 남은 오줌을 짜내어 배출시킨 뒤 아무런 조치 없이 그대로 간호사에게 맡기고 보호자에게 설명을 위해 진료실로 나왔습니다.

의사는 카테터 시술 후 보호자에게 "혈뇨 없이 깨끗한 오줌이 나왔고, 심한 방광염은 아닌 것 같다. 오히려 소화가 잘 안 되어서 장이 불편해 요도가 막힌 것이므로 이를 치료하기 위해 소화기 처방식 사료를 먹여야 한다."고 하였습니다. 의사가 보호자에게 설명하는 동안 간호사가 반려묘를 입원장 안으로 옮긴 뒤 수액을 달아주고, 처치실 청소를 시작합니다. 이후 5분가량 그 누구도 반려묘가 마취에서 제대로 깨어나는지 지켜보는 사람이 없었습니다. 시술 과정에서 호흡과 맥박에 이상이 있음을 이미 알았으면서도 환묘의 의식이 제대로 돌아오는지, 안정적으로 바이탈 사인이 돌아오는지 아무도 모니터링을 하지 않았습니다. 간호사는 시술에 사용했던 집기를 정리하고 바닥에 흘린 오줌을 닦으며 청소를 하고 주변을 정리하며 입원장 앞을 지나다가 반려묘의 상태가 좋지 않은 것을 발견합니다. 이때 바로 의사를 호출하지 않고, 간호사 혼자서 아이의 혀를 꺼내 상태를 확인하고 심장 마사지를 하다 맥박을 확인하는 과정을 수차례 반복합니다. 반려묘의 상태가 좋지 않음을 간호사가 발견한 후 4분가량이 지난 후에야 수의사를 호출합니다. 수의사는 에피네프린, 아트로핀을 이용한 심폐소생술을 진행했으나 아이는 돌아오지 못하고 무지개다리를 건넜습니다.

저희는 사건 당일, 의료사고라 생각하고 바로 경찰을 불렀었고, 당일 처치실의 CCTV도 확보하였습니다. 의사는 저희에게 바둑이가 응급인 상황이었고 시술 중에 탈수임을 확인했다고 설명했었으나, CCTV 영상을 확인해봤을 때, 전혀 응급에 대응하는 모습이 아니었습니다.

해당 처치실 영상을 들고 이전에 다니던 병원에 방문하여 자문을 구해보았습니다. 이전 병원의 수의사는 저희에게 이렇게 이야기했습니다.

1. 열흘 전 반려묘가 방광염을 치료하러 내원했을 때, 혈액 검사 결과 신장 수치가 좋지 않았지만 카테터 시술을 하고, 이틀 입원하며 신장 수치, 염증 수치가 다 정상으로 돌아온 것을 확인하고 퇴원한 상태였다.

2. 카테터 시술을 할 때 마취를 진행한다면 당연히 보호자에게 마취에 대한 안내를 해야 한다. 그리고 마취를 견딜 수 있는 몸인지 미리 검사를 해야 한다.

3. 수액 연결을 위한 혈관 확보도 마취 전에 한다. 그래야 마취 및 시술 도중에 만일의 상황이 발생할 경우 바로바로 약물을 투여할 수 있기 때문이다.

4. 보통은 마취 및 카테터 시술 전에 수액을 먼저 단 후 수액을 주입하며 시술을 진행한다. 만일 방광이 너무 찬 상태라면 먼저 수액을 연결한 후, 카테터 시술을 하여 방광의 오줌을 빼내면서 바로 수액을 주입한다.

5. 응급 상황이라고 채혈 및 혈관 확보를 건너뛰는 경우는 없다. 오히려 응급상황일수록 더욱 꼼꼼히 이런 사전 처치를 해야 하는 것이다.

6. 마취 도중에 채혈 검사를 진행할 경우, 그 결과에 대해 정확도가 있다고 말하기 어렵다. 마취 중에는 저혈압으로 채혈도 어려우므로 검사 결과가 잘못 나올 수가 있기 때문에, 내가 만일 마취 도중에 채혈 검사를 한다면 여러 번 검사를 진행할 것 같다(오류 가능성).

7. 채혈 도중 혈액이 안 나와 팔을 주무를 정도라면 곧바로 수액 처치를 해야 한다. 탈수로 피가 잘 안 나오는 것을 확인했으면서 발톱을 깎는 것이 이해

가 안 된다.

8. 고양이 방광염과 헬리코박터균이 관련 있다는 말은 들어본 적이 없는 것 같다.

저희는 이 사고가 불필요한 과잉진료 및 부주의로 인한 의료사고라고 생각합니다. 이러한 저희의 의견을 해당 의사(가해)에게 전달하였더니 의사는,

1. 마취에 대해 미리 설명하지 않고 강행한 것 그리고 마취 전 혈액검사를 하지 않은 것은 야간에 응급으로 찾아온 상황이어서 그럴 시간이 없었다고 답변합니다.
   - 근데 여기서 드는 의문은, 응급 상황이라고 판단하였다면서 왜 당장의 카테터 시술과 무관한 헬리코박터균 분변 검사를 진행한 것인지 의아합니다. 저희가 다른 지역에 있는 수의사 선생님께 방광염과 헬리코박터균이 관련이 있는지 궁금하다고 자문을 구해보았습니다. 해당 의사 선생님은 처음 듣는 이야기라며, 저희가 보는 앞에서 수의학 관련 논문을 검색해 같이 찾아보자고 했습니다. 찾아본 결과 방광염과 헬리코박터균의 연관성에 대한 논문 한 편도 없었습니다. 심지어 수의학이 아닌, 사람의 의학 관련 학위 및 학술 논문에서도 방광염이 헬리코박터균에 의해 발병한다는 논문은 찾아볼 수 없었습니다.
   - 그 의사는 저희에게 응급이었기 때문에 필요한 과정을 건너뛴 것이라고 설명하였지만, 저희 생각엔 '헬리코박터균'을 빌미로 아이를 입원시켜 치료를 하고, 처방식 사료를 판매하기 위해, 즉 당일 처치와 관련이 없는 '잿밥'에 너무 열중인 나머지, 그날 반드시 했어야 할 과정을 소홀히 하며 건너뛰는 안일함을 보인 것이라고 생각합니다.
2. "고양이 카테터 시술 처치는 내게 매우 루틴한 일이다. 내 고양이가 밤에 아파서 왔어도, 나는 똑같이 그런 검사들을 건너뛰고 했을 것이다."라고 이야기하였습니다.
   - 저희는 텔레비전을 고치러 간 것이 아닙니다. 생명을 다루는 일에 루틴한 일이 어디 있나요. 환자의 상태를 세심히 봐가며 변수에 따라 조치를 하는 것이 응당 수의사로서 해야 할 일이 아닌가요.

저희가 법에 대해서는 잘 모르지만, 너무나 억울한 마음에 조금 공부해보니, 해

당 병원의 수의사에게 설명의무 위반, 과잉진료, 주의의무 위반의 과실을 적용할 수 있는 것 같았습니다.

설명의무 위반: 시술 전 보호자에게 마취 진행 여부 및 마취의 위험성에 대한 설명이 없었고, 마취 및 카테터 시술에 대한 동의서도 작성하지 않았습니다. 보호자의 자기 결정권을 침해했습니다.

과잉진료: 방광염 및 요도 폐색과 연관성이 밝혀지지 않은 '헬리코박터균' 검사를 진행하고 헬리코박터균 수치를 낮추기 위해 입원 치료 권유했습니다. 예후가 불명확한 처치 및 시술을 하기 전에 보호자에게 이를 알려야 함에도 알리지 않고 진행했습니다.

주의의무 위반: 마취 도중 환묘의 호흡 및 맥박에 문제가 있음을 인지했음에도 이에 대응하는 처치 및 모니터링을 하지 않았습니다.

그리고 이후에 저희가 진료소견서를 요청하자, 아직 작성하지 않았다며, 요청한 이튿날에 작성하여 발급해주었습니다. 진료소견서의 내용을 보니 저희에게 구두로 설명한 것과 다른 내용이 있었습니다. 시술 전 검사를 하지 않은 이유가 '환자의 비협조성'이라고 적혀있었습니다. 의사는 반려묘 진료 당일 저희에게 단 한 번도 반려묘가 반항적이라거나 비협조적이라거나, 검사를 거부한다고 이야기한 적이 없었습니다. 오히려 영리한 녀석이라 칭찬하였습니다. 사건 뒤 저희가 X-ray 검사 결과를 요청할 때는, 자신은 그날 X-ray를 한 장만 찍었는데, 수납할 때 두 장 촬영한 비용을 청구해놓았지만 당일 한 장만 찍은 이유는, 밤에 온 고양이들은 응급인 경우가 많기 때문에 굳이 아이들 스트레스를 줘가며 시간을 지체할 필요가 없기 때문에 한 장만 찍은 것이라고 설명하였습니다. 이때도 반려묘가 비협조적이었다는 말은 전혀 없었습니다. 저희는 이에 대해서도 진료소견서를 거짓으로 작성한 것이니 관련 법률로 처벌할 수 있는지도 궁금합니다.

신청인의 반려묘 죽음에 대하여 위로의 말씀을 드립니다.

상담내용을 정리하면 신청인 반려묘의 카테터 시술과 관련하여 수의료과오에 대한 검토가 필요한 상황입니다. 설득력 제고 차원에서 구체적인 사실관계나 입증자료만큼 중요한 것이 법리와의 조화라고 사료되어 이를 중심으로 말씀드리겠습니다.

1 손해배상청구의 법적 근거와 요건사실

수의사의 의료과실 사건에서 손해배상청구의 법적 근거는 통상 민법 제390조 채무불이행과 민법 제750조 불법행위입니다. 민법 제390조 채무불이행 중 불완전이행에 따른 손해배상책임의 요건사실은 ① 채무자의 이행행위, ② 불완전한 이행행위, ③ 채무자의 귀책사유, ④ 위법성입니다. 민법 제750조의 불법행위에 따른 손해배상책임의 요건사실은 ① 가해자의 고의 또는 과실, ② 위법성, ③ 가해행위, ④ 손해의 발생 및 범위, ⑤ 가해행위와 손해 사이의 인과관계, ⑥ 책임능력입니다. 본 사안에서 주로 문제 되는 요건사실은 민법 제390조에서는 ② 불완전한 이행행위, 민법 제750조의 경우 ① 가해자의 과실, ② 위법성, ⑤ 가해행위와 손해 사이의 인과관계라고 볼 수 있습니다.

2 수의사의 설명의무 위반

본 사안에서 카테터 시술 전 마취 시행과 위험성에 대한 설명이 없었던 점, 마취와 카테터 시술 동의서를 작성하지 않은 점 등이 문제될 것 같습니다. 법적 근거로 민법 제390조에서는 수의사의 진료계약상 설명의무 위반(② **불완전한 이행행위**), 민법 제750조의 경우 신청인의 자기결정권 침해를 주장해볼 수 있습니다(② **위법성**).

3 수의사의 주의의무 위반

신청인의 말씀을 종합하면, 마취 과정에서 신청인의 반려묘를 제대로 진정시키지 않은 점, 반려묘가 진정하지 않은 상태에서 강한 농도의 마취를 시행한 점, 채혈 과정에서 이상이 있었음에도 필요한 조처를 하지 않은 점, 반려묘가 마취상태에서 벗어나 의식이 돌아오는지 제대로 지켜보지 않은 점, 반려묘의 호흡과 맥박에 문제

가 있었음에도 신속한 조치를 취하지 않은 점 등이 문제 될 것 같습니다(민법 제390
조 ② 불완전한 이행행위, 민법 제750조 ① 가해자의 과실).

　다만 수의사의 주의의무 위반과 반려묘의 죽음 간에 인과관계 역시 인정되어야
할 것입니다. 입증책임의 완화 법리에 따라 ① 의료 행위 전에 반려동물의 상태가
양호하였던 점, ② 의료과실에 제3의 원인이 개입되지 않은 점, ③ 일반인의 상식
을 기준으로 수의사의 과실에 대한 입증이 필요합니다(민법 제750조 ⑤ 가해행위와 손해
사이의 인과관계).

4 수의사의 과잉진료

　본 사안에서 헬리코박터균 관련 검사(분변검사, 정맥혈액가스검사)의 실효성, 헬리코
박터균 치료를 명목으로 입원, 처방약, 처방식 사료 권유 등이 문제될 것 같습니다.
수의사의 과잉진료는 민법 제750조 불법행위의 ② 위법성과 관련이 있습니다. 이
때 ⑤ 가해행위와 손해 사이의 인과관계가 중요하며 입증책임 완화 법리는 전술한
바와 같습니다.

5 손해배상의 범위

　신청인의 반려묘에 대한 진료비, 장례비, 위자료 등을 생각해볼 수 있습니다. 위
자료는 채무자의 예견가능성이 인정되어야 한다는 점에서 진료비 등 통상손해와
구분되나, 법원은 이를 대체로 인정하고 있습니다(수의사의 의료과실로 반려견의 방광
염이 만성화된 사건에서 위자료로 200만원을 인정한 것으로 서울동부지방법원 2011. 9. 21. 선고
2009나558 판결).

6 진료소견서

　말씀하신 진료소견서가 수의사가 의료행위와 소견을 작성한 것이라면 진료기록
부에 해당한다고 볼 수 있습니다. 민사 기준으로 진료기록부의 내용이 사실과 다르
다고 하여 민법 제390조 ② 불완전한 이행행위나 민법 제750조 ① 가해자의 과실
이 바로 인정되기는 어렵습니다. 다만 기재 내용이 사실과 상당 부분 다른 경우 법
관의 심증형성에는 영향을 미칠 수 있다고 보입니다(대법원 1999. 4. 13. 선고 98다9915
판결). 이에 관하여는 김선중, 최신실무 의료과오소송법, 박영사, 2008, 620, 634

면 참조.

향후 문제를 해결 시 주요한 요건 사실을 중심으로 논리를 구성하신다면 도움이 되실 것이라 생각합니다. 문제가 잘 해결되기를 바랍니다. 감사합니다.

 관련 조문

※ **민법 제390조(채무불이행과 손해배상)**

채무자가 채무의 내용에 좇은 이행을 하지 아니한 때에는 채권자는 손해배상을 청구할 수 있다. 그러나 채무자의 고의나 과실없이 이행할 수 없게 된 때에는 그러하지 아니하다.

※ **민법 제393조(손해배상의 범위)**

① 채무불이행으로 인한 손해배상은 통상의 손해를 그 한도로 한다.

② 특별한 사정으로 인한 손해는 채무자가 그 사정을 알았거나 알 수 있었을 때에 한하여 배상의 책임이 있다.

※ **민법 제750조(불법행위의 내용)**

고의 또는 과실로 인한 위법행위로 타인에게 손해를 가한 자는 그 손해를 배상할 책임이 있다.

※ **민법 제763조(준용규정)**

제393조, 제394조, 제396조, 제399조의 규정은 불법행위로 인한 손해배상에 준용한다.

48 반려견 사망 관련, 동물병원의 고지의무 위반 및 진료 기록 미공개에 대한 대처 방법

종: 포메라니안

성별: 여

나이: 3살

내용: 다른 병원에서 AAI 수술을 하고 혹시 모를 상황을 대비하여 연계해준 24시 동물병원에 입원을 했습니다. 중환자 입원실에 입원을 했습니다. 다음날 아이 상태를 카톡으로 보내줬고, 30분 정도 지나서 담당 수의사가 연락이 와서 아이가 X-ray와 폐 초음파에서 무기폐 또는 폐렴일 가능성이 보인다고 했습니다. 그래서 더 자주 뒤집어 주고, 호흡 체크를 할 것이고, 오후에 X-ray를 다시 찍어 볼 예정이라고 했습니다.

수의사는 아이가 위험이나 심각함을 인지해 주지 않았고, 보호자는 면회 시간에 맞춰 가면 된다고 생각을 하고 준비를 하면서 30분 정도 시간이 흘렀고 동물병원에서 연락이 와서 아이가 호흡이 약해졌다고 빨리 내원해 달라고 했습니다. 보호자는 동물병원까지 20~30분 정도 걸리기에 바로 출발을 했습니다.

그러나 몇 분 후에 다시 전화가 와서 산소 마스크를 더 큰 마스크로 바꾸는 와중에 심정지가 왔고, 심폐소생술 진행 중에 있다고 했습니다. 보호자가 도착했을 때는 이미 아이는 사망한 상태였습니다. 보호자는 너무 슬프고 화가 나서 언성을 높였습니다.

CCTV와 진료 차트를 보여 달라 그랬고, 관리자가 안 나와서 CCTV를 모자이크 처리해서 보여준다고 했습니다. 보호자는 입원실에서 문제가 있었다 생각을 하게 되면서 진료 차트만이라도 먼저 보고 싶어서 당일 저녁에 다시 찾아 갔습니다. 하지만 담당자가 없어서 보여 줄 수 없다고 해서 경찰까지 왔지만 소용없었습니다.

다음날 다시 찾아가서 CCTV 영상과 진료차트 보여 달라고 했지만 이렇게 불쑥 찾아오고 언성을 높이면 안 보여주겠다며, 법적으로 하라고 하면서 말을 번복했습니다.

보호자는 화가 나서 어떻게든 알아보니 경찰을 대동하면 볼 수 있다고 해서 다음날 병원에 연락해서 경찰 대동하면 CCTV 영상과 진료차트를 보여 줄 수 있냐고 하니까 다시 전화가 와서는 경찰 대동하지 않고 담당 수의사가 출근하는 오후에 오면 CCTV 영상과 진료차트를 보여준다고 또 말이 바뀌었습니다.

오후에 CCTV 영상을 보는데 사망 당일 날 아침에 아이가 X-ray, 폐 초음파를 찍고 와서 저체온증이 왔었고, 진료차트를 보니 구강 내 소량의 출혈이 있었다는 사실을 알게 되었습니다. 보호자가 아이 상태를 묻고자 전화했을 때 왜 저체온증과 소량의 구강 출혈을 고지하지 않았냐고 하니 사소한 상황이라고 생각했다고 했습니다.

수의사는 보호자에게 가장 기본인 아이의 상태에 대한 고지의무 위반 및 알릴의무 불이행으로 아이의 생사여부결정권에 대한 여유시간을 주지 않았습니다. 그로 인해 보호자는 아이의 마지막 모습을 보지 못하고 아이를 떠나보내게 되어 정신적으로 피폐해지며 많이 힘든 상황이 되었습니다.

상담

1 사안의 요지

- 다른 병원에서 AAI 수술
- 24시 병원 이동, 중환자실 입원 치료
- 다음날 오전, 반려견 X-ray, 폐 초음파 검사 실시
- 저체온증, 구강 내 소량 출혈 발생(보호자 미고지)
- 담당 수의사 보호자에게 연락(무기폐 또는 폐렴가능성 고지, 자주 뒤집고, 호흡 체크 및 오후에 X-ray 검사 안내)
- 통화 후 30분 후 병원에서 보호자에게 연락 반려견 호흡이 약해졌으니 내원하라는 내용
- 위 통화 후 수 분 후, 심정지 및 심폐소생술 진행 중임을 안내
- 보호자 병원 도착 시 반려견 이미 사망함

② 문의 내용

수의사에게 행정처분 또는 정신적 피해보상 요구 가능 여부

③ 검토의견

본 건 사실관계 및 질의 내용을 정리하면, "반려견의 치료과정에서 발생한 의료과실이 있는 경우 해당 수의사에게 행정처분을 받게 할 수 있는지" 여부로 보입니다. 이 사건 관련 법률은 수의사법 제32조 제2항 및 수의사법 시행규칙 별표 2의 규정을 살펴볼 필요가 있습니다.

진료차트(진료부)를 보여주지 않은 행위와 관련해서, 진료부를 공개하지 않았을 경우 시행되고 있는 처분 근거 조항이 없습니다(2024년 5월 기준). 그나마 현행 규정 중 신청인의 사례에 적용 여지가 있는 법률조항은 수의사법 제32조 제2항 제4호 및 제6호로 보입니다. 위 조문 중 신청인의 사례와 연관되어 보이는 내용은 수의사가 임상수의학적으로 인정되지 아니하는 진료행위를 하였을 때, 수의사가 예후가 불명확한 수술 및 처치 등을 할 때 그 위험성 및 비용을 알리지 아니하고 이를 하는 행위 부분입니다. 그러나 만약 신청인이 반려견의 입원 치료 시 심폐소생술 등의 응급상황 처치 동의서를 작성하였다면 위 규정을 적용할 수 없을 것으로 보입니다. 또한 수의사가 X-ray, 폐 초음파 등의 검사를 하는 행위가 임상수의학적으로 인정되지 아니하는 진료행위를 하였는지는 별도의 전문가 의견이 필요해 보이며, 일반적으로 병명을 확진하기 위해서는 검사가 필요한 점에 비추어 보면 이 조항에 해당하지 않을 가능성이 높습니다.

신청인이 질문한 정신적 피해보상은 법적으로 민사상 손해배상 중 정신적 손해배상(위자료)을 의미합니다. 민법상 채무불이행 또는 불법행위를 이유로 손해배상을 청구하기 위해서는 수의사가 진료계약을 위반한 사실이나, 수의사의 고의·과실로 인한 주의의무 위반으로 인해 환자(반려견)에게 신체·생명·건강 등에 침습적인 손해의 발생이 입증되어야 합니다. 이 사건에서는 현재 반려견의 사망 결과와 반려견의 저체온증과 구강 출혈 사실을 신청인에게 고지하지 아니한 것 사이에 인과관계가 있어야 합니다. 따라서 신청인이 수의사에게 손해배상을 청구하면, 신청인 측에서 수의학적 과실을 주장·입증해야 하는 어려움이 남아 있습니다.

한편, 수의학적 과실 입증 외에 신청인과 수의사가 체결한 진료계약서 설명의무

위반으로 진료계약 채무불이행 및 설명의무 불이행 사실로 위자료 청구 가능성은 있습니다. 신청인이 반려견을 24시 동물병원에 입원 조치한 이유는 야간 및 응급상황에 대비하기 위함이므로, 반려견에게 이상 징후가 있다면 그 사실의 경중을 막론하고 보호자에게 알려주어야 한다는 점을 강력하게 주장·입증한다면 불법행위책임을 인정하는 결론 가능성도 있어 보입니다. 다만, 현실적으로 동물 의료 사건의 손해배상소송에서 인정되는 위자료는 소액이라는 점과 소송비용의 고려가 필요합니다.

상기 검토의견은 신청인이 안내한 사실관계에 근거하여 작성된 것으로 신청인이 안내한 사실관계가 달라지면 검토의견이 달라질 수 있음을 양지하여 주시기 바랍니다.

관련 조문

✳ 수의사법 제32조(면허의 취소 및 면허효력의 정지)

② 농림축산식품부장관은 수의사가 다음 각 호의 어느 하나에 해당하면 1년 이내의 기간을 정하여 농림축산식품부령으로 정하는 바에 따라 면허의 효력을 정지시킬 수 있다. 이 경우 진료기술상의 판단이 필요한 사항에 관하여는 관계 전문가의 의견을 들어 결정하여야 한다.

1. 거짓이나 그 밖의 부정한 방법으로 진단서, 검안서, 증명서 또는 처방전을 발급하였을 때
2. 관련 서류를 위조하거나 변조하는 등 부정한 방법으로 진료비를 청구하였을 때
3. 정당한 사유 없이 제30조제1항에 따른 명령을 위반하였을 때
4. 임상수의학적(臨床獸醫學的)으로 인정되지 아니하는 진료행위를 하였을 때
5. 학위 수여 사실을 거짓으로 공표하였을 때
6. 과잉진료행위나 그 밖에 동물병원 운영과 관련된 행위로서 대통령령으로 정하는 행위를 하였을 때

✳ 수의사법 시행규칙 제24조(행정처분의 기준)

법 제32조 및 제33조에 따른 행정처분의 세부 기준은 별표 2와 같다.

참조 판례

✳ 서울중앙지방법원 2020. 10. 23. 선고 2019나19510 판결

의사가 진찰·치료 등의 의료행위를 하는 경우 사람의 생명·신체·건강을 관리하는 업무의 성질에 비추어 환자의 구체적인 증상이나 상황에 따라 위험을 방지하기 위하여 요구되는

최선의 조치를 행하여야 할 주의의무가 있고, 의사의 이와 같은 주의의무는 의료행위를 할 당시 의료기관 등 임상의학분야에서 실천되고 있는 의료행위의 수준을 기준으로 판단하여야 하며, 특히 진단은 문진·시진·촉진·청진 및 각종 임상검사 등의 결과에 터잡아 질병 여부를 감별하고 그 종류, 성질 및 진행 정도 등을 밝혀내는 임상의학의 출발점으로서 이에 따라 치료법이 선택되는 중요한 의료행위이므로, 진단상의 과실 유무를 판단하는 데에는 비록 완전무결한 임상진단의 실시는 불가능할지라도, 적어도 임상의학분야에서 실천되고 있는 진단 수준의 범위 안에서 해당 의사가 전문직업인으로서 요구되는 의료상의 윤리와 의학지식 및 경험에 터잡아 신중히 환자를 진찰하고 정확히 진단함으로써 위험한 결과 발생을 예견하고 그 결과 발생을 회피하는 데에 필요한 최선의 주의의무를 다하였는지 여부를 따져 보아야 한다(대법원 2003. 1. 24. 선고 2002다3822 판결 참조)고 보고 있으며, 이러한 법리는 동물의 진료에 종사하는 전문가인 수의사의 의료상 과실을 판단함에 있어서도 유추적용할 수 있다.

✻ 의정부지방법원 고양지원 2019. 3. 15. 선고 2018가단70055, 2018가단95597 판결

일반적으로 의사는 환자에게 수술 등 침습을 가하는 과정 및 그 후에 나쁜 결과 발생의 개연성이 있는 의료행위를 하는 경우 또는 사망 등의 중대한 결과 발생이 예측되는 의료행위를 하는 경우에 있어서 응급환자의 경우나 그 밖에 특단의 사정이 없는 한 진료계약상의 의무 내지 침습 등에 대한 승낙을 얻기 위한 전제로서 당해 환자나 그 법정대리인에게 질병의 증상, 치료방법의 내용 및 필요성, 발생이 예상되는 위험 등에 관하여 당시의 의료수준에 비추어 상당하다고 생각되는 사항을 설명하여 당해 환자가 그 필요성이나 위험성을 충분히 비교해 보고 그 의료행위를 받을 것인가의 여부를 선택할 수 있도록 할 의무가 있고, 의사의 설명의무는 그 의료행위에 따르는 후유증이나 부작용 등의 위험 발생 가능성이 희소하다는 사정만으로 면제될 수 없으며, 그 후유증이나 부작용이 당해 치료행위에 전형적으로 발생하는 위험이거나 회복할 수 없는 중대한 것인 경우에는 그 발생가능성의 희소성에도 불구하고 설명의 대상이 된다 할 것이고(대법원 1995. 1. 20. 선고 94다3421 판결, 2002. 10. 25. 선고 2002다48443 판결 등 참조), 특별한 사정이 없는 한 의사측에 설명의무를 이행한 데 대한 입증책임이 있다고 해석하는 것이 손해의 공평·타당한 부담을 그 지도원리로 하는 손해배상제도의 이상 및 법체계의 통일적 해석의 요구에 부합한다고 할 것이다(대법원 2007. 5. 31. 선고 2005다5867 판결 등 참조). 나아가 고도의 전문성을 요하는 의료행위로서의 유사성과 동물에 대한 의료행위의 관하여도 동물 소유자에게 자기결정권이 인정되어야 하는 점에 비추어 보면, 위와 같은 법리는 동물에 대한 의료행위에 있어서도 그대로 유추적용할 수 있다.

49 수술 후 합병증 발생 및 질병 미진단

종: 말티즈
성별: 남
나이: 2살

🐾 **내용:** 2022년 4월 15일 PSS가 의심되어 CT 촬영 후 PSS 확진 판정을 받아 그 다음날 바로 수술을 해야 된다고 해서 수술을 하고 일주일 정도 입원하여 예후 확인 후 퇴원하였습니다. 당시 수술은 성공적이고 예후도 좋다고 해서 퇴원하고 1년 동안 한 달에 1~2번 병원에 가서 간수치혈액검사를 하고 약을 조제하여 복용하였습니다.

1년 내내 착실히 병원에 가서 검사하고 약도 잘 먹었는데 간수치가 계속 높게 나와서 수술 후 6~8개월 즈음 지나 선생님한테 수술이 잘못된 거 아니냐고 물어봤더니 ALT 수치만 높고 암모니아 등 다른 수치는 그다지 높지 않아서 수술 후유증이 아니라고 하였습니다.

올 4월 초 마지막 간혈액검사결과, ALT가 무려 800이 나와서 걱정했는데, 다시 약만 한 달 치를 조제해주시고 좀더 기다려 보자고 하였습니다. 너무 걱정이 되어 4월 말 즈음 지인의 소개로 다른 병원에 가서 그간 상황을 설명드리고 종합적인 혈액검사와 X-ray를 찍은 결과 ALT는 정상으로 나왔는데 다른 수치에서 안 좋은 결과가 나와, 선생님께서는 소간증 및 수술후유증을 조심스럽게 의심하였습니다. 2차 병원을 소개해줄 테니 방문해서 CT를 찍어봐야 정확히 알 수 있다고 하였습니다.

그래서 고민 중 5월 중순에 수술한 병원에 방문하여 상황을 말씀드리니 CT를 찍어 보자고 하였습니다. 결과는 5월 21일에 나왔고 신생간문맥단락증이며 원인은 문맥고혈압 같다고 말씀하셨습니다. 재수술을 권유하시고 실패확률은 20%이고 그중 사망확률은 5~10%라고 하셨습니다.

재수술비는 재료비만 책정하여 받겠다고 하십니다. 일단 다른 2차 외과전문병원에 방문하여 상담계획 중이며 재수술 여부는 상담 후 결정하려고 합니다(처음 수술 받은 데서는 한 번 수술을 실패한 걸로 사료되어 수술을 하더라고 다른 병원에서 하고 싶습니다). 제 좁은 소견으로는 수술 중 유착이나 협착, 수술 후 병원관리소홀로 인한 문맥고혈압이 원인이 돼서 신생간문맥단락증이 생긴 것 같습니다.

1년 동안 병원을 다니고 검사를 받았는데 수술한 병원에서 신생간문맥단락증이 생긴 것을 알아차리지 못하고, 다른 병원의 제의로 CT 촬영하여 1년이나 지나서 병을 발견하였습니다. 수술에 대한 책임을 수술한 병원에 묻고 싶은데 어떻게 하면 될까요?

이제 2살인데 큰 수술을 2번이나 받아야 된다니 너무 마음이 아픕니다. 그것도 위험한 수술이라 혹 잘못될 수 있다는 데 너무 겁이 나고, 수술비도 너무 부담이 됩니다(1년 동안 수술비 포함 일천만원 이상 지출한 것 같습니다. 수술비만 600만원 정도 든것 같습니다). 선생님의 귀한 조언 부탁드립니다.

상담

신청인 반려견의 조속한 회복을 바랍니다.

상담내용을 정리하면 PSS(portosystemic shunt)에 관한 수의사의 진료가 적절하였는지에 대한 검토가 필요한 상황입니다. 본 사안에서 특히 문제될 만한 것은 수의사의 주의의무 위반과 설명의무 위반이라고 볼 수 있습니다.

⭐1 수의사의 주의의무 위반

주요 쟁점은 수의사의 PSS 수술과 반려견의 PSS(신생) 간의 인과관계라고 볼 수 있습니다(민법 제390조, 민법 제750조).

인과관계와 관련하여 동물의 소유자의 ① 의료 행위 전에 반려동물의 상태가 양호하였던 점, ② 의료과실에 제3의 원인이 개입되지 않은 점, ③ 일반인의 상식을 기준으로 수의사의 과실에 관한 입증이 필요합니다(입증책임의 완화 법리).

즉 신청인의 반려견에게 PSS 수술 전에 PSS 증상 이외에 특이한 사항이 없었던 점, ② PSS 수술 이외에 제3의 요소가 개입될 여지가 없는 점, ③ 일반인의 상식을 기준으로 PSS에 관한 수의사의 의료과실이 존재하는 점을 신청인께서 입증하셔야 할 것으로 보입니다.

이외에도 수의사가 PSS 수술 후 PSS(신생)를 조기에 발견하지 못한 점, ALT 수 치가 높음에도 약 처방 이외에 다른 조치를 하지 않은 점 등이 문제될 수 있습니다.

② 수의사의 설명의무 위반

수의사가 PSS 수술 전에 수술의 필요성, 내용, 부작용 등에 관한 설명을 하지 않 았거나, 수술 동의서를 받지 않았다면 수의사의 설명의무 위반을 주장할 수 있습니 다(수의사법 제13조의2). 이때 상대방인 수의사 측에서 설명의무를 다하였다는 입증을 하지 못하면 설명의무 위반이 인정될 수 있습니다(민법 제390조, 민법 제750조).

③ 손해배상의 범위

만약 상기의 사항이 인정된다면 손해배상의 범위로 재산적 손해와 위자료를 상 정할 수 있습니다. 이때 재산적 손해에는 수술비를 비롯한 진료비가 포함됩니다(민 법 제393조, 민법 제763조).

신청인 반려견에 관한 일이 원만하게 해결되기를 바랍니다. 감사합니다.

관련 조문

✳ 민법 제390조(채무불이행과 손해배상)
채무자가 채무의 내용에 좇은 이행을 하지 아니한 때에는 채권자는 손해배상을 청구할 수 있다. 그러나 채무자의 고의나 과실없이 이행할 수 없게 된 때에는 그러하지 아니하다.

✳ 민법 제393조(손해배상의 범위)
① 채무불이행으로 인한 손해배상은 통상의 손해를 그 한도로 한다.
② 특별한 사정으로 인한 손해는 채무자가 그 사정을 알았거나 알 수 있었을 때에 한하여 배상의 책임이 있다.

✳ 민법 제750조(불법행위의 내용)
고의 또는 과실로 인한 위법행위로 타인에게 손해를 가한 자는 그 손해를 배상할 책임이 있다.

✳ 민법 제763조(준용규정)
제393조, 제394조, 제396조, 제399조의 규정은 불법행위로 인한 손해배상에 준용한다.

✳ 수의사법 제13조의2(수술등중대진료에 관한 설명)
① 수의사는 동물의 생명 또는 신체에 중대한 위해를 발생하게 할 우려가 있는 수술, 수혈

등 농림축산식품부령으로 정하는 진료(이하 "수술등중대진료"라 한다)를 하는 경우에는 수술등중대진료 전에 동물의 소유자 또는 관리자(이하 "동물소유자등"이라 한다)에게 제2항 각 호의 사항을 설명하고, 서면(전자문서를 포함한다)으로 동의를 받아야 한다. 다만, 설명 및 동의 절차로 수술등중대진료가 지체되면 동물의 생명이 위험해지거나 동물의 신체에 중대한 장애를 가져올 우려가 있는 경우에는 수술등중대진료 이후에 설명하고 동의를 받을 수 있다.

② 수의사가 제1항에 따라 동물소유자등에게 설명하고 동의를 받아야 할 사항은 다음 각 호와 같다.

1. 동물에게 발생하거나 발생 가능한 증상의 진단명

2. 수술등중대진료의 필요성, 방법 및 내용

3. 수술등중대진료에 따라 전형적으로 발생이 예상되는 후유증 또는 부작용

4. 수술등중대진료 전후에 동물소유자등이 준수하여야 할 사항

③ 제1항 및 제2항에 따른 설명 및 동의의 방법·절차 등에 관하여 필요한 사항은 농림축산식품부령으로 정한다.

✳ 수의사법 시행규칙 제13조의2(수술등중대진료의 범위 등)

① 법 제13조의2제1항 본문에서 "동물의 생명 또는 신체에 중대한 위해를 발생하게 할 우려가 있는 수술, 수혈 등 농림축산식품부령으로 정하는 진료"란 다음 각 호의 진료(이하 "수술등중대진료"라 한다)를 말한다.

1. 전신마취를 동반하는 내부장기(內部臟器)·뼈·관절(關節)에 대한 수술

2. 전신마취를 동반하는 수혈

② 법 제13조의2제1항에 따라 같은 조 제2항 각 호의 사항을 설명할 때에는 구두로 하고, 동의를 받을 때에는 별지 제11호서식의 동의서에 동물소유자등의 서명이나 기명날인을 받아야 한다.

③ 수의사는 제2항에 따라 받은 동의서를 동의를 받은 날부터 1년간 보존해야 한다.

분양
관련

50 애견 분양 사기 및 미수채권 소멸 신청

종: 비숑 프리제
성별: 남
나이: 6개월

🐾 **내용:** 반려견을 분양받고자 인터넷을 검색하던 중, 애견 무료 분양 사이트에 미니 비숑 프리제가 있는 곳을 알게 되어 연락했고 분양을 받았습니다(**정확한 사이트 이름은 기억이 나지 않습니다**).

2019년 3월 24일 강아지 샵을 방문해 미니 비숑 프리제를 분양받았습니다(**키우면서 확인한 것은 생일이 샵에서 알려준 것보다 한 달가량 빨랐으며, 미니 비숑이 아닌 일반적인 믹스 비숑으로 확인됐습니다**).

처음에는 무료라고 알고 있었지만, 사이트에 올라온 사진에 30~35만원 정도의 가격이 책정된 것을 보고 방문했습니다. 샵에서 안내해 준 내용은 "원래 무료이지만 강아지가 잘 자라고 있다는 것을 확인해야 하니 '책임준비금'을 예치해야 한다. 이후에 강아지가 일정 기간 잘 크고 있으면 '책임준비금'은 환불해 준다."라고 안내를 받았습니다. 책임준비금을 환불받기 위해서는 3개월간 운영 사이트에 강아지의 성장 사진을 날마다 올려야 한다는 등의 조건이 많아, '책임준비금'은 환불받지 않기로 했습니다. 기존에 사진만 일정 기간 올리고 3개월 후 강아지와 방문해 확인만 하면 되는 것으로 알고 왔습니다. 업체에서는 여러 가지 설명을 해 주었지만 '책임준비금'을 돌려받을 것이 아니라 세심하게 듣지는 못하고 작성한 서류를 가지고 돌아왔습니다.

강아지를 분양받고 3개월간 적응하는 단계라 정신 없이 지내다, 6월 24일 애견 샵이라고 하는 곳에서 '미수금 소멸' 신청을 하라는 문자를 받았습니다. '첨부된 약정서 10가지 조건을 모두 충족하지 않으면 분양 미수금 30만원을 내야 한다.'라는 내용이었습니다. 제가 분양을 받을 때는 모든 것이 샵에서 진행되는 건 줄 알았는데, 그곳은 애견 분양만 대행하는 곳이고 '미수금 소멸' 관련 담당은 다른 곳이었습니다. 전달받은 것은 고객센터 전화번호와 약정서 하단에 적혀있는 메일 주소가 전부입니다. 고객센터 주소 등은 알 수도 없고, 이후 애견샵은 전화도 받지 않습니다.

주의 깊게 확인해야 하는 내용은 정해진 기안에 미수금을 완납하지 않으면 익월부터 2% 가산금이 발생하거나 반려견을 반납해야 한다는 내용입니다.

🐾 참고하시면 좋을 것 같아 제가 업체 법무팀이라고 하는 곳에 보낸 메일 내용과 답변서를 보냅니다.

지난 2019년 3월 24일 서울 강아지 샵에서 비숑을 분양받은 보호자입니다. 강아지를 분양받아 키우면서 돌보랴 서로 적응하느라 정신없이 지내다 어제 미수채권 약정서 사항을 전달받았네요. 분양받을 때 설명은 잠깐 들었지만 까맣게 잊고 있다 문자를 받고 당황했습니다.

일단 10가지 해당 항목에 해당하는 사항이 별로 없더라구요.

1. 강아지는 건강하게 잘 지내고 있습니다.

2. 종합백신 자가 접종으로 마친 상태입니다(얼마 전에 중성화 수술도 마쳤습니다. 혈액검사에 대해 문의하니 수컷이라 혈당검사만 실시했다고 하십니다).

3. 마이크로칩은 삽입하지 않았습니다.

4. 강아지를 처음 분양받은 것은 저이며, 현재도 제가 잘 돌보고 있습니다.

5. 요일을 정해 주시면 반려견과 분양처에 방문할 의사가 있습니다.

6. 외상 및 학대 흔적 없습니다(사랑으로 가족으로 여기며 잘 키우고 있습니다).

7. 심리상태 양호합니다(활달한 성격에 씩씩하게 잘 지내며 사람을 잘 따르는 귀여운 아이입니다).

8. 영양 상태는 양호하며 종합검진은 답변서를 받은 후 결정해 진행할 계획입니다(분양해서 물품이나 병원 방문 등 비용이 많이 들어간 상태입니다).

9. 카페에는 78일 정도 사진을 올린 것으로 알고 있습니다.

10. 약 6개월 된 비숑으로 4.5kg 정도입니다(입양할 때 2개월 정도 됐다고 전달받았는데, 병원 및 애견샵에서 1개월 정도 생일이 더 빠른 것 같다고 합니다. 그리고 미니비숑이라고 해서 입양했는데, 미니는 아닌 것 같네요).

애견 분양 약관 파일 첨부합니다. 내용 확인하시고 빠른 답변 부탁드립니다.

1. 고객님께서 접수해 주신 내용으로 소멸 심사가 진행될 예정이며, 1차 검토 후 필요한 서류가 있을 시 요청드리겠습니다. 7일 이내에 심사결과 또는 추가서류 요청을 받아보실 수 있으며 추가 문의 및 이의 사항은 이메일 회신 부탁드리겠습니다.

2. 고객님께서는 성장일기 누락분이 확인되어 잔존 분양대금의 변제의무가 발생되었습니다. 많은 누락 건으로 인해 해당 약정의 조정은 불가합니다.

송금은 입양지점 계좌로 부탁드립니다.
채무변제불이행 시 익월부터 연체이자 2%가 발생되므로, 변제의사가 없을 시에는 사업자의 점유물에 해당하는 반려동물을 조속히 반납해 주셔야합니다.

* 첨부: 1. 애견 분양 약관
        2. 미수채권 약정서

상담

신청인께서 분양 당시 약정서의 조건들 전부에 관하여 설명을 듣고, 이에 대해 동의를 하셨으며, 미수채권 약정서를 교부받았고, 이에 서명 날인하셨다면 미수채권 약정서 상의 '약정(=계약)'이 성립하게 되어 미수금 지급 책임이 발생합니다.

반면, 위 약정 성립의 요건이 충족되지 않았다면, 분양업체 측에서 신청인께 일방적으로 미수채권 약정서를 보낸 것만으로는 분양업체와 신청인 사이에 미수채권에 관한 약정이 성립되지 않습니다.

만약 분양업체가 분양 과정에 동물보호법령에서 정한 영업자 준수사항 중, 준수하지 않은 사항이 있을 경우, 구청에 신고하여 분양업체가 행정처분을 받게 하실 수도 있습니다.

✽ 동물보호법 제78조(영업자 등의 준수사항)

① 영업자(법인인 경우에는 그 대표자를 포함한다)와 그 종사자는 다음 각 호의 사항을 준수하여야 한다.

1. 동물을 안전하고 위생적으로 사육 · 관리 또는 보호할 것

2. 동물의 건강과 안전을 위하여 동물병원과의 적절한 연계를 확보할 것

3. 노화나 질병이 있는 동물을 유기하거나 폐기할 목적으로 거래하지 아니할 것

4. 동물의 번식, 반입 · 반출 등의 기록 및 관리를 하고 이를 보관할 것

5. 동물에 관한 사항을 표시 · 광고하는 경우 이 법에 따른 영업허가번호 또는 영업등록번호와 거래금액을 함께 표시할 것

6. 동물의 분뇨, 사체 등은 관계 법령에 따라 적정하게 처리할 것

7. 농림축산식품부령으로 정하는 영업장의 시설 및 인력 기준을 준수할 것

8. 제82조제2항에 따른 정기교육을 이수하고 그 종사자에게 교육을 실시할 것

9. 농림축산식품부령으로 정하는 바에 따라 동물의 취급 등에 관한 영업실적을 보고할 것

10. 등록대상동물의 등록 및 변경신고의무(등록 · 변경신고방법 및 위반 시 처벌에 관한 사항 등을 포함한다)를 고지할 것

11. 다른 사람의 영업명의를 도용하거나 대여받지 아니하고, 다른 사람에게 자기의 영업명의 또는 상호를 사용하도록 하지 아니할 것

② 동물생산업자는 제1항에서 규정한 사항 외에 다음 각 호의 사항을 준수하여야 한다.

1. 월령이 12개월 미만인 개 · 고양이는 교배 또는 출산시키지 아니할 것

2. 약품 등을 사용하여 인위적으로 동물의 발정을 유도하는 행위를 하지 아니할 것

3. 동물의 특성에 따라 정기적으로 예방접종 및 건강관리를 실시하고 기록할 것

③ 동물수입업자는 제1항에서 규정한 사항 외에 다음 각 호의 사항을 준수하여야 한다.

1. 동물을 수입하는 경우 농림축산식품부장관에게 수입의 내역을 신고할 것

2. 수입의 목적으로 신고한 사항과 다른 용도로 동물을 사용하지 아니할 것

④ 동물판매업자(동물생산업자 및 동물수입업자가 동물을 판매하는 경우를 포함한다)는 제1항에서 규정한 사항 외에 다음 각 호의 사항을 준수하여야 한다.

1. 월령이 2개월 미만인 개 · 고양이를 판매(알선 또는 중개를 포함한다)하지 아니할 것

2. 동물을 판매 또는 전달을 하는 경우 직접 전달하거나 동물운송업자를 통하여 전달할 것

⑤ 동물장묘업자는 제1항에서 규정한 사항 외에 다음 각 호의 사항을 준수하여야 한다.

1. 살아있는 동물을 처리(마취 등을 통하여 동물의 고통을 최소화하는 인도적인 방법으로 처리하는 것을 포함한다)하지 아니할 것

2. 등록대상동물의 사체를 처리한 경우 농림축산식품부령으로 정하는 바에 따라 특별자치

시장·특별자치도지사·시장·군수·구청장에게 신고할 것

3. 자신의 영업장에 있는 동물장묘시설을 다른 자에게 대여하지 아니할 것

⑥ 제1항부터 제5항까지의 규정에 따른 영업자의 준수사항에 관한 구체적인 사항 및 그 밖에 동물의 보호와 공중위생상의 위해 방지를 위하여 영업자가 준수하여야 할 사항은 농림축산식품부령으로 정한다.

✳ **동물보호법 시행규칙 제49조(영업자의 준수사항)**

법 제78조제6항에 따른 영업자(법인인 경우에는 그 대표자를 포함한다)의 준수사항은 별표 12와 같다.

51 분양과 계약 위반

종: 화이트 푸들
성별: 남
나이: 2년

🐾 **내용:** 저는 애니멀 커뮤니케이터로 활동하고 있습니다.

2년 전 저희 강아지가 새끼 5마리를 낳아, 믿을 만한 분에게 보냈습니다. 그런데 한 마리(모찌)가 전 주인의 부주의로 감전사고를 당해, 나머지 강아지들을 다시 저의 품으로 데리고 왔습니다. 하지만 현재 제가 키우는 강아지도 3마리이고, 여러 집안일로 인해 다시 재분양을 보내게 되었습니다. 재분양인 만큼 더 믿고 확실하게 관리해 주실 수 있는 분을 알아봤습니다. 그러던 중 인상도 좋고 이미 갈색 강아지를 키우고 계시는 분이 나타났습니다. 무엇보다 현재 강아지를 키우고 계신 분이었기 믿고 보냈습니다. 이때 계약서를 쓰지 않았습니다. 처음 분양이라 제가 실수했습니다.

대신, 분양 글을 올릴 때, '① 저와 연락이 될 것, ② 다시 재분양하실 분들은 문의하지 말 것(말 그대로 재판매)'이라고 공지했습니다.

분양자를 믿었고 처음에는 연락도 잘 되었기에 계속 연락하는 게 예의가 아닌 것 같아, 연락은 1년에 한두 번 정도밖에 안 했습니다. 가끔 분양자의 메신저 프로필 사진에 기존에 키우시던 갈색 강아지와 모찌(분양 보낸 강아지)가 같이 올라와 잘 지내는 것 같아 안심했습니다. 종종 프로필 사진을 봤는데, 어느 날부턴가 모찌는 보이지 않고 원래 키우던 갈색 강아지 사진만 올라오는 겁니다. 그래서 연락을 드렸는데, 그때부터 전화도 받지 않고 메신저도 읽지 않더군요. 이게 작년부터 최근까지 이어져 왔습니다.

그러던 중 1~2주일 전쯤, 연락이 닿았습니다. 그분은 자신 없는 듯한 목소리로 "제가 사정이 있어서 모찌를 친척 집에 보냈어요. 미리 말씀드리지 못해서 죄송해요."라고 말했습니다. 몹시 화가 났지만 일단 전화를 끊었고, 이후 잘 지내고 있는지 사진과 동영상을 요청했지만 묵묵부답이었습니다. 며칠 후에야 받은 사진과 동영상에서는 허름한 집에 사는 모찌를 볼 수 있었습니다. 좋은 집에 분양 보내고 싶다는 마음은 모든 보호자가 같을 것입니다. 모찌를 데리고 오고 싶은 마음이 매우 컸지만, 연락도 잘되지 않는 보호자에게서 데리고 오는 것이 힘들 것으로 생각해 며칠간 고민했습니다.

예전에 찍었던 영상일 수도 있을 것 같고 모찌를 데리고 오고 싶어, 문자로 "연락 부탁드립니다."라고 보냈습니다. 역시나 전화는 1주일 내내 단 한 통도 오지 않았습니다(참고로 이분의 메신저 프로필 사진을 보면 셀카 사진이 많습니다. 절대 핸드폰을 안 보는 분이 아닙니다).

긴 장문의 문자와 메신저를 보냈고 전화를 계속 보내니, 저를 차단했습니다. 지인을 통해 문자와 메신저를 대신 전송해 달라고 부탁했고, "모찌 죽이셨나요?"라는 강한 문구도 적어 보내보았습니다. 그제야 전화가 왔습니다. 분양자(딸)의 어머니가 전화하셨습니다. "한번 분양 보냈으면 내 강아지지 왜 네가 신경을 쓰냐."며 고함을 질렀고 저도 여기서 고함을 질렀습니다. 서로 고함을 지르던 중 어머님의 말씀에서 "모찌를 친척 집이 아닌, 전혀 모르는 곳에 보냈다."라는 실수(거짓말)를 포착했습니다. 왜 거짓말을 했는지 물어보니 얼버무렸고, 저에게 말 한마디 없이 '다른 집에 분양 보낸 것'에 대해 전혀 사과하지 않았으며, 아직까지 모찌를 데리고 있는 분의 연락처도 알려주고 있지 않습니다.

추가로, 어머님은 "왜 나한테 연락을 안 했냐."라고 따지시는데, 저는 어머님 연락처를 받은 적이 없습니다. 현재 상황은 저를 협박죄로 고소하겠다고 합니다(이 점은 사건의 본질과 관계없어 생략, 혹시나 필요하다면 말씀드리겠습니다).

모녀는 모찌를 돌려줄 마음도 없고, 이미 잘 지내는 모찌를 다시 데려가는 게 모찌를 위한 일인지 생각해 보라는 입장입니다. "이미 잘 지낸다."라는 건 본인들 생각이죠. 한번 상처받은 아이를 재파양했다는 사실에 너무도 화가 납니다. 이후로도 연락이 되지 않았고, 다시 딸과 통화가 됐습니다. 모찌를 돌려달라고 하자, 딸은 실실 웃으면서 "법대로 하세요."라고 말했습니다. 한번 파양됐던 모찌를 재파양시키는 건 아니지 않냐는 저의 물음에, "그쪽이 무슨 상관이에요. 한번 보냈으면 내꺼지 왜 자꾸 시비를 거나요? 당신도 모찌 버린 거 아니에요? 왜 또 분양을 보내요? 당신도 돈 벌려고 그랬던 거 아니에요?"라고 답했습니다.

하도 연락이 안 되어 "여태까지 모찌 힘들게 하셨던 비용 다 받아내겠습니다." 라고 도발 문자를 보낸 것에 대해, 모찌로 장사했다는 이상한 생각을 하더군요. 계속 실실 웃으면서 말하는데 너무 화가 납니다.

계약서를 쓰지 않았지만 이렇게 제가 주장할 수 있는 건, 앞서 말씀드렸듯이 분양 글에 조건을 달았기 때문입니다. 분양 당시 어머님과 딸한테도 "모찌 잘 있는지 서로 연락하고 지내자."라고 말씀을 드렸고 수긍하셨습니다. 이건 어머님과 통화 당시 유도 질문을 통해 녹음해 놓았습니다. 이 사람들은 계속 잠수할 예정이라고 합니다. 너무도 화가 납니다. 저는 모찌를 데려오고 싶습니다.

상담

무상으로 강아지를 입양해 준 행위는 민법상 증여로 평가할 수 있습니다. 증여의 의사로 수분양자에게 강아지를 인도하였으므로 강아지에 대한 소유권은 수분양자에게 귀속한다고 할 수 있습니다.

입양 당시 특약을 부가하였다면 상대방은 그러한 특약을 지켜야 할 의무가 있으나, 그러한 특약의 존재는 이를 주장하는 쪽에서 입증을 해야 합니다.

사안의 경우 지속적 연락과 재분양을 금지하는 내용의 특약이 존재하고 특약의 존재에 대한 입증이 가능하다고 하더라도 강아지가 이미 제3자에게 재분양이 된 상태라면 강아지를 재분양 받은(소유권을 승계 취득한) 제3자에게 대항할 수 없으므로 강아지 반환청구는 어려워 보입니다.

다만, 강아지를 분양받은 사람에게 분양계약 위반을 이유로 손해배상을 청구할 수는 있어 보이나 앞서 언급한 것처럼 특약의 존재가 입증되어야 합니다.

관련 규정

※ 민법 제390조(채무불이행과 손해배상)

채무자가 채무의 내용에 좇은 이행을 하지 아니한 때에는 채권자는 손해배상을 청구할 수 있다. 그러나 채무자의 고의나 과실없이 이행할 수 없게 된 때에는 그러하지 아니하다.

52 소액민사재판의 조정기일 출석여부 및 최단시간 끝낼 수 있는 방법

종: **푸들**

성별: **여**

나이: **8개월**

🐾 **내용:** 강아지를 분양받은지 만 3일 만에 파보 바이러스에 걸려 장기간 입원 치료를 진행하였습니다. 분양 시에 작성한 계약서상에도 기재되어 있듯 '15일 이내에 질병이 발생이 되면, 치료비를 지급하여야 한다.'라는 내용이 있음에도, 침묵으로 묵인했습니다. 이에, 소액소송을 진행하여 본인이 승소하였지만 항소하였습니다. 항소답변서까지 제출하였으나, 법원에서 조정기일을 통보해 왔습니다. 저는 원금을 그대로 다 받고 싶습니다. 조정기일에 출석하여 조정을 거부하면 되는지, 어떻게 해야 유리한지를 모르겠습니다.

상담

민사조정법 제6조에 따른 조정회부결정에 대한 불복절차는 없습니다. 따라서 조정을 원하지 않는 소송당사자는 '조정절차에 대한 의견'을 제출하여, 조정이 아닌 재판을 원한다는 의견을 낼 수는 있지만, 그로써 바로 다시 재판으로 진행되는 경우는 사실상 드물다고 할 것입니다. 조정기일이 지정된다면 조정기일에는 반드시 출석하실 것을 권합니다. 만약 당사자가 출석하지 않으면 조정기일을 한 번 더 지정하므로 절차가 길어지게 됩니다. 조정기일에 출석하여 조정(임의조정)을 원하지 않는다는 입장을 분명히 피력하시고, 조정을 갈음하는 결정(강제조정)도 원하지 않는다고 하시면 조정불성립으로 종결되어 다시 재판으로 진행됩니다. 임의조정은 당사자가 합의하여 그 자리에서 종결되는 것으로 확정판결과 동일한 효력이 있어 추후 마음이 바뀌어도 불복방법이 없고, 강제조정은 2주 이내에 이의신청을 하면 다시 소송절차로 진행되는 차이가 있습니다. 결론적으로 절차를 가장 빠르게 종결시키는 방법은 상담신청인께서 조정기일에 출석하여 조정의사가 없으므로 판결을 구한다는 점을 조정위원님께 말씀드리는 것입니다.

관련 법률

✳ **민사조정법 제6조(조정 회부)**

수소법원은 필요하다고 인정하면 항소심 판결 선고 전까지 소송이 계속 중인 사건을 결정으로 조정에 회부할 수 있다.

✳ **민사조정법 제26조(조정을 하지 아니하는 결정)**

① 조정담당판사는 사건이 그 성질상 조정을 하기에 적당하지 아니하다고 인정하거나 당사자가 부당한 목적으로 조정신청을 한 것임을 인정하는 경우에는 조정을 하지 아니하는 결정으로 사건을 종결시킬 수 있다.

② 제1항에 따른 결정에 대하여는 불복의 신청을 하지 못한다.

✳ **민사조정법 제27조(조정의 불성립)**

조정담당판사는 다음 각 호의 어느 하나에 해당하는 경우 제30조에 따른 결정을 하지 아니할 때에는 조정이 성립되지 아니한 것으로 사건을 종결시켜야 한다.

1. 당사자 사이에 합의가 성립되지 아니하는 경우

2. 성립된 합의의 내용이 적당하지 아니하다고 인정하는 경우

✳ **민사조정법 제30조(조정을 갈음하는 결정)**

조정담당판사는 합의가 성립되지 아니한 사건 또는 당사자 사이에 성립된 합의의 내용이 적당하지 아니하다고 인정한 사건에 관하여 상당한 이유가 없으면 직권으로 당사자의 이익이나 그 밖의 모든 사정을 고려하여 신청인의 신청 취지에 반하지 아니하는 한도에서 사건의 공평한 해결을 위한 결정을 하여야 한다.

✳ **민사조정규칙 제4조(소송절차와의 관계)**

① 조정의 신청이 있는 사건에 관하여 소송이 계속된 때에는, 수소법원은 결정으로 조정이 종료될 때까지 소송절차를 중지할 수 있다.

② 법 제6조의 규정에 의하여 소송사건이 조정에 회부된 때에는 그 절차가 종료될 때까지 소송절차는 중지된다.

③ 소송이 계속중인 사건을 법 제6조의 규정에 의하여 조정에 회부한 경우, 조정이 성립하거나 조정에 갈음하는 결정이 확정된 때에는 소의 취하가 있는 것으로 본다.

④ 제3항의 규정에 의하여 소가 취하된 것으로 보는 경우 조정담당판사는 그 취지를 수소법원에 지체없이 통지하여야 한다. 다만, 법 제7조제3항의 규정에 의하여 수소법원이 스스로 조정한 경우에는 그러하지 아니하다.

⑤ 법 제6조의 규정에 의하여 조정에 회부된 사건의 조정기일에 당사자 쌍방 또는 일방이

출석하지 아니한 경우 조정담당판사는 상당하다고 인정하는 때에는 법 제30조의 규정에 의하여 조정에 갈음하는 결정을 할 수 있다. 당사자가 출석하지 아니하여 조정기일을 2회 이상 진행하지 못한 경우 조정에 갈음하는 결정을 하지 아니하는 때에는 조정절차를 종결하고 사건을 수소법원에 다시 회부하여야 한다.

⑥ 제1항의 결정에 대하여는 불복하지 못한다.

53 피의자에 대한 법률 처리 가능 여부

종: **코리안 숏헤어**

성별: **여**

나이: **1개월**

**내용:** 얼마 전, 인터넷 A 카페에 "길고양이가 저희 집 앞에 새끼를 낳았어요."라는 글을 올렸습니다. 글 제목 그대로 집 앞에 길고양이 부부가 다섯 마리의 고양이를 낳았어요. 정말 기특하고 귀여워서 글을 올리니 많은 분들이 "겨울에는 고양이의 면역력이 떨어지는 시기이니 임시보호 후에 입양보내는 것이 좋겠다."라고 조언해 주셨습니다.

따뜻한 집을 만들어 줘야겠다고만 생각하고 있었는데, 구조하는 것이 정답이라는 말에 고민이 되었습니다. 집이 좀 작고, 이미 두 마리의 고양이를 키우고 있었습니다. 특히 저희 첫째, 둘째가 많이 아팠던 기억이 떠올라 두렵기도 했습니다.

그러던 중에 "지역이 가까우면 입양하고 싶다."라는 댓글이 달렸고, 바로 쪽지가 왔어요. 본인이 키우는 고양이를 위해 둘째를 입양하고 싶다는 문자를 주고받으며, 자기 고양이 사진을 보내주기도 하고, 길고양이 아이들의 사정을 이것저것 묻는 등 정말 따뜻한 사람처럼 보였습니다.

12월 18일 수요일, 입양 보내기로 결정하고 새끼 고양이를 임시보호하기로 했습니다. 그런데 길고양이 어미 녀석이 한 아이만을 남겨두고 다른 곳으로 이동해 버렸습니다. 입양하려던 사람이 처음 관심 갖던 아이가 아니었지만, 털 색은 상관없다며 약속대로 수요일에 보자고 했습니다.

입양 당일 아침에 핸드폰을 잃어버렸다며 동생 핸드폰으로 연락해 왔고, 방문해 입양계약서를 작성하고 아이를 데리고 떠났습니다. 집에 가는 동안에도 사진이나 동영상을 찍어 보내며, "아이가 참 개냥이다. 귀엽다."라고 하기에 안심했습니다. 그런데 한참 문자를 하다가 어느 순간부터 답장이 없기에 '핸드폰 잃

어버려서 동생 것을 빌린다더니 다시 돌려준 건가?'라는 생각이 들어 다시 연락해 보지는 않았습니다. 그리고 며칠 뒤, 핸드폰을 새로 개통했겠지 싶어서 아이는 잘 지내고 있냐고 문자를 했는데, 또 답장이 없는 겁니다. 조금 불안했지만, 사정이 있겠거니 하고 참았습니다.

또 며칠 뒤 동생 핸드폰 번호로도 문자를 넣었지만, 역시나 연락이 없었습니다. 그때부터 뭔가 불안해 남편이 그 사람 아이디어를 검색했더니 두 개의 글을 발견했습니다.

첫째, 인터넷 B 카페에 본인 집 근처에서 유기된 고양이를 입양보낸다는 내용이었습니다. 이 글은 분양 게시물이 금지된 카페에 올린 글이라 누군가 신고해서 캡처한 이미지만 남아 있어 원본을 보지는 못했습니다. 하지만 이 글을 게시한 시점이 입양간지 겨우 이틀 뒤였기에 뭔가 잘못됐다는 직감이 들었습니다.

둘째, 한국고양이보호협회에 올라온 글이었습니다. 턱시도 아깽이를 분양한다는 내용이었는데, 사진을 보니 저에게 보냈던 그 사진 그대로 게시물에 올리고, 자기가 퇴근길에 발견한 턱시도 아깽이를 임시보호하다 입양시키는 거라고 썼더군요. 사진을 보자마자 정말 피가 거꾸로 솟았습니다. 게시자 이름이 입양 계약서에 썼던 것과도 다르고, 핸드폰 번호는 동생 핸드폰이라고 했던 그 번호였습니다.

상습범이고 내가 철저히 당했다는 사실을 그때 깨달았습니다.

저와 남편은 증거를 수집하기 시작했습니다.

우선, 저희 집 주차장 CCTV에서 부양인 차 번호를 선명하게 따냈습니다. 그리고 분양인이 입양계약서를 작성할 때, 찍은 동영상에서 얼굴 이미지를 캡처했습니다(홈 CCTV가 있는데, 요즘 세상이 워낙 흉흉하니 남편이 일하는 도중에 카메라를 통해 지켜보고 동영상도 촬영해 뒀어요. 일면식 없는 남성이 집안에 들어오니 불안해서요. 이게 이렇게나 도움이 될 줄이야!).

차 번호와 얼굴 사진을 동생 번호라고 하던 핸드폰에 보내며 "연락 기다리겠습니다."라고 하니, 또 다른 제3의 번호로 전화가 걸려오더군요. "내가 다 알아보고 전화하는 거다. 일 크게 만들고 싶지 않으니 아이만 다시 돌려달라."라고 말했습니다. 그랬더니 본인이 고양이를 데리고 가니 와이프가 반대해서 다시 입양보내려고 한다는 겁니다. "본인이 책임질 수 없으면, 원 보호자에게 돌려주는게 맞으니 돌려달라."라고 했습니다. 그랬더니 고양이를 창고에 뒀더니 도망갔다는 말만 반복합니다. 더 이상의 대화가 무의미해 통화를 끝내고 저와 남편은 이 일을 묵과하지 않기로 했습니다.

동물자유연대 측에 문의했더니 입양 사기로 부당 이득을 취득한 사실로 경찰 고발이 가능하다고 했습니다. 최대한 신속하고 효율적인 마무리를 위해서는 유사 사례 수집이 중요하다고 하시기에 여러분의 도움을 얻고자 이렇게 긴 글을 통해 호소합니다.

혹시 본인이나 본인 주변에서 일어난 일은 아닌지, 만약 조금이라도 의심되는 부분이 있다면, 연락 부탁드립니다.

🐾 문의사항

① 법률적으로 처리가 가능한지?
② 가능하다면 어떤 법에 근거하여 고발이 가능한지?
③ 법률적 처리를 위해 어떠한 과정을 밟으면 되는지?

🐾 상호로 서명한 계약서가 존재하며, 계약서 내에는 '원 보호자에게 연락 의무 및 파양 시 다시 원 보호자에게 고양이를 돌려준다'라는 내용이 명기되어 있으며, '이를 어길 시 민형사상 책임과 재판까지 진행할 수 있다'라는 내용이 명기되어 있습니다.

상담

사기죄는 사람을 기망하여 재물의 교부를 받거나 재산상의 이익을 취득하는 것을 구성 요건으로 하는 범죄입니다. 상대방이 고양이 입양 당시 고양이를 키울 의사가 없었으면서, 신청인을 기망하여 고양이(재물)의 교부를 받았다면 사기죄가 성립할 수도 있습니다. 다만, 고양이 입양은 민법상 매매에 해당하는 계약인데, 매매는 매도인의 매매 목적물 인도의무 이행과 매수인의 대금지급의무 이행으로 완결하여, 매수인은 매매 목적물의 소유권을 취득합니다. 매수인이 매매 목적물의 소유권을 유효하게 취득한 후 제3자에게 다시 매도하는 것은 적법합니다.

상대방이 입양계약 시 신청인을 기망하여, 신청인께서 고양이를 인도하는 처분

행위를 한 점을 중점적으로 입증하셔야 할 것입니다.

　가까운 경찰서에 사기죄로 고소하시고 형사절차를 진행하시면 됩니다. 고소는 특별한 양식을 요하지 않으므로 구두로 또는 고소장 제출로 하실 수 있습니다. 경찰서에 고소가 접수되면 보통 경찰서에 1회 출석하셔서 진술을 하시고 이후는 경찰이 피고소인 인적사항, 소재 탐지 등 수사를 진행하고, 검찰에 송치합니다.

관련 법률

✳ 형법 제347조(사기)

① 사람을 기망하여 재물의 교부를 받거나 재산상의 이익을 취득한 자는 10년 이하의 징역 또는 2천만원 이하의 벌금에 처한다.

② 전항의 방법으로 제삼자로 하여금 재물의 교부를 받게 하거나 재산상의 이익을 취득하게 한 때에도 전항의 형과 같다.

54 입양 절차와 관련된 소유권 분쟁

종: 믹스견
성별: 남
나이: 3개월

🐾 **내용:** A씨는 유기 반려동물을 구조하고 보호하는 활동가이며, B씨는 반려동물 임시보호 등을 해 온 개인입니다.

A씨가 강아지들을 보호소에서 구조하여 SNS에 임시보호 글을 올렸고, B씨가 그 글을 보고 A씨에게 연락해 강아지 3마리를 임시보호하였습니다. 이 과정에서 A씨는 '치료비 지원 등의 목적'으로 B씨를 명의자로 하는 분양확인서를 대리 작성했습니다.

B씨가 임시보호 중인 강아지들의 건강 상태가 좋지 않아 격리조치가 필요하여 3마리 중 1마리를 임시보호소로 보내기로 A, B씨 간 협의가 이루어졌습니다.

A씨는 강아지 1마리와 관련하여 임시보호 글을 SNS에 게시했고, 본인은 그 글을 보고 A씨에게 임시보호를 신청했습니다(서류 작성 안 함). B씨가 강아지를 데리고 있어서 A씨는 본인과 B씨를 연결해 주었습니다. 본인은 B씨에게서 직접 강아지를 데려왔습니다(서류 작성 안 함).

애초에 강아지를 한 달만 임시보호한다고 하였으나, 입양 의사가 생겨 A, B씨 모두에게 입양 의사를 알렸습니다. A씨는 본인이 보호 활동가라는 이유를 들며 자신에게 정식으로 입양 절차를 밟으라고 했고, 그렇지 않을 시 법적 대응도 가능하다고 말했습니다. 한편, B씨는 강아지들을 본인 명의로 데려왔기 때문에 자신에게 입양 절차를 밟으라고 하며, 그렇지 않을 시 A씨를 절도죄로 신고하겠다고 합니다.

본인은 어느 쪽에 입양신청을 해야 할지, A씨가 주장하는 법적 대응도 가능한 건지 궁금합니다.

A와 B 사이에 약정한 '임시보호'의 법적 성격에 따라 신청인께서 입양절차를 진행할 상대방이 결정됩니다. B가 강아지를 임시보호한 것이 민법 제693조의 임치, 즉 A가 B에게 강아지(물건)의 보관을 위탁하고 B가 이를 승낙하여 보관을 맡은 것이라면, 신청인께서 입양절차를 진행할 당사자는 A입니다.

관련 조문

✳ **민법 제693조(임치의 의의)** 임치는 당사자 일방이 상대방에 대하여 금전이나 유가증권 기타 물건의 보관을 위탁하고 상대방이 이를 승낙함으로써 효력이 생긴다.

✳ **민법 제694조(수치인의 임치물사용금지)**
수치인은 임치인의 동의없이 임치물을 사용하지 못한다.

✳ **민법 제695조(무상수치인의 주의의무)**
보수없이 임치를 받은 자는 임치물을 자기재산과 동일한 주의로 보관하여야 한다.

✳ **민법 제696조(수치인의 통지의무)**
임치물에 대한 권리를 주장하는 제삼자가 수치인에 대하여 소를 제기하거나 압류한 때에는 수치인은 지체없이 임치인에게 이를 통지하여야 한다.

✳ **민법 제697조(임치물의 성질, 하자로 인한 임치인의 손해배상의무)**
임치인은 임치물의 성질 또는 하자로 인하여 생긴 손해를 수치인에게 배상하여야 한다. 그러나 수치인이 그 성질 또는 하자를 안 때에는 그러하지 아니하다.

✳ **민법 제698조(기간의 약정있는 임치의 해지)**
임치기간의 약정이 있는 때에는 수치인은 부득이한 사유없이 그 기간만료 전에 계약을 해지하지 못한다. 그러나 임치인은 언제든지 계약을 해지할 수 있다.

✳ **민법 제699조(기간의 약정없는 임치의 해지)**
임치기간의 약정이 없는 때에는 각 당사자는 언제든지 계약을 해지할 수 있다.

그러나 A와 B 사이에 민법 제554조의 증여 또는 민법 제563조의 매매가 있었다고 판단된다면, 신청인께서 입양절차를 진행할 당사자는 B입니다. 분양확인서 내용이 'A가 B에게 무상으로 강아지의 소유권을 이전한다'는 것이면 증여에 해당하고, B가 강아지의 현소유자가 됩니다. 분양확인서 내용이 'B가 A에게 분양대금을 지급하고, A가 B에게 강아지의 소유권을 이전한다'는 것이면 매매에 해당하고, 역시 B가 강아지의 현소유자가 됩니다.

✳ 민법 제554조(증여의 의의)

증여는 당사자 일방이 무상으로 재산을 상대방에 수여하는 의사를 표시하고 상대방이 이를 승낙함으로써 그 효력이 생긴다.

✳ 민법 제563조(매매의 의의)

매매는 당사자 일방이 재산권을 상대방에게 이전 할 것을 약정하고 상대방이 그 대금을 지급할 것을 약정함으로써 그 효력이 생긴다.

만약, A B가 서로 일치된 의사로 실질은 임시보호이지만 편의상 명의만 B로 분양확인서를 작성하였다면, 여전히 강아지의 소유권은 A에게 있고 B에게로 강아지의 소유권이 이전되지 않습니다. A와 B가 일종의 허위 분양계약의 외관을 꾸민 것이라면 이는 민법 제108조 제1항의 통정한 허위의 의사표시에 해당하여 무효이기 때문입니다. 그러나 제108조 제2항에서 A, B는 통정허위표시임을 몰랐던 제3자(신청인)에게 위 분양계약의 무효를 주장할 수 없다고 정하고 있습니다.

✳ 민법 제108조(통정한 허위의 의사표시)

① 상대방과 통정한 허위의 의사표시는 무효로 한다.
② 전항의 의사표시의 무효는 선의의 제삼자에게 대항하지 못한다.

분양 관련

55 분양받은 고양이의 선천성 질환과 사람 피부병 감염에 대한 피해보상

종: 아메리카 숏헤어

성별: 여

나이: 3개월

🐾 **내용**: 분양샵 측의 설명은 "아기가 건강하고, 분양나가서 건강적으로 문제되었거나 아팠던 아이는 하나도 없었다."라는 말에 쉽게 분양을 결정했습니다.

제주지역인 특성상 아기가 비행기를 타고 오는데, 출발시점에 갑자기 피부병에 대한 고지를 했습니다.

거의 다 나아간다는 샵 측의 말과는 달리, 집에 온 지 2~3일 만에 피부병이 더 크게 번졌습니다.

그리고 허피스 바이러스에도 감염되어서 왔습니다.

이와 관련하여 계약 내용상의 보상 말고 추가적인 보상(예: **치료비 지원**이나 **부분 환불 보상** 등)이 가능한지, 지금 첫째(**허피스 감염 가능성이 큼**), 저는 링웜에 감염된 상태입니다.

상담

반려묘, 반려견 등 반려동물의 법적 지위는 '물건'에 해당하므로 반려동물 분양의 법적 성격은 '매매계약'에 해당합니다. 매매계약의 매도인(**분양샵**)은 민법상 하자담보책임을 집니다. 하자담보책임이란 '매도인은 매수인에게 하자가 없는 매매 목적물을 판매할 의무'를 뜻합니다. 매도인이 매수인인 상담자분께 제대로 된 설명 없이 질병이 있는 반려묘, 즉 하자있는 매매 목적물을 판매하였다면, 상담자분께서는 매매계약을 해제하거나 매도인에게 손해배상을 청구할 권리가 있습니다. 본 사안에서 매도인의 말과 달리 반려묘에게 질병이 있으므로 민법 제580조 '매도인의 하자담보책임 조항'이 적용됩니다. 매도인은 매수인인 상담자분께 건강상 질병이 없는 고양이를 분양할 의무가 있음에도 이를 위반하였으므로, 이로 인해 상담자분께 발생한 재산상 손해를 배상할 책임이 있습니다.

상담자분께서는 법원에 민사소송을 제기하시거나, 한국소비자원을 통하여 분양샵으로부터 피해에 대한 보상을 받으실 수 있을 것으로 보입니다. 보상의 범위는 지출하신 병원비, 향후 지출하시게 될 치료비 등이 해당될 수 있을 것이나, 정확한 범위는 사안마다 개별적으로 판단이 필요합니다. 다만 민법 제582조는, 권리행사기간에 관하여 "매수인이 매매목적물에 하자있음을 안 날로부터 6개월 이내에 권리를 행사하여야 한다"고 정하고 있고 그 이후에는 권리를 행사하실 수 없으므로 권리행사기간을 넘기지 않도록 유의하셔야 합니다.

또한 동물판매업자는 동물을 판매할 때 동물의 상태를 확인하고 계약서에 표시하여 그 증명서류와 함께 제공할 법적 의무를 부담하므로 분양샵의 고의나 과실로 위와 같은 의무를 제대로 이행하지 않아 상담자분으로 하여금 반려동물을 매수하게 하였다면 상담자분은 분양샵의 채무불이행을 원인으로 손해배상청구를 할 수 있고, 매매계약을 해제하고 구입가 환불을 청구하실 수 있습니다.

이와 유사한 사안에서 매도인의 손해배상책임을 인정한 한국소비자원의 분쟁 해결 사례와 소비자분쟁해결기준 [별표 2] 품목별 해결기준 중 29. 애완동물판매업 부분을 첨부하오니 참고해주시기 바랍니다.

관련 조문

※ **민법 제580조(매도인의 하자담보책임)**
① 매매의 목적물에 하자가 있는 때에는 제575조제1항의 규정을 준용한다. 그러나 매수인이 하자있는 것을 알았거나 과실로 인하여 이를 알지 못한 때에는 그러하지 아니하다.

※ **민법 제575조(제한물권있는 경우와 매도인의 담보책임)**
① 매매의 목적물이 지상권, 지역권, 전세권, 질권 또는 유치권의 목적이 된 경우에 매수인이 이를 알지 못한 때에는 이로 인하여 계약의 목적을 달성할 수 없는 경우에 한하여 매수인은 계약을 해제할 수 있다. 기타의 경우에는 손해배상만을 청구할 수 있다.

※ **민법 제582조(전2조의 권리행사기간)**
전2조에 의한 권리는 매수인이 그 사실을 안 날로부터 6월내에 행사하여야 한다.

✳ 민법 제390조(채무불이행과 손해배상)

채무자가 채무의 내용에 좇은 이행을 하지 아니한 때에는 채권자는 손해배상을 청구할 수 있다. 그러나 채무자의 고의나 과실없이 이행할 수 없게 된 때에는 그러하지 아니하다.

✳ 민법 제546조(이행불능과 해제)

채무자의 책임있는 사유로 이행이 불능하게 된 때에는 채권자는 계약을 해제할 수 있다.

56 분양자의 변심으로 인한 소유권 분쟁

종: 푸들

성별: 여

나이: 2살

🐾 **내용:** 입양받은 반려견 전 주인(C씨)의 반환 요구에 대한 반환의무 여부와 반환 시 입양중개인(B씨)에 대한 손해배상청구 가능 여부가 궁금합니다.

지인 A씨의 소개로 지난 12월 26일, 푸들 한 마리를 B씨로부터 입양받았습니다. 반려견은 원주인인 C씨의 출산으로 아기의 알레르기 때문에 반려견과의 동거가 어렵다 하여 C씨의 시어머니댁에 보내졌는데, 시어머니댁에도 이미 두 마리의 반려견이 있던 터라 함께 키울 환경이 되지 않아 시어머니의 지인 딸인 B씨가 임시보호를 하며 입양해 갈 가족을 찾던 중 저희 가족이 오랜 고민 끝에 입양을 결정하였던 것인데, 입양 후 며칠 지나지 않아 원주인 C씨로부터 "입양이 아닌 임시보호를 말한 건데, 시어머니께서 잘못 이해하시어 입양을 보내게 되었다"며, 다시 반환해 줄 것을 요구하고 있습니다.

입양과정에서, B씨의 자녀(고3, 여)가 이틀 함께한 강아지와의 이별을 힘들어 한다는 이유로 입양받은 날 5시간여 만에 다시 잠시만 보내줄 것을 요구하여, 저희 가족은 자녀가 힘들어하니 다시 돌아올 것이라 생각하고 순순히 보내줬습니다. 그러나 며칠이 지나도록 반려견은 돌아오지 않았고, 결국 못보내준다는 통보를 받았습니다. 오랜 시간 신중하게 결심한 반려견 입양이었는데 너무 허무한 상황에 저희 가족은 큰 실망과 상처를 받았습니다. 특히, 초등학생 딸아이의 상심이 커 많이 힘들어 하는 상황이었습니다. 그러나 다시 되돌아 오지 않을 것을 알고 굳게 마음 먹고 포기하려던 차에 B씨로부터 반려견을 다시 데려가라는 연락을 받았습니다. 마음 아픈 과정이 있었지만, 반려견이 우리 가족 품으로 다시 돌아온다는 것만으로도 너무 기뻐 감사한 마음으로 반려견을 데려왔습니다. 그날이 12월 31일, 2020년을 불과 몇십 분 남겨놓은 시간이었습니다.

우여곡절 끝에, 반려견을 새가족으로 맞이하여 행복한 시간을 보내는 것도 잠시, 1월 5일 원주인인 C씨로부터 본인은 다른 가정으로의 입양을 생각한 적이 없다며, 본인 의도와 상관없는 입양이니 되돌려 줄 것을 요구하는 전화를 받았습니다.

C씨의 입장에서는 안타까운 사연이나, 저희의 입장에서는 책임이 따르는 반려견 입양이라 정말 신중하게 고민하여 결정된 입양이었습니다. 게다가 이 아이가 되돌아 간다 하더라도 원주인인 C씨가 직접 양육하는 것이 아닌, 다른 임시보호처에 보내져야 하는 상황입니다. C씨 자녀의 알레르기 때문에 함께 살 수 없는 여건은 여전하기 때문입니다. 그런 상황을 알고도 보낼 수는 없습니다. B씨와 C씨의 주장은, 2년간 친딸처럼 키워온 반려견이며, 단 며칠 함께 지내온 저희 가족과의 애정의 깊이가 다르다하며 원주인이 원하니 돌려달라 하는 것입니다.

저는 납득하기 어려운 것이, 당초 C씨가 시어머니든, B씨든, 반려견을 맡길 때 언제까지만 보호해달라 기간의 명시와 다시 데려가 키울 것을 명확히 고지했어야 하지 않았나 싶고, 또 하나는 B씨가 입양을 보내기 전 원주인에게 입양의사를 다시 재확인했어야 했는데 그러지 않은 점. 특히 B씨의 경우 두 차례(12월 26일, 31일)의 기회가 있었는데 그 부분을 간과했습니다. 하지만 B씨가 남의 반려견을 입양보내는데 전혀 의심이 없었던 이유는, C씨가 강아지에 대한 특성과 다니던 병원정보, 미중성화에 대한 정보, 강아지가 쓰던 모든 물건과 먹거리 등을 모두 보내줬기에 다시 데려가 키운다는 생각은 못했던 걸로 보이긴 합니다. 저도 이 아이를 데려올 때, 원주인의 파양으로 인식하고 데려온 것이며, 입양 후 다시 데려가겠다 하는 거 아니냐 묻고 아님을 확인한 상황에서 데려온 것이기에 이 상황이 더욱 당황스럽습니다.

이런 상황에서 반려견의 최종 소유자는 누구이며, 전 주인인 C씨의 요구에 저희는 보내줘야 하는 의무가 있는 것인지, 저희 가족은 정말 보내고 싶지 않지만, 혹 반려견을 보내줘야 한다면, 저희는 입양을 중개해줬던 B씨로부터 반려견 입양을 위해 준비해온 물품구입에 대한 배상과 정신적 피해보상을 요구할 수 있는 것인지요?

1월 5일 C씨의 반환요구 이후, 저는 B씨로부터 반려견을 돌려줄 것을 강요받고 있고, 돌려주지 않는 것에 대해, 제가 남의 것을 불법적으로 가져가 돌려주지 않는 파렴치하고 불법을 저지른 사람 취급을 받고 있으며, 친딸을 잃어 피눈물 흘리는 어미의 심정을 헤아리지 못하는 매정한 인간 이하의 사람으로 인격적 모독과 폄하하는 많은 문자를 받으며 고통을 받고있는 상황입니다.

반려견을 처음 입양해보는 거라 설렘과 기대감이 컸는데 이런 일을 겪게 되니 어찌해야 할지 너무 답답하여 도움을 받고자 상담을 신청하게 되었습니다.

감사합니다.

상담

　C씨가 반려견의 소유자로 확인된다면, 소유자는 그 소유에 속한 물건을 점유한 자에 대하여 반환을 청구할 수 있으므로, 반려견의 점유자인 상담자분께서는 원칙적으로 반환할 의무가 있습니다(**민법 제213조**).

　소유자의 청구에 대하여 점유자가 그 물건을 점유할 권리가 있는 때에는 반환을 거부할 수 있는데, 상담자분께서 반려견을 데려올 당시 B씨로부터 입양을 받았다고 하더라도 반려견의 원소유자가 있는 사실을 알고 있었고, 그 원소유자인 C씨로부터 파양 및 새로운 분양(증여)의 의사를 확인하지는 않았으므로, 반려견의 선의취득 등 적법한 권리취득을 하였다고 볼 수 없습니다.

　따라서 상담자분께 반려견을 점유할 권리가 있다고 볼 수 없으므로 반려견의 소유자인 C씨가 임치계약을 해제하고 반려견의 반환을 요구한다면, 반려견을 반환해 주어야 할 것으로 보입니다(**등록된 소유자가 여전히 C씨로 남아 있다면 더욱더 그러함**).

　소유권자가 맞고, 그 소유권자가 반환을 요청하였다면, 반려견이 임시보호소에서 맡겨질 가능성 등의 사유는 반환을 거절할 사유가 되지는 못합니다.

　다만, C씨는 반려견의 보관자로서 원소유자의 입양의사 등을 제대로 확인하지 않는 등의 잘못으로 상담자분에게 끼친 손해가 있는 경우 이를 배상할 책임이 있습니다.

　반환으로 인하여 발생한 직접적인 손해에 대하여는 배상의 범위에 포함될 것으로 보이나, 반환에 따른 위자료 배상에 대해서는 현행 법원 실무상 인정되기는 어려워 보입니다.

✳ 민법 제213조(소유물반환청구권)

소유자는 그 소유에 속한 물건을 점유한 자에 대하여 반환을 청구할 수 있다. 그러나 점유자
가 그 물건을 점유할 권리가 있는 때에는 반환을 거부할 수 있다.

✳ 민법 제249조(선의취득)

평온, 공연하게 동산을 양수한 자가 선의이며 과실없이 그 동산을 점유한 경우에는 양도인
이 정당한 소유자가 아닌 때에도 즉시 그 동산의 소유권을 취득한다.

✳ 민법 제699조(기간의 약정없는 임치의 해지)

임치기간의 약정이 없는 때에는 각 당사자는 언제든지 계약을 해지할 수 있다.

✳ 민법 제682조(복임권의 제한)

① 수임인은 위임인의 승낙이나 부득이한 사유없이 제삼자로 하여금 자기에 갈음하여 위임
사무를 처리하게 하지 못한다.

57 분양받은 강아지의 선천성 질환으로 인한 사망과 고소 방안

종: **토이푸들**

성별: **남**

나이: **2개월**

내용:

1. 애견샵에서 토이푸들을 분양받았으나, 파보바이러스로 인한 폐사(**분양 후 8일째**)를 하였습니다. 피고는 환불을 완강히 거부하여, 2020년 8월 17일 서울중앙지방법원에 소장을 접수하였습니다.

2. 원고는 매매대금반환 및 피해보상으로 ① 분양비, ② 병원비, ③ 물품구입비, ④ 입증자료, ⑤ 위자료를 청구하였습니다. 피고들은 소장부분을 받은 이후 통지서를 받지 않았고, 법원의 절차에 하나도 응하지 않았습니다. 2020년 11월 15일 일부승소(**분양비와 병원비를 지급하라**) 판결을 받았습니다.

3. 원고는 소송을 해보지 않은 터라 피고들의 정확한 인적사항을 적지 못하고 소송을 진행하였습니다. 그리하여 가집행에 문제가 되어 법원에 찾아가 문의를 하였고, 판결경정신청을 하라 하여 판결경정신청을 하였으나, 종결사건이라 안 된다 하였으나, 여차저차 판사님이 허락하셔서 사실조회신청을 진행하여 주었습니다.

4. 현재 사실조회기관의 답변서는 다 왔으나 아직 저에게는 이렇다 할 답변은 없는 상태입니다.

5. 피고 1(**사업주**)은 인적사항을 파악했습니다. 피고 2는 자신의 핸드폰이 아닌 것을 사용하여 특정하기 어려운 실정입니다. 이럴 경우 둘 중 하나에게 판결의 비용을 다 받을 수 있는지가 궁금합니다. 또한 검찰에 사기고소를 했고 타관이송의 결정에 따라 현재 서울 중부경찰서에서 조사를 하는 중이라고 하는데 이 피고들의 정보가 부적확하여 지지부진하는 것 같습니다.

6. 피고들은 법망을 피하는 법을 아는지, 사업자 변경, 본인과 다른 연락처 등

을 사용하고, 현재도 사람만 바뀌었을 뿐 상호 그대로 영업을 하고 있는 실정입니다. 이런 분양처는 사장, 선수, 알바 이렇게 3인이 함께 가담한다고 하는데, 그 말과 저의 상황은 매우 일치합니다. 이런 불량업자의 형사처벌이 가능한 법률은 없는지 궁금합니다.

7. 정당한 절차에 의해, 사실에 의해 민사를 진행하였으나 모르고 기입하지 않은 것에 대한 당혹스러운 결과 등 어렵기만 합니다. 저는 이 피고들에게 정당한 비용보상을 받고 싶으며, 불량하고 원고에 대한 기망행위에 대한 형사적 처벌 또한 원하는 자입니다.

이러한 사안에 대해서 자문을 구합니다.

상담

상담자분께서 받으신 판결 주문에서 "피고들은 공동하여 원고에게 OOO원 및 (이자)를 지급하라"라고 하여 피고 1, 2 모두 동일 금액에 대해 손해배상책임이 있다는 판결을 받으셨다면 피고들 중 한 명에게 판결의 비용을 다 받을 수 있습니다. 위와 같은 판결을 받으셨다면 이들은 판결 비용 전부를 각자 상담자분께 지급할 의무가 있고, 만약 한 명이 상담자분께 판결의 비용을 지급하면 그 범위에서 다른 한 명도 지급의무가 면책되는 관계이기 때문입니다. 상담자분께서는 피고 1의 인적사항은 파악하셨기 때문에 피고 1에게 연락하셔서 판결 비용을 지급하라고 요구하시거나, 피고 1이 응하지 않는다면 채권압류 및 추심명령 등 강제집행절차를 진행하셔야겠습니다.

안타깝지만 현행법상 피고들을 처벌하기는 어려울 듯합니다. 상담자분께서 피고들을 사기로 고소하셨지만 피고들의 사기가 성립하려면 피고들이 상담자분의 반려견이 파보바이러스에 감염된 사실을 알면서도 그 사실을 숨기고 상담자분을 속여서 분양한 것이라는 점이 입증되어야 하는데, 피고들이 질병을 알았다는 사실을 입증하는 것이 현실적으로 어렵기 때문에 증거불충분으로 불기소처분될 가능성이 높습니다.

피고들이 반려견의 건강상태에 관하여 동물보호법에서 영업자의 준수사항을 위반하였다면 시·군구청장은 영업정지 처분을 할 수 있겠으나, 이미 피고들이 사업자를 변경해버렸다면 영업정지 자체가 되지 않는 등 실효성이 없을 것으로 보입니다.

✱ 형법 제347조(사기)

① 사람을 기망하여 재물의 교부를 받거나 재산상의 이익을 취득한 자는 10년 이하의 징역 또는 2천만원 이하의 벌금에 처한다.
② 전항의 방법으로 제삼자로 하여금 재물의 교부를 받게 하거나 재산상의 이익을 취득하게 한 때에도 전항의 형과 같다.

안녕하세요. 우선 무료법률상담에 대한 노고에 무한한 감사를 드립니다.
소송과정을 말씀드립니다.

🐾 민사:

2020년 7월 19일 애견샵에서 푸들을 분양받았으나 질병(파보)에 의한 폐사

2020년 8월 17일 소장접수(피고 1: 판매자 / 피고 2: 사업주)

2020년 9월 18일 소장부본 도달(피고 1: 사무원 수령 / 피고 2: 본인에게 도달)

2020년 10월 28일 변론기일(원고: 출석 / 피고 1,2: 불출석)

2020년 11월 25일 판결선고(원고일부승)

2020년 12월 21일 신청서접수(피고를 특정하지 못하여 판결 경정 신청)

2021년 3월 4일 석명준비명령등본(피고 1은 타명의 핸드폰 사용으로 특정 못함 / 피고 2는 특정하였음)

2021년 4월 12일 소일부취하서 제출(피고 1에 대한 고소취하)

2021년 4월 22일 판결경정결정

🐾 형사:

2020년 12월 21일 서울중앙지방검찰청(사기로 피고 2명 고소)

2021년 1월 11일 타관이송 결정

2021년 1월 11일 서울중부경찰서에서 담당

2021년 4월 14일 수사결과 통지서(불송치 결정)

🐾 불송치 이유

1. 사업주: 분양계약 당시 애견샵을 타인에게 양도하여 본 건과 관련이 없다고 주장

2. 판매자: 분양 당시 건강 양호한 강아지임을 고소인도 확인했고, 치료 중인 강아지를 고소인이 데려갔기 때문에 보상 규정에 따라 환불이 불가했다고 주장

"증거불충분으로 혐의 없다."라고 하였습니다.

그래서 형사 고소건은 그렇다 치고, 민사 부분을 처리하려 재산명시신청을 알아보던 중 2021년 5월 10일 사업주에게서 내용증명이 왔습니다.

🐾 내용:

"2020년 7월 17일 소유하고 있던 애견샵을 폐업했고, 그 이후 벌어진 OOO과는 어떠한 금전적인 거래관계가 형성되어 있지 않음을 중부경찰서 조사로 인정되었으며, 경찰조사로 소명하였습니다.

OOO님의 부정확한 정보로 인한 무분별한 고발, 고소로 (중략) 법원이나 경찰서에서 우편물이 도착하여, 지속적인 정신적 피해 및 금전적 피해를 초래할 시 에는 무고죄로 책임을 물을 것을 알려드립니다."라고 내용증명이 왔습니다.

🐾 문의 사항:

당시 저는 계약서에 명기된 계약서, 장소 등에 준하여 정상적 계약체결을 하였습니다.

또한 사업주와 판매자는 서로 잘 아는 자들입니다.

저는 사업자 양도, 폐업 사실을 알지도 못하였고, 알 수 있는 방법 또한 없었으며, 이 사실을 고지 또한 한 적이 없습니다.

저는 만일에 대비하여 사업주와 판매자를 고소하였고, 고소했을 당시 사업주 본인이 우편물을 수령하였다고 나와 있습니다.

고소된 사실을 알았음에 불구하고 어떠한 조취도 취하지 않고, 뒤늦게 폐업했다는 명분으로 관련이 없다는 것이 마땅한지 궁금합니다.

이럴 때 어떻게 대처를 해야 하며, 법이 준하는 해석은 무엇인지 궁금합니다.

또다시 재판을 해야 하나요?

오히려 양도사실을 숨기고 영업을 한 것이 불법행위가 아닌지 궁금합니다.

이 계약은 유효한 사실이며, 조항에 위배된 사실로 환불이 마땅함이 아닌지 궁금

합니다.

　상담자분께서 받으신 내용증명은, '사업주 자신은 분양 당시 이미 폐업하여 책임이 없고, 추후 법원이나 검찰에서 우편물이 도착할 시 무고죄로 책임을 물을 것'이라는 내용인데, 이에 대해서 사업주에게 마찬가지로 내용증명 형식의 답변서를 보내셔도 되고 아무런 대응을 하지 않으셔도 무방합니다. 상담자분께서 위 내용증명에 답변하지 않아 발생하는 불이익은 없습니다. 내용증명에는 법적 효력이 존재하지 않고, 단지 우체국에서 문서의 발송 사실과 문서가 그러한 내용으로 작성되어 있다는 점에 대해서만 증명을 해줄 뿐이기 때문입니다.

　상담자분께서 받은 민사판결이 확정되어 집행력을 갖게 되었으므로, 사업주는 민사판결대로 이행해야 하고 지금에 와서 뒤늦게 판결이 부당함을 주장할 수 없습니다. 사업주는 2020. 9. 18.경 소장부본을 송달받고도 답변서를 제출하거나, 변론기일인 2020. 10. 28.경 출석하지 않았습니다. 사업주가 분양 당시 이미 폐업한 상태였다면 그러한 취지로 소장 내용을 반박하는 답변서를 작성해서 법원에 제출하거나 변론기일에 출석해서 주장했어야 합니다. 그러나 피고인 사업주는 소송에서 아무것도 하지 않은 것으로 보입니다. 민사소송에서는 피고가 소장부본을 송달받고도 답변서를 제출하거나 변론하지 않은 경우 소장 내용을 자백한 것으로 봅니다. 피고가 소송에 응하지 않음으로써 피고 스스로에게 발생한 불이익은 오롯이 자신의 책임일 뿐, 판결이 확정된 이후에는 더 이상 판결에 불복할 수 없고 판결에 관해 원고나 법원에 항의할 수 없습니다. 또한 확정된 민사판결은 집행력을 가지므로 상담자분께서는 사업주에 대한 강제집행절차를 진행하실 수 있습니다.

　사업주는 무고죄로 책임을 묻겠다고 했는데, 무고죄는 타인으로 하여금 형사처분 또는 징계처분을 받게 할 목적으로 공무소 또는 공무원에 대하여 허위의 사실을 신고하는 때에 성립하는 것으로, 여기에서 허위사실의 신고라는 것은 신고사실이 객관적 사실에 반한다는 것을 확정적이거나 미필적으로 인식하고 신고하는 것을 말하는 것입니다.

　실제로 사업주가 분양 당시 폐업한 것인지 알 수 없어 '허위의 사실'이 성립하는

지부터 불분명하긴 하지만, 만약 폐업한 상태였다고 하더라도 상담자분께서 분양 당시 작성한 계약서나 상호 및 사업자 등 제반사정상 사업주의 폐업사실을 알 수 없었을 것으로 보여, 폐업한 사업주에 대한 고소가 '허위 사실을 인식한' 상태로 이루어진 경우에 해당하지 않아 무고죄가 성립될 여지도 없을 것으로 보입니다. 다만, 만약 사업주 주장대로 당시 실제 폐업한 것이라면, 상담자분께서 사업주의 내용증명을 통해 현재는 사업주의 폐업사실을 인식하게 된 것이므로 추후 사업주에 대해 재차 고소하시거나 시군구청에 민원제기 등을 하시는 경우에는 무고죄가 성립할 가능성도 있습니다.

관련 조문

✻ 민사소송법 제256조(답변서의 제출의무)

① 피고가 원고의 청구를 다투는 경우에는 소장의 부본을 송달받은 날부터 30일 이내에 답변서를 제출하여야 한다. 다만, 피고가 공시송달의 방법에 따라 소장의 부본을 송달받은 경우에는 그러하지 아니하다.

② 법원은 소장의 부본을 송달할 때에 제1항의 취지를 피고에게 알려야 한다.

✻ 민사소송법 제257조(변론 없이 하는 판결)

① 법원은 피고가 제256조제1항의 답변서를 제출하지 아니한 때에는 청구의 원인이 된 사실을 자백한 것으로 보고 변론 없이 판결할 수 있다. 다만, 직권으로 조사할 사항이 있거나 판결이 선고되기까지 피고가 원고의 청구를 다투는 취지의 답변서를 제출한 경우에는 그러하지 아니하다.

✻ 형법 제156조(무고)

타인으로 하여금 형사처분 또는 징계처분을 받게 할 목적으로 공무소 또는 공무원에 대하여 허위의 사실을 신고한 자는 10년 이하의 징역 또는 1천500만원 이하의 벌금에 처한다.

58 입양 후 질병 발생과 사망에 대한 피해구제

종: **포메라니안**

성별: **여**

나이: **4개월령 폐사**

🐾 내용:

1. 병원에서 폐사한 게 아니어서 사망진단서가 없는데 문제가 발생할 수 있는지, 폐사 시 사진찍었습니다.
2. 분양 후 15일 이전부터 증상이 발생되었는데 문자나 증거가 없습니다. 혈변 사진을 직접 찾아가서 보여줘서 본 적 없다고 발뺌할 수도 있을 듯합니다.
3. 증상발생 시 보호자 재량으로 병원을 갔으면 된 것 아니냐고 했습니다.
4. 업체에서 피해 사실이 많은데 이것도 정상참작이 되는지 궁금합니다.
5. 이후에 분양했을 때 홍역 발생이 되지 않았는데 다른 데서 걸린 게 아니냐고 반박 시 어떻게 해야 하는지 궁금합니다.

처음 해보는 재판이라 상대가 반론했을 때 저희가 반론할 수 있는 답변을 받아보고자 상담을 요청하였습니다.

상담

분양 후 15일 이내에 홍역 감염이 발생하였고, 이로 인하여 폐사를 한 것이라면, 분양계약상의 책임을 물을 수 있습니다(일반적으로 동종의 반려동물로 교환 또는 구입가 환급).

쟁점은 홍역의 감염이 언제 어디에서 어떠한 경로로 발생하였느냐와 사망원인이 홍역으로 인한 것입니다.

홍역의 경우 감염경로 및 감염원을 확인하기 어렵고, 잠복기가 존재하여 감염시점을 특정하기 어려운 특성이 있습니다. 이와 관련한 분쟁은 분양계약의 해석보다는 난이도 높은 의학적 사실의 확인이 중요합니다.

홍역감염증상이 발생한 시점, 예방접종 시점, 홍역진단 시점 등의 확인이 필요하고, 계약서상에 나와 있는 분양 후 15일 이내에 홍역 감염이 발생하였다는 사실을 입증할 필요가 있어 보입니다.

분양 당시 이미 감염이 된 사실을 입증할 수 있다면, 15일이 경과하더라도 담보책임을 물을 소지는 있습니다.

만일 펫샵에서 분양 즈음에 동일한 감염사고가 발생한 사실이 있다면 이는 유리한 자료를 보이므로, 소송에서 주장하고 입증할 필요가 있습니다.

진위불명의 상황에 놓일 경우 증명책임을 부담하는 쪽에 불리한 판결을 하는 경우가 있으므로, 참고하시어 소송을 진행하실 필요가 있습니다.

관련 조문

✱ 민법 제580조(매도인의 하자담보책임)

① 매매의 목적물에 하자가 있는 때에는 제575조제1항의 규정을 준용한다. 그러나 매수인이 하자있는 것을 알았거나 과실로 인하여 이를 알지 못한 때에는 그러하지 아니하다.

✱ 민법 제575조(제한물권있는 경우와 매도인의 담보책임)

① 매매의 목적물이 지상권, 지역권, 전세권, 질권 또는 유치권의 목적이 된 경우에 매수인이 이를 알지 못한 때에는 이로 인하여 계약의 목적을 달성할 수 없는 경우에 한하여 매수인은 계약을 해제할 수 있다. 기타의 경우에는 손해배상만을 청구할 수 있다.

🐾 내용:

1. 애견계약서를 보면 피고로부터 강아지와 용품을 구매한 사람은 원고가 아닙니다.

2. 11월 10일에 OOO에서 구입, 일반적으로 강아지 홍역의 잠복기가 1~2주인 점을 고려하면 원고에게 판매할 때까지 홍역에 걸린 것이 아니며, 병을 숨기거나 잠복기인 상태에서 판매한 것이 아니다.

3. 구입 후 15일 이내 질병 발생 시 교환 또는 환불에 관한 내용이 명시되어 있습니다.

4. 12월 7일 동물병원에 가서 항문이 헐었다면서 연고를 처방받았는데, 그때

홍역증상이 보였다면 적절한 검사나 처치를 할 수 있었던 것 아니냐?

5. 강아지가 이상징후를 보였다면 동물병원에 데리고 갔어야 하는데, 12월 8일
   ~15일까지 별다른 이상징후가 없어서 데려가지 않은 것 아니냐?

이런 내용의 답변서를 받았습니다. 이 답변서에 대한 반론을 준비하려고 하는
데 막막합니다. 답변서는 같이 첨부해드렸습니다. 제가 이 답변서에 대해 반론
을 어떻게 해야 하는지 도움을 요청드립니다.

매번 도움을 주셔서 감사합니다.

> **상담**

피고 쪽에서 강아지 구입 후 15일 이후에 질병이 발병하였음을 이유로 분양계약
상의 책임이 없다고 주장을 하는 것으로 보입니다.

홍역의 경우 감염경로 및 감염원을 확인하기 어렵고, 잠복기가 존재하여 감염시
점을 특정하기 어려운 특성이 있습니다. 더구나 동물의 경우 질병에 대하여 충분한
진료기록이 남아 있지 않고, 사망에 대해 부검을 하지 않아 사람의 경우보다 사후
적으로 의학적 사실을 확인하기 어렵습니다.

사람의 경우 의무기록과 부검감정서를 통해 감염경로, 감염원, 감염시기 등을 어
느 정도 특정할 수 있으나 사안과 같이 기록이 부족한 경우 이를 입증하기가 어렵
습니다(민사소송에서는 입증방법으로 진료기록감정을 신청하고 있으므로, 동물병원에 진료기록
감정신청을 해 볼 수 있습니다).

다만, 진위불명의 상황에 놓일 경우 증명책임을 부담하는 쪽에 불리한 판결을 하
는 경우가 있으므로, 참고하시어 소송을 진행하실 필요가 있습니다.

선천적 질병으로 인한 분양샵 환불 요청

종: 말티푸

성별: 남

나이: 4개월

🐾 내용:

우리 가정은 2021. 1. 24. 업체를 통하여 약 2개월 된 말티푸 강아지를 입양하였습니다.

우리집 큰아이의 가벼운 우울증 증세에 강아지가 도움이 된다는 주위의 권고로 가정의 분위기를 좀 더 낫게 하고 싶은 마음에 우리나라에서 가장 크고 유명하다는 업체에 방문하여 말티푸라는 강아지를 추천받아 입양하였습니다.

강아지를 키워본 적이 없어 그곳에서 추천하는 가장 비싸지만 안전하다는 강아지(소위 VIP 강아지, 280만원인데 현금으로 200만원에 함)를 의료보험, 용품비 등을 포함하여 총 258만원을 주고 계약하게 되었고, 그 당시 펫샵 점장과 실장은 "책임지고 믿을 만하다, VIP 견종은 검증된 것이다"라는 말에 비싸지만 이들을 믿고 입양하게 되었는데, 지금까지 강아지로 인한 기쁨보다 6주 동안 돌보느라 외출도 못하고, 잠도 못자고, 약, 연고(하루 세 번씩)를 먹이며, 자꾸 지리는 변 치우고, 항문 닦아주고 빨래한 기억밖에 없습니다.

그럼에도 고생한 보람도 없이 의사가 선천적 질환인 것 같아 더 이상 치료가 힘들다 하여 환불을 요청합니다.

🐾 1월 24일(분양일)

추천해 준 강아지의 배가 빵빵하여 잘 먹는구나 생각했고 그 당시도 항문 주위에 변이 붙어 있어 왜 그러냐고 했더니 항문 주위에 털을 밀어주지 않아서라며 밀어주었습니다.

그때도 샵장에서 변 보는 시늉을 하는 걸 봤으나 사람들이 구경하니 못싸는 거라 생각했습니다.

계약서 작성 시, 저녁 8시가 넘었기에 마감해야 한다고 해서 자세히 읽어보지도 못했고 실장이 아기는 잘 자고 잘 싸면 된다 하여 아무 문제 없다고 하여 큰딸이 서명하고 데리고 왔습니다.

🐾 1월 25일~1월 29일

실장 말로는 아기라 밥 먹은 뒤 2시간 안에 변을 보며 하루 세 번 정도 본다 했는데, 데리고 와서 한 번도 변을 보지 못하고 계속 똥 싸는 자세만 취하여 걱정되어 실장한테 전화하니 요구르트를 먹이라고 했습니다.

토끼똥 같은 변만 항문에 달고 그대로 주저앉으니 털에 붙고 강아지집, 카펫, 옷에도 묻어 외출복이면 안아주지도 못했습니다. 환경이 바뀌어서 그럴지도 모른다고 생각했습니다.

🐾 1월 29일

변을 계속 묻히고 똥 싸는 자세를 너무 많이 취하는데 변은 못보니 답답하여 펫샵은 멀고 동네 동물병원을 데리고 갔는데, 변비 진단 전에 두 가지 검사부터 해보고 이상이 없을 시에 변비치료를 하자고 하여 연계병원의 보험료도 냈으니 그곳으로 간다고 했습니다.

🐾 1월 30일

점장이 샵에 데려오면 자기네가 병원도 데리고 가고 치료도 하여 변 보는 동영상을 찍어 보내주면 그때 데리고 가라고 빠르면 3일 늦어도 일주일이면 충분하다 하여 인계서 작성 후 맡기고 왔습니다.

🐾 2월 4일

반려견을 맡긴 뒤 연락이 없어 전화하니 똥은 잘 싸는데 항문에 묻는다고 하여 똥 싸는 동영상을 보내달라고 하니 우리가 언제 똥 쌀지 알고 반려견 옆에만 붙어 있냐고 했습니다. 병원도 데리고 갔냐니까 안 갔다고 하여 우리가 직접 샵으로 가니 반려견 배는 여전히 빵빵하여 제일 가까운 연계병원으로 데리고 갔습니다. 점장은 그날 다른 지점으로 출근해 해당 점포에 없어서 본인이 병원에 연락해 놓을 테니 갔다오시라 했습니다.

병원에서 X-ray를 찍은 뒤 변이 가득 차 있다며 변비약을 주고 변 보는 자세를 계속 취한다고 우리가 찍어놓은 동영상을 보여주니 드문 경우지만 치료가 오래 걸린다고 하여 점장에게 집에서 가까운 병원으로 다니겠으니 그곳으로 전화 넣어 달라고 부탁했고 점장은 모든 비용은 샵에서 부담할 것이고 죄송하다며 용품 서비스를 해드린다고 했는데 보내주지도 않았습니다. 반려견을 집으로 다시 데리고 왔습니다.

🐾 2월 5일~2월 13일

연계병원에서 준 변비약을 먹였지만 여전히 토끼변을 여기저기 묻히고 일주일에 변을 새끼손가락 두 마디 정도 봤습니다. 먹는 거는 잘 먹어서 배가 많이 빵빵했습니다. 제가 가장 힘든 건 변 보는 자세를 취하며 엉거주춤으로 걷는 모습을 지켜보는 거였습니다.

🐾 2월 13일

가까운 병원에 가니 X-ray상에 변도 가득 차 있으니 항문연고랑 변비약을 처방받고 3차 예방접종은 해 주지도 않았습니다. 점장에게 이런 사실을 통보했습니다.

🐾 2월 20일

가까운 병원에서 변이 여전히 장에 차 있고 증상이 개선되지 않아 물약의 용량을 늘이고 가루약을 추가하였습니다.
의사가 선천적일 것에 무게를 두었으며, 3차 예방접종을 또 못하고 돌아왔습니다.
점장이 전화를 받지 않아 문자로 위 사실을 통보하였습니다.

🐾 2월 27일

밥도 줄이고 밥반 물반으로 주고 간식도 전혀 먹지 않았음에도 가까운 병원 X-ray 결과 변은 더 차 있었습니다. 의사 소견상, 아직 아기라 해줄 수 있는 검사가 없다며 선천적 질환이 강력히 의심된다고 하였습니다. 사람으로 치면 치매노인을 15년간 모셔야 하는 상황이라 설명하고 반려견을 샵에 다시 갖다 주라고 했습니다. 의사가 직접 점장에게 전화해서 상황을 설명하고 진단서를 작성해주었습니다.

🐾 3월 1일

아이들은 한 달의 기간 동안 이미 정이 들었고 무엇보다 아파서 파양하는 것을 받아들일 수 없다며 다른 큰 병원을 방문하였고 그곳에서 초음파 검사를 통해 장이 다른 비슷한 기간의 강아지들보다 1.5배 커져 있고 2~3배 양의 변이 차 있다고 하였습니다. 변 상태가 딱딱하지 않음에도 배출하지 못하는 것은 장 내부에서 변을 밀어내는 힘이 없는 것으로 사려되고, 정확한 원인을 알아보려면 타검사를 진행해야 하는데, 아직 어려서 할 수 없다며 가까운 병원과 동일한 의견을 제시했습니다.

처방약과 사료를 변경하고 주사도 맞았습니다. 예방접종 3차는 계속 맞지 못했습니다.

🐾 2월 27일~현재

병원 진단서 결과에 따라 조치 계획을 협의하려 하였으나 펫샵 측에서 서로 미루고 지점에 수십차례 통화를 시도하였으나 부재 중으로 연락이 닿지 않았습니다. 겨우 연락이 닿으면 환불은 불가하고 교환하라고 했습니다. 아이들은 아픈 강아지를 보내고 새로운 강아지는 키울 수 없다 하였고 6주 동안 약과 치료로 심신이 힘들어 더 이상 우리 가정은 강아지를 키울 자신이 없어 환불을 요청했습니다.

🐾 3월 6일~현재

전화를 받지 않아 펫샵을 찾아가서 우리의 억울한 상황을 항의하게 되었고 대표와의 만남을 요구하였지만 통화도 만남도 전화번호도 줄 수 없다고 했습니다. 진심어린 사과는커녕 화를 내며 법대로 하시라는 답변만 되풀이하였고 대표 면담 요구에 결국 업무에 방해된다며 경찰까지 불렀습니다.

현재 담당자는 샵을 그만두었고 샵 측에선 이제는 교환도 못해주고 치료비도 못준다고 법으로 하면 자기네가 이긴다고 합니다.

🐾 너무 억울하여 찾아보니 분양받은 강아지에게 선천적인 질병이 있는 것은 민법

상(제580조) '매매의 목적물에 하자가 있는 때'에 해당하기 때문에 매도인에게 하자담보책임이 있는 것이고, 매도인은 하자있는 목적물을 인도함으로써 매수인에게 발생한 손해를 배상하여야 합니다.

또한 애견 관련 소비자 피해보상 기준안에 따르면 구입 후 15일 이내 질병 발생 시에는 판매업소의 책임하에 질병을 치료하여 소비자에게 인도해야 합니다. 다만 판매업소에서 회복시키는 기간이 30일을 경과할 시에는 같은 종류의 애완동물로 교환하거나 구입가격의 환불을 요구할 수 있다고 되어 있는데, 샵 측에선 계약서에 서명했다는 이유로 책임이 없다고 합니다.

나중에 계약서를 읽어보니 터무니없이 자기들 위주로 되어 있고 그 당시에도 마감한다고 VIP 강아지라 보증한다고 이런 일 없다고 서명했습니다.

강아지도 우리의 가족으로 받아들이는 건데 지금 저희 가정은 싸움의 연속입니다. 큰애에게 기쁨을 주려고 한 일이 더 큰 상처를 주게 되었으니 정말 화가 많이 나고 억울합니다.

꼭 도와주셔서 이런 샵들의 불공정한 계약서로 피해를 입는 사례가 없었으면 합니다.

상담

상담자분께서 분양받으신 반려견이 분양 당일 샵에서도 변을 보려는 시늉만 하고 변을 보지 못하였고 항문, 주위에도 변이 붙어 있는 등 분양 시 이미 반려견의 질병 징후는 있었던 것으로 보입니다.

공정거래위원회고시 소비자분쟁해결기준에 의하면, 반려동물 구입 후 15일 이내 질병이 발생한 경우 판매업소(사업자)가 제반비용을 부담하여 회복시켜 소비자에게 인도하여야 하고, 업소 책임하의 회복기간이 30일을 경과하거나 판매업소 관리 중 폐사 시에는 동종의 반려동물로 교환해주거나 구입가를 환급해줘야 합니다. 상담자분의 반려견은 분양 후 15일 이내에 선천적 질병 진단을 받았으므로 상담자분께서는 분양샵에 구입가 환급을 요구하실 수 있습니다(**첨부서류1 소비자분쟁해결기준_별표 2_애완동물판매업**).

또한 매매계약의 매도인은 민법상 하자담보책임을 지고, 하자담보책임이란 '매도인은 매수인에게 하자가 없는 매매 목적물을 판매할 의무'를 뜻합니다. 매도인이 매수인인 상담자분께 제대로 된 설명 없이 질병이 있는 반려동물(하자있는 매매 목적물)을 판매하였다면, 상담자분께서는 매매계약을 해제하거나 매도인에게 손해배상을 청구할 권리가 있습니다. 본 사안에서 매도인의 말과 달리 반려견에게 질병이 있으므로, 민법 제580조 '매도인의 하자담보책임 조항'이 적용됩니다. 매도인은 건강상 질병이 없는 반려동물을 분양할 의무가 있음에도 이를 위반하여, 상담자분께서 계약의 목적을 달성할 수 없게 되셨으므로 계약을 해제하고 매도인에게 분양대금 환급을 요구하거나 손해배상을 요구하실 수 있습니다(첨부서류2 한국소비자원 분쟁조정 결정 사례).

다만, 민법 제582조는 권리행사기간에 관하여 "매수인이 매매 목적물에 하자있음을 안 날로부터 6개월 이내에 권리를 행사하여야 한다"고 정하고 있고 그 이후에는 권리를 행사하실 수 없으므로 권리행사기간을 넘기지 않도록 유의하셔야 합니다.

또한 동물판매업자는 동물을 판매할 때 동물의 상태를 확인하고 계약서에 표시하여 그 증명서류와 함께 제공할 법적 의무를 부담하므로 분양샵의 고의나 과실로 위와 같은 의무를 제대로 이행하지 않아 상담자분으로 하여금 반려동물을 매수하게 하였다면 상담자분은 분양샵의 채무불이행을 원인으로 손해배상청구를 할 수 있고, 매매계약을 해제하고 구입가 환불을 청구하실 수 있습니다.

관련 조문

✱ 소비자분쟁해결기준 제1조(목적)

이 고시는 소비자기본법 제16조 제2항과 같은 법 시행령 제8조 제3항의 규정에 의해 일반적 소비자분쟁해결기준에 따라 품목별 소비자분쟁해결기준을 정함으로써 소비자와 사업자 (이하 "분쟁당사자"라 한다)간에 발생한 분쟁이 원활하게 해결될 수 있도록 구체적인 합의 또는 권고의 기준을 제시하는데 그 목적이 있다.

✱ 민법 제580조(매도인의 하자담보책임)

① 매매의 목적물에 하자가 있는 때에는 제575조제1항의 규정을 준용한다. 그러나 매수인이 하자있는 것을 알았거나 과실로 인하여 이를 알지 못한 때에는 그러하지 아니하다.

✱ 민법 제575조(제한물권있는 경우와 매도인의 담보책임)

① 매매의 목적물이 지상권, 지역권, 전세권, 질권 또는 유치권의 목적이 된 경우에 매수인이 이를 알지 못한 때에는 이로 인하여 계약의 목적을 달성할 수 없는 경우에 한하여 매수인은 계약을 해제할 수 있다. 기타의 경우에는 손해배상만을 청구할 수 있다.

✳ 민법 제582조(전2조의 권리행사기간)

전2조에 의한 권리는 매수인이 그 사실을 안 날로부터 6월내에 행사하여야 한다.

✳ 민법 제390조(채무불이행과 손해배상)

채무자가 채무의 내용에 좇은 이행을 하지 아니한 때에는 채권자는 손해배상을 청구할 수 있다. 그러나 채무자의 고의나 과실없이 이행할 수 없게 된 때에는 그러하지 아니하다.

✳ 민법 제546조(이행불능과 해제)

채무자의 책임있는 사유로 이행이 불능하게 된 때에는 채권자는 계약을 해제할 수 있다.

60 분양샵에서 책임분양 후 선천적 질환이 의심될 시, 검사비와 추후치료비에 대한 청구

종: **세이블 포메라니안**

성별: **여**

나이: **2개월**

🐾 **내용**: 2021. 3. 13 한 펫샵에서 저희집 반려견을 책임분양으로 입양했습니다. 처음 펫샵을 방문 전 인터넷 분양사이트에 책임분양 40만원에 시츄가 올라와있는 걸 보고 문의 후 출발하였는데, 이미 분양이 완료되었다고 출발하시지 말라는 전화를 받고 이미 출발하였다고 말하니 그럼 그 가격대에 분양가능한 아이들이 많으니 오셔서 보시라고 하는 말에 갔습니다.

가서 40만원에 분양가능한 아이는 3마리가 있었고 그중에 저희는 현재 반려견을 분양했습니다. 분양할 때 계약조건이 2가지가 있었는데, 한 가지는 일반 분양으로 펫샵에 공지되어 있는 기본가에 분양받는 것과 좀더 저렴하게 분양받는 책임분양이 있었습니다. 그중 저희는 책임분양으로 하였고 추가 기본질병(코로나, 장염, 홍역 등)이 있나 알 수 있는 검진키트를 받으려면 추가 비용이 있었고, 추후 아이가 병이 걸리거나 이미 병이 걸린 아이라면 펫샵에서 책임지는 보험 같은 것도 있다고 추가금액은 얼마라고 말씀해주시길래 저희는 안 하겠다고 말한 후 책임분양 비용과 아이 물품이 아무것도 없어서 기본용품 세트까지만 구매하고 집으로 왔습니다.

분양 시에 1차 접종은 3월 1일 아이를 데려왔을 때 했다고 2차 접종은 3월 27일날 하라는 말을 듣고 인터넷 검색 후 강아지들은 접종주기가 2주로 명시되어 있어 집근처 동물병원에 문의하니 21일에 하든 27일에 하든 견주분 선택이라는 말을 듣고 펫샵에 전화하여 동물병원에서 해준 얘기를 전달 후 27일에 해야 하는 거냐고 물었더니 아이가 집에 적응을 한 뒤에 하는 게 좋아서 27일에 하라고 말했다는 겁니다.

그래서 저희는 21일 동네 동물병원에 가서 2차 접종과 코로나 접종을 했는데,

수의사 선생님이 심장 소리가 안 좋아서 초음파를 봐보자는 말씀에 알겠다고 하였고 초음파를 본 후 펫샵에 연계병원으로 가서 정밀검사를 받아 보라고 하셨습니다(선천적 심장병이 의심된다고). 이런 경우 펫샵에 정밀검사 비용과 만약 아이가 선척적 심장병일 경우 치료비용을 청구할 수 있나요?

상담

공정거래위원회고시 소비자분쟁해결기준에 의하면, 반려동물 구입 후 15일 이내 질병이 발생한 경우 판매업소(사업자)가 제반비용을 부담하여 회복시켜 소비자에게 인도하여야 하고, 업소 책임하의 회복기간이 30일을 경과하거나 판매업소 관리 중 폐사 시에는 동종의 반려동물로 교환해주거나 구입가를 환급해줘야 합니다. 반려견은 분양 후 15일 이내에 선천적 질환 의심 소견을 받았으므로 펫샵에서 치료비용을 부담하여야 합니다(첨부서류1 소비자분쟁해결기준_별표2_애완동물판매업).

한편 매매계약의 매도인은 민법상 하자담보책임을 지고, 하자담보책임이란 '매도인은 매수인에게 하자가 없는 매매 목적물을 판매할 의무'를 뜻하므로, 매도인이 매수인인 상담자분께 제대로 된 설명 없이 질병이 있는 반려동물(하자있는 매매 목적물)을 판매하였다면, 상담자분께서는 매매계약을 해제하거나 매도인에게 손해배상을 청구할 권리가 있습니다. 반려견의 질환으로 인해 상담자분께서 병원비를 부담하실 경우, 이는 민법상 물건의 하자로 인한 손해에 해당하므로 펫샵에 손해배상청구를 하실 수 있습니다. 만약 반려견의 치료가 불가능하거나 사망에 이르는 등 반려견를 못 키우시는 상황이 된다면 상담자분께서는 매매계약(분양)을 해제하고 펫샵에 분양대금 환급 및 손해배상을 요구하실 수도 있습니다(첨부서류2 한국소비자원 분쟁조정 결정 사례).

다만, 민법 제582조는 권리행사기간에 관하여 "매수인이 매매 목적물에 하자있음을 안 날로부터 6개월 이내에 권리를 행사하여야 한다"고 정하고 있고 그 이후에는 권리를 행사하실 수 없으므로 권리행사기간을 넘기지 않도록 유의하셔야 합니다.

또한 동물판매업자는 동물을 판매할 때 동물의 상태를 확인하고 계약서에 표시하여 그 증명서류와 함께 제공할 법적 의무를 부담하므로 펫샵의 고의나 과실로 위와 같은 의무를 제대로 이행하지 않아 상담자분으로 하여금 반려동물을 매수하게 하였다면 상담자분은 펫샵의 채무불이행을 원인으로 손해배상청구를 할 수 있고, 매매계약을 해제하고 구입가 환불을 청구하실 수 있습니다.

관련 조문

❋ **소비자분쟁해결기준 제1조(목적)**

이 고시는 소비자기본법 제16조 제2항과 같은 법 시행령 제8조 제3항의 규정에 의해 일반적 소비자분쟁해결기준에 따라 품목별 소비자분쟁해결기준을 정함으로써 소비자와 사업자(이하 "분쟁당사자"라 한다)간에 발생한 분쟁이 원활하게 해결될 수 있도록 구체적인 합의 또는 권고의 기준을 제시하는데 그 목적이 있다.

❋ **민법 제580조(매도인의 하자담보책임)**

① 매매의 목적물에 하자가 있는 때에는 제575조제1항의 규정을 준용한다. 그러나 매수인이 하자있는 것을 알았거나 과실로 인하여 이를 알지 못한 때에는 그러하지 아니하다.

❋ **민법 제575조(제한물권있는 경우와 매도인의 담보책임)**

① 매매의 목적물이 지상권, 지역권, 전세권, 질권 또는 유치권의 목적이 된 경우에 매수인이 이를 알지 못한 때에는 이로 인하여 계약의 목적을 달성할 수 없는 경우에 한하여 매수인은 계약을 해제할 수 있다. 기타의 경우에는 손해배상만을 청구할 수 있다.

❋ **민법 제582조(전2조의 권리행사기간)**

전2조에 의한 권리는 매수인이 그 사실을 안 날로부터 6월내에 행사하여야 한다.

❋ **민법 제390조(채무불이행과 손해배상)**

채무자가 채무의 내용에 좇은 이행을 하지 아니한 때에는 채권자는 손해배상을 청구할 수 있다. 그러나 채무자의 고의나 과실없이 이행할 수 없게 된 때에는 그러하지 아니하다.

❋ **민법 제546조(이행불능과 해제)**

채무자의 책임있는 사유로 이행이 불능하게 된 때에는 채권자는 계약을 해제할 수 있다.

61 분양 한달 후 폐사에 따른 소송문제

종: 퍼그	
성별: ***	
나이: 3개월	

🐾 **내용:** 지난해 6월 한 펫샵에서 2개월 된 퍼그 한 마리를 55만원에 분양받았습니다. 그리고 그 펫샵에서 메디케어 보험에 가입해야만 강아지를 분양할 수 있다고 하여 20만원에 3년짜리 연계병원 서비스 상품에도 가입하였습니다.

그러나 강아지는 약 한 달 후 홍역판정을 받고 폐사하였습니다. 분양 직후 설사, 호흡곤란, 고열 등의 증상이 있었지만 연계병원에서는 그 어떤 진단검사도 실시하지 않았고 결국 틱증상이 나오고 나서야 키트검사를 시행하여 홍역판정을 받았습니다.

곧바로 펫샵에 이 사실을 알렸지만 이미 15일이 지난 시점에서 보상의 의무가 없다는 답변을 받았습니다. 분양 직후부터 설사증세가 있었지만 펫샵에서는 환경이 바뀌어서라고 하였고 병원 측에서도 그냥 사료량을 조절하고 일주일 후 방문하라고 하였습니다.

저는 이러한 홍역의 전조증상이 있었음에도 이들이 계약서상의 15일을 넘기기 위해 저에게 시간끌기 등 불리한 상황을 일부러 만들었다는 의심을 지울 수가 없었습니다. 그리고 연계병원 메디케어약관도 보장내용과 전혀 달리 저는 비싼 치료비를 지불해야 했습니다. 메디케어 보험약관에는 홍역치료 시 보호자는 5만원만 부담하면 된다고 되어 있는데, 저는 100만원에 가까운 치료비를 지불했고 연계병원 15군데 어디에서도 메디케어 약관대로 치료를 받아주는 곳이 없었습니다.

이에 저는 여러차례 사과와 부당함에 대한 보상을 요구하였지만 펫샵은 이를 거절하였고, 저는 끝내 변호사를 선임하여 민·형사상의 소송을 제기하였습니다. 하지만 1차 경찰에서 증거불충분으로 기각 송치하였고 검사 역시 펫샵의 사기죄 무혐의 판결을 내렸습니다.

저는 그 이후 저와 비슷한 피해자를 8명이나 더 찾아 항고하였고 다른 피해자들의 진정서도 모두 제출했지만 또 다시 무혐의 판결이 내려졌습니다. 검사는 펫샵이 문제가 있는 것은 인지하나 일부러 아픈 강아지를 속여 팔았다고 보기에는 그 증거가 없다는 결론이었습니다. 그렇다면 연계병원 보험사기는 어째서 사기가 성립되지 않는 것일까요? 피해금액은 다 다르지만 다른 피해자들도 약관대로 전혀 서비스를 받지 못하였습니다.

제가 변호사를 선임했음에도 불구하고 이렇게 상담을 신청하는 것은 모든 피해자들도 저 혼자 다 찾았고 진정서도 제가 다 받으러 다녀야 했고 변호사님께서 이 사건을 심각하게 받아들이지 않는 것 같다는 느낌을 받았기 때문입니다.

아직 민사재판이 남아 있지만 저는 제가 무엇을 더 준비하면 좋을지 고민하다 이렇게 연락을 드리게 되었습니다. 만약 민사도 지게 된다면 변호사를 바꿔서라도 또다시 항소할 생각입니다. 저는 이 펫샵이 더 이상은 이렇게 불쌍하게 어린 생명을 죽여서는 안 되며 저와 같은 피해자가 생기는 것을 꼭 막고 싶습니다.

끝으로 저의 제보를 바탕으로 나왔던 국민일보 기사를 함께 첨부하여 보내드리오니 제가 승소할 수 있는 방법을 꼭 좀 가르쳐 주시기 간곡히 부탁드립니다. 감사합니다.

상담

상담자분께서는 펫샵에서 홍역 감염사실을 알고도 분양을 하였다고 생각하여 형사고소를 한 것으로 보이고, 수사기관에서는 이를 무혐의 처리한 것으로 보입니다.

같은 펫샵에서 피해자가 다수 나와 집단 감염을 의심할 수 있는 상황으로 보이는데, 이에 대하여 형사상 책임을 묻는 것과 민사상 책임을 묻는 것은 다를 수 있습니다.

홍역의 경우 감염경로 및 감염원을 확인하기 어렵고, 잠복기가 존재하여 감염시점을 특정하기 어려운 특성이 있는데, 집단감염이 있다는 사실만으로 펫샵에서 홍역 감염사실을 알고도 분양을 하였다고 단정하기는 어렵습니다.

민사적으로는 분양 후 15일 이내에 홍역 감염이 발생하였고, 이로 인하여 폐사를 한 것이라면, 분양계약상의 책임을 물을 수 있습니다(일반적으로 동종의 반려동물로 교환 또는 구입가 환급).

민사상 책임은 범죄의 고의가 있어야 하는 것은 아니므로, 분양계약상의 책임과 민법상의 책임을 물을 수는 있습니다. 분양계약상 교환 또는 환불조건을 충족하는지, 보험약관상 치료비 부담요건에 해당하는지 등이 쟁점이 될 것으로 보이는데, 이 사건은 담당 변호사가 선임이 되어 진행이 되고 있는 상황이므로, 사건에 대한 구체적인 내용은 담당 변호사와 상의하시는 것이 좋을 것 같습니다.

관련 조문

✳ 민법 제580조(매도인의 하자담보책임)

① 매매의 목적물에 하자가 있는 때에는 제575조제1항의 규정을 준용한다. 그러나 매수인이 하자있는 것을 알았거나 과실로 인하여 이를 알지 못한 때에는 그러하지 아니하다.

✳ 민법 제575조(제한물권있는 경우와 매도인의 담보책임)

① 매매의 목적물이 지상권, 지역권, 전세권, 질권 또는 유치권의 목적이 된 경우에 매수인이 이를 알지 못한 때에는 이로 인하여 계약의 목적을 달성할 수 없는 경우에 한하여 매수인은 계약을 해제할 수 있다. 기타의 경우에는 손해배상만을 청구할 수 있다.

62

생산자 미기재 및 선천적 질병 등 분양샵 불법동물 거래에 대한 법률 자문

종: 믹스

성별: 여

나이: 1살

내용: 안녕하세요. 저는 반려동물을 키우고 있는 동물보호명예감시관 교육을 수료한 일반인입니다.

다름이 아니라 반려동물법률상담센터가 절실히 필요할 정도로 전국에는 아직도 최소한의 법도 지키지 않은 펫샵들로부터 사기에 가까운 분양을 받아 동물들이 폐사하거나 파보, 장염 등 정상적인 동물생산업허가를 받은 생산지에서는 찾아볼 수 없는 전염성 질환으로 아픈 동물을 키우게 되는 피해자들이 꾸준히 많은 것이 현실입니다.

개인소송을 통해 유죄를 받아내더라도 벌금 내고 위자료를 무는 정도로 우야무야 지나가고 계속 또 다른 피해자들이 양상되고 있는 것을 보면서 이와 같은 상황에 대해 개인 대 개인 간의 문제로 보는 것보다 근본적인 해결책을 찾기 위해 동물보호법 법령과 동물보호법 시행규칙 전문을 정독해 보았습니다.

그리고 펫샵 피해를 본 분들의 동물분양계약서를 면밀히 검토한 결과 공통적으로 동물보호법에 기재되어야 할 반려동물 분양 시 매매계약서에 들어가야 할 항목들이 대부분 누락되어 있는 것을 확인하였습니다.

동물을 생산한 동물생산업자의 업소명, 주소, 전화번호를 표기한 생산자 항목 자체가 계약서에 미기재되어 있는 경우가 대부분이었고 기재되어 있더라도 동물보호관리시스템 동물생산업자 검색 시 나오는 업체명과 불일치하는 사례 또한 적지 않습니다.

이는 대부분의 펫샵이 불법개농장 뜬장에서 발정제 맞아가며 교배임신출산을 반복하며 학대당하는 어미에게서 나온 자견을 경매장을 통해 수급받아 팔기 때문에 생산자 정보 자체를 제대로 제시할 수 없는 것이 가장 큰 이유라고 추정할 수 있습니다.

법에 명시되어 있는 내역을 제대로 지키지 않아 피해자들이 양상되고 있는 바 위의 생산자 미기재 분양계약서를 첨부하여 국민신문고를 통해 불법으로 운영되는 동물판매생산업체들의 허가와 취소 업무를 하는 관할 축산과에 민원을 올리는 것이 근본적인 대책에 대한 첫 걸음이 될 수 있지 않을까 하여 이에 대한 고견을 얻고자 법률 자문 대면 상담을 요청하였습니다.

상담

생산자 미기재 등 관련법령을 위반한 매매계약서를 첨부하여 국민신문고를 통해 관할 시군구청에 민원을 올리는 방법이 해당 펫샵에 대한 직접적인 제재로 이어질 수 있다는 점에서 의미가 있을 것으로 보입니다.

동물보호법 제78조, 동물보호법 시행규칙 제49조, [별표 12] 영업자의 준수사항 1. 공통 준수사항에에 의하면, 동물판매업자는 동물보호법 시행규칙 [별지 제36호 서식]에 따라 생산업자 기록사항을 기재한 개체관리카드를 작성하여 갖춰야 하고, 입수하거나 판매한 물품에 대해 그 내역을 기록한 거래내역서와 개체관리카드를 2년간 보관해야 합니다.

동물보호법 제78조의 영업자의 준수사항을 지키지 않은 경우 동물보호법 제83조 제1항 제9호에 따라 영업정지에 처하여 질 수 있습니다.

관련 조문

＊ 동물보호법 제78조(영업자 등의 준수사항)

① 영업자(법인인 경우에는 그 대표자를 포함한다)와 그 종사자는 다음 각 호의 사항을 준수하여야 한다.

1. 동물을 안전하고 위생적으로 사육·관리 또는 보호할 것
2. 동물의 건강과 안전을 위하여 동물병원과의 적절한 연계를 확보할 것
3. 노화나 질병이 있는 동물을 유기하거나 폐기할 목적으로 거래하지 아니할 것
4. 동물의 번식, 반입·반출 등의 기록 및 관리를 하고 이를 보관할 것
5. 동물에 관한 사항을 표시·광고하는 경우 이 법에 따른 영업허가번호 또는 영업등록번호와 거래금액을 함께 표시할 것

6. 동물의 분뇨, 사체 등은 관계 법령에 따라 적정하게 처리할 것

7. 농림축산식품부령으로 정하는 영업장의 시설 및 인력 기준을 준수할 것

8. 제82조제2항에 따른 정기교육을 이수하고 그 종사자에게 교육을 실시할 것

9. 농림축산식품부령으로 정하는 바에 따라 동물의 취급 등에 관한 영업실적을 보고할 것

10. 등록대상동물의 등록 및 변경신고의무(등록 · 변경신고방법 및 위반 시 처벌에 관한 사항 등을 포함한다)를 고지할 것

11. 다른 사람의 영업명의를 도용하거나 대여받지 아니하고, 다른 사람에게 자기의 영업명의 또는 상호를 사용하도록 하지 아니할 것

⑥ 제1항부터 제5항까지의 규정에 따른 영업자의 준수사항에 관한 구체적인 사항 및 그 밖에 동물의 보호와 공중위생상의 위해 방지를 위하여 영업자가 준수하여야 할 사항은 농림축산식품부령으로 정한다.

✳ 동물보호법 제83조(허가 또는 등록의 취소 등)

① 특별자치시장 · 특별자치도지사 · 시장 · 군수 · 구청장은 영업자가 다음 각 호의 어느 하나에 해당하는 경우에는 농림축산식품부령으로 정하는 바에 따라 그 허가 또는 등록을 취소하거나 6개월 이내의 기간을 정하여 그 영업의 전부 또는 일부의 정지를 명할 수 있다. 다만, 제1호, 제7호 또는 제8호에 해당하는 경우에는 허가 또는 등록을 취소하여야 한다.

1. 거짓이나 그 밖의 부정한 방법으로 허가를 받거나 등록을 한 것이 판명된 경우

2. 제10조제1항부터 제4항까지의 규정을 위반한 경우

3. 허가를 받은 날 또는 등록을 한 날부터 1년이 지나도록 영업을 개시하지 아니한 경우

4. 제69조제1항 또는 제73조제1항에 따른 허가 또는 등록 사항과 다른 방식으로 영업을 한 경우

5. 제69조제4항 또는 제73조제4항에 따른 변경허가를 받거나 변경등록을 하지 아니한 경우

6. 제69조제3항 또는 제73조제3항에 따른 시설 및 인력 기준에 미달하게 된 경우

7. 제72조에 따라 설치가 금지된 곳에 동물장묘시설을 설치한 경우

8. 제74조 각 호의 어느 하나에 해당하게 된 경우

9. 제78조에 따른 준수사항을 지키지 아니한 경우

인터넷 카페 내 분양글을 게시하는 분양샵에 대한 제재조치와 이로 인한 고소 피해에 대한 법률 자문

종: 믹스

성별: 여

나이: 1살

🐾 **내용:** 안녕하세요 저는 반려동물을 키우고 있는 동물보호명예감시관 교육을 수료한 일반인입니다.

반려동물 관련 인터넷 카페에서 활동 중이며 동물보호법이 강화됨에 따라 운영진들은 분양글을 등록하지 못하도록 공지하고 위의 규칙을 위반한 자에 대해 영구정지 및 강퇴 처리를 하고 있으며, 일반회원들에게도 신고게시판에 분양글을 신고하도록 독려하고 댓글로도 알릴 수 있게 공지를 정하고 있습니다.

하지만 위의 사실을 알면서도 수십수백 개의 다른 아이디로 늘 악의적이고 상습적으로 분양글을 올린 후 영구정지 및 강퇴를 당하는 펫샵업자들이 있으며, 강퇴 당하는걸 두려워하는 것이 아니라 정지 당하기 전까지 180만 회원을 보유한 게시판의 인기글 등에 노출되어 더 많은 동물판매를 하기 위한 글을 몇 년째 수없이 올리고 있고 펫샵업자가 가정견이라 주장하는 분양글을 보고 속아서 펫샵인지 모르고 갔다가 아픈 강아지를 분양받아 피해를 당하는 사례들이 있어 분양계약서를 살펴본 결과 공통적으로 계약서에 필수로 들어가야 할 사항들이 누락되어 있는 것을 발견하였습니다.

생산자 정보(생산자 업소명, 주소, 전화번호) 항목이 아예 미기재되어 있는 분양계약서 한 장만 받고 심지어 정상적 동물생산지에서는 찾아보기 힘든 파보 등 3대 전염성 질환을 앓는 아픈 개체들을 판매하고 이에 대해 문제제기를 하는 피해자들에 대해 고소를 한다며 협박을 일삼고, 카페 내에서 불법분양글에 속는 분들이 없도록 공공의 이익을 위해 펫샵업자라는 답글을 달고 공지대로 신고게시판에 신고하였을 뿐인데도 자신이 아는 검사들과 경찰들이 많다며 고소하겠다는 협박 댓글을 단 후 업무방해죄와 허위사실 명예훼손으로 저를 고소를 해왔습니다.

어차피 기각이나 무혐의가 날 사안인 걸 알면서도 재갈을 물리기 위해 고소협박을 남발하며 지속적으로 공지위반 분양글을 올리고 있으며, 이런식으로 피해를 당한 분들이 한 명이 아니라 늘 이렇게 입막음을 하기 위해 협박식으로 고소남발을 해왔기에 더 악의적이라고밖에는 볼 수 없습니다. 저는 사건이 종결되고 무혐의를 받은 이후에 무고죄와 협박죄에 대해서 악의적인 펫샵업자를 상대로 고소를 진행할 예정입니다 .

그리고 이게 한사람의 문제로 치부하기엔 피해자들이 너무나 많고 개인 대 개인 간의 분쟁으로 처리하기 보다 근본적으로 동물보호법 시행규칙에 적혀있는 분양 시 필수로 제공해야 할 문서를 제공하지 않고 파는 펫샵업자들에 대해 국민신문고를 통해 관할 축산과에 생산자 정보 미기재 등 여러 문제에 대해 민원을 올리고 현장 조사 후 과태료부과나 영업정지 등 불법적 행위에 대한 허가취소까지 할 수 있도록 하는 것이 근본적 대책이 되지 않을까 싶습니다.

더군다나 생산자 정보의 투명성은 불법개농장과도 관련이 깊기에 더 주의를 기울여 불법적으로 관행적인 동물거래를 하는 펫샵업자들을 관리감독할 수 있도록 국민신문고 민원을 통해 문제제기를 하는 것이 중요하다고 생각합니다.

상담

업무방해죄와 허위 사실 적시 명예훼손죄 모두 "허위 사실"이라는 요건이 충족되어야 성립하는 범죄입니다. 따라서 분양글을 올린 사람이 펫샵업자가 맞다면 상담자분의 답글과 신고 내용이 허위 사실이 아니기 때문에 경찰의 불송치결정 또는 검사의 불기소처분이 이루어질 수 있을 것입니다.

그러나 만약 수사 과정에 고소인이 펫샵업자라는 사실을 밝혀내지 못할 경우에는 불송치결정·불기소처분을 확신하기 어려울 수도 있으므로 주의가 필요합니다. 상담자분께서 불기소처분을 받으신 이후에는 위 고소인에 대해 무고죄와 협박죄 혐의로 고소가 가능합니다.

❋ 형법 제314조(업무방해)

① 제313조의 방법 또는 위력으로써 사람의 업무를 방해한 자는 5년 이하의 징역 또는 1천500만원 이하의 벌금에 처한다.

② 컴퓨터등 정보처리장치 또는 전자기록등 특수매체기록을 손괴하거나 정보처리장치에 허위의 정보 또는 부정한 명령을 입력하거나 기타 방법으로 정보처리에 장애를 발생하게 하여 사람의 업무를 방해한 자도 제1항의 형과 같다.

❋ 형법 제307조(명예훼손)

① 공연히 사실을 적시하여 사람의 명예를 훼손한 자는 2년 이하의 징역이나 금고 또는 500만원 이하의 벌금에 처한다.

② 공연히 허위의 사실을 적시하여 사람의 명예를 훼손한 자는 5년 이하의 징역, 10년 이하의 자격정지 또는 1천만원 이하의 벌금에 처한다.

❋ 정보통신망 이용촉진 및 정보보호 등에 관한 법률 제70조(벌칙)

① 사람을 비방할 목적으로 정보통신망을 통하여 공공연하게 사실을 드러내어 다른 사람의 명예를 훼손한 자는 3년 이하의 징역 또는 3천만원 이하의 벌금에 처한다.

② 사람을 비방할 목적으로 정보통신망을 통하여 공공연하게 거짓의 사실을 드러내어 다른 사람의 명예를 훼손한 자는 7년 이하의 징역, 10년 이하의 자격정지 또는 5천만원 이하의 벌금에 처한다.

③ 제1항과 제2항의 죄는 피해자가 구체적으로 밝힌 의사에 반하여 공소를 제기할 수 없다.

64
가정견위탁분양으로 속이고 불법 판매를 하는 분양 샵에 대한 법적 조치

종: **믹스**

성별: **여**

나이: **1살**

내용: 안녕하세요 저는 반려동물을 키우고 있는 동물보호명예감시관 교육을 수료한 일반인입니다.

다름이 아니라 동물보호법 강화로 인하여 2018년부터는 일반가정에서 분양을 하려면 소규모생산허가를 받아야 하고 그 허가를 받는 조건이 매우 까다롭고 아파트 등 공동주택에서는 아예 생산허가가 안 나며 민가 근처 몇키로 이내와 분만실 회복실 배수시설 등 환경도 다 갖춰야 생산허가가 나기에 법적 허가를 득한 소규모생산허가는 그 수가 매우 적고 말 그대로 소규모의 취지를 가진 가정에서의 동물생산이기에 펫샵과 연계하여 분양을 진행하는 소규모생산허가를 받은 사람은 그 취지에도 맞지 않지만 혹시 있다고 하더라도 동물판매업 신고만 한 펫샵은 따로 또 동물위탁업 허가를 받아야 한다고 알고 있으나 동물위탁업 허가를 받지 않은 펫샵에서 법에 명시한 분양 시 필수제공해야 할 생산자 정보가 미기재된 분양계약서로 출처가 불분명한 여러 개체들을 팔고 가정위탁전문이라는 간판을 내걸고 판매업을 하고 있는데, 확실한 것은 분양계약서에 동물보호법 시행규칙 소비자기본법 시행령 제8조 제3항에 따른 소비자분쟁해결기준에 의거한 내용 중 (다) 동물을 생산한 동물생산업자의 업소명 및 주소, 전화번호가 기재되어 있지 않다는 점과 개체등록카드 사본 등 생산자 정보를 알 수 있는 그 어떤 서류도 제공하지 않고 심지어 동물관리시스템에서 동물위탁업을 검색했을 때 나오지 않는 불법적으로 가정위탁전문 간판을 달고 출처가 불분명한 개체들을 판매하고 있는 펫샵에 대하여 어떠한 법적 조치를 취할 수 있는지 또 어떤 법에 저촉되는지 처벌수위가 어떻게 되는지 자세히 고견 여쭙고자 합니다.

생산자 미기재 분양계약서와 동물관리시스템 검색 시 동물위탁업에 결과 조회가 되지 않는 것과 가정견전문위탁분양 간판을 달고 있는 불법 업체로 추정되는 곳의 사진 자료를 첨부하오니 검토해주십시오.

상담

동물위탁관리업은 반려동물 소유자의 위탁을 받아 반려동물을 영업장 내에서 일시적으로 사육, 훈련 또는 보호하는 영업을 말합니다. 가정견전문위탁분양 간판을 달고 반려동물을 분양하는 동물판매업자가 실제 가정견을 위탁받은 것인지 불분명하나, 위탁관리를 하고 있다면 동물보호법의 동물위탁관리업으로 등록을 하여야 합니다.

동물보호법 제78조, 동물보호법 시행규칙 제49조, [별표 12] 영업자의 준수사항 1. 공통 준수사항에 의하면, 동물판매업자는 동물보호법 시행규칙 [별지 제36호 서식]에 따라 생산업자 기록사항을 기재한 개체관리카드를 작성하여 갖춰야 하고, 입수하거나 판매한 물품에 대해 그 내역을 기록한 거래내역서와 개체관리카드를 2년간 보관해야 하며, 동물위탁관리업자는 동물보호법 시행규칙 [별지 제37호 서식]에 따라 위탁자의 성명, 연락처, 위탁내용(사육, 훈련, 보호), 위탁기간 등을 기재한 개체관리카드를 작성하여 갖춰 두어야 합니다.

가정견전문위탁분양 간판을 달고 출처가 불분명한 개체들을 판매하는 경우, 동물보호법 제97조(벌칙) 제3항 제5호에 따라 같은 법 제73조 제1항을 위반하여 등록을 하지 아니하고 영업을 한 자로서 1년 이하의 징역 또는 1천만원 이하의 벌금에 처하여 질 수 있고, 동물보호법 제78조의 영업자의 준수사항을 지키지 않은 경우 동물보호법 제83조 제1항 제9호에 따라 영업정지에 처하여 질 수 있습니다.

영업정지는 시·군·구청장이 주체인 것과 달리 징역 또는 벌금은 경찰 수사, 검사 기소, 법원 약식명령 또는 형사재판 후 판결을 통해 부과된다는 점에서 차이가 있습니다. 따라서 동물판매업자가 단순히 영업자의 준수사항을 위반한 경우는 시·군·구청에 대한 민원으로, 동물위탁관리업 등록을 하지 않고 동물위탁관리업무를 하는 경우에는 관할경찰서에 고발하시는 방법으로 법적 조치를 취하실 수 있겠습니다.

✱ 동물보호법 제69조(영업의 허가)

① 반려동물(이하 이 장에서 "동물"이라 한다. 다만, 동물장묘업 및 제71조제1항에 따른 공설동물장묘시설의 경우에는 제2조제1호에 따른 동물로 한다)과 관련된 다음 각 호의 영업을 하려는 자는 농림축산식품부령으로 정하는 바에 따라 특별자치시장·특별자치도지사·시장·군수·구청장의 허가를 받아야 한다.

1. 동물생산업

2. 동물수입업

3. 동물판매업

4. 동물장묘업

② 제1항 각 호에 따른 영업의 세부 범위는 농림축산식품부령으로 정한다.

③ 제1항에 따른 허가를 받으려는 자는 영업장의 시설 및 인력 등 농림축산식품부령으로 정하는 기준을 갖추어야 한다.

④ 제1항에 따라 영업의 허가를 받은 자가 허가받은 사항을 변경하려는 경우에는 변경허가를 받아야 한다. 다만, 농림축산식품부령으로 정하는 경미한 사항을 변경하는 경우에는 특별자치시장·특별자치도지사·시장·군수·구청장에게 신고하여야 한다.

✱ 동물보호법 제73조(영업의 등록)

① 동물과 관련된 다음 각 호의 영업을 하려는 자는 농림축산식품부령으로 정하는 바에 따라 특별자치시장·특별자치도지사·시장·군수·구청장에게 등록하여야 한다.

1. 동물전시업

2. 동물위탁관리업

3. 동물미용업

4. 동물운송업

② 제1항 각 호에 따른 영업의 세부 범위는 농림축산식품부령으로 정한다.

③ 제1항에 따른 영업의 등록을 신청하려는 자는 영업장의 시설 및 인력 등 농림축산식품부령으로 정하는 기준을 갖추어야 한다.

④ 제1항에 따라 영업을 등록한 자가 등록사항을 변경하는 경우에는 변경등록을 하여야 한다. 다만, 농림축산식품부령으로 정하는 경미한 사항을 변경하는 경우에는 특별자치시장·특별자치도지사·시장·군수·구청장에게 신고하여야 한다.

✱ 동물보호법 제97조(벌칙)

③ 다음 각 호의 어느 하나에 해당하는 자는 1년 이하의 징역 또는 1천만원 이하의 벌금에 처한다.

5. 제73조제1항 또는 같은 조 제4항을 위반하여 등록 또는 변경등록을 하지 아니하고 영

업을 한 자

6. 거짓이나 그 밖의 부정한 방법으로 제73조제1항에 따른 등록 또는 같은 조 제4항에 따른 변경등록을 한 자

⑥ 상습적으로 제1항부터 제5항까지의 죄를 지은 자는 그 죄에 정한 형의 2분의 1까지 가중한다.

✳ 동물보호법 제78조(영업자 등의 준수사항)

① 영업자(법인인 경우에는 그 대표자를 포함한다)와 그 종사자는 다음 각 호의 사항을 준수하여야 한다.

1. 동물을 안전하고 위생적으로 사육 · 관리 또는 보호할 것
2. 동물의 건강과 안전을 위하여 동물병원과의 적절한 연계를 확보할 것
3. 노화나 질병이 있는 동물을 유기하거나 폐기할 목적으로 거래하지 아니할 것
4. 동물의 번식, 반입 · 반출 등의 기록 및 관리를 하고 이를 보관할 것
5. 동물에 관한 사항을 표시 · 광고하는 경우 이 법에 따른 영업허가번호 또는 영업등록번호와 거래금액을 함께 표시할 것
6. 동물의 분뇨, 사체 등은 관계 법령에 따라 적정하게 처리할 것
7. 농림축산식품부령으로 정하는 영업장의 시설 및 인력 기준을 준수할 것
8. 제82조제2항에 따른 정기교육을 이수하고 그 종사자에게 교육을 실시할 것
9. 농림축산식품부령으로 정하는 바에 따라 동물의 취급 등에 관한 영업실적을 보고할 것
10. 등록대상동물의 등록 및 변경신고의무(등록 · 변경신고방법 및 위반 시 처벌에 관한 사항 등을 포함한다)를 고지할 것
11. 다른 사람의 영업명의를 도용하거나 대여받지 아니하고, 다른 사람에게 자기의 영업명의 또는 상호를 사용하도록 하지 아니할 것

⑥ 제1항부터 제5항까지의 규정에 따른 영업자의 준수사항에 관한 구체적인 사항 및 그 밖에 동물의 보호와 공중위생상의 위해 방지를 위하여 영업자가 준수하여야 할 사항은 농림축산식품부령으로 정한다.

✳ 동물보호법 제83조(허가 또는 등록의 취소 등)

① 특별자치시장 · 특별자치도지사 · 시장 · 군수 · 구청장은 영업자가 다음 각 호의 어느 하나에 해당하는 경우에는 농림축산식품부령으로 정하는 바에 따라 그 허가 또는 등록을 취소하거나 6개월 이내의 기간을 정하여 그 영업의 전부 또는 일부의 정지를 명할 수 있다. 다만, 제1호, 제7호 또는 제8호에 해당하는 경우에는 허가 또는 등록을 취소하여야 한다.

1. 거짓이나 그 밖의 부정한 방법으로 허가를 받거나 등록을 한 것이 판명된 경우
2. 제10조제1항부터 제4항까지의 규정을 위반한 경우
3. 허가를 받은 날 또는 등록을 한 날부터 1년이 지나도록 영업을 개시하지 아니한 경우

4. 제69조제1항 또는 제73조제1항에 따른 허가 또는 등록 사항과 다른 방식으로 영업을 한 경우

5. 제69조제4항 또는 제73조제4항에 따른 변경허가를 받거나 변경등록을 하지 아니한 경우

6. 제69조제3항 또는 제73조제3항에 따른 시설 및 인력 기준에 미달하게 된 경우

7. 제72조에 따라 설치가 금지된 곳에 동물장묘시설을 설치한 경우

8. 제74조 각 호의 어느 하나에 해당하게 된 경우

9. 제78조에 따른 준수사항을 지키지 아니한 경우

65

분양샵 사기에 대한 문제 제기 방법

종:	**믹스**
성별:	**남**
나이:	**1년 4개월**

🐾 **배경**: 상기 본인은 2020년 2월 28일 펫샵 ○○점에서 분양가 320만원의 화이트 토이푸들 강아지를 입양하였으나 1년이 지난 성견이 된 강아지는 고액의 분양가와 맞지 않은 품종 색상과 8kg대의 몸무게를 가진 믹스견으로 계약서에 기재되고 당시 설명듣고 분양받아 온 강아지와 명백히 다름을 증명하는 바이며, 전형적인 펫샵의 사기 수법에 대해 피해를 받았습니다. 또한 해당 업체의 동물법 위반에 대한 내용을 제보하는 바입니다.

동물보호법 시행규칙에 따르면, 소비자기본법 시행령 제8조 제3항에 따른 소비자분쟁해결기준에 의거한 내용 중 (다) 동물을 생산한 동물생산업자의 업소명 및 주소, 전화번호가 기재되어 있어야 할 것 중 전화번호가 미기재되어 있으며 "동물보호 관리시스템(www.animal.go.kr)" 동물생산업에 등록되어 있지 않고 ○○지역 소재의 켄넬이 존재하지 않고 주소지의 이전에 대해 미신고함을 고발합니다.

계약서에 기재되어 있는 생산자 ○○켄넬은 인터넷 포털 사이트에 현재 국수집으로 운영이 되고 있으며, 해당 번호로 상기본인과 통화결과 10년 전부터 현재 국수집은 운영하지 않고, 캔넬을 운영하고 있다는 점.

하지만 생신지등록은 ○○주소이나 실질적으로 생산해내는 강아지 농장은 저 주소가 아니라는 답변을 아니라는 답변을 켄넬 측으로부터 들은 바입니다.

그렇다면 어느 곳에 얼마나 어떤 강아지들이 있는지 확인하기가 어렵고 파악하기 힘들며 불법 개 농장이 성행하게 됩니다.

이는 대부분의 펫샵이 불법 개농장 뜬장에서 발정제를 맞아가며 교배, 임신, 출산을 반복하며 학대당하는 어미에게서 나온 자견을 경매장을 통해 수급받아 팔기 때문에 생산자 정보가 변경이 되어도 제대로 반영이 되어지지 않고 많은 피해자들이 속출하고 있는 현실입니다.

따라서 OO펫샵 업체에서는 매수인(분양인)에게 정확한 주소지와 전화번호가 미기재 및 허위인 사실을 증명하는 바입니다. 기재가 되어 있더라도 동물 보호관리시스템 동물생산업자 검색 시 나오는 업체명과 불일치하는 경우가 허다합니다. 또한 정확한 생산자 정보는 불법 개농장을 줄일 수 있는 아주 중요한 정보라고 생각합니다.

🐾 **피해내역:**

-전문 메디케어 , 제휴병원 의료 서비스
- 안락사 없는 보호소 무료입소 가능
-고객 멤버쉽 서비스 제공
-프리미엄 혜택, 예약제 운영
-강아지, 고양이 연계병원 검사 지원
-평생 무료 케어 서비스 가능
-한국프로애견 전문 미용사 배치
-애견훈련 전문 훈련사의 직접 훈련
-1:1 맞춤 전문 상담 서비스
-제휴 펫택시를 통한 픽업, 이동 제공
-품종 보장 및 책임 제도
-세스코 클린존 위생 관리

★대구 직영점 리뉴얼 이벤트 진행중
기간 : 21. 04. 24 ~ 04. 30
- 기초건강검진
- 웰컴패키지
- 훈련 체험권
- 멤버십 혜택 무료증정
- 30~80% 분양가 할인

제가 피해 본 품종 사기에 대한 책임제도라고 해당 업체 측에서는 웹사이트에 떳떳하게 광고를 하고 있지만 저는 토이푸들이 아닌 미색 믹스견에 가까운 8kg의 중형견 정도의 강아지를 키우게 되었습니다.

해당 업체에서는 고액의 분양비가 측정된 사유를 견종의 품종보증을 증명하며, 또한 분양 시의 책임비가 포함되어 있다고 구두 설명하였으며, 토종 화이트 토이푸들에 대한 희소성과 가치성, 다른 푸들에 비해 상품의 가치가 높은 것에 대한 점을 강조하며 320만원이라는 고액의 분양비를 받았음에 억울한 상황입니다.

또한 토이푸들을 제외한 일반푸들의 분양비는 70/80 내외로 책정된다는 전 OO펫샵 전직원의 진술을 받은 상태이며. 해당 업체와의 동물매매 계약 시, 담당했던 직원은 본인은 전문가이며 하루에도 몇 백마리를 보는 사람으로서 품종에 대한 것은 걱정하지 않아도 된다며 수차례 구두안내로 품종을 확언받은 바가 있고, 토이푸들을 분양받은 점에 대한 도그마루 업체의 증인도 있는 바입니다.

🐾 문제점:

해당 업체는 본인과 계약 시 동물보호법 시행규칙 [별표 10] 영업자의 준수사항(제43조 관련) 소비자 기본법 시행령 중 제8조 제3항에 '라) 동물의 종류, 품종, 색상 및 판매시의 특징에 대한 내용 불일치'와 '마) 예방접종, 약물 투여 등 수의사의 치료기록 등', '바) 판매 시의 건강상태와 그 증빙서류' 위와 같은 부분은 계약시 매도인(분양인)이 매수인(입양인)으로부터 제공되어야 할 필수서류로, 해당 업체는 이를 위반하고 증빙서류를 누락시켜 거래를 성사시키며 규정과 절차를 지키지 않은 채로 다수의 소비자들의 우롱을 일삼으며 문제가 계속해서 발생하고 있는 업체입니다. 해당 업체는 여러차례 혈통서 조작으로 인한 이슈를 빚은 바가 있으며, 이에 따른 개체관리카드 조작 혹은 관리에 소홀 가능성도 배제할 수 없습니다.

🐾 개체관리카드란?

동물보호법 시행규칙 [별표 10] 영업자의 준수사항(제43조 관련) - 동물판매업자, 동물수입업자 및 동물 생산업자는 입수하거나 판매한 동물에 대해서 그 내역을 기록한 거래내역서와 개체관리카드를 2년 이상 보관해야 한다.
개체관리카드를 통해 개체수를 파악하여 정확한 세금의 탈세 의혹도 알 수 있으므로 불시점검 및 관리하에 확인되어야 할 부분으로 사료됩니다.

🐾 내용 정리 및 문제점:

1) 분양거래 시 품종보증에 대한 내용을 구두안내 및 계약서를 작성하였으나 증명되지 않은 품종분양으로 소비자 우롱하여 이로 인한 다수의 파양견 및 유기견 발생
2) 해당 업체 퇴사직원에 의한 진술에 의거하면 2개월 이하의 강아지를 3개월

이후라 속이고 판매하는 것으로 확언받음(동물보호법 시행규칙 [별표 10] 영엉자의 준사사항(제43조 관련) 나. 동물판매업자 1) 다음의 월령 이상인 동물을 판매, 알선 또는 중개해야 한다. 가) 개, 고양이: 2개월이상)

3) 판매 시의 건강상태와 그 서류 미제공 및 수의사의 치료 기록 및 약물투여에 대한 내용부재

4) 계약서와 사실에 맞지 않은 계약을 함으로써 사기에 가까운 거래를 성사시킨 점

이에 따라 해당 업체 과태료 부과, 영업정지, 허가취소 등의 행정명령 처분 부탁드립니다.

동건 관련한 법률은 링크첨부하며, 계약서와 사진 참고 부탁드리겠습니다.

펫샵에서 제공하는 분양 계약서. 붉게 표시된 부분에 주의해야 한다. 생산자 정보는 업소명, 주소, 전화번호까지 자세히 표기해야 한다. 동물 등록번호는 12일부터 반드시 표기해야 한다. 동물의 전염병 음성 여부는 현장에서 즉석 검사 및 수의사의 소견서 확인 둘 중 하나를 반드시 확인해야 한다.

상담

우선 상담자분께서 보내주신 자료 외에 민원 제출하실 때 보완하실 자료는 계약 품종이 "토이푸들"이라는 것과 토이푸들이란 2~3kg의 소형견이라는 점, 즉 성견이 된 현재 8kg이라면 토이푸들이 아니라는 점의 증빙자료입니다.

매매계약서에는 품종이 "토이푸들"이 아닌 "푸들"로만 기재되어 있기 때문에, 동물판매업자의 계약위반이 성립되기 위해서는 매매계약의 목적물이 토이푸들로 특정된 것이 확인되어야 합니다. 첨부해주신 통화녹음파일에서 법무사님도 캔넬과의 통화 시 토이푸들로 나간 것인지 확인한 바 있는데, 상담자분 신청서에 기재해주신 것과 같이 동물판매 전 직원의 진술, 업체의 증인 등을 통해 더 명확한 보완이 필요합니다.

또한 상담자분 반려견의 현재 무게는 토이푸들이 아닌 미디엄푸들에 해당하는 것으로 보이는데, 이는 토이푸들 중 유난히 성장이 잘 된 개체가 될 수 있는 크기라거나 비만으로 인해 무게만 많이 나가는 경우에 해당하지 않는다는 점도 보완하면 좋을 듯합니다. 간접적으로 캔넬과의 통화에서도 8kg은 너무 많이 나가는 것 아니냐는 진술이 있기는 하지만, 상담자분 반려동물의 체격을 가늠할 수 있는 실제 사진을 첨부하시는 것도 도움이 될 것으로 보입니다.

비공개로 이루어지는 국민신문고를 통한 민원 제기는 동물판매업자와 동물생산업자에 관한 정보를 상세하게 기재하셔야 하지만, 만약 이 외에 불특정다수가 볼 수 있는 인터넷상에 위 내용을 올리신다면(회원만 가입하는 카페, 밴드 등도 해당됩니다), 업체를 알아볼 수 있는 정보는 지우고 올리셔야 업체 측으로부터 명예훼손 고소 내지 손해배상청구소송 등 역으로 피해를 입는 상황을 피하실 수 있습니다.

한편, 매매계약의 매도인(동물판매업자)은 민법상 하자담보책임, 채무불이행에 기한 손해배상책임을 집니다. 하자담보책임이란 '매도인은 매수인에게 하자가 없는 매매 목적물을 판매할 의무'를 뜻합니다. 매도인이 매수인인 상담자분께 다른 품종의 반려동물(하자있는 매매 목적물)을 판매하였다면, 상담자분께서는 매도인에게 손해배상을 청구할 권리가 있습니다. 또한 동물판매업자는 동물을 판매할 때 동물의 상태를 확인하고 계약서에 표시하여 그 증명서류와 함께 제공할 법적 의무를 부담하므로 과실로 위와 같은 의무를 제대로 이행하지 않아 상담자분으로 하여금 반려동물을 매수하게 하였다면 채무불이행에 기한 손해배상책임을 집니다.

다만, 민법 제582조는 권리행사기간에 관하여 "매수인이 매매 목적물에 하자있음을 안 날로부터 6개월 이내에 권리를 행사하여야 한다"고 정하고 있고, 그 이후에는 권리를 행사하실 수 없으므로 권리행사기간을 넘기지 않도록 유의하셔야 합니다.

✳ 민법 제580조(매도인의 하자담보책임)

① 매매의 목적물에 하자가 있는 때에는 제575조제1항의 규정을 준용한다. 그러나 매수인이 하자있는 것을 알았거나 과실로 인하여 이를 알지 못한 때에는 그러하지 아니하다.

✳ 민법 제575조(제한물권있는 경우와 매도인의 담보책임)

① 매매의 목적물이 지상권, 지역권, 전세권, 질권 또는 유치권의 목적이 된 경우에 매수인이 이를 알지 못한 때에는 이로 인하여 계약의 목적을 달성할 수 없는 경우에 한하여 매수인은 계약을 해제할 수 있다. 기타의 경우에는 손해배상만을 청구할 수 있다.

✳ 민법 제582조(전2조의 권리행사기간)

전2조에 의한 권리는 매수인이 그 사실을 안 날로부터 6월내에 행사하여야 한다.

66 분양계약서 작성 및 결제 후 계약취소에 대한 문제

종: **말티즈**

성별: **남**

나이: **5개월**

🐾 **내용:** 2021. 4. 18 22시경 펫샵에서 강아지 분양계약서(소비자 피해보상 규정 및 계약서 1장, 책임분양계약서 1장, 동물등록 동의서 1장) 작성 후 카드결제 할부로 진행하였습니다.

4/19~4/23 출장이 있어 강아지는 다음주 주말에 인도받기로 하고 펫샵에서 일주일간 관리해준다 하여 데려가지 않았습니다. 출장과 교육일정이 변경되면서 한 달으로 길어질 것 같아 4/19 9시경 바로 펫샵에 연락하여 위약금을 지불하고 계약취소 의사를 밝혔으나 어제 판매했던 직원이 13시 출근이므로 전달하겠다고 했습니다.

13시경 담당직원에게 연락와서 계약서 작성 후 원래 계약취소는 불가능하다. 동물등록이 됐으면 더군다나 어렵다. 동물등록이 안 되어 있으면 다른 방법이 있을 수 있으니 이사님께 확인 후 연락주기로 했습니다. 잠시 후 다시 연락와서 동물등록이 이미 된 상태이기 때문에 취소가 불가능하다 했습니다.

하루도 안 된 사이에 바로 동물등록이 완료됐다는 것이 의심스러워 펫샵이 위치한 서구청 동물관리과 담당자에게 사실을 확인하니 아직 진행되지 않았습니다. 직원은 동물등록이 안 됐음에도 불구하고 됐다고 속인 사실이 밝혀졌습니다. 동물등록 승인은 4/20 완료된 상태입니다.

소비지원에 전화하여 취소를 하기 위해 내용증명서를 써서 펫샵, 카드사에 등기를 보냈습니다. 4/22 합의를 하기 위해 펫샵으로 갔고 담당직원은 휴일이고 점장이 있어 점장과 대화를 했습니다. 계약서는 작성하였지만 다음날 바로 펫샵 오픈하자마자 취소의사를 밝힌 점, 동물등록이 안 됐는데도 됐다고 속인 점, 소비자 피해보상 규정은 해당되지 않는다고 x표시한 점, 책임분양계약서(개인과 개인 간의 거래에서는 쓸 수 있으나 개인과 업체 간의 거래에서는 위반사항이라고 함)를 받은 점, 계약서에 생산자 전화번호를 미기재한 점, 카드결제 7일 이내 해당 계약에 관한 철회를 요청할 수 있다는 점을 근거로 취소 요청하였으나 거절되었습니다.

계약서를 쓸 때 직원이 강아지는 경매장이 아닌 허가받은 업체에서 정상적으로 데려온다 하였으나 점장이 은연 중에 경매장에서 데려왔다는 말을 하였습니다. 실랑이가 길어져 경찰이 왔고, 경찰이 있는 상태에서 강아지 상태가 의심스러워 동물병원에 가서 기본진찰을 받고 온다고 요청하였고 주말까지는 펫샵에서 강아지를 맡아주기로 했습니다.

동물병원에 갔다 강아지를 펫샵에 놓으니 점장이 갑자기 말이 바뀌며 주인이 바뀌었다, 그래서 더 이상 펫샵에서 못맡아준다, 지금 당장 데려가라 했습니다. 저희는 강아지를 펫샵에 두고 밖으로 나왔고, 점장이 강아지를 들고 우리를 따라 밖으로 나오더니 강아지를 길바닥에 유기했습니다. 경찰 앞에서 분명 펫샵에서 주말까지 강아지를 맡아주기로 했으므로 우린 강아지를 데려오지 않고 집으로 가니 점장이 다시 강아지를 데리고 들어갔습니다.

현재 이런 상태입니다. 혹시 몰라서 작성한 계약서와 분양비 카드결제 내역서, 동물병원 진찰비 내역서를 첨부합니다. 확인 부탁드립니다. 감사합니다.

상담

펫샵에서 반려동물을 분양하는 행위는 민법상 매매로 볼 수 있고, 매매로 인한 물건의 소유권 이전은 물건의 인도로서 효력이 발생합니다. 반려동물은 동산(물건)으로 볼 수 있는데, 동산의 소유권 이전은 매매(분양)계약의 체결과 물건의 인도로서 효력이 발생합니다.

다만, 민법은 "동산에 관한 물권을 양도하는 경우에 당사자의 계약으로 양도인이 그 동산의 점유를 계속하는 때에는 양수인이 인도받은 것으로 본다."(민법 제189조)고 규정하고 있어서 양수인이 반려견을 양도인에게 점유를 계속하게 한 경우에도 물건의 인도로서의 효력이 발생하도록 하고 있습니다.

사안은 2021. 4. 18. 분양계약을 체결하고, 반려견을 바로 인도받은 것이 아니라 펫샵(양도인)에서 일정기간 동안 보호해 주기로 하였으므로, 위 분양계약의 체결이 존재하고, 점유개정 형태의 반려견의 인도행위가 있었다고 볼 수 있습니다.

따라서 반려견의 소유권은 위 일자에 상담자분에게 귀속되었다고 할 것입니다. 동물등록여부는 원칙적으로 양도행위의 효력 및 소유권의 취득여부에 영향을 미치지 않습니다.

다만, 분양계약의 특약상 반품이나 환불요건에 해당하는 경우에는 이를 주장할 수 있으나 '출장기간이 길어지는 사유'와 같은 사정변경은 분양계약의 취소요건이나 특약상의 반품이나 환불조건에 해당하지는 않아 보입니다.

계약일 다음날 계약을 취소한 사정이 있어 펫샵에서 임의적으로 환불이나 반품을 해 줄 수도 있어 보이나 이를 법적으로 따진다면, 상담자분께서 반려견의 소유자이므로, 매매대금의 반환을 청구할 수 없어 보입니다.

카드결제를 취소하면, 펫샵 측에서 현실적으로 매매대금청구권을 행사하기가 어려운 측면은 있으나 법적으로는 매매대금청구권은 존재한다고 보아야 합니다.

관련 조문

❋ 민법 제188조(동산물권양도의 효력, 간이인도)
① 동산에 관한 물권의 양도는 그 동산을 인도하여야 효력이 생긴다.
② 양수인이 이미 그 동산을 점유한 때에는 당사자의 의사표시만으로 그 효력이 생긴다.

❋ 민법 제189조(점유개정)
동산에 관한 물권을 양도하는 경우에 당사자의 계약으로 양도인이 그 동산의 점유를 계속하는 때에는 양수인이 인도받은 것으로 본다.

67

입양계약서 사기 의심

종: 비숑 프리제
성별: 남
나이: 7개월

🐾 **내용:** 2020. 1. 3.에 애견샵에서 비숑이란 아이를 입양했으며, 현재 다른 견종같다는 의구심이 상담 신청의 출발점이었습니다.

허나, 과학적 근거가 없어 이의를 제기하는 데 어려움이 있지만 입양 시 작성했던 계약서를 확인해보니 "브리더"라는 칸에 "지역명"만 기재되어 있습니다. 동물보호법에 의거하여 생산업자, 업체 및 주소를 기재해야 하지만 지역명이 업체명이라 할지라도 국내에 없는 업체이기에 허위로 기재한 것입니다. 동물등록번호가 OOO이라고 기재되어 있지만 저는 이게 무엇인지 모릅니다. 위 모든 것들은 기재도 안 되어 있을뿐더러, 제게 알려주지도 않았습니다(메일에 관련 **파일 첨부됨: 파일명 - 1).**

또한, 소비자로서 생산업자의 정보를 알아야 할 권리가 있다 생각하여 제 개인정보를 일부 알려줬음에도 불구하고 계약서를 보여달라는 반복된 말씀이며, 분양 업체에 연락을 취했더니 끝내 알려주지 않았습니다(메일에 관련 **파일 첨부됨: 파일명 - 2).**

분양 업체는 계약서와 함께 개체관리카드 사본을 입양인에게 인수해줘야 한다는 소리가 있었으나, 무근거일까 봐 이게 사실인지에 대해서도 질문드립니다.

위 내용들로 계약 해지 또는 배상 청구가 가능한가요? 해당 업체에 문의하여 합의가 가능하다면 그렇게 하고 싶습니다.

필자는 입양견과 평생을 함께하고 싶습니다. 계약 해지가 가능하다면 입양견을 반환해야 할 텐데 일반인의 힘으론 어려운지라 자문을 구해봅니다. 감사합니다.

⭐1 계약 취소 또는 해제 가능 여부

가. 취소 가능 여부

사기에 의한 의사표시는 취소할 수 있습니다(민법 제110조). 다른 견종임에도 비숑으로 속인 것은 사기에 해당하므로 신청인께서는 위 조항에 의해 입양계약을 취소할 수 있습니다.

다만, 상대방의 사기에 관한 입증책임은 취소를 주장하는 자에게 있습니다. 따라서 신청인께서 애견샵이 견종에 관해 기망행위를 했다는 점을 입증해야 합니다.

상담내용상 기망에 관한 직접적인 증거(유전자 검사 또는 견종에 관한 전문가의 확인 등) 실제로 민사소송을 진행한다면, 법원에 감정 등을 신청하여 견종의 상이함을 밝힐 수는 있습니다.

또한, 분양 업체가 업체명 등을 허위로 기재한 점, 계약 후 생산업자의 정보를 알려주지 않은 점 등은 기망행위를 인정하는 정황 또는 간접증거로써 사용할 수 있습니다.

나. 해제 가능 여부

1) 채무불이행으로 인한 해제

계약의 당사자 일방이 자신의 의무 이행을 지체하거나, 그 이행이 불가능한 경우, 즉 채무불이행의 경우 계약을 해제할 수 있습니다(민법 제544조, 제546조). 다만, 위 의무 또는 채무는 주된 급부만을 의미합니다(대법원 1968. 11. 5. 선고 68다1808 판결).

분양업체가 신청인에게 부담하는 분양계약상의 주된 급부의무는 분양견을 인도하는 것입니다. 개체관리카드 사본 인도, 생산업자에 대한 정보 등 제공은 주된 급부의무에 해당하지 않습니다. 따라서 개체관리카드 사본의 미인도, 생산업자에 대한 정보 미제공 등을 이유로 분양계약을 해제할 수는 없습니다.

더 나아가서, 등록번호 등의 미기재 행위는 행정적 제재처분의 대상은 될 수 있으나 이로써 분양계약의 효력을 부인할 수는 없습니다.

2) 하자담보책임으로서 해제

매매목적물에 하자가 있는 경우 민법 제580조에 의해 계약을 해제할 수 있습니다.

견종이 다른 것은 물건의 하자에 해당하므로 신청인께서는 견종이 상이함을 입증하여 분양계약을 해제할 수 있습니다.

❷ 배상청구 가능 여부

가. 민법 제750조의 불법행위에 기한 손해배상청구

고의 또는 과실로 인한 위법행위로 손해를 가한 경우 가해자는 피해자에게 그 손해를 배상할 책임을 집니다(민법 제750조). 이 경우 고의 또는 과실, 위법행위, 손해발생, 손해액은 피해자 측이 입증하여야 합니다.

따라서 상담자께서 자신에게 손해가 발생하였다는 점 및 그 액수를 주장·입증하여야 합니다. 분양업체의 '정보 미제공'으로 상담자께 어떠한 재산상·정신상 손해가 발생하였음을 인정하기는 어려워 보이므로 정보 미제공을 원인으로 한 배상청구는 불가능합니다.

'견종에 관한 기망행위'에 관해서는, 비송의 평균 분양가와 현재 반려견 견종의 평균 분양가격의 차액만큼 손해배상을 청구할 수 있습니다(재산상 손해). 또한 견종이 다름으로 인하여 본인에게 정신적 손해가 발생하였다는 사실을 입증할 경우 위자료를 청구할 수 있으나, 이는 현실적으로 불가능할 것으로 예상됩니다.

나. 하자담보책임에 기한 손해배상청구

앞서 말씀드린 하자담보책임이 성립할 경우 계약 해제 외에 손해배상도 청구할 수 있습니다.

다. 합의에 의한 배상금 청구

합의서 작성 등을 통해 합의가 이뤄질 경우 상대방에게 합의금을 청구할 수 있습니다.

❸ 입양견 반환에 관한 문제

입양계약을 취소 또는 해제하는 경우 입양견을 분양업체에 반환하여야 합니다. 따라서 신청인이 말씀하신 것처럼, 반려견과 평생을 함께하고 싶다면 계약을 취소·해제하여서는 안 되고 손해배상만 청구하여야 합니다.

분양
관련

✳ 민법 제110조(사기, 강박에 의한 의사표시)

① 사기나 강박에 의한 의사표시는 취소할 수 있다.

② 상대방있는 의사표시에 관하여 제삼자가 사기나 강박을 행한 경우에는 상대방이 그 사실을 알았거나 알 수 있었을 경우에 한하여 그 의사표시를 취소할 수 있다.

③ 전2항의 의사표시의 취소는 선의의 제삼자에게 대항하지 못한다.

✳ 민법 제544조(이행지체와 해제)

당사자 일방이 그 채무를 이행하지 아니하는 때에는 상대방은 상당한 기간을 정하여 그 이행을 최고하고 그 기간내에 이행하지 아니한 때에는 계약을 해제할 수 있다. 그러나 채무자가 미리 이행하지 아니할 의사를 표시한 경우에는 최고를 요하지 아니한다.

✳ 민법 제546조(이행불능과 해제)

채무자의 책임있는 사유로 이행이 불능하게 된 때에는 채권자는 계약을 해제할 수 있다.

✳ 민법 제580조(매도인의 하자담보책임)

① 매매의 목적물에 하자가 있는 때에는 제575조제1항의 규정을 준용한다. 그러나 매수인이 하자있는 것을 알았거나 과실로 인하여 이를 알지 못한 때에는 그러하지 아니하다.

② 전항의 규정은 경매의 경우에 적용하지 아니한다.

✳ 민법 제750조(불법행위의 내용)

고의 또는 과실로 인한 위법행위로 타인에게 손해를 가한 자는 그 손해를 배상할 책임이 있다.

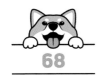
반려견 품종 분양사기

종: 포메라니안

성별: 여

나이: 1살 10개월

내용: 2020년 4월 30일 펫샵에서 3개월 된 리치를 분양금액 150만원에 분양받았습니다.

그리고 성장하는 과정에서 코가 길어지고, 체중(1년 후 4.7kg)과 크기가 커지면서 소개해준 펫샵 근처에 위치한 ①, ②, ③, ④ 동물병원까지 모든 수의사님께서 스피치 혈통이 좀 섞여있다고 하십니다.

그래서 지난주 12월 11일(토) 펫샵에 방문했는데 한 달 전 다른 동네에 있는 분양샵으로 사장이 아니고 직원으로 옮겼다고 합니다.

저희 강아지 사진을 보내고, 동물병원 얘기를 했는데, 100% 포메라니안이 맞다고 합니다. 객관적인 자료도 없이 무슨 근거로 이야기하냐고 합니다.

너무 답답하고 무책임한 답변에 마음에 상처를 많이 받았습니다. 어떻게 해야 할까요?

상담

상담자분께서 분양샵 사장의 무책임한 답변에 답답하시고 마음에 상처를 받으신 것은 깊이 공감합니다만, 안타깝게도 현행법상 사장에게 민·형사상 책임을 묻기는 어려울 것으로 보입니다.

1 형사책임 – 성립 가능성 낮음

형법상 사기죄는 고의로 상대방을 속여서 금전적 이득을 취득하였을 때 성립합니다. 분양샵 사장의 사기죄 성부에 관하여, 실제로 리치가 분양샵 사장의 설명과 다른 혈통인 것이 사실이고, 분양샵 사장은 리치에게 스피치 혈통이 섞여있는 것을 알면서도 이를 숨기고 상담자분께 100% 포메라니안이라고 거짓말을 한 것이며, 상담자분께서 이에 속아 분양금액 150만원을 분양샵 사장에게 지급하였을 때 성립할 수도 있기는 합니다. 그러나 100% 사기죄 성립이 되려면 리치가 실제로 포메라니안이 아니라는 사실이 확정되고, 분양샵 사장이 그 사실을 알고도 속여서 돈을 받으려는 의도, 즉 법률용어로는 '편취의 고의'가 있었음이 입증되어야 하는데, 실무상 이러한 입증이 어려우므로 분양샵 사장을 사기죄로 고소한다고 하더라도 분양샵 사장이 처벌될 가능성은 매우 낮습니다.

2 민사책임 – 성립 가능성이 낮거나 실익이 거의 없음

상담자분께서 100% 포메라니안인 줄 알고 리치를 분양받으셨는데, 실제로는 100% 포메라니안이 아니었을 경우 민법상 착오 또는 사기에 의한 분양이라는 요건이 충족된다면 분양계약을 취소하여 리치를 분양샵에 반환하고 분양샵으로부터 분양금액을 돌려받으실 수도 있습니다.

다만, 착오 또는 사기에 의한 분양계약 체결이라는 요건이 반드시 충족되어야 하고, 착오에 의한 분양이라면 계약 내용의 중요부분에 착오가 있어야 하는데, 반려동물이 100%의 순혈견인지 여부가 계약 내용의 중요부분인지에 관해서 현재 판례의 명확한 입장은 확인되지 않으므로 결국 민사소송을 통해서 판단을 받아봐야 합니다. 또한 사기에 의한 분양계약이라면 앞서 말씀드린 바와 같이 분양샵 사장이 고의로 사실과 다른 설명을 하여 상담자분을 속여서 분양계약 체결하였을 때 성립되는데 마찬가지로 이는 입증이 어려워 성립가능성이 낮습니다.

반려동물 분양의 법적 성격은 '매매계약'에 해당하므로 매매계약의 매도인(**분양샵**)은, 민법상 하자담보책임을 지고 하자담보책임이란 '매도인은 매수인에게 하자가 없는 매매 목적물을 판매할 의무'를 뜻합니다. 만약 스피츠 혈통이 섞인 포메라니안이 하자있는 매매 목적물에 해당하고, 그러한 사유로 상담자분께서 매매계약의 목적을 달성할 수 없다면 계약을 해제한 후 리치를 분양샵에 반환하고 분양금액을 돌려받으시거나, 아니면 포메라니안과 스피츠가 섞인 포메라니안의 분양대금 차액 상당의 손해배상청구소송을 하실 수도 있을 것입니다. 그러나 법률적으로 다른 혈통이 약간 섞인 품종이 하자있는 매매 목적물로 평가될지는 다소 회의적입니다. 결국 민법상 착오에 의한 분양계약 취소 또는 매도인의 하자담보책임에 따른 계약 해제 또는 손해배상 모두 성립 가능성이 매우 낮거나 실익이 없습니다.

관련 조문

❋ **형법 제347조(사기)**

① 기망하여 재물의 교부를 받거나 재산상의 이익을 취득한 자는 10년 이하의 징역 또는 2천만원 이하의 벌금에 처한다.

❋ **민법 제109조(착오로 인한 의사표시)**

① 의사표시는 법률행위의 내용의 중요 부분에 착오가 있는 때에는 취소할 수 있다. 그러나 그 착오가 표의자의 중대한 과실로 인한 때에는 취소하지 못한다.

❋ **민법 제110조(사기, 강박에 의한 의사표시)**

① 사기나 강박에 의한 의사표시는 취소할 수 있다.

❋ **민법 제580조(매도인의 하자담보책임)**

① 매매의 목적물에 하자가 있는 때에는 제575조 제1항의 규정을 준용한다. 그러나 매수인이 하자있는 것을 알았거나 과실로 인하여 이를 알지 못한 때에는 그러하지 아니하다.

❋ **민법 제575조(제한물권있는 경우와 매도인의 담보책임)**

① 매매의 목적물이 지상권, 지역권, 전세권, 질권 또는 유치권의 목적이 된 경우에 매수인이 이를 알지 못한 때에는 이로 인하여 계약의 목적을 달성할 수 없는 경우에 한하여 매수인은 계약을 해제할 수 있다. 기타의 경우에는 손해배상만을 청구할 수 있다.

분양 관련

69 유기묘 입양 중, 병원 강제 지정 문제

종: 코리안 숏헤어

성별: 여

나이: 4개월 추정

🐾 **내용**: 2021년 9월 30일에 '유기묘 분양 커뮤니티'를 통해 본 유기묘를 거주하는 지역에서 조금 떨어진 동물병원에서 입양하였습니다. 방문에 앞서 사전에 연락을 드려 입양 조건이나 필요물품이 있는지 물었습니다. 상대 간호사는 없다고 답하였으나 9월 30일에 방문하니, 필수접종과 중성화 수술을 모두 해당병원에서 시술을 받아야 고양이를 입양할 수 있다고 하였습니다.

거리가 멀어 어려움이 있다고 하자 중성화만이라도 해야 한다고 이야기하였습니다. 그리고 먼저 중성화 비용을 결제해야 한다고 안내하였습니다. 따라서 2021년 9월 30일에 수컷 기준 중성화 비용 18만원을 결제하였습니다. 당시에는 성별 미상이라고 안내하셔서 수컷 비용만 결제한 것입니다. 이후 고양이가 충분히 성장하면 연락을 해서 날짜를 잡고 수술을 진행하라고 안내받았습니다. 2021년 12월 27일에 고양이가 성장하여 중성화 수술 관련해서 해당 병원에 문의 전화를 했습니다. 거리가 멀고, 수컷도 아닌 여자아이가 큰 수술을 하는 것인데 먼 거리를 오가는 것이 어려울 것 같아 환불을 받고 싶다고 말씀드렸습니다. 간호사는 원장님께 말씀드리고 연락주시겠다고 했습니다.

입양의 전 과정은 간호사와 진행하였고, 원장은 없었습니다. 이후 원장이 직접 연락이 와 자기가 얼마나 대단한 수의사인지 일장 연설을 늘어놓으시고, "나한테 받아라", "나는 대한민국에서 이름만 대면 다 안다", "나한테 안 받으면 복잡한 중성화 인증 과정을 거쳐야 한다"라고 말씀하셨습니다. "그래서 환불을 안 해주시겠다는 거냐", "그러면 그 비용은 무슨 명목으로 받아가시겠다는 거냐" 여쭤봤더니, "환불을 안 해주겠다는 게 아니라 인증절차가 복잡하니까 나한테 와서 받아라", "우리 병원이 싸다", "택시비 따져도 그게 그거다"라는 똑같은 말만 반복하셨습니다.

"그럼 왜 사전 고지를 안 해줬느냐"라고 묻자 "일일이 다 말할 수가 없다", "전라도면 이해하는데 서울인데 그냥 와서 받아라", "사정을 다 봐줄 수가 없다"고 말했습니다.

제가 뜻을 굽히지 않자 "그러면 복잡한 인증절차 와서 진행하세요. 서류들고 직접 찾아오세요."라고 말씀하셨습니다. 우편이나 팩스도 불가하고 무조건 준비된 자료를 가지고 직접 찾아와야만 환불해주겠다고 말하고 끊었습니다. 직접 찾아오는 것 말고는 환불이 안 된다고 했습니다.

2021년 12월 28일 해당 구청에 민원을 넣었습니다. 그랬더니, "나는 우리 병원에서 꼭 중성화 수술을 해야 한다는 조건으로 아이를 입양시켜준 적 없다", "입양 후에 보호자가 자발적으로 아이를 수술시키기로 하고 결제한 거다"라고 답변했다는 연락을 받았습니다.

어떤 보호자가 4개월 뒤 중성화 수술 비용을 미리 결제하겠습니까? 원장의 태도가 완전히 달라졌습니다. 실제로 모든 절차를 진행한 건 간호사였고, 간호사가 그렇게 안내했기에 그 당시 병원에서 중성화를 해야만 데려갈 수 있다는 내용을 가지고 지인과 통화하기도 하였습니다.

그리고 환불은 본인 병원에서 정한 절차이기 때문에 꼭 본인이 직접 와야만 하고, "구청에서 관여할 것은 아니다"라는 입장을 밝혔다고 들었습니다. 구청에 항의했지만, 죄송하다는 답변과 해당 병원 직원교육을 잘 시키라고 주의를 주겠다는 말 말고는 듣지 못했습니다.

해당병원에서 요구한 자료는 1. 중성화 수술 후 해당 병원 원장 직인이 찍힌 중성화 수술완료 증명서 원본, 2. 카드 영수증, 3. 신분증입니다.

원장이 말한대로 먼 거리를 꼭 직접 가서 자료를 제출해야만 환불이 가능한지, 현재 4개월가량이 지난 상태라 카드 영수증은 없는데 카드 내역서로 충분할지, 만약 영수증이 없는 걸 걸고 넘어지며 환불이 어렵다고 할 경우에는 어떻게 해야 할지 문의드리고 싶습니다.

그리고 환불을 받고 난 뒤에 공익 목적의 글을 고양이 인터넷 카페 등에 작성하는 게 법적으로 문제가 될 수 있는지도 여쭙고 싶습니다.

마지막으로 지자체에서 정한 동물보호센터에서 이렇게 본인 병원에서의 중성화 및 접종을 조건으로 입양을 진행하는 것에 대해 민원을 넣거나 도움받을 수 있는 단체가 있다면 알고 싶습니다. 소비자 보호센터와 구청에는 이미 연락을 드렸는데, 별 도움을 받지 못했습니다.

그저 동물병원이라면 모르겠지만, 동물보호를 위한 센터에서 이런 식으로 대처하는 것은 문제가 많아 보입니다. 사전에 고지를 하지 않고, 수십만원 상당에 해당하는 진료를 무조건 해당 병원에서 진행하는 조건으로 입양을 진행하는 것이 법적으로 문제가 없는 것인지 궁금합니다.

앞으로 위 보호센터에서 입양을 진행하는 많은 분들이 어려움을 겪지 않았으면 하는 마음에 제가 할 수 있는 일은 없을지, 도움받을 단체는 없을지 문의드리기 위해 법률상담을 요청드립니다.

상담

상담자분께서 동물병원 원장의 요구에 응하실 필요는 없습니다. 원장의 요구는 상담자분께서 해당 자료들을 지참하고 동물병원에 직접 오지 않으면 환불을 해주지 않겠다는 것인데, 이는 강요죄 또는 공갈죄에 해당될 소지가 있는 행위로 형사처벌 가능성이 있습니다. 따라서 원장에게 위 행위가 위법행위일 수 있는 점을 고지하고 환불을 요구하시거나(**민사책임**), 그래도 원장이 응하지 않으면 경찰에 원장을 고소하는 방안도 고려해보실 수 있겠습니다(**형사책임**). 다만 실무상 실제 원장의 형사처벌까지 이루어질 가능성이 높지는 않습니다.

강요죄나 공갈죄의 수단인 협박은 사람의 의사결정의 자유를 제한하거나 의사실행의 자유를 방해할 정도로 겁을 먹게 할 만한 해악을 고지하는 것을 말하는데, 해악의 고지는 행위자가 그의 직업·지위 등에 기하여 불법한 위세를 이용하여 재물의 교부나 재산상 이익을 요구하고 상대방으로 하여금 그 요구에 응하지 않을 때에는 부당한 불이익을 당할 위험이 있다는 위구심을 일으키게 하는 경우에도 해악의 고지가 됩니다.

원장이 상담자분께서 할 의무가 없는 특정한 요구를 하면서 이에 응하지 않을 경우 환불이 안 된다고 고지하는 행위는 강요죄나 공갈죄에서 말하는 협박의 개념에 포섭될 수 있습니다. 또한 강요죄나 공갈죄에 해당하는 행위는 민법상 불법행위에도 해당하므로 민사상 손해배상으로 이미 결제한 금액을 청구하실 수도 있습니다.

위와 같은 내용을 원장에게 고지해도 환불이 되지 않을 경우, 원장의 민·형사상 책임과 적정한 환불기한을 명시한 내용증명우편을 보내시는 것도 효과적인 방법일 것으로 생각되고, 원장이 내용증명우편을 받고도 불응하는 경우 동물병원이 위치한 관할경찰서에 고소장을 접수하셔서 형사책임을 묻는 상황까지 생각해보셔야겠습니다.

공익 목적이라고 하더라도, 타인과 관련한 글을 고양이 인터넷 카페 등에 올리실 경우 정보통신망법 제70조 제1항 사실 적시 명예훼손죄에 해당할 수 있으므로 주의가 필요합니다.

정보통신망법상 명예훼손죄가 성립하려면 상담자분의 행위가 다음의 요건을 충족해야 합니다.

① 명예훼손의 대상이 특정되어 있을 것, ② 공연성(전파가능성), ③ 사실(또는 허위사실)의 적시, ④ 그 적시한 사실이 사람의 사회적 평가를 저하시킬 만한 것, ⑤ 비방의 목적

상담자분께서 게시글에 비록 해당 동물병원 상호를 적지는 않더라도, 이니셜이나 위치 등으로 표시한 내용이 다른 사람들이 쉽게 해당 동물병원을 알 수 있도록 한다면, 특정성, 공연성, 해당 동물병원 원장의 사회적 평가를 저하시킬 만한 사실의 적시 요건은 충족될 것으로 보입니다.

다만, 상담자분께서 동물병원 원장에 대한 비방의 목적이 없었고, 공공의 이익을 위한 것이었다는 점이 인정된다면 명예훼손죄의 죄책을 지지 않을 수 있습니다. 이에 관한 자세한 내용은 첨부한 판례인 대법원 2012. 11. 29. 선고 2012도10392 판결을 참조하여 주시기 바랍니다.

참조판례

❋ 대법원 2012. 11. 29. 선고 2012도10392 판결 발췌

'사람을 비방할 목적'이란 가해의 의사나 목적을 필요로 하는 것으로서, 사람을 비방할 목적이 있는지는 해당 적시 사실의 내용과 성질, 해당 사실의 공표가 이루어진 상대방의 범위 그, 표현의 방법 등 그 표현 자체에 관한 제반 사정을 고려함과 동시에 그 표현으로 훼손되거나 훼손될 수 있는 명예의 침해 정도 등을 비교·고려하여 결정하여야 한다. 또한 비방할 목적은 행위자의 주관적 의도의 방향에서 공공의 이익을 위한 것과는 상반되는 관계에 있으므로, 적시한 사실이 공공의 이익에 관한 것인 경우에는 특별한 사정이 없는 한 비방할

목적은 부인된다. 공공의 이익에 관한 것에는 널리 국가·사회 그 밖에 일반 다수인의 이익에 관한 것뿐만 아니라 특정한 사회집단이나 그 구성원 전체의 관심과 이익에 관한 것도 포함한다.

관련 조문

❋ 형법 제324조(강요)

폭행 또는 협박으로 사람의 권리행사를 방해하거나 의무 없는 일을 하게 한 자는 5년 이하의 징역에 처한다.

❋ 형법 제350조(공갈)

① 공갈하여 재물의 교부를 받거나 재산상의 이익을 취득한 자는 10년 이하의 징역 또는 2천만원 이하의 벌금에 처한다.

❋ 민법 제750조(불법행위의 내용)

고의 또는 과실로 인한 위법행위로 타인에게 손해를 가한 자는 그 손해를 배상할 책임이 있다.

❋ 정보통신망 이용촉진 및 정보보호 등에 관한 법률 제70조(벌칙)

① 비방할 목적으로 정보통신망을 통하여 공공연하게 사실을 드러내어 다른 사람의 명예를 훼손한 자는 3년 이하의 징역 또는 3천만원 이하의 벌금에 처한다.

③ 제1항과 제2항의 죄는 피해자가 구체적으로 밝힌 의사에 반하여 공소를 제기할 수 없다.

70

반려견 선천적 장애의 뒤늦은 발견 시 피해보상 방법

종: 포메라니안

성별: 여

나이: 1년 3개월

내용: 2020년 12월 29일 애견센터에서 포메라니안 60일생을 115만원에 분양받았습니다.

건강히 잘 컸는데 10개월 차 때부터 오른쪽 뒷다리를 절거나 들면서 걸어 확인해보니 발가락이 세 개인 기형이었습니다.

애견센터에 알리니 연계병원 말고 다른 병원도 괜찮으니 병원 진단서와 분양계약서를 가지고 방문하라 해서 준비해서 갔더니 지정된 연계병원에서 받은 진단서만이 확인 후 보상 검토를 할 수 있다 합니다.

방문한 병원 진단서에는 오른쪽 뒷다리가 비정상적이라는 진단을 받았습니다.

이럴 경우 애견센터 연계병원을 방문하면 애견센터에 유리한 진단이 내려질 것 같은데, 방문해야 하는지 알고 싶고 피해보상이나 환불을 받을 수 있는지 알고 싶습니다.

센터에서는 1년이 지났는데 왜 이제서야 알리냐는 식으로 나왔는데 강아지가 새끼일 때는 다리를 들거나 절지를 않아서 확인을 못 했고 할 필요성도 못느꼈습니다.

상담

사안은 분양계약 후 10개월이 경과한 후에 발가락기형이 발견된 경우인데, 강아지에게 발가락기형이라는 장애가 있었으므로, 민법 제580조 '매도인의 하자담보책임' 조항이 적용될 수 있습니다. 매도인(=분양자)은 하자(=장애) 있는 매매 목적물(=강아지)을 매수인(=신청인)에게 매도함으로써, 매수인에게 발생한 손해(병원비 등)를 배상할 책임이 있습니다.

다만, 매수인이 하자있는 것을 알았거나 과실로 인하여 이를 알지 못한 때에는 계약해제나 손해배상을 청구할 수 없습니다. 사안의 경우 발가락기형은 강아지가 성장을 하면서 확인이 되는 것이므로, 분양계약 당시 그러한 사실을 알았거나 과실로 알지 못하였다고 볼 수 없으므로, 분양자에게 담보책임을 물을 수 있어 보입니다.

담보책임에서 계약해제권은 '계약의 목적을 달성할 수 없는 경우'에 한하여 인정되는데, 발가락기형으로 보행에 지장이 있는 사정이 계약의 목적을 달성할 수 없는 경우에 해당하는지는 논란이 있을 수 있습니다(**계약해제권이 인정되는 경우 계약을 해제하고, 분양대금을 반환받을 수 있음**).

담보책임이 인정될 경우 계약해제권과 별도로 손해배상을 청구할 수 있는데, 치료비 상당의 금액을 청구할 수 있을 것으로 보입니다.

연계병원과 관련하여 이미 다른 병원에서 진단을 받았으므로 애견센터에서 지정한 병원에 추가로 꼭 가야 하는 것은 아닙니다. 다만, 보상의 의사가 있고, 선천성 유무, 치료가능 여부, 치료에 소요되는 비용 등에 대한 견해차이를 없애기 위해서 추가 진료를 요청한 것이라면, 분쟁해결을 위해 지정병원에 가는 것도 고려해 볼 수 있습니다.

관련 조문

※ **민법 제580조(매도인의 하자담보책임)**

① 매매의 목적물에 하자가 있는 때에는 제575조제1항의 규정을 준용한다. 그러나 매수인이 하자있는 것을 알았거나 과실로 인하여 이를 알지 못한 때에는 그러하지 아니하다.

※ **민법 제575조(제한물권있는 경우와 매도인의 담보책임)**

① 매매의 목적물이 지상권, 지역권, 전세권, 질권 또는 유치권의 목적이 된 경우에 매수인이 이를 알지 못한 때에는 이로 인하여 계약의 목적을 달성할 수 없는 경우에 한하여 매수인은 계약을 해제할 수 있다. 기타의 경우에는 손해배상만을 청구할 수 있다.

🐾 **내용:** 먼저번 답변 잘 받았습니다. 감사합니다. 알려주신 대로 연계병원까지 가서 진단 후 선천적 기형이라는 진단명을 받고 애견샵에 다시 제출하였습니다.

4일 후 연락을 받았는데 기형인 개를 판매한 건 인정하는데, 구매자도 너무 늦

게 인지하였다는 과실이 있고 샵에서 해줄 수 있는 보상은 30만원 부분환불이
라는 제안을 받았습니다.

먼저번 상담할 때도 적었었는데 개는 건강했고 다리를 절기 전까지는 발가락이
세 개인지 알 수가 없었습니다.

적절한 보상이라면 강아지는 저희가 떠안고 가는 걸로 하려고 했는데 분양가
115만원에서 30만원만 보상한다는 게 어처구니 없단 생각이 들어 변호사님이
알려주신 소비자원에 전액환불을 신청하려 합니다.

전액환불이 가능한지 또 비용은 얼마나 드는지 알고 싶습니다.

상담

사안은 분양계약 후 10개월이 경과한 후에 발가락기형이 발견된 경우인데, 강아
지에게 발가락기형이라는 장애가 있었으므로, 민법 제580조 '매도인의 하자담보책
임' 조항이 적용될 수 있습니다. 매도인(=분양자)은 하자(=장애) 있는 매매 목적물(=강
아지)을 매수인(=신청인)에게 매도함으로써, 매수인에게 발생한 손해(병원비 등)를 배
상할 책임이 있습니다.

다만, 매수인이 하자있는 것을 알았거나 과실로 인하여 이를 알지 못한 때에는
계약해제나 손해배상을 청구할 수 없습니다. 사안의 경우 발가락기형은 강아지가
성장을 하면서 확인이 되는 것이므로, 분양계약 당시 그러한 사실을 알았거나 과실
로 알지 못하였다고 볼 수 없으므로, 분양자에게 담보책임을 물을 수 있어 보입니다.

담보책임에서 계약해제권은 '계약의 목적을 달성할 수 없는 경우'에 한하여 인정
되는데, 발가락기형으로 보행에 지장이 있는 사정이 계약의 목적을 달성할 수 없는
경우에 해당하는지는 논란이 있을 수 있습니다(계약해제권이 인정되는 경우 계약을 해제
하고, 분양대금을 반환받을 수 있음).

담보책임이 인정될 경우 계약해제권과 별도로 손해배상을 청구할 수 있는데, 치
료비 상당의 금액을 청구할 수 있을 것으로 보입니다.

분양대금 전액을 환급받을 수 있는 계약해제권은 인정여부가 논란이 되고, 손해
배상의 경우 분양금액 등이 기준이 되지만, 실제 손해의 규모는 분양계약서 내용,
치료비, 장애의 여부 및 정도 등을 고려하여 판단하게 되므로, 상대방 측이 제시한

일부 반환금이 적정한 손해액인지는 판단하기 어렵습니다(손해배상책임이 인정된다고 하더라도 책임을 제한하는 경우가 많습니다).

이러한 경우 분쟁해결기관을 통해 판정을 받아 보는 것도 필요한데, 소비자원에 피해구제신청을 통해 사실관계를 확정하고, 적정한 손해액의 판단을 받아보는 것을 고려해 보시기 바랍니다.

관련 조문

✻ 민법 제580조(매도인의 하자담보책임)

① 매매의 목적물에 하자가 있는 때에는 제575조제1항의 규정을 준용한다. 그러나 매수인이 하자있는 것을 알았거나 과실로 인하여 이를 알지 못한 때에는 그러하지 아니하다.

✻ 민법 제575조(제한물권있는 경우와 매도인의 담보책임)

① 매매의 목적물이 지상권, 지역권, 전세권, 질권 또는 유치권의 목적이 된 경우에 매수인이 이를 알지 못한 때에는 이로 인하여 계약의 목적을 달성할 수 없는 경우에 한하여 매수인은 계약을 해제할 수 있다. 기타의 경우에는 손해배상만을 청구할 수 있다.

71

임시보호 강아지 분양 후 반환 요청에 대한 소유권 분쟁

종: 프렌치불독

성별: 남

나이: 1살

🐾 **내용:** 안녕하세요. 제가 파양된 강아지를 임보차 데리고 있던 동생에게 분양을 받았습니다.

처음부터 설명을 드리자면 반려견을 처음 데리고 온 견주님께서 부득이한 사망으로 인하여 알고 지내던 회사 동생이 집으로 찾아가 반려견이 있다는 걸 확인하고, 사망한 친동생과 연락을 하여 장례식장에 가서 회사 대표이신 아버님이 친동생과 얘기를 하였는데 본인이 키울 여건이 안 되니 반려견을 부탁한다고 말씀하셨답니다.

그런데 추후에 견주분이었던 친동생께서 형님 49제가 끝나고 연락이 와서 "다시 반려견을 데리고 가고 싶다." 이렇게 연락이 왔답니다. 제가 분양을 받고 한참 뒤에서야 제 연락처를 알고 싶다, 고소를 하겠다는 등 소송을 가겠다면서 저를 찾고 있었답니다.

저로서는 기분이 상할뿐더러 그저 어이가 없었습니다. 어찌저찌해서 그냥 제가 그분과 통화를 해보겠다고 해서 연락처를 받는데 통화를 해보니 계속 완강하게 형 생각이 나서 다시 데려가고 싶다고 말씀을 하시는 중인데, 저 또한 반려견과 두달 동안 행복하게 지내오면서 같이 살고있는 중입니다.

친동생에게 물어보니깐 사망하신 견주님께서 반려견에 대한 애정도 그렇게 없었습니다. 반려견이 저한테 왔을 시 목줄을 작은 걸로 해서 목 부분에 흉터, 피부질환, 귀, 생식기, 변을 봤을 시 기생충도 나왔을뿐더러 반려견에 몸 상태가 최악이었습니다.

하지만 저는 반려견이 고환이 정상적으로 안 나오고 살에 붙은 매복형인 걸 확인했습니다. 계속 생식기 쪽에서 초록색, 노란색이 섞인 고름이 나와 병원에 가

분양 관련

보니 중성화 수술을 해야 된다 해서 수술을 진행했습니다.

그러고 시간이 지나면서 생식기에선 고름조차 안 나오고 좋아졌습니다. 저에게 있으면서 아주 건강하게 잘 크고 있고 엄청 말랐던 아이가 저한테 와서 정상적으로 돌아왔고 지금 행복하게 지내고 있는 상황입니다.

저 또한 그 동생분에게 완강하게 제가 키우겠다 보고 싶으면 저한테 와서 언제든지 볼 수 있게 해드리겠다까지 말씀드린 상황입니다.

견주님께서 반려견을 데리고 왔을 당시 외장칩으로 동물보호등록을 하셨다고 어제 연락을 받았습니다. 펫보험 또한 들어났다고 했습니다. 하지만 저는 데리고 와서 반려견에 몸 상태부터 좋아지고 하나하나 진행하는 중이었습니다.

그 전에 동물보호등록을 외장으로 따로 하였고 병원에서 내장칩이 있나 확인해 본 결과 내장칩이 없어서 최근에 내장칩까지 진행을 하였습니다.

만약에 최악이 상황이 온다면 견주는 누가 되는 건가요? 법적으로 제가 문제가 되는 게 있을까요?

법적절차를 진행했을 시 어떤 식으로 진행이 되고 이런 경우에는 누가 견주가 되는 건지 궁금합니다. 정말 반려견에게 더 이상 상처를 주기가 싫습니다. 저랑 행복하게 살고 싶습니다.

상담

하루속히 신청인 반려견에 관한 분쟁이 해결되기를 바랍니다. 상담내용을 정리하면 신청인과 사망한 이전 견주의 친동생(이하 '친동생'이라 함) 사이에 반려견에 대한 소유권 귀속이 문제 된다고 볼 수 있습니다.

결론부터 말씀드리면 신청인께서는 반려견에 대한 소유권을 주장하실 수 있다고 사료됩니다. 그 이유는 다음과 같습니다.

첫째, 친동생이 이전 견주의 사망으로 인하여 반려견에 대한 소유권을 적법하게 상속받았다는 전제하에, 정황상 친동생이 회사 동생의 아버지인 회사대표에게 본인이 키울 여건이 안 된다는 이유로 반려견을 부탁하며 반려견에 대한 점유를 포기함으로써 반려견에 대한 소유권을 포기하였다고 볼 수 있습니다. 따라서 일단 반려견에 대한 소유권은 신청인께 직접 반려견을 분양한 자(이하 '분양자'라 함)에게 귀속

됩니다.

둘째, 신청인과 분양자 사이에 반려견의 분양에 관한 의사합치가 있었다고 보이므로 분양계약을 체결하였다고 볼 수 있습니다. 원칙적으로 계약은 양 당사자의 의사합치로 성립하며, 서면 형식의 분양계약서가 반드시 작성되어야 하는 것은 아닙니다.

셋째, 신청인은 앞서 언급한 분양계약에 따라 분양자로부터 반려견에 대한 소유권을 이전받은 것이므로, 현재 반려견에 대한 소유권은 신청인에게 귀속하고, 친동생의 소유권에 기한 반려견에 대한 반환청구에도 대항할 수 있다고 사료됩니다.

넷째, 친동생에게 소유권 포기의 의사표시에 대한 철회가 인정된다고 보기 어렵습니다. 원칙적으로 동산소유권의 포기는 상대방 없는 단독행위로써 철회가 인정된다고 보는 것이 타당하나, 제3자가 해당 동산의 소유권을 취득한 경우까지 철회를 인정한다고 보는 것은 바람직하지 않다고 사료되기 때문입니다. 동산에 대한 소유권 포기로 동산은 무주물이 되며 이후 선점한 자에게 소유권이 귀속됩니다. 이 사건에서는 친동생의 반려견에 대한 소유권 포기 의사표시 후 분양자가 반려견에 대한 소유권을 취득하였다고 볼 수 있습니다. 물권의 배타성과 절대적 효력에 따른 거래안전, 신청인께서 반려견을 분양받은 시점으로부터 상당 기간이 지난 약 2개월 후 친동생이 반려견에 대한 반환을 요구한 점 등을 종합적으로 고려하면, 제3자인 분양자가 반려견에 대한 소유권을 취득한 본 사안에서 친동생에게 소유권 포기 의사표시의 철회를 인정하기 어렵습니다(**물권의 포기 의사표시의 철회에 관하여 윤철홍, "물권의 포기에 관한 소고 ", 법학논총(제36권 제1호), (2016), 446~447면 참조**).

다섯째, 그 밖에 신청인께서 반려견의 중성화 수술을 비롯하여 상당 기간 반려견을 정성으로 돌본 점, 분양 당시 목줄로 인한 흉터, 피부질환, 기생충, 생식기 기형 등 반려견의 건강 관리가 제대로 되지 않은 점. 신청인이 반려견을 기르기 시작하면서 반려견의 건강이 많이 회복된 점, 동물등록을 완료하여 유실 등에 대비한 점, 친동생에게 언제든지 반려견을 만날 수 있도록 한 점 등을 종합적으로 고려할 때, 반려견의 복지를 위하여 신청인이 반려견을 기르는 것이 타당한 점을 주장할 수 있습니다.

당사자 간에 원만한 합의를 통하여 분쟁이 조속히 해결되는 것이 가장 이상적이나, 만약 법적 분쟁으로 이어진다면 민사소송절차로 진행될 가능성이 있습니다. 이는 친동생이 신청인을 상대로 소유권에 기한 반려견에 대한 반환청구의 소를 제기하는 형태가 될 수 있습니다. 이때 신청인께서는 앞서 언급한 근거를 들며 대응하실 수 있다고 생각합니다. 민사소송절차에 관한 정보를 취득하실 수 있는 사이트는 이하와 같습니다.

> 찾기쉬운 생활법령정보 나홀로 민사소송
> https://www.easylaw.go.kr/CSP/CnpClsMain.laf?csmSeq=568&c
> cfNo=1&cciNo=1&cnpClsNo=1

본 상담이 신청인의 분쟁 해결에 도움이 되었으면 좋겠습니다. 아무쪼록 이 사건이 잘 마무리되기를 바랍니다. 감사합니다.

관련 조문

❋ **민법 제98조(물건의 정의)**

본법에서 물건이라 함은 유체물 및 전기 기타 관리할 수 있는 자연력을 말한다.

❋ **민법 제213조(소유물반환청구권)**

소유자는 그 소유에 속한 물건을 점유한 자에 대하여 반환을 청구할 수 있다. 그러나 점유자가 그 물건을 점유할 권리가 있는 때에는 반환을 거부할 수 있다.

❋ **민법 제252조(무주물의 귀속)**

① 무주의 동산을 소유의 의사로 점유한 자는 그 소유권을 취득한다.

72

반려견 입원 중 의료과실 의심에 대한 확인 방법

종: 마리노이즈 믹스

성별: 여

나이: 11살 5개월

내용: 저의 반려견은 11살이 넘은 대형견이고 림프마로 항암치료와 관해 판정-재발의 과정을 1년 4개월여 동안 지내왔습니다. 재발하기 전에 소화기 계통에 어려움이 있었고 2022년 3월 2일 재발로 인한 재항암을 시작하였습니다. 보호자인 저는 선생님께 항암 전부터 소화기 계통과 보행을 멈추는 등의 증상에 대한 걱정을 하였지만, 항암 날의 컨디션이 괜찮으면 항암을 하는 것이 이익이라는 설명을 들었고 아이는 첫 주사 후에 좀 힘들어 보였습니다. 소화기 증상이 다시 나타났고 다음 항암을 미루고 다시 그날의 컨디션이 괜찮아 두 번째 항암 처치를 하게 되었으나, 두 번째 주사를 맞자마자 그날 바로 아이는 몸을 떨고 열이 오르고 통증이 있어 가까운 병원으로 가서 치료를 받았지만 곧 다시 상태가 좋지 않아 보행실조와 소화기 증상 등의 심각한 증상들이 올라왔습니다.

입원 후 아이는 조금씩 회복을 하였고 며칠 쉬면서 점점 회복하는 듯하였습니다. 선생님과 면담 후 완화적인 경구 항암으로 상담을 받았고 며칠 후 경구 항암을 진행하려 했지만, 림프마 속도가 빨라 다시 적극적인 주사항암을 하겠냐는 물음을 받았습니다.

아이 상태가 걱정되어 망설였는데 항암을 안 하면 예후가 일주일 정도로 짧을 수도 있고 가능성이 있을 때 해보는 것도 괜찮을 거라는 선생님의 말에 다시 항암주사를 맞았고 다시 소화기 증상이 나타나 계속 배가 부풀어 있거나 하는 아이의 상황을 선생님께 메일과 전화로 알렸지만 흑변, 혈변, 설사, 오심증상, 식욕부진에 지사제 항구토제 식욕촉진제를 먹으라는 말씀을 해주셨습니다. 저는 이런 걸 먹는다고 근본적인 문제가 해결되지 않는 것이 걱정스럽다고 했지만 왜 그런지 알 수가 없고 지금으로서는 방법이 없다는 말을 들었습니다.

주말에 문을 닫는 병원이라 주말에 무슨 일이 생기면 메일을 달라고 하셨고 메일을 받으면 바로 조치를 취해주겠다고 여러 번 말씀하셨습니다. 주말에 아이 상태가 안 좋아지기 시작했습니다. 보행을 힘들어 하고 아파하는 게 느껴졌습니다. 메일을 보냈는데 메일만 확인하고 저녁이 되도 답이 없으셨습니다.

월요일에 병원이 문 열기만 기다려 아이 상태가 이상하니 빨리 전화달라고 요청하였지만, 전화가 없었고 다시 전화해서 요청하니 병원 내부적으로 의논하고 알려줄 테니 기다리라고 하였습니다.

기다려도 전화가 없어 다시 전화를 하였고 그제서야 전화를 주셨습니다. 지금으로서는 해줄 게 없다는 답을 주셨습니다. 수액을 맞는 것밖에는 처치할 것이 없으니 근처 병원에 가서 수액을 맞고 예약일에 방문하거나 그 병원 응급실에 와서 검사를 하고 있으면 그날 진료를 마치고 봐주겠다고 하셨습니다.

참고로 그 병원 응급실은 별로 좋지 않으니 무슨 일 있으면 내과로 오라고 여러 선생님들이 말씀하셨기에 저는 내과로 가고 싶다고 했는데 예약이 되어 있지 않고 예약을 한 다른 환자들을 봐야 한다고 하셨습니다(**무슨일 있으면 내과로 오라고 몇 번을 하셨는데요**).

그리고 그래도 강아지가 걷지 않냐는 말을 하셨습니다.

많이 아프다고 사정하고 병원으로 갔고 거리가 있어 오후 5시가 다 되어서 도착을 하였습니다. 그날 아이의 상태는 췌장염과 소변을 보지 못해 방광이 배를 거의 다 차지할 정도로 커져있었습니다.

압박배뇨로 방광의 소변을 빼고 췌장염 치료에 들어간다고 하였습니다. 다음날 입원실의 아이는 기력이 없었고, 선생님은 췌장염 수치가 오르고 어제 저녁 압박배뇨 후에 소변을 보지 못해 오후에 요카테터를 달아서 소변배출을 하겠다고 하였습니다.

아이를 편안하게 해달라고 요청하였고 선생님은 상위진통제를 쓴다고 하셨습니다. 기력이 많이 없는 것을 선생님은 걱정하셨고 저는 아이가 병원에서 마지막을 보내고 싶게 하지 않다고 말씀드렸습니다.

아이는 기력이 없는 것 같았고 다른 선생님이 와서 쓰고 있는 진통제에 대한 설명으로 기억나는 건 이 진통제 자체가 이완시키는 기능이 있어서 그렇다는 말씀을 하고 가셨고 검사 후에 상담을 하고 그 후의 방향을 잡아보자고 하셨습니다. 그 말에 다시 안도를 하였고, 저녁 6시가 넘어 다른 선생님이 오셔서 면회를 마치라고 하셨고 저는 아이와 인사 후에 돌아왔습니다.

다음날 새벽(4월 20일) 아이가 떠났다는 전화를 받았습니다. 4시 30분에 병원 당직의에게서 호흡이 안 좋다는 연락을 받았고 담당 선생님이 전화를 받고 출발한 후에 아이가 호흡이 멈췄다는 연락을 받았다고 합니다.

그 후에 보호자인 제게 연락을 했다고 합니다. 위급 시에 보호자인 제게 연락을 하지 않은 상황을 왜 그런지 알 수 없습니다. 병원에서 선생님이 다른 선생님이 언제 호흡이 멈춘지 물은 질문에 4시 30분이라고 답한 것을 들었습니다.

며칠 지난 후 전화가 와서 선생님은 아이를 화장했는지, 매장했는지, 어떻게 했는지 제게 2번 물으셨습니다. 진통처치를 제대로 안 한 것인지 수액을 잘못한 것인지 그냥 아무것도 안 한 것인지 의문이 들었습니다.

저는 왜 보지도 않고 아이를 다른 병원에 가라고 했냐고도 물었습니다. 급한 메일에 왜 사전예약이나 약속한 어떤 조치도 안 해주셨냐고 물었습니다. 왜 호흡이 어려울 때 산소마스크라도 해주고 기다리게 해주지 그랬냐는 말에 아무 말도 안 하셨습니다.

제가 가고 나서 아이는 그때 카테터를 달고 소변을 2리터 배출했다고 하는데, 아이가 24시간 이상 소변도 못보고 힘들었을 상황이 너무 가슴 아픕니다. 제가 있을 때도 해주겠다던 카테터를 제가 간 다음에 할 정도인데 제가 간 다음에 아이가 어떤 처치를 받았고 어떤 시간을 보냈는지 알 수가 없습니다.

선생님께 아이가 어떻게 보냈는지 영상과 입원기록을 달라고 요청하였는데, 입원 의무기록은 없고 입원일지 정도만 있고 영상도 기록도 반출과 열람이 불가하다는 말씀을 하셨습니다. 바이탈 체크를 계속 하셨다고 하셨는데 그럼 아이 몸의 변화를 알고 싶다고 마지막 인사도 못하고 죽음만 봐서 정리가 안 되는 마음을 설명드렸는데 다 거절당했습니다.

보호자는 병원에 의사에 언제나 약자일 수밖에 없습니다. 사정해야 하고 잘 봐달라 부탁해야 합니다. 강아지와 고양이들은 말을 못하기에 보호자가 약자가 되어 부탁을 할 수밖에 없는 상황입니다.

1년 이상의 통원치료 내내 아이가 편안한 마무리를 하고 싶어 항암치료를 선택했다는 것과 아이의 편안함을 가장 최우선으로 부탁한다고 했습니다.

아무 조치 없이 아이가 간 다음에 발견이 된 것인지 적절한 치료를 받은 것인지 치료비와 입원비를 내고 부탁드린 병원에서 저는 어떤 정보도 확인할 길이 없어 보호자의 권리를 청구할 방법을 찾고자 상담 요청드립니다.

신청인 반려견의 죽음에 대하여 안타까운 마음을 전합니다. 상담내용을 정리하면 반려견에 관한 수의사의 진료가 적절하였는지에 대한 확인이 필요한 상황입니다. 신청인께서는 이와 관련하여 어떠한 권리 주장이 가능한지를 문의하여 주셨습니다.

결론부터 말씀드리면 진료기록부를 확보하는 것이 수의사의 적절한 진료가 이루어졌는지 판단하는 효율적인 방법이 될 수 있습니다. 그러나 현행법상으로는 수의사가 진료기록부 제출을 거부하는 이상 목적 달성이 어렵습니다. 현재 수의사법에는 의료법과 같은 진료기록부 제공(의료법 제21조) 및 미제공 시 벌칙(같은 법 제90조) 규정이 존재하지 않습니다. 따라서 수의사는 검안서, 진단서와는 달리 진료기록부를 제출할 의무가 없습니다. 다만 소송을 제기하신 후에는 문서제출명령 등을 통하여 진료기록부를 확보하실 수 있습니다.

본 사안과 관련 있는 법리를 간략하게 말씀드리면 이하와 같습니다. 수의사의 의료과실에 따른 손해배상청구권의 법적 근거는 민법 제390조와 민법 제750조입니다. 신청인 반려견의 사안을 고려하여 중점적으로 생각해볼 수 있는 쟁점은 크게 두 가지로 수의사의 설명의무 위반, 인과관계가 그것입니다.

수의사의 설명의무와 관련하여 대법원은 "일반적으로 의사는 환자에게 수술 등 침습을 가하는 과정 및 그 후에 나쁜 결과 발생의 개연성이 있는 의료행위를 하는 경우 또는 사망 등의 중대한 결과 발생이 예측되는 의료행위를 하는 경우에 있어서 응급환자의 경우나 그 밖에 특단의 사정이 없는 한 진료계약상의 의무 내지 침습 등에 대한 승낙을 얻기 위한 전제로서 당해 환자나 그 법정대리인에게 질병의 증상, 치료방법의 내용 및 필요성, 발생이 예상되는 위험 등에 관하여 당시의 의료수준에 비추어 상당하다고 생각되는 사항을 설명하여 당해 환자가 그 필요성이나 위험성을 충분히 비교해 보고 그 의료행위를 받을 것인가의 여부를 선택할 수 있도록 할 의무가 있다."라고 판시하고 있습니다(대법원 1995. 1. 20. 선고 94다3421 판결).

설명의무와 관련하여 신청인께서 반려견의 항암 치료를 승낙하기 전에 담당 수의사가 반려견의 항암 치료의 내용과 예상되는 위험 등에 관하여 충분히 설명하지 않았다면 수의사의 설명의무 위반을 주장해볼 수 있습니다. 다만 수의사의 설명의무가 문제 되지 않는 항암치료 과정에서 예견할 수 없는 위험, 예견 가능하지만 경미한 침해행위, 대체 방법이 존재하지 않아 신청인의 자기결정권이 문제 되지 않는 경우 등에 관하여 다툼이 있을 수 있습니다(**설명의무 대상이 아닌 사항에 관하여는 김선중, 최신실무 의료과오소송법, 박영사, 2008, 83면 참조**).

인과관계와 관련하여 입증책임의 완화 법리에 따라 ① 의료 행위 전에 반려동물의 상태가 양호하였던 점, ② 의료과실에 제3의 원인이 개입되지 않은 점, ③ 일반인의 상식을 기준으로 수의사의 과실에 대한 입증이 필요합니다. 통상 사진, 동영상, 본인을 포함한 대화 녹음, 문자, 이메일 등이 증거가 될 수 있습니다. 그 밖에 담당 수의사의 진료행위와 반려견의 증상 악화 및 죽음 간의 인과관계를 기존 유사 판례나 학술 교과서, 논문 등을 통하여 입증하실 수 있습니다.

사안에서 인과관계와 관련하여 주목할 만한 사항은 담당 수의사가 주말에 신청인 반려견의 상태가 악화되면 이메일로 연락을 주고받고 조치를 취하기로 약속하였지만 이를 이행하지 않은 점, 신청인께서 월요일에 반려견의 상태에 관하여 담당 수의사와 통화를 요청하였지만 신속히 처리되지 않은 점, 동물병원 측에서 신청인의 반려견에 대한 조치에 관하여 내부적으로 의논하겠다는 통보만 하고 즉각적으로 조치를 취하지 않은 점, 신청인께서 동물병원에 재차 연락하였을 때 반려견에게 수액 외에 특별히 취할 수 있는 조치가 없다고 한 점, 내과에 방문이 용이하지 않았던 점 등이 있습니다. 언급한 사항들이 일반인의 상식을 기준으로 수의사의 과실에 해당하는 것인지, 언급한 사항들과 신청인 반려견의 증상 악화 및 죽음 간에 연관성이 있는지 등이 핵심이 될 것입니다.

손해배상의 범위와 관련해서는 신청인 반려견에 대한 진료비, 입원비, 위자료(**정신적 손해에 대한 금전 배상**) 등을 생각해볼 수 있습니다. 현재 우리나라 법원은 반려동물의 치료비를 통상손해로 보며, 반려인의 정신적 손해를 특별손해로 보고 있으나 정신적 손해에 대한 배상도 대체로 인정하는 추세입니다(**불법행위로 반려동물이 상해를 입은 경우 치료비와 정신적 손해를 인정한 판결로 서울중앙지방법원 2019. 7. 26 선고 2018나 64698 판결, 울산지방법원 2020. 6. 24 선고 2019가소219840(본소), 2020가소201265(반소) 판결 등**).

신청인 반려견의 죽음에 대하여 다시 한번 위로의 말씀을 드리며, 제 답변이 조금이라도 도움이 되었으면 좋겠습니다. 감사합니다.

❋ 민법 제390조(채무불이행과 손해배상)

채무자가 채무의 내용에 좋은 이행을 하지 아니한 때에는 채권자는 손해배상을 청구할 수 있다. 그러나 채무자의 고의나 과실없이 이행할 수 없게 된 때에는 그러하지 아니하다.

❋ 민법 제393조(손해배상의 범위)

① 채무불이행으로 인한 손해배상은 통상의 손해를 그 한도로 한다.

② 특별한 사정으로 인한 손해는 채무자가 그 사정을 알았거나 알 수 있었을 때에 한하여 배상의 책임이 있다.

❋ 민법 제750조(불법행위의 내용)

고의 또는 과실로 인한 위법행위로 타인에게 손해를 가한 자는 그 손해를 배상할 책임이 있다.

❋ 민법 제763조(준용규정)

제393조, 제394조, 제396조, 제399조의 규정은 불법행위로 인한 손해배상에 준용한다.

상담

안녕하세요.

1차 상담 시에 말씀드린 쟁점을 중심으로 문제 되는 사실관계를 말씀드리겠습니다.

1️⃣ 수의사의 설명의무 위반과 관련하여

침습적 행위라고 볼 수 있는 주사 항암치료 전에 수의사가 그 내용이나 발생할 수 있는 위험 등에 관하여 충분히 설명하였는지가 문제 됩니다. 가령 항암치료에 따른 췌장염 등의 가능성에 관한 설명을 하였는지에 대한 논쟁이 있을 수 있습니다. 다만 이것이 예견 가능한 경미한 부작용에 해당하는지, 항암치료 외에 더 효율적인 방법이 없어 신청인의 항암치료에 관한 결정권이 문제 되지 않는지에 관하여 다툼이 있을 수 있다고 사료됩니다.

2️⃣ 인과관계와 관련하여

신청인 반려견이 혈변 증상을 보였을 때 책임 수의사는 내원을 지시하였으나 담당 수의사는 약 처방만 지시하여 양측의 조치가 다른 점, 주말에 반려견의 상태가 악화하면 담당 수의사가 연락을 주고받기로 약속하였지만 이를 지키지 않은 점, 주중에도 담당 수의사와 연락이 용이하지 않은 점, 신청인 반려견의 입원 시 책임 수의사는 면담하자고 하였으나 담당 수의사는 상세한 설명 없이 귀가하라고 하여 양측의 조치가 상이한 점, 책임 수의사는 12시간 이상 배뇨를 못 하는 경우 카테터를 장착하여야 한다고 하였지만 이것이 제대로 이루어지지 않은 점, 책임 수의사와 담당 수의사의 진통제에 관한 처치가 다른 점 등이 문제 됩니다. 다만 이러한 일련의 조치가 신청인 반려견의 증상 악화나 죽음에 중대한 영향을 미쳤는지에 관하여 다툼이 있을 수 있습니다.

그 밖의 사항으로 CCTV와 관련하여 관련 영상이 삭제되기 전이라면 소송 전후에 증거보전을 신청(민사소송법 제375조, 같은 법 제376조 후단)하는 것을 고려해볼 수 있습니다. 소송비용은 패소자부담원칙에 따라 패소자가 승소자의 인지대, 송달료, 증인여비, 감정비용, 변호사비용 등을 부담합니다. 다만 변호사비용은 변호사보수의 소송비용 산입에 관한 규칙 제3조 및 별표에 따른 금액을 부담합니다.

수의사의 의료과실에 관한 소송은 인과관계 등에서 입증이 용이하지 않은 경향이 있습니다. 사견으로는 진료기록부를 통한 정확한 사실관계 파악과 관련 임상 지식에 관한 충분한 조사와 검토가 필요해 보입니다. 본 상담이 신청인의 분쟁 해결에 도움이 되었으면 좋겠습니다. 감사합니다.

관련 조문

✱ 민사소송법 제98조(소송비용부담의 원칙)
소송비용은 패소한 당사자가 부담한다.

✱ 민사소송법 제375조(증거보전의 요건)
법원은 미리 증거조사를 하지 아니하면 그 증거를 사용하기 곤란할 사정이 있다고 인정한 때에는 당사자의 신청에 따라 이 장의 규정에 따라 증거조사를 할 수 있다.

✱ 민사소송법 제376조(증거보전의 관할)
① 증거보전의 신청은 소를 제기한 뒤에는 그 증거를 사용할 심급의 법원에 하여야 한다. 소를 제기하기 전에는 신문을 받을 사람이나 문서를 가진 사람의 거소 또는 검증하고자 하는 목적물이 있는 곳을 관할하는 지방법원에 하여야 한다.

73

분양받은 반려견을 훔쳐간 단체에 대한 법적책임과 인도 방안

종: **요크셔테리어**

성별: **여**

나이: **12살**

🐾 **내용:** 4년 전 당시 8살이던 여아 요크셔 아이(나이가 많고 혀가 나왔다는 이유로 입양이 안 되고 그곳에서 2년이나 있었음)를 동물자유연대를 통해 입양하여, 2년 동안 키웠습니다. 갑작스런 여러 어려움으로 고민 끝에 잠시 파양 상담을 했으나, 그 후부터 끈질기게 파양 신청을 강요하며 괴롭혔고, 끝내는 안고 있는 아이를 훔쳐 달아났습니다.

2년 전인 2020년에는 그것도 모자라 새로 산 제 핸드폰(120만원가량)도 박살내 놓고 간 점 등으로 볼 때 흡사 미국 갱단과 같이 잔인하고 인간 말종적인 행태를 보이고 있습니다. 무엇보다 잔인하게 아이를 다시 보호소로 끌고가 아이가 스트레스로 인해 많이 아프다고 들었기에 저도 너무나 괴롭고 힘든 시간을 보내고 있으며, 하루라도 빨리 데려오려고 하고, 그것이 가장 중요하고 시급한 일입니다. 벌써 2년이 지났기 때문입니다(우리나라 10대 로펌도 찾아다니며 비싼 비용에도 좋은 변호사를 써서 아이를 데려오려고 현재까지 기도하며 애쓰고 방법과 사람을 구하고 있는 중입니다).

저에게는 정말 자식과도 같은 소중한 아이입니다. 그리고 너무나 천사 같이 착하고 얌전한 아이인데, 열악한 환경 등에서 너무나 많은 고생을 하여 가슴 아픈 아이입니다. 돈과도 바꿀 수 없는 저에게 가장 소중한 존재이고, 다행히 지금 저의 형편과 상황도 많이 좋아져서 하루빨리 데려와 안정시키고 트라우마를 치유하고 가장 좋은 것들로 행복하게 해주고 싶습니다.

동물자유연대의 본모습이 부디 언론에 모두 드러나서 그 대표와 조카(입양 담당-훔쳐간 장본인)가 구속 수감되어야 하며, 옳은 일에 앞장서시는 권위 있으신 훌륭한 분들을 통해 부디 하루빨리 말못하는 불쌍한 유기견들을 통해 개장사하는 파렴치한 인간들이 더 이상 존재하지 못하는 것이 저의 바람입니다.

저 또한 그들의 악행을 계속 고발, 고소하여 일조할 것이며, 이번 기회를 통해 제 개인의 시간과 사비를 더욱더 유기견들과 같은 힘없는 동물들의 복지에 쓸 것을 약속드립니다. 자세한 내용은 그동안의 고소, 고발 문서와 사진 그들의 문제점 등을 통해 모두 알려드리겠습니다. 감사합니다.

상담

신청인이 제공한 자료와 설명한 내용에 따라 제가 이해하고 있는 본 건 문의사항은 반려견주의 의사에 반하여 반려견을 데려간 동물보호단체의 행위에 대하여 어떤 법적책임을 물을 수 있는지 여부와 동물보호단체 측이 점유하고 있는 반려견의 인도를 구할 수 있는지 여부입니다. 이에 대하여 아래와 같이 의견 드립니다. 다만 사실관계가 달라지면 상담 의견이 달라질 수 있음을 양지하여 주시기 바랍니다.

먼저, 반려견주의 의사에 반하여 반려견을 데려간 동물보호단체 측의 행위는 절도(형법 제329조)에 해당할 수 있습니다. 다만 반려견주의 의사에 반하여 반려견을 데려갔다는 점을 입증할 수 있는 자료가 필요합니다. 반려견주의 주장과 달리 동물보호단체 측에서는 반려견주의 의사에 반하여 반려견을 데려오지 않았다고 부인할수 있기 때문입니다. 따라서 가능하다면 당시 동물보호단체가 반려견주로부터 의사에 반하여 반려견을 데려간 장소를 특정하여 그 주변 CCTV나 차량 블랙박스 등 객관적 자료를 경찰이 확보하도록 구체적인 진술이 필요할 수 있습니다. 경찰 단계에서 수사가 충분히 이루어지지 못하고 무혐의 처분 등으로 종결된 경우, 검찰에 이의신청하면서 수사기관에서 위와 같은 부분에 대한 수사를 요청할 수 있습니다.

다음으로 동물보호단체가 점유하고 있는 반려견을 인도받기 위해서 민사소송을 고려할 수 있습니다. 2022년 기준 현행법상 반려견은 '물건'에 해당하기 때문에 민법상 유체동산으로 취급되므로 유체동산인도청구 소송을 제기해볼 수 있습니다. 이 경우 원고인 반려견주는 자신이 반려견의 소유권자라는 사실과 동물보호단체가 원고의 반려견을 점유하고 있다는 사실을 입증하여야 합니다.

다만, 동물보호단체로부터 반려동물을 입양하였을 때 입양계약서를 작성한 사실이 있다면 소유관계가 입양계약서에 명시되어 있는 경우가 있을 수 있으므로 먼저 입양계약서의 내용을 확인하여야 합니다.

74 분양샵의 품종 사기

종:	브리티쉬 숏헤어
성별:	여
나이:	4개월

내용: 올해 6월경 고양이를 샵에서 분양받았습니다. 케이지에 브리티쉬라고 적혀 있었고, 재차 물어보면서 계약서를 적고 분양을 받아왔습니다.

하지만 추후 알아보니 브리티쉬 숏헤어가 아닌 것 같아 여러 군데 문의 및 자문을 구해보니 아니라는 답변이 왔습니다.

그래서 샵에 전화 및 방문을 하여 재차 확인을 요구했지만 정확한 근거 없이 개체관리 카드만 보여주고, 경매장에서 브리티쉬라고 받아왔으니 거기에 맞게 분양판매했다고만 하여 현재 경찰에 고소를 한 상황입니다.

아래 사진은 분양받아온 고양이 사진입니다. 추후 필요하시면 녹취록, 파일, 등 전달하도록 하겠습니다(사진은 메일로 첨부해드렸습니다).

상담

상담내용을 정리하면 신청인께서는 2022. 6.경 펫샵 측으로부터 반려묘를 브리티시 숏헤어라고 생각하고 매수하였습니다. 그런데 반려묘는 브리티시 숏헤어가 아니라고 의심이 되는 상황입니다. 현재 신청인께서 이에 관하여 형사고소를 한 상태이므로 민사적 해결 방안에 초점을 맞추어 말씀드리도록 하겠습니다.

결론적으로 신청인께서 펫샵 측으로부터 반려묘를 매수할 당시 브리티시 숏헤어라는 특정 품종에 대한 매수 의사가 명확하고, 반려묘가 브리티시 숏헤어가 아닌 점이 명백히 입증된다면, 민법 제580조의 하자담보책임이나 같은 법 제390조의 채무불이행에 따른 손해배상책임이 적용될 수 있다고 사료됩니다.

1 신청인의 특정 품종(브리티시 숏헤어)에 대한 매수의 의사와 관련하여

입증 방법을 구체적으로 살펴보면 신청인께서 펫샵 측으로부터 반려묘를 매수할 당시 브리티시 숏헤어에 대한 매수의 의사표시를 하였다는 증거(녹취록, 사진 등), 매매계약서에 특정 품종에 관한 매매계약이라는 명시 등으로 입증할 수 있다고 사료됩니다. 관련 판례로는 원고가 피고로부터 매수한 요크셔테리어가 순종 A급이 아니었던 사건이 있습니다. 법원은 해당 사건에서 원고의 의사는 피고 소유 모견과 유사한 반려견을 매수하려는 것이었고, 순종 A급을 매수하려는 것이 아니었다는 이유로 원고의 청구를 기각하였습니다(서울지방법원 2002. 10. 10. 선고 2002나21720 판결).

2 민법 제580조의 하자담보책임과 관련하여

반려동물은 민법상 물건에 해당하므로(민법 제98조), 반려동물의 하자는 하자담보책임 중 물건의 하자에 해당합니다. 매수인이 반려동물의 개성을 고려하여 반려동물을 매수하였다면 특정물매매에 해당하여 민법 제580조, 같은 법 제582조가 적용됩니다. 사안에서 신청인께서 품종을 비롯한 반려묘의 개성을 고려하여 반려묘를 매수하였다면 특정물매매에 해당하여 민법 제580조 및 제582조의 요건을 충족하는지 검토하여야 할 것으로 보입니다.

3 민법 제390조의 채무불이행에 따른 손해배상책임과 관련하여

펫샵 측에서 반려동물 매매계약 내용에 따른 의무를 이행하지 않았다면 신청인께서는 펫샵 측을 상대로 손해배상을 청구할 수 있습니다. 신청인께서 펫샵 측으로부터 반려묘를 브리티시 숏헤어라고 믿고 매수하였으나, 실제로 반려묘가 브리티시 숏헤어가 아닌 경우 채무불이행 중 불완전이행에 해당할 수 있습니다. 판례에 따르면 하자담보책임과 채무불이행에 따른 손해배상책임은 경합합니다(대법원 2004. 7. 22. 선고 2002다51586 판결 등).

문제가 이른 시일 내에 해결되는 데에 제 답변이 조금이나마 도움이 되었으면 좋겠습니다. 감사합니다.

분양 관련

❋ 민법 제98조(물건의 정의)

본법에서 물건이라 함은 유체물 및 전기 기타 관리할 수 있는 자연력을 말한다.

❋ 민법 제390조(채무불이행과 손해배상)

채무자가 채무의 내용에 좇은 이행을 하지 아니한 때에는 채권자는 손해배상을 청구할 수 있다. 그러나 채무자의 고의나 과실없이 이행할 수 없게 된 때에는 그러하지 아니하다.

❋ 민법 제393조(손해배상의 범위)

① 채무불이행으로 인한 손해배상은 통상의 손해를 그 한도로 한다.

② 특별한 사정으로 인한 손해는 채무자가 그 사정을 알았거나 알 수 있었을 때에 한하여 배상의 책임이 있다.

❋ 민법 제575조(제한물권있는 경우와 매도인의 담보책임)

① 매매의 목적물이 지상권, 지역권, 전세권, 질권 또는 유치권의 목적이 된 경우에 매수인이 이를 알지 못한 때에는 이로 인하여 계약의 목적을 달성할 수 없는 경우에 한하여 매수인은 계약을 해제할 수 있다. 기타의 경우에는 손해배상만을 청구할 수 있다.

❋ 민법 제580조(매도인의 하자담보책임)

① 매매의 목적물에 하자가 있는 때에는 제575조제1항의 규정을 준용한다. 그러나 매수인이 하자있는 것을 알았거나 과실로 인하여 이를 알지 못한 때에는 그러하지 아니하다.

② 전항의 규정은 경매의 경우에 적용하지 아니한다.

❋ 민법 제582조(전2조의 권리행사기간)

전2조에 의한 권리는 매수인이 그 사실을 안 날로부터 6월내에 행사하여야 한다.

강아지 파양 신청 후 계약 무효와 반환 요청

종: 비숑

성별: 남

나이: 1살

🐾 내용:

1차 분양: 업체에서 제3자에게 분양(진돗개랑 키울 수 없어 파양)

2차 분양: 2021년 8월 29일 업체에서 A씨에게 분양

3차 분양: 2021년 9월 3일 B씨로 소유자 강아지등록증 발급(키우던 강아지들과 어울리지 못하여 직장 동료 B씨에게 무료 분양)

2022년 10월 23일: 업체에 파양 신청(파양비 325만원 – 계약 당일 200만원 납부, 11월 25일까지 125만원 납부예정)

10월 28일: (분양 전) 업체에 계약 취소와 강아지 반환 요청(거절당하고, 그날 오후 분양 게시글 올림)

10월 29일: 오후 5시쯤 분양 완료되었다고 하셨음.

11월 6일 저녁 8시경 분양되기 전, 원주인이 되찾는 게 안 되는 이유를 물었더니 파양한 사람에게 믿고 분양해 줄 수 없고, 1인 가정에 분양이 안 된다고 했습니다.

파양비도 처음 전화드렸을 때는 20만원이라고 하셨는데, 계약 전 추가 비용이 붙으면서 325만원으로 측정되었습니다(9kg으로 특이점에 해당한다고 80만원 추가, 분리불안 50만원, 구충제 15만원, 산책비 30만원, 기본파양비 20만원, 건강 완전 보험료 100만원, 그루밍 30만원).

업체는 현재 위탁관리업으로 되어 있습니다.

상담내용을 정리하면 신청인께서는 이 사건 반려견에 관한 파양계약이 무효이므로, 이에 따라 반려견을 반환받고 싶다는 내용으로 문의하셨습니다.

우선 반려견에 관한 파양계약의 당사자가 계약서에 명시된 문OO과 신OO인지에 관한 확인이 필요할 것 같습니다. 그러하다면 신청인이 아닌 문OO께서 업체 측을 상대로 취할 수 있는 법적인 구제 방안을 중심으로 검토하여야 할 것입니다.

원칙적으로 사적 자치나 계약자유의 원칙에 따라 계약의 당사자가 계약의 내용을 자유로이 정하며, 양 당사자의 의사의 합치로 계약이 체결됩니다. 계약의 당사자는 계약의 내용에 따른 의무를 이행하여야 합니다. 사안에서 파양계약의 당사자가 계약의 내용을 숙지하고 이에 관한 의사의 합치가 있었다면, 파양 입소 후 반려견의 반환이 불가하다는 등의 계약 내용에 구속되어 특별한 사정이 없는 한 업체를 상대로 계약의 무효를 주장하며 반려견의 반환을 청구하기 어렵습니다.

다만 불공정약관 법리에 따라 파양계약의 무효와 그에 따른 반려견에 대한 반환청구를 시도할 수 있다고 사료됩니다. 계약이 무효가 되면 잔금 125만원의 지급의무가 존재하지 않고, 민법 제741조에 따라 업체 측을 상대로 기지급한 파양비 200만원에 대한 부당이득반환청구가 가능합니다. 이 사건 파양 및 입소각서가 업체 측이 여러 명의 파양인과 계약을 체결하기 위하여 일정한 형식으로 미리 마련한 계약의 내용이라면 '약관'에 해당한다고 볼 수 있습니다(약관의 규제에 관한 법률 제2조 제1호, 이하 '약관법'이라고 합니다). 약관법 제6조 제1항에 따르면 신의성실의 원칙을 위반하여 공정성을 잃은 약관 조항은 무효입니다. "공정성을 잃은" 조항의 의미와 관련하여 약관법 제6조 제2항은 고객에게 부당하게 불리한 조항, 고객이 계약의 거래형태 등 관련된 모든 사정에 비추어 예상하기 어려운 조항, 계약의 목적을 달성할 수 없을 정도로 계약에 따르는 본질적인 권리를 제한하는 조항을 명시합니다.

사안에서 파양 및 입소 각서가 약관법 제6조 등을 위반하는지와 관련하여, 아무런 단서 없이 파양 입소 후 반려견의 반환이 불가능하다고 명시한 점, 파양 과정에서 업체 측에 반려견의 소유권이 이전된다면서 파양인으로부터 건강완전보장 등의 명목으로 관리 비용을 받는 점, 업체 측에서 초기에 파양인에게 언급한 금액은 20만원이었지만 추가 비용이 발생한다며 총 325만원의 적지 않은 금액을 요구한 점, 파양인이 동의 없이 잔금 납입일을 2주 이상 초과하여 잔금을 미지급 시 업체 측의 반려견에 관한 케어제공의무가 즉시 소멸하고 파양인은 업체 측에 위약벌로 2천만 원이라는 과도한 금원을 지급하여야 하는 점, 업체가 파양인의 잔금 미지급 등을 이유로 반려견의 반환 의사를 표시하면 반려견의 소유권이 파양인에게 즉시 이전되고 반려견을 이른 시일 내에 데려가지 않으면 파양인은 유기죄로 고발당하고 반려견은 시·군·구의 일반 보호소에 맡겨질 수 있다는 점, 소송 시 모든 소송비용을 파양인에게 부담하도록 한 점, 소송 시 입양인의 관할법원에서 재판을 진행한다는 내용으로 업체 측에 유리한 관할 합의를 한 점**(관할 부분은 파양 및 입소 분할납부 계약서 상 명시)** 등을 가지고 다툼의 여지가 있어 보입니다.

파양 및 입소 각서 상단 및 제3항 소유권 포기 조항에 관한 양 당사자의 의사의 합치로 반려견에 관한 소유권이 업체에 이전되었다면, 업체가 신청인 측에게 반려견에 관한 관리비용을 청구하는 것이 타당한지에 관한 의문이 듭니다. 동물보호법 제9조에 따르면 소유자 등은 동물에 대한 적합한 사료와 물 공급, 질병에 관한 치료를 위한 노력 등을 하여야 합니다. 이를 참고하면 원칙적으로 소유자인 업체가 반려견에 관한 관리 비용을 부담하는 것이 합리적이기 때문입니다. 한편 업체 측에서는 제3자에게 반려견에 관한 입양이 완료되었다고 주장합니다. 가사 이러한 주장이 사실이라 하여도 반려견이 10월 23일 파양되고 10월 29일 입양되기까지 6일의 단기간이 소요된 점, 통상의 반려견 관리 비용 등을 고려할 때 325만원의 비용은 과도하다고 사료됩니다.

추가로 이 사건 업체가 파양비 등의 명목으로 325만원의 비용을 청구한 것과 관련하여 형법 제347조 사기죄를 의심하여 볼 수 있습니다. 이 사건 업체가 위탁관리업체로서 반려견을 제대로 보호·관리하려는 목적이 아님에도 신청인 측을 기망하여 과도한 파양 및 관리비용을 취득하였다면 사기죄가 성립할 여지가 있습니다. 다만 이에 관한 입증을 위하여 구체적인 증거가 상당히 필요할 것으로 보입니다.

본 사안의 해결 방안은 소송과 소송 외적 구제 방안으로 나뉩니다. 후자와 관련하여 불공정약관에 따른 계약 무효와 반려견의 반환청구는 한국소비자원에 피해구제신청, 불공정약관 조항 자체에 관한 심사는 공정거래위원회에 불공정약관 심사청구를 고려할 수 있습니다. 다만 파양 및 입소 각서가 불공정약관의 '약관'**(약관법 제2조 제1호)**에 해당하는지에 관한 논의의 여지가 있습니다.

본 사안이 원만하게 해결되기를 바랍니다. 감사합니다.

❋ 약관의 규제에 관한 법률 제2조(정의)

이 법에서 사용하는 용어의 정의는 다음과 같다.

1. "약관"이란 그 명칭이나 형태 또는 범위에 상관없이 계약의 한쪽 당사자가 여러 명의 상대방과 계약을 체결하기 위하여 일정한 형식으로 미리 마련한 계약의 내용을 말한다.

❋ 약관의 규제에 관한 법률 제6조(일반원칙)

① 신의성실의 원칙을 위반하여 공정성을 잃은 약관 조항은 무효이다.

② 약관의 내용 중 다음 각 호의 어느 하나에 해당하는 내용을 정하고 있는 조항은 공정성을 잃은 것으로 추정된다.

1. 고객에게 부당하게 불리한 조항

2. 고객이 계약의 거래형태 등 관련된 모든 사정에 비추어 예상하기 어려운 조항

3. 계약의 목적을 달성할 수 없을 정도로 계약에 따르는 본질적 권리를 제한하는 조항

❋ 민법 제741조(부당이득의 내용)

법률상 원인없이 타인의 재산 또는 노무로 인하여 이익을 얻고 이로 인하여 타인에게 손해를 가한 자는 그 이익을 반환하여야 한다.

❋ 동물보호법 제9조(적정한 사육 · 관리)

① 소유자등은 동물에게 적합한 사료와 물을 공급하고, 운동 · 휴식 및 수면이 보장되도록 노력하여야 한다.

② 소유자등은 동물이 질병에 걸리거나 부상당한 경우에는 신속하게 치료하거나 그 밖에 필요한 조치를 하도록 노력하여야 한다.

③ 소유자등은 동물을 관리하거나 다른 장소로 옮긴 경우에는 그 동물이 새로운 환경에 적응하는 데에 필요한 조치를 하도록 노력하여야 한다.

④ 소유자등은 재난 시 동물이 안전하게 대피할 수 있도록 노력하여야 한다.

⑤ 제1항부터 제3항까지에서 규정한 사항 외에 동물의 적절한 사육 · 관리 방법 등에 관한 사항은 농림축산식품부령으로 정한다.

❋ 형법 제347조(사기)

① 사람을 기망하여 재물의 교부를 받거나 재산상의 이익을 취득한 자는 10년 이하의 징역 또는 2천만원 이하의 벌금에 처한다.

② 전항의 방법으로 제삼자로 하여금 재물의 교부를 받게 하거나 재산상의 이익을 취득하게 한 때에도 전항의 형과 같다.

76 견주의 질병으로 인한 파양과 비용청구에 관한 문제

종: 말티즈

성별: 여

나이: 13살, 10살

🐾 **내용:** 보호자 A의 동생 B입니다.

A님이 희귀질환으로 6월 9일 입원으로 9월 눈까지 실명에 가까이 되어 현재 병원 입원 중입니다. A는 두 아이들을 고민 끝에 11월 5일 채팅으로 OO협회 OO지부에 연결하여 '보호자가 없어도 파양입소 가능하다, 법적문제가 안 된다.'라고 본사가 이야기하며 최OO 주민등록증이 필요하다고 하였습니다.

5일에 OO지부에 와서 건강 상태를 파악하였고, 반려견 100만원, 다른 반려견 70만원 총 파양비 170만원과 등록비 20만원, 픽업비 5만원으로 총 195만원을 지불했습니다.

11월 7일 월요일 OO지부에 방문하였고, 11월 9일로 아이들 입소계약서 작성을 요구했습니다. 11월 9일 11시 30분 픽업하였으며, 같은 날 저녁, 반려견들 상태를 보고받았습니다. 한 반려견은 분리불안이 심하고, 다른 반려견은 입질이 심하다는 것이 그 내용이었습니다. 일주일 후 배변실수가 잦거나 입질 행동을 보이면 본사에서 파양비를 더 청구하겠다고 하였습니다.

A님 반려견을 보호자의 동의없이 파양한 것에 후회하였습니다. 아이들 이상행동이 걱정되어 10일날 5시경 데리러 갔습니다. 그러나 본사에서는 양도한 동물의 파양비를 돌려주지 못한다며, A가 데려간다면 양도비를 안 받겠다고 계약서를 작성하게 했습니다.

우선, 반려견들을 돌려받지 못할까 봐 우려되어 계약서를 작성한 후 반려견들을 데려왔습니다. 그리고 OO지부 측에서는 파양비의 일부인 10만원을 A에게 입금한 상황입니다.

　　상담내용을 정리하면 신청인께서는 A를 대신하여 동물보육원 OO지부(이하 '동물보육원'이라 합니다) 측과 이 사건 반려견들에 관한 파양계약을 체결하며 파양비 등의 명목으로 총 195만원을 지급하였습니다. 이후 반려견들은 분리불안 등의 증상을 보였고, 신청인은 동물보육원 측과 반려견들을 무상으로 입양한다는 내용으로 입양계약을 체결하였습니다. 현재 신청인은 동물보육원 측으로부터 파양비 일부로 10만원만 지급받은 상황입니다.

　　파양계약의 당사자와 관련하여 반려동물 양도계약서상에는 양도인이 신청인의 명의로 되어 있으나, 신청인께서 동물보육원 측으로부터 보호자가 없이도 파양입소가 가능하다고 전해 들은 점 등으로 미루어 보아 법률행위의 해석 방법 중 자연적 해석에 따라 계약의 당사자는 A와 동물보육원 사업자라고 볼 수 있습니다.

　　신청인이 반려견들의 소유자인 A의 동의 없이 파양계약을 체결한 것과 관련하여 무권대리행위로서 계약의 무효를 주장할 수 있다고 보입니다. 계약이 무효가 되면 민법 제741조에 근거한 부당이득반환청구 법리에 따라 파양비 등으로 지급한 195만원을 청구할 수 있습니다. 만약 A가 파양비 중 일부조로 10만원을 지급받았다면 나머지 금원인 185만원을 청구할 수 있습니다.

　　관련 법리는 이하와 같습니다.

　　신청인이 A를 대리하여 동물보육원 측과 파양계약을 체결하였으므로 신청인에게 적법한 대리권이 존재하는지가 문제 됩니다. 사안에서 신청인이 A의 동의 없이 반려견들에 관한 파양계약을 체결한 것을 후회한다는 점 등으로 미루어 보아 신청인에게 반려견들에 관한 파양계약의 대리권이 존재하지 않는다고 볼 수 있습니다. 따라서 신청인이 동물보육원 측과 파양계약을 체결한 행위는 무권대리행위에 해당한다고 할 수 있습니다. 다만 민법 제126조의 표현대리가 성립하는지에 관하여 검토할 필요가 있습니다.

　　민법 제126조에 따른 표현대리가 성립하려면 ① 기본대리권이 존재할 것, ② 대리인이 권한 밖의 법률행위를 하였을 것, ③ 상대방이 그 권한이 있다고 믿을 만한 정당한 이유가 있을 것이란 요건을 충족하여야 합니다.

　　본 사안에서 A가 희귀 질환으로 입원 중인 점, A가 이 사건 파양계약에 동의하였다고 보기 어려운 점 등을 종합하였을 때 신청인에게 반려견들의 파양계약에 관하여 기본대리권이 존재한다고 보기 어렵습니다. 즉 상기의 ① 요건을 충족하지 못하여 민법 제126조에 의한 표현대리가 성립하지 않습니다. A가 무권대리행위를 추인하였다고 볼 만한 사정도 보이지 않습니다. 따라서 신청인과 동물보육원 사이의 이 사건 파양계약은 무권대리행위로서 무효라고 볼 수 있습니다.

아무쪼록 본 사안이 잘 해결되기를 바랍니다. 감사합니다.

관련 조문

＊ **민법 제126조(권한을 넘은 표현대리)**

대리인이 그 권한외의 법률행위를 한 경우에 제삼자가 그 권한이 있다고 믿을 만한 정당한 이유가 있는 때에는 본인은 그 행위에 대하여 책임이 있다.

＊ **민법 제741조(부당이득의 내용)**

법률상 원인없이 타인의 재산 또는 노무로 인하여 이익을 얻고 이로 인하여 타인에게 손해를 가한 자는 그 이익을 반환하여야 한다.

분양 관련

매매대금 및 치료비 반환에 대한 소송

종: 래브라도 리트리버

성별: 남

나이: 폐사

🐾 **내용:** 2022년 9월 12일 18시경, 업체에서 래브라도 리트리버(생후 약 2개월) 강아지를 분양받았으나, 바로 다음 날인 9월 13일 19시경 강아지가 구토 및 설사를 하였고 같은 날 파보바이러스 양성 판정을 받았습니다.

해당 내용을 업체에 전하자 자체 의료센터가 있다며 펫배송을 통해 자신들에게 강아지를 돌려보낼 것을 요구하였고 동물병원에서 치료를 할 시 비용은 보상할 수 없다고 하였습니다.

하지만 건강상태가 안 좋은 강아지를 자택에서 업체까지 장거리 이동시키는 것이 위험할 것이라는 판단과 업체의 사육환경이 비위생적이었던 점으로 의료센터를 신뢰할 수 없었기에 보내지 않기로 하였고, 자비를 들여서라도 강아지를 살리기 위한 치료를 정식 동물병원에서 진행하겠다고 하였습니다. 하지만 치료를 하였음에도 불구하고 강아지는 파보바이러스에 의한 백혈구 수치 감소 및 패혈증으로 9월 16일 폐사하고 말았습니다.

이후 4차례에 걸쳐 강아지 분양 대금의 환불을 요구하였으나, 업체는 무상 재분양, 강아지 교환 등으로 회유하며 거절하였습니다. 저희가 세 번째로 환불 요구를 하였을 때, 저희에게 약정서에 서명을 하면 환불을 해주겠다고 하였습니다. 다음 날까지 연락이 없어서 저희는 분양대금 180만원 및 치료비 약 90만원에 대한 소송을 진행하고 다양한 채널을 통한 공익제보를 진행하겠다고 문자를 보내자 저희에게 불리한 약정서를 보내며 서명 시 환불해주겠다고 하였습니다(내용은 마치 저희가 실증이 나서 강아지를 환불받는 것 같이 써있었고, 업체의 책임은 아예 없으며 추후 온·오프라인 어디서도 이 사건을 거론하면 안 된다는 내용이었습니다).

이를 거절하자, 저희가 언급한 공익제보를 영업방해로 매도하며 환불 관련 소송에서 소비자가 승소한 사례가 전무하다며 저희를 겁주었습니다.

저는 현재 민사소송을 진행 중이며, 강아지의 분양대금 및 치료비까지 요구를 하고 있습니다.

6월 15일에 변론 기일이 잡혀있는데, 크게 두 가지 점에서 조언을 얻고 싶습니다.

1. 업체가 자체 의료센터에서 치료해준다는 제안을 거절하고 제가 동물병원에 입원시키고 치료비를 냈을 경우, 보상을 받을 수 있는 법적 근거가 있는지 궁금합니다.

2. 민법 제535조, 제575조, 제580조 및 약관법 제1조, 제6조, 제7조 외에도 행복권을 누리지 못하게 되었다거나 주장할 수 있는 바가 있을지 궁금합니다.

상담

질병의 종류 및 특성, 발현형태, 발견시점, 의학적 견해 등에 의하여 반려견의 인도 당시부터 숨은 소인에 의하여 폐사한 것으로 인정된다면 이는 채무불이행 중 불완전이행에도 해당합니다.

말씀하신 민법상 매도인의 하자담보책임, 약관규제법에 의한 무효, 채무불이행 책임을 주장하실 수 있고, 별도로 행복권 내지 위자료 등 청구는 인정되기 어려울 것으로 보이기도 하지만 최근의 판결의 추세는 이전보다 위자료를 좀 더 넓게 인정하고 있습니다.

치료비의 경우, 상담자분께서 피고의 요구를 거절하고 진행한 치료비에 대해서는 피고가 개입할 수 없었고, 신청인의 지배영역에서 이루어진 점 등으로 인하여 전액은 인정받지 못할 수도 있습니다. 그러나 최근의 하급심 판결(광주지방법원 2021. 12. 7. 선고 2020가소615990 판결)에서는 "반려견 등의 경우처럼 소유자가 정신적인 유대와 애정을 나누는 대상일 뿐 아니라 생명을 지닌 동물로서 반려견 등에게 상해가 발생할 경우 보통의 물건과 달리 그 교환가격보다 높은 치료비를 지출하고도 치료를 할 수밖에 없는 특별한 사정이 있는 경우에 해당한다"고 판단하여 치료비를 인정하였습니다.

상담자분께서 반려견의 증상 발현 즉시 피고 측에 증상을 알린 점, 장거리 이동은 피하라는 수의사의 조언에 근거하여 치료할 곳을 결정하신 점, 피고 측에 위 수의사의 조언을 전달하며 직접 치료하겠다고 고지한 점, 증상 및 해당 질병에 대해 통상적인 수준의 치료를 진행한 것으로 보이는 점, 반려견이 분양 후 불과 며칠 만에 폐사한 점 등을 종합적으로 고려하면 위 치료비는 통상손해에 해당하거나 특별손해라고 하더라도 피고가 알거나 알 수 있었을 때에 해당한다고 볼 수 있습니다.

소송에서 손해배상의 범위에 관하여 치료비가 분양업자의 귀책사유로 인한 상당인과관계 있는 손해라는 점을 중점적으로 변론하실 필요가 있겠습니다.

관련 조문

※ 민법 제390조(채무불이행과 손해배상)

채무자가 채무의 내용에 좇은 이행을 하지 아니한 때에는 채권자는 손해배상을 청구할 수 있다. 그러나 채무 자의 고의나 과실 없이 이행할 수 없게 된 때에는 그러하지 아니하다.

※ 민법 제393조(손해배상의 범위)

① 채무불이행으로 인한 손해배상은 통상의 손해를 그 한도로 한다.

② 특별한 사정으로 인한 손해는 채무자가 그 사정을 알았거나 알 수 있었을 때에 한하여 배상의 책임이 있다.

78 반려견 파양자가 다시 소유권을 주장할 경우

종: 스피치
성별: 남
나이: 4살

내용: 아이가 입양간지 3년째인데 작년부터 아이 짖음 때문에 경찰이 출동하고 가정 불화로 인해 못키우겠다고 보호소로 보내야 할 것 같다고 연락을 해왔습니다. 당장 보호소로 가면 아이가 더 상처받을까 봐 입양자를 어르고 달래고 사정까지 해가며 계속 보호를 요청했는데, 그 후로도 여러 번 아이를 데려가라 당장 보호소로 보내겠다며 연락을 했고 카톡으로 그 내용들이 남아 있는 상태입니다. 그렇게 아이를 보내겠다. 본인이 키우겠다를 번복하며 몇 번 연락을 주고받고 올 10월 집에 아픈 강아지가 있어 도저히 못 키우겠다며 당장 보호소로 보내야겠다 연락이 왔습니다.

저희가 임보처를 알아보다 결국 못 구해서 해외 입양처를 알아보고 OOO이라는 곳에 아이를 입소시키기로 했는데, 지난 수요일 입소하기로 한 날 입양자가 아이를 보내지 않아 연락하니 금요일에 보낸다 했습니다. 그래서 목요일에 보내 달라 하고 보호자 본인이 아이를 펫택시로 OOO에 목요일에 보낸 상황입니다. 근데 보호소 측에서 아이를 다시 데려와야겠다고 연락이 왔습니다. 아이 편에 파양이유를 적은 쪽지까지 써서 보내놓고는 보호소 측은 협박을 해서 강제로 보냈다고 경찰을 대동해 OOO으로 쫓아갈 것이며 소송한다고 OOO 측과 저희 보호소 스탭들에게 계속 연락을 해오고 있는 상황입니다

계속 본인이 소유권을 주장하고 있는데 어떡해야 할지 모르겠습니다. 아이를 정신병이라고 몰아세우는데 임보처에선 별다른 이상 징후는 아직 발견하지 못한 상태입니다.

아래 의견은 신청인의 질의 내용만을 전제로 검토한 것이며, 사실관계가 달라지거나 입증자료의 정도에 따라 검토의견이 달라질 수 있음을 양지하여 주시기 바랍니다.

[사안의 요지]

1. 파양자는 3년 전 보호소에서 반려견을 입양함.
2. 3년이 지난 후 보호소에 반려견을 파양하겠다고 연락함(카톡 이용).
3. 보호소 측에서 만류하였으나, 올해 10월경 보호소로 당장 보내겠다며 연락함(카톡 이용).
4. 보호소 측에서 반려견 입양을 위하여 OOO에 반려견을 입소시키기로 함.
5. 약속된 입소일에 파양자가 반려견을 보내지 아니하여 보호소 측에서 확인 연락함.
6. 파양자가 금요일에 보내겠다고 하였으나 보호소 측에서는 목요일에 보내라고 요청함.
7. 파양자는 펫택시를 이용하여 반려견을 OOO에 보냈음.
8. 얼마 후, 파양자는 보호소 측에 다시 연락하여 반려견의 반환을 요청함.
9. 보호소 측에서 반환을 거부하자, 파양자는 소유권을 주장하며 보호소 측에 소송 및 경찰을 대동해서 찾아가겠다며 반복적 연락을 하고 있음.

[문의 내용]

사안의 요지와 같은 상황에서, 보호소 측에서 취할 수 있는 대응 방법

[검토의견]

신청인이 전달한 사실관계 및 질의 내용을 정리해보면, 이미 반려견을 파양한 파양자가 소유권을 주장하며 반려견의 반환을 요구하고 있는 경우 반려견을 반환하지 않는 방법 및 파양자의 계속되는 연락을 막는 방법에 대한 문의로 보입니다.

1 파양당한 반려동물의 소유권

2023년 기준, 현행법령은 아직 동물을 물건으로 보고 있습니다. 현행법령하에 본건을 살펴보겠습니다. 먼저, 반려견에 대한 입양계약서가 있는지 확인이 필요합니다. 반려견 입양 당시 입양에 관한 계약서가 있다면, 계약서에 나온 내용을 토대로 파양자의 파양이 반려견에 대한 소유권을 포기한 것으로 볼 수 있는 조항이 있는지 살펴보아야 합니다. 해당 계약서에 보호소 측에 파양(반환)하는 경우 반려견에 대한 소유권을 포기한다는 취지의 문서가 있다면 해당 계약서와 카카오톡으로 대화를 나눈 내역을 종합해서, 파양자가 반려견을 보호소에 보냄으로써 소유권을 포기하였다는 점을 주장 입증할 수 있을 것으로 보입니다.

따라서 파양자가 경찰을 대동하는 경우, 이러한 자료들을 제시하여 경찰에게 파양자에게 반려견에 대한 소유권이 없음을 입증하면 됩니다. 마찬가지로 파양자가 반려견에 대하여 반려동물 인도 청구 소송을 제기하는 경우, 파양자에게 반려견에 대한 소유권이 없음을 입증하여 방어할 수 있습니다.

2 파양자의 반복적인 연락에 대하여

파양자는 반복적으로 신청인 및 보호소의 직원들에게 지속적인 연락을 하여 보호소의 업무가 방해받는 지경에 이르렀다면, 파양자에 대하여 업무방해 등의 고소를 진행해 볼 수 있습니다.

동물 이용 시설 관련

79 펫시터 과실에 의한 반려견 분실

> **종: 래브라도 리트리버**
> **성별: 여**
> **나이: 1년 미만**

🐾 **내용:** 펫시터들의 과실로 대형견 두 마리가 실종되어 보호소에서 찾았습니다. 토요일 7시 45분까지 개들을 보호하기로 계약한 상황에서 7시 10분경 유기견 신고접수가 되었습니다. 이는 명백한 직무유기로 이에 따른 합의 절차를 밟고 싶습니다.

상담

1 민사책임

펫시터는 임치 또는 위임계약에 따라 선량한 관리자의 주의의무를 가지고 사무를 처리해야 하는데, 이를 위반하였다면 임치 또는 위임계약에 따른 보수청구권을 주장할 수 없습니다. 또한 주의의무 위반에 따른 채무불이행으로 손해를 입혔다면, 임치인 또는 위임인에게 손해배상책임을 집니다.

손해배상의 범위는 반려견이 다치거나 부상을 입은 경우 치료비 등의 재산상 손해와 위자료가 포함됩니다.

사안의 경우 펫시터가 선량한 관리자의 주의의무를 위반한 과실로 보호견을 잃어버렸으므로, 펫시터는 반려견주에게 임치 또는 위임계약에 따른 보수청구권을 주장할 수 없고, 채무불이행으로 인한 손해배상책임을 집니다.

다만, 잃어버린 반려견을 찾았고, 반려견이 다치거나 부상을 입은 것이 아니라면, 추가적인 손해는 없다고 볼 수 있어 보수지급의무만 면제되는 것으로 보아야 합니다.

⭐ 형사책임

과실로 보호견을 잃어버렸다면, 동물보호법 및 형법상 범죄행위에는 해당하지 않아 형사처벌의 대상이 되기는 어렵습니다.

관련 규정

✳ **민법 제680조(위임의 의의)**

위임은 당사자 일방이 상대방에 대하여 사무의 처리를 위탁하고 상대방이 이를 승낙함으로써 그 효력이 생긴다.

✳ **민법 제681조(수임인의 선관의무)**

수임인은 위임의 본지에 따라 선량한 관리자의 주의로써 위임사무를 처리하여야 한다.

✳ **민법 제686조(수임인의 보수청구권)**

① 수임인은 특별한 약정이 없으면 위임인에 대하여 보수를 청구하지 못한다.

② 수임인이 보수를 받을 경우에는 위임사무를 완료한 후가 아니면 이를 청구하지 못한다. 그러나 기간으로 보수를 정한 때에는 그 기간이 경과한 후에 이를 청구할 수 있다.

③ 수임인이 위임사무를 처리하는 중에 수임인의 책임없는 사유로 인하여 위임이 종료된 때에는 수임인은 이미 처리한 사무의 비율에 따른 보수를 청구할 수 있다.

✳ **민법 제693조(임치의 의의)**

임치는 당사자 일방이 상대방에 대하여 금전이나 유가증권 기타 물건의 보관을 위탁하고 상대방이 이를 승낙함으로써 효력이 생긴다.

✳ **민법 제695조(무상수치인의 주의의무)**

보수없이 임치를 받은 자는 임치물을 자기재산과 동일한 주의로 보관하여야 한다.

✳ **민법 제701조(준용규정)**

제682조, 제684조 내지 제687조 및 제688조제1항, 제2항의 규정은 임치에 준용한다.

80 애견미용실 운영 중 강아지 탈출로 인한 사고 시 보상 정도

종: 푸들

성별: ***

나이: 1살

🐾 **내용:** 현재 애견미용실 겸 위탁시설 운영자입니다.

10월 8일 손님이 일이 있으셔서 어디 가셔야 한다고 강아지를 미용예약시간(오후 5시 30분)보다 일찍 맡기셨고(오후 1시 35분경) 샵 입구에 허리까지 오는 안전문은 항상 잠겨있는 상태이며 한 번도 이런 일이 생긴 적이 없는데, 강아지가 점프해서 카운터 책상을 밟고 넘어가 안전문과 메인 문 사이 공간에 있었습니다(오후 1시 40분경).

메인 문은 방충망이 쳐져 있는 상태였고 저희는 안쪽에서 식사 중이라 강아지를 보지 못했습니다.

1시 45분경 아주머니 손님이 방충망 뒤로 강아지가 넘어와 있는 걸 보았음에도, 발로 강아지를 막으면서 문을 열어서 강아지가 찻길로 뛰쳐나갔습니다. 가게 바로 앞 찻길은 왕복 4차선 도로이고 어린이보호구역입니다.

제가 뛰쳐나가 길 건너까지 쫓아갔는데, 강아지는 저를 보고 더 뛰어서 결국 다시 길을 건넜고, 반대편 찻길 위에서는 문을 연 아주머니가 손을 흔들어서 오는 차들을 세웠고, 저도 손 흔들고 달려가면서 차들을 세웠는데, 사고 차량 운전자가 빨래방이 문을 열었는지 딴 곳 보느라 저희를 보지 못하고 그대로 주행하였으며 강아지가 차에 치여 사망하는 사고가 났습니다.

도움의 말씀 부탁드립니다.

1 선량한 관리자의 주의의무 위반

미용사의 미용계약은 위임유사계약으로 볼 수 있으므로, 위임에 관한 규정이 유추적용될 수 있습니다. 미용사는 위임에 따라 선량한 관리자의 주의의무를 가지고 사무를 처리해야 하는데, 이를 위반하였다면 위임계약에 따른 보수청구권을 주장할 수 없습니다. 또한 선량한 관리자의 주의의무를 위반하여 손해를 입혔다면, 위임인에게 채무불이행 또는 불법행위에 의한 손해배상책임을 집니다.

손해배상의 범위는 반려견이 다치거나 부상을 입은 경우 치료비 등의 재산상 손해와 위자료가 포함됩니다.

반려동물이 사망한 경우 손해배상의 범위는 교환가치 재산상 손해와 위자료가 포함됩니다. 위자료와 관련하여 현재 법원 실무에서는 반려견이 사망한 경우 반려견은 생명을 가진 동물이라는 점, 통상 반려견의 소유자는 보통의 물건과 달리 그 반려견과 정신적인 유대와 애정을 서로 나누는 점 등을 고려하여 정신적 손해인 위자료 배상의무를 인정하고 있습니다.

위자료는 반려견의 교환가치, 사고의 발생경위, 쌍방의 과실 정도, 상해의 부위와 정도, 반려견에 대한 치료과정 및 치료 정도 등 제반 사정 참작하여 위자료 액수를 정하는데, 실무에서는 30만원에서 300만원 사이에서 정해지는 경우가 많습니다.

사안의 경우 애견미용실 겸 위탁시설에서 선량한 관리자의 주의의무를 위반한 과실로 보호견을 잃어버렸으므로, 위탁시설 주인은 반려견주에게 임치 또는 위임계약에 따른 보수청구권을 주장할 수 없고, 채무불이행으로 인한 손해배상책임을 집니다.

2 기타 책임

사고경위상 아주머니 손님에게 책임을 물을 수는 없어 보이고, 자동차 운전자의 경우 전방주시의무 및 안전배려의무 위반을 소지가 있을 수 있으나 갑작스럽게 강아지가 차도로 뛰어든 것이므로, 주된 책임은 위탁시설 측에 있다고 볼 수 있습니다.

동물 이용 시설 관련

✳ 민법 제390조(채무불이행과 손해배상)

채무자가 채무의 내용에 좇은 이행을 하지 아니한 때에는 채권자는 손해배상을 청구할 수 있다. 그러나 채무자의 고의나 과실없이 이행할 수 없게 된 때에는 그러하지 아니하다.

✳ 민법 제680조(위임의 의의)

위임은 당사자 일방이 상대방에 대하여 사무의 처리를 위탁하고 상대방이 이를 승낙함으로써 그 효력이 생긴다.

✳ 민법 제681조(수임인의 선관의무)

수임인은 위임의 본지에 따라 선량한 관리자의 주의로써 위임사무를 처리하여야 한다.

✳ 민법 제686조(수임인의 보수청구권)

② 수임인이 보수를 받을 경우에는 위임사무를 완료한 후가 아니면 이를 청구하지 못한다. 그러나 기간으로 보수를 정한 때에는 그 기간이 경과한 후에 이를 청구할 수 있다.

✳ 민법 제693조(임치의 의의)

임치는 당사자 일방이 상대방에 대하여 금전이나 유가증권 기타 물건의 보관을 위탁하고 상대방이 이를 승낙함으로써 효력이 생긴다.

✳ 민법 제695조(무상수치인의 주의의무)

보수없이 임치를 받은 자는 임치물을 자기재산과 동일한 주의로 보관하여야 한다.

✳ 민법 제701조(준용규정)

제682조, 제684조 내지 제687조 및 제688조제1항, 제2항의 규정은 임치에 준용한다.

81

애견호텔 위탁 후 사망에 대한 피해보상

종: 진돗개

성별: 여

나이: 8개월

🐾 **내용**: 반려견은 6월 30일, 즉 생후 한 달쯤 인터넷에서 50만원에 분양받아 그때부터 2021년 1월 21일까지 신체적, 심리적 이상 없이 키웠습니다.

1월 21일부터 저희 가족은 3박 4일 일정이 있어서 1번 방문 경험이 있는 곳으로 선택을 하여 아이를 맡기고 오전 11시쯤 나왔습니다.

3시쯤 잘 놀고 있다며 상담했던 여직원이 사진도 보내줬는데, 그후 아무런 연락이 없더니 사장이란 사람이 전화하여서 검침원이 들어왔다가 잘못 닫아서 반려견이 3시쯤에 나갔답니다.

그 다음날 9시경 2km 안 떨어진 도로에서 로드킬을 당하였다고 도로공무원께서 전화주셨습니다.

아이는 24일 장례를 치렀지만 사장 이하 그 어떤 직원도 죄송하다며 전화하지 않았고, 25일 그땐 있지도 않은 점장이 다짜고짜 어떻게 처리를 할 꺼냐며 재촉성 전화를 했습니다.

참고로 저흰 둘째가 불임이라 10년을 기다리다가 아이가 안 생겨서 들인 아이였습니다.

상담

1 민사책임

애견호텔은 임치 또는 위임계약에 따라 선량한 관리자의 주의의무를 가지고 사무를 처리해야 하는데, 이를 위반하였다면 임치 또는 위임계약에 따른 보수청구권을 주장할 수 없습니다. 또한 주의의무 위반에 따른 채무불이행으로 손해를 입혔다면, 임치인 또는 위임인에게 손해배상책임을 집니다.

반려동물이 사망한 경우 손해배상의 범위는 교환가치 상당의 재산상 손해와 위자료가 포함됩니다. 위자료와 관련하여 현재 법원 실무에서는 반려견이 사망한 경우 반려견은 생명을 가진 동물이라는 점, 통상 반려견의 소유자는 보통의 물건과 달리 그 반려견과 정신적인 유대와 애정을 서로 나누는 점 등을 고려하여 정신적 손해인 위자료 배상의무를 인정하고 있습니다.

위자료는 반려견의 교환가치, 사고의 발생경위, 쌍방의 과실 정도, 상해의 부위와 정도, 반려견에 대한 치료과정 및 치료 정도 등 제반 사정을 참작하여 위자료 액수를 정하는데, 실무에서는 30만원에서 300만원 사이에서 정해지는 경우가 많습니다.

사안의 경우 애견호텔 측이 선량한 관리자의 주의의무를 위반한 과실로 반려동물을 건강하게 잘 보존할 업무상 주의의무를 위반하였으므로, 애견호텔 측은 반려견주에게 임치 또는 위임계약에 따른 보수청구권을 주장할 수 없고, 채무불이행 또는 불법행위로 인한 손해배상책임을 져야 합니다.

2 형사책임

반려동물은 민사적으로는 물건(민법 제98조)으로 취급되고 있습니다. 따라서 애견호텔 측에게 반려동물을 건강하게 잘 보존할 업무상 주의의무를 위반한 잘못이 인정되더라도 현행법상 과실손괴죄에 대한 처벌 규정은 없으므로 형법적 처벌은 어렵고, 동물보호법상의 학대행위로 보기도 어려워 여러모로 형사처벌은 어렵습니다.

관련 조문

✳ 민법 제390조(채무불이행과 손해배상)

채무자가 채무의 내용에 좇은 이행을 하지 아니한 때에는 채권자는 손해배상을 청구할 수 있다. 그러나 채무자의 고의나 과실없이 이행할 수 없게 된 때에는 그러하지 아니하다.

✳ 민법 제680조(위임의 의의)

위임은 당사자 일방이 상대방에 대하여 사무의 처리를 위탁하고 상대방이 이를 승낙함으로써 그 효력이 생긴다.

❋ 민법 제681조(수임인의 선관의무)

수임인은 위임의 본지에 따라 선량한 관리자의 주의로써 위임사무를 처리하여야 한다.

❋ 민법 제686조(수임인의 보수청구권)

② 수임인이 보수를 받을 경우에는 위임사무를 완료한 후가 아니면 이를 청구하지 못한다. 그러나 기간으로 보수를 정한 때에는 그 기간이 경과한 후에 이를 청구할 수 있다.

❋ 민법 제693조(임치의 의의)

임치는 당사자 일방이 상대방에 대하여 금전이나 유가증권 기타 물건의 보관을 위탁하고 상대방이 이를 승낙함으로써 효력이 생긴다.

❋ 민법 제695조(무상수치인의 주의의무)

보수없이 임치를 받은 자는 임치물을 자기재산과 동일한 주의로 보관하여야 한다.

❋ 민법 제701조(준용규정)

제682조, 제684조 내지 제687조 및 제688조제1항, 제2항의 규정은 임치에 준용한다.

82 애견유치원 내 개-개 물림 사고 후 치료 비용 청구

종: 말티즈

성별: 남

나이: 13개월

🐾 **내용:**

1. 2020. 3. 5(금) 애견유치원에 맡겨진 피해견 반려견(2.7kg)이 가해견(호텔링 레브라두들 30kg)에게 물려 던져졌습니다(진단명: 두개골골절, 뇌출혈, 뇌부종, 두개외뇌탈출(두개골 밖으로 뇌 일부가 흘러나옴)). 사고 당시 대형견/중소형견 존이 있음에도 불구하고 관리자는 분리하지 않았으며 강아지들을 바로 발 밑에 두고 흡연을 하고 있었습니다. 대형견이 몇 차례 공격적인 신호를 보냈고 피해견은 무서워 숨고 관리자에게 안아달라 살려달라 요청을 하였지만 관리자는 쳐다보지 않으며 담배를 피웠고 사고를 당하였습니다. 그리고 보상은 이상하게 대형견 측에서 부담한다고 하여 신경쓰고 싶지 않아 알겠다고 하였으며 반려견 입원 후 3일째 되던 날 카페 측에서 전화 한 통이 왔습니다. "가해견 측에서 비용부담이 어려울 것이다" 본인은 물었습니다. 왜 가해견 측에서 지불을 하는지 이전 판례들에서는 카페 측에서 보상을 하였지 않느냐 묻니 "학교에서 애들이 싸워서 다치면 학교가 책임을 져야 하느냐"라며 공격적인 어투로 이야기하였고, "이성적으로 장애를 가지고 돌아올 반려견을 생각하면 견주님이나 반려견이 행복하겠느냐"라며 안락사 이야기도 하였습니다(녹음파일 보유). 천만원 이상의 비용이 발생하였고 사고 이후 2차례나 심정지가 찾아왔습니다. 천만원 이상의 비용은 제가 외부적 지원을 찾아 요청하였고 한 방송사와 국내 대형동물병원의 지원을 받아 비용적 측면을 해결하였습니다. 앞으로 발생되는 향후치료비용과 제 위자료를 청구하려 합니다. 또한 이외 해당 카페에 대한 법적제재를 할 수 있는 것이 무엇이 있는지 궁금합니다.

현재 반려동물은 물건으로 칭하여 민사소송이 주를 이루고 있으며 형사소송에 있어 고의성을 입증해야 한다고 알고 있습니다. 사고 당시 관리자로서의 책무를 하지 않았으며 강아지들을 발밑에 두고 흡연을 한 것이 고의성으로 입증이 될 수 있는지 궁금합니다. 사고 이후 공식적인 사과문 하나 받아보지 못했으며 해당 카페는 정상영업을 하고 있습니다.

네이버에 반려견 관련 기사도 확인하실 수 있습니다.

상담

애견유치원 측의 민사상 손해배상책임은 민법 제759조 또는 위임에 관한 규정인 민법 제681조에 따라 성립될 수 있습니다.

상담자분께서는 애견유치원 측에 향후치료비와 위자료를 청구하실 수 있으나, 향후치료비의 경우 전액이 아닌 일부만 인정될 가능성도 배제할 수 없습니다. 반려동물의 경우 단순한 재물과 달리 구입비 이상의 치료비도 인정하기는 하나, 통상적으로 물건이 파손되는 등으로 재산적 손해를 입은 경우 그 원상복구에 소요되는 비용이 당해 물건의 교환가격을 현저하게 넘는다면 경제적 수리불능이라고 보아 당시 그 물건의 교환가격만을 손해배상으로 청구할 수 있는 점도 고려되기 때문입니다.

반려견의 상해 또는 사망에 대한 견주의 위자료도 인정하고 있기는 하나, 기존 판결들에서 인정한 위자료 액수는 대략 30~200만 원에 불과합니다. 애견훈련소에서 위탁받은 반려동물에 대한 보호의무를 위반하여 해당 반려동물이 사망한 사안의 판결 참고해주시기 바랍니다(부산지방법원 동부지원 2008. 8. 28. 선고 2007가단19916 판결).

애견유치원 관리자의 형사상 책임은 반려견의 상해는 형법 제366조의 재물손괴죄 성부를, "소·중대형견 분리"라는 안내문을 올려 반려견을 위탁받고 위탁비용을 받은 것에 대해서는 형법 제347조 제1항의 사기죄 성부를 따져 보아야 합니다.

우선 상담자분께서도 말씀하셨듯이 재물손괴죄는 고의범을 처벌하는 규정이므로 관리자의 고의 또는 적어도 미필적 고의가 인정되어야 하는데, 미필적 고의 성립 요건에 대한 판례의 태도는 "미필적 고의라 함은 결과의 발생이 불확실한 경우 즉 행위자에 있어서 그 결과발생에 대한 확실한 예견은 없으나 그 가능성은 인정하는 것으로 미필적 고의가 있었다고 하려면 결과발생에 대한 인식이 있음은 물론 나아가 이러한 결과발생을 용인하는 내심의 의사가 있음을 요한다"는 것입니다.

본 사안에서 사고 당시 관리자로서의 책무를 하지 않았으며 강아지들을 발밑에 두고 흡연을 한 것이 과실을 넘어 미필적 고의까지 인정될 가능성이 높아 보이지는 않습니다. 다만 본 사안과 유사한 사안은 아니지만 반려동물의 재물손괴죄 미필적 고의가 인정된 판결이 있기는 합니다. 첨부 판결 참고해주시기 바랍니다(**춘천지방법원 2017. 12. 7. 선고 2017고정243 판결**).

사기죄의 성립 요건에 관하여 판례는 "사기죄는 타인을 기망하여 착오에 빠뜨리고 처분행위를 유발하여 재물을 교부받거나 재산상 이익을 얻음으로써 성립하는 범죄로서 그 본질은 기망행위에 의한 재물이나 재산상이익의 취득에 있다. 그리고 사기죄는 보호법익인 재산권이 침해되었을 때 성립하는 범죄이므로, 사기죄의 기망행위라고 하려면 불법영득의 의사 내지 편취의 범의를 가지고 상대방을 기망한 것이어야 한다. 사기죄의 주관적 구성요건인 불법영득의 의사 내지 편취의 범의는 피고인이 자백하지 않는 이상 범행 전후 피고인의 재력, 환경, 범행의 내용, 거래의 이행과정 등과 같은 객관적인 사정 등을 종합하여 판단할 수밖에 없다"라고 합니다. 위 요건이 충족된다면 위탁비용에 대한 사기죄가 성립될 수 있을 것이나, 애견 유치원 측이 반려동물들을 안전하게 보호하기 위해 통상 기대되는 시설을 갖추고 평소 주의를 기울이기도 하였다면 사기죄가 성립되기 어려울 수도 있습니다.

한편, 동물위탁관리업자가 동물보호법 제78조 영업자의 준수사항을 위반하였다면 동물보호법 제83조 제1항 제9호에 따라 영업정지를 받을 수도 있습니다. 세부적인 영업자의 준수사항은 동물보호법 시행규칙 [별표 12] 영업자의 준수사항(**동물보호법 시행규칙 제49조 관련**)에서 정하고 있고, 이를 위반한 경우의 영업정지 일수는 [별표 13] 영업자에 대한 행정처분의 기준(**동물보호법 시행규칙 제52조 제1항 관련**)에서 정하고 있습니다. 애견유치원 측이 영업자의 준수사항을 위반하였다면 관할시청에 민원·진정 등을 통하여 행정처분을 촉구하실 수도 있을 것입니다.

✱ 민법 제759조(동물의 점유자의 책임)

① 동물의 점유자는 그 동물이 타인에게 가한 손해를 배상할 책임이 있다. 그러나 동물의 종류와 성질에 따라 그 보관에 상당한 주의를 해태하지 아니한 때에는 그러하지 아니하다.

② 점유자에 갈음하여 동물을 보관한 자도 전항의 책임이 있다.

✱ 민법 제681조(수임인의 선관의무)

수임인은 위임의 본지에 따라 선량한 관리자의 주의로써 위임사무를 처리하여야 한다.

✱ 형법 제366조(재물손괴등)

타인의 재물, 문서 또는 전자기록등 특수매체기록을 손괴 또는 은닉 기타 방법으로 기 효용을 해한 자는 3년이하의 징역 또는 700만원 이하의 벌금에 처한다.

✱ 형법 제347조(사기)

① 사람을 기망하여 재물의 교부를 받거나 재산상의 이익을 취득한 자는 10년 이하의 징역 또는 2천만원 이하의 벌금에 처한다.

✱ 동물보호법 제78조(영업자 등의 준수사항)

① 영업자(법인인 경우에는 그 대표자를 포함한다)와 그 종사자는 다음 각 호의 사항을 준수하여야 한다.

1. 동물을 안전하고 위생적으로 사육 · 관리 또는 보호할 것

2. 동물의 건강과 안전을 위하여 동물병원과의 적절한 연계를 확보할 것

3. 노화나 질병이 있는 동물을 유기하거나 폐기할 목적으로 거래하지 아니할 것

4. 동물의 번식, 반입 · 반출 등의 기록 및 관리를 하고 이를 보관할 것

5. 동물에 관한 사항을 표시 · 광고하는 경우 이 법에 따른 영업허가번호 또는 영업등록번호와 거래금액을 함께 표시할 것

6. 동물의 분뇨, 사체 등은 관계 법령에 따라 적정하게 처리할 것

7. 농림축산식품부령으로 정하는 영업장의 시설 및 인력 기준을 준수할 것

8. 제82조제2항에 따른 정기교육을 이수하고 그 종사자에게 교육을 실시할 것

9. 농림축산식품부령으로 정하는 바에 따라 동물의 취급 등에 관한 영업실적을 보고할 것

10. 등록대상동물의 등록 및 변경신고의무(등록 · 변경신고방법 및 위반 시 처벌에 관한 사항 등을 포함한다)를 고지할 것

11. 다른 사람의 영업명의를 도용하거나 대여받지 아니하고, 다른 사람에게 자기의 영업명의 또는 상호를 사용하도록 하지 아니할 것

⑥ 제1항부터 제5항까지의 규정에 따른 영업자의 준수사항에 관한 구체적인 사항 및 그 밖에 동물의 보호와 공중위생상의 위해 방지를 위하여 영업자가 준수하여야 할 사항은 농림축산식품부령으로 정한다.

✷ 동물보호법 제83조(허가 또는 등록의 취소 등)

① 특별자치시장·특별자치도지사·시장·군수·구청장은 영업자가 다음 각 호의 어느 하나에 해당하는 경우에는 농림축산식품부령으로 정하는 바에 따라 그 허가 또는 등록을 취소하거나 6개월 이내의 기간을 정하여 그 영업의 전부 또는 일부의 정지를 명할 수 있다. 다만, 제1호, 제7호 또는 제8호에 해당하는 경우에는 허가 또는 등록을 취소하여야 한다.

1. 거짓이나 그 밖의 부정한 방법으로 허가를 받거나 등록을 한 것이 판명된 경우

2. 제10조제1항부터 제4항까지의 규정을 위반한 경우

3. 허가를 받은 날 또는 등록을 한 날부터 1년이 지나도록 영업을 개시하지 아니한 경우

4. 제69조제1항 또는 제73조제1항에 따른 허가 또는 등록 사항과 다른 방식으로 영업을 한 경우

5. 제69조제4항 또는 제73조제4항에 따른 변경허가를 받거나 변경등록을 하지 아니한 경우

6. 제69조제3항 또는 제73조제3항에 따른 시설 및 인력 기준에 미달하게 된 경우

7. 제72조에 따라 설치가 금지된 곳에 동물장묘시설을 설치한 경우

8. 제74조 각 호의 어느 하나에 해당하게 된 경우

9. 제78조에 따른 준수사항을 지키지 아니한 경우

종: 미니어쳐 푸들

성별: 여

나이: 10개월

내용: 애견미용 전 왼쪽 앞발 골절로 인한 수술 후 약 1개월 3주차였습니다. 병원에서 미용가능 확인 후 애견미용실에 미용 상담 후 강아지 상태와 앞다리 조심하고 절대 뛰게 하면 안 된다는 설명 후 애견미용을 진행했습니다.

오후 5시 40분쯤 미용이 잘 끝났다는 전화를 받고 업무 마무리 중 6시쯤 미용실에서 강아지가 골절된 것 같다고 전화를 받았습니다. 통화상으로는 지금 바로 출발하겠다고 하고 미용실까지 30분 거리로 급하게 갔습니다.

병원 진료 결과 충격에 의해 기존 골절부위보다 아래쪽에 새로운 골절이 발생하였습니다. CCTV 확인 결과 미용 끝나고 대기 중 미용사와 협력업체 사장이라는 사람과 대화 중 강아지가 그 사람들 다리 밑에서 폴짝폴짝 뜁니다. 약 10번가량 점프를 했는데 미용 전 뒷다리도 별로 안 좋고 앞다리는 수술해서 절대로 뛰게 하시면 안 된다고 했는데, 점프 중에 제재를 하지 않고 방관합니다. 10번 정도 점프 후 떨어질 때 미끄러지면서 골절되었습니다.

저희 입장은 분명히 뛰면 안 된다고 말했는데 왜 단 한 번도 제재를 하지 않았냐, 그릭 내부에 호텔도 있는데 왜 거기 두지 않고 로비 미끄러운 곳에 강아지를 꺼내두었냐는 입장입니다.

미용실 입장은 그렇게 걱정되면 끝날 때 맞춰서 미리 와있어야지 왜 늦게 왔냐, 그리고 우리는 강아지 미용까지만 책임이고 미용 이후 생긴 일은 책임이 없다. 다른 강아지 미용도 해야 하는데 얘를 어떻게 끝까지 책임지냐라며 뛰면 안 된다고 미리 말해서 미용실의 부주의는 있지만 책임은 없다고 합니다.

제가 늦게 간 책임도 있어서 미용실에 5:5로 수술비 부담하자고 했는데, 처음에는 못 주겠다고 하다가 하루 뒤 도의적으로 절반은 주겠다고 합니다.

이 경우 민사소송까지 진행할 경우 수술비와 치료비 전액을 받을 수 있는지와 변호사 선임비용까지 받을 수 있는지 궁금합니다.

상담

미용사의 미용계약은 위임유사계약으로 볼 수 있으므로, 위임에 관한 규정이 유추적용될 수 있습니다. 미용사는 위임에 따라 선량한 관리자의 주의의무를 가지고 사무를 처리해야 하는데, 이를 위반하였다면 위임계약에 따른 보수청구권을 주장할 수 없습니다. 또한 선량한 관리자의 주의의무를 위반하여 손해를 입혔다면, 위임인에게 채무불이행 또는 불법행위에 의한 손해배상책임을 집니다.

사안의 경우 골절로 인한 치료병력과 골절의 위험성을 사전에 고지하였음에도 강아지를 방치한 잘못으로 골절이라는 부상을 발생케 한 잘못이 있다고 볼 수 있습니다.

반려동물이 부상을 입은 경우 손해배상의 범위는 반려견이 다치거나 부상을 입은 경우 치료비 등의 재산상 손해와 위자료가 포함됩니다.

위자료는 반려견의 교환가치, 사고의 발생경위, 쌍방의 과실 정도, 상해의 부위와 정도, 반려견에 대한 치료과정 및 치료 정도 등 제반 사정을 참작하여 위자료 액수를 정하는데, 실무에서는 부상의 정도에 따라 30만원에서 300만원 사이에서 정해지는 경우가 많습니다.

사안의 경우 미용실 측에서는 골절로 인한 수술비 등 치료비 및 소정의 위자료를 배상해야 할 것으로 보입니다. 다만, 피해견 측의 여러 요인을 고려하여 가해자의 책임을 제한하는 경우가 있으므로, 손해배상액이 감액될 여지는 있습니다.

소송으로 갈 경우 승소를 할 경우 변호사 보수도 청구할 수 있으나, 변호사 보수는 소송물 가액에 따라 정해진 보수의 범위를 초과할 수는 없으므로, 실제 지급된 보수보다 적게 나올 수 있습니다.

✻ **민법 제390조(채무불이행과 손해배상)**

채무자가 채무의 내용에 좇은 이행을 하지 아니한 때에는 채권자는 손해배상을 청구할 수 있다. 그러나 채무자의 고의나 과실없이 이행할 수 없게 된 때에는 그러하지 아니하다.

✻ **민법 제680조(위임의 의의)**

위임은 당사자 일방이 상대방에 대하여 사무의 처리를 위탁하고 상대방이 이를 승낙함으로써 그 효력이 생긴다.

✻ **민법 제681조(수임인의 선관의무)**

수임인은 위임의 본지에 따라 선량한 관리자의 주의로써 위임사무를 처리하여야 한다.

✻ **민법 제686조(수임인의 보수청구권)**

② 수임인이 보수를 받을 경우에는 위임사무를 완료한 후가 아니면 이를 청구하지 못한다. 그러나 기간으로 보수를 정한 때에는 그 기간이 경과한 후에 이를 청구할 수 있다.

강아지 유치원 폭행 의심 시 대처 방안

종: 말티푸

성별: 남

나이: 1살

🐾 **내용:** 1년 가까이 보낸 유치원에 8월 12~13일 유치원 겸 호텔링을 진행했습니다. 그러나 13일 17시 30분경 병원에서 연락이 와 가보니 의사소견상 폭행정황이 너무 뚜렷하다고 진단을 받았습니다. 가슴, 눈두덩이, 이마, 목, 등좌측 등 피멍이 들어있었고, 우측 골반뼈가 3등분 나있었습니다.

현재 경찰고소는 진행 중인 상태이며, 가지고 있는 증거자료들을 다 제출하였지만 직접적인 증거인 CCTV가 설치되어 있지 않아 동물학대를 입증하기는 애매할 수도 있다고 하여 너무 답답해서 법률상담을 신청합니다. 현재 경찰 측에 제출한 고소장 자료들을 같이 첨부합니다.

유치원 측에서는 계속 폭행이 아니다, 나는 모르겠다, 애가 왜 이러는지 모르겠다 등의 발언을 하고 있습니다. 폭행이 아니라면 무엇으로 인해 그렇게 되었는지 재차 물었지만, 자기도 답답하다는 식으로 메아리답변이 돌아올 뿐입니다.

증거와 관련된 내용 설명은 메모장을 첨부하겠습니다. 고소장 내용은 동물학대, 불법운영, CCTV가 없는 거 총 3가지를 고소한 상태로, 현재 가정에서 불법운영 이고, CCTV 의무를 지키지 않은 것으로 확인됩니다.

다른 병원들에 문의를 해봤지만 사진과 X-ray를 보고 '맞았네'라고는 말씀하시지만, 직접 반려견을 진단한 것이 아니기에 의사소견서는 못준다고 하여, 제가 다니는 병원 한 곳에서만 의사소견서를 받은 상태입니다.

1 증거의 종류

우선 직접증거와 정황증거 또는 간접증거에 관한 간단한 설명을 드리고자 합니다.

직접증거란 추론이나 추정하지 않고 그 자체로 요증사실(형사사건에서 범죄사실)을 입증하는 증거를 말합니다. 정황증거 또는 간접증거란 요증사실의 존재나 부존재를 추론할 수 있는 증거를 말합니다.

2 정황증거와 유죄의 입증

형사사건은 민사사건 등 다른 사건에 비해, 더 높은 수준의 객관적인 증거가 필요합니다. 그러나 그 증거는 직접증거만을 의미하는 것은 아닙니다.

대법원은 "형사 재판에 있어 심증 형성은 반드시 직접증거에 의하여 형성되어야만 하는 것은 아니고 간접증거에 의할 수도 있는 것"이라고 하여 정황증거만으로도 유죄를 선고할 수 있다고 보고 있습니다(대법원 2021. 5. 24. 선고 2010도5948 판결). 또한 "간접증거는 이를 개별적·고립적으로 평가하여서는 아니되고 모든 관점에서 빠짐없이 상호 관련시켜 종합적으로 평가하고, 치밀하고 모순 없는 논증을 거쳐야 한다"라고 하고 있습니다(대법원 2021. 5. 24. 선고 2010도5948 판결).

대법원의 태도에 의하면 정황증거 내지 간접증거만으로도 유죄를 인정할 수 있으나, 이 경우 범죄사실이 합리적 의심의 여지 없이 증명되어야 합니다.

'합리적 의심 없는 입증'과 관련하여 대법원은, "심증이 반드시 간접증거에 의하여 형성되어도 되는 것이며, 간접증거가 개별적으로는 범죄사실에 대한 완전한 증명력을 가지지 못하더라도 전체 증거를 상호 관련하에 종합적으로 고찰할 경우 그 단독으로는 가지지 못하는 종합적 증명력이 있는 것으로 판단되면 그에 의하여도 범죄사실을 인정할 수가 있다."라고 합니다(대법원 2013. 6. 27. 선고 2013도4172 판결). 또한 "합리적 의심이라 함은 모든 의문, 불신을 포함하는 것이 아니라 논리와 경험칙에 기하여 요증사실과 양립할 수 없는 사실의 개연성에 대한 합리적 의문을 의미하는 것"이라고 합니다(대법원 2013. 6. 27. 선고 2013도4172 판결).

③ 사안의 경우

우리 법은 증거의 증명력을 법관의 자유판단에 맡기는 자유심증주의를 따르고 있습니다. 제출하신 증거에 대한 증명력에 대한 판단 내지 의견은 개인적인 견해임을 미리 밝힙니다.

사안은 CCTV와 같은 직접증거가 존재하지 않은 경우이므로, 정황증거만으로 유죄 입증을 해야 하는 경우입니다.

위 대법원 판례의 취지에 따라 반려견이 다친 사진, 의사의 소견서 내용, 사건 발생 상황과 시간의 전후 등 전체 증거를 종합적으로 고찰해 보면(사건과 관련이 없는 증거는 제외), 논리와 경험칙에 비추어 반려견에 대한 폭행 사실과 양립할 수 없는 사실이 존재할 개연성에 대해 합리적 의심이 들지는 않아 보입니다. 실제 '형사재판'에서 결과가 유죄로 나올지에 대한 확답을 드릴 수는 없지만(자유심증주의), '경찰'에서 기소의견으로 검찰에 송치해도 큰 문제가 없어 보입니다. 다만, 고소장의 내용이 매우 부실하므로 경찰 고소 단계에서 고소장의 보충 및 증거에 관한 의견서 제출 등 보완이 필요해 보입니다.

④ 구제 수단

가. 이의신청 등

경찰의 불기소결정에 대해 이의신청이 가능합니다. 이의신청을 할 경우 사건이 검찰로 송치됩니다. 검찰은 송치된 사건을 검토하고 재수사 지휘를 내릴 것인지 불기소할 것인지 정합니다. 검찰이 불기소 결정을 한다면 항고나 재정신청 등을 통해 이를 다툴 수 있습니다.

나. 민사상 손해배상청구 소송

앞서 말씀드린 것처럼, 민사소송은 형사소송의 경우보다 입증의 정도가 완화되므로, 가지고 계신 증거로 민사상 손해배상청구 소송 등 민사 진행이 가능합니다.

85   애견미용실 동물 학대 의심 시 대처 방안

종: **말티즈**

성별: **남**

나이: **3살**

내용: 저희집 애완견이 지난 토요일에 미용을 하러 애견미용실에 갔습니다. 그런데 미용을 끝내고 애완견을 데리러 가보니 강아지가 경직되어 있는 것입니다. 급히 병원에 갔는데 병명이 aai라는 목관절 탈구라고 했습니다. 아무래도 미용실에서 그런 것 같은데, 어떻게 대처를 해야 될지 모르겠습니다.

일단 미용실에 가서 CCTV를 확인한 후 정황이 밝혀지면 경찰에 신고를 하는 것이 답인지 변호사님께 자문을 구하고 싶습니다.

상담

1 민사책임

미용사의 미용계약은 위임유사계약으로 볼 수 있으므로, 위임에 관한 규정이 유추적용 될 수 있습니다. 미용사는 위임에 따라 선량한 관리자의 주의의무를 가지고 사무를 처리해야 하는데, 이를 위반하였다면 위임계약에 따른 보수청구권을 주장할 수 없습니다. 또한 선량한 관리자의 주의의무를 위반하여 손해를 입혔다면, 위임인에게 채무불이행 또는 불법행위에 의한 손해배상책임을 집니다.

사안의 경우 미용사가 선량한 관리자의 주의의무를 위반한 과실로 반려견에게 부상을 입혔으므로, 미용사는 반려견주에게 위임계약에 따른 보수청구권을 주장할 수 없고, 채무불이행 또는 불법행위로 인한 손해배상책임을 집니다.

반려동물이 부상을 입은 경우 손해배상의 범위는 반려견이 다치거나 부상을 입은 경우 치료비 등의 재산상 손해와 위자료가 포함됩니다.

동물 이용 시설 관련

위자료는 반려견의 교환가치, 사고의 발생경위, 쌍방의 과실 정도, 상해의 부위와 정도, 반려견에 대한 치료과정 및 치료 정도 등 제반 사정을 참작하여 위자료 액수를 정하는데, 실무에서는 부상의 정도에 따라 30만원에서 300만원 사이에서 정해지는 경우가 많습니다.

사안의 경우 목관절 탈구로 인한 치료비와 소정의 위자료도 배상해야 할 것으로 보입니다.

2 형사책임

반려동물은 민사적으로는 물건(민법 제98조)으로 취급되어 미용사에게 반려동물을 건강하게 잘 보존할 업무상 주의의무를 위반한 잘못이 인정되더라도 현행법상 과실손괴죄에 대한 처벌 규정이 없는 상황에서 형법적 처벌은 어렵습니다.

미용과정에서 부상을 입었을 가능성이 많은데, 이러한 경우 고의로 상해를 입혔다고 보기 어려우므로, 동물보호법상의 학대행위로 보기 어렵습니다.

다만, 부상경위를 확인하기 위해 CCTV를 확인할 필요는 있고, CCTV를 통해 고의성 여부와 주의의무 위반 여부 등도 확인할 필요가 있습니다.

관련 조문

✹ **민법 제390조(채무불이행과 손해배상)**
채무자가 채무의 내용에 좇은 이행을 하지 아니한 때에는 채권자는 손해배상을 청구할 수 있다. 그러나 채무자의 고의나 과실없이 이행할 수 없게 된 때에는 그러하지 아니하다.

✹ **민법 제680조(위임의 의의)**
위임은 당사자 일방이 상대방에 대하여 사무의 처리를 위탁하고 상대방이 이를 승낙함으로써 그 효력이 생긴다.

✹ **민법 제681조(수임인의 선관의무)**
수임인은 위임의 본지에 따라 선량한 관리자의 주의로써 위임사무를 처리하여야 한다.

✹ **민법 제686조(수임인의 보수청구권)**
② 수임인이 보수를 받을 경우에는 위임사무를 완료한 후가 아니면 이를 청구하지 못한다. 그러나 기간으로 보수를 정한 때에는 그 기간이 경과한 후에 이를 청구할 수 있다.

강아지 관련
사고

86

목줄 미착용의 상대방 개가 우리 강아지를 위협해 발로 찬 경우, 상대견주가 치료비 요구

종: 닥스훈트

성별: 여

나이: 1년 3개월

🐾 **내용:** 산책 중에 일어난 일입니다. 풀어둔 푸들이 저희 강아지에게 다가왔습니다. 으르렁거림에 저희 닥스훈트는 배를 보이는 행동을 취했습니다. 저희 강아지 목에 상대 강아지가 입질했습니다. 저는 그 강아지를 발로 걸어 차버렸습니다. 강아지와 닥스훈트 두 마리의 리드 줄을 잡고 있었고 똥 봉투마저 들고 있는 상황에 두 손이 자유롭지 못했고, 물릴 때는 손을 들이대는 게 아니라고 알고 있습니다. 제가 할 수 있는 방어책이었고 큰 사고로 이어질 수 있는 일을 막았다고 생각합니다.

상대견주는 "개가 아파서 X-ray 찍고 진통제를 받아 왔다. 추후 지켜보고 초음파, 피검사까지 할 생각이다."라고 하며, 치료비의 절반을 요구합니다.

저는 이 부분에 동의할 수가 없습니다. 가장 무책임한 행동이 목줄을 풀어두는 것이 아닌가요? 목줄을 푼 행동은 그 뒤 일어날 수 있는 모든 일에 대한 책임을 지겠다는 것 아닌가요? 목줄 미착용 상태의 개가 나타나 위협하고 무는 행동을 보일 때 가만히 지켜만 보고 있을 견주는 없을 것으로 생각합니다. 짧은 소견에 부족함이 많아, 이렇게 조언을 얻고자 도움을 청합니다

상담

동물보호법에 의하면 반려견의 견주는 월령 3개월 이상의 반려견을 동반하고 외출할 때에는 목줄 또는 가슴줄을 하거나 이동장치를 사용하여야 합니다. 상대방이 푸들에게 목줄을 하지 않은 상태였다면 이는 동물보호법 위반으로 과태료 부과대

상입니다.

관련 법률

❋ **동물보호법 제16조(등록대상동물의 관리 등)**

　② 등록대상동물의 소유자등은 등록대상동물을 동반하고 외출할 때에는 다음 각 호의 사항을 준수하여야 한다.

　1. 농림축산식품부령으로 정하는 기준에 맞는 목줄 착용 등 사람 또는 동물에 대한 위해를 예방하기 위한 안전조치를 할 것

　2. 등록대상동물의 이름, 소유자의 연락처, 그 밖에 농림축산식품부령으로 정하는 사항을 표시한 인식표를 등록대상동물에게 부착할 것

　3. 배설물(소변의 경우에는 공동주택의 엘리베이터·계단 등 건물 내부의 공용공간 및 평상·의자 등 사람이 눕거나 앉을 수 있는 기구 위의 것으로 한정한다)이 생겼을 때에는 즉시 수거할 것

❋ **동물보호법 제101조(과태료)**

　④ 다음 각 호의 어느 하나에 해당하는 자에게는 50만원 이하의 과태료를 부과한다.

　4. 제16조제2항제1호에 따른 안전조치를 하지 아니한 소유자등

❋ **동물보호법 시행령 [별표 4]**

　과태료의 부과기준 과태료 금액: 1차 위반 20만 원 / 2차 위반 30만 원 / 3차 이상 위반 50만 원

　또한 민법 제759조에 의하면 반려견의 견주는 공공장소에서 반려견에게 목줄을 묶어 타인 또는 타인의 반려견에게 위해를 가하지 않도록 할 주의의무가 있습니다. 견주가 자신의 반려견에게 목줄을 하지 않아 신청인의 반려견에게 입질을 하도록 방치한 것은 주의의무를 위반한 것이므로 민법 제759조의 불법행위책임이 성립할 여지가 있습니다만, 입질만으로 구체적 손해, 즉 물어서 상처가 나는 등의 결과가 발생은 하지 않았다면 상대방의 책임이 인정되지 않을 가능성도 배제할 수 없습니다.

관련 법률

❋ **민법 제759조(동물의 점유자의 책임)**

　① 동물의 점유자는 그 동물이 타인에게 가한 손해를 배상할 책임이 있다. 그러나 동물의

종류와 성질에 따라 그 보관에 상당한 주의를 해태하지 아니한 때에는 그러하지 아니하다.

한편, 신청인께서 타인의 반려견을 발로 찬 행위는 상대방 반려견의 입질과 별개로 민·형사상 책임이 발생하게 됩니다.

관련 법률

✳ 민법 제750조(불법행위의 내용)
고의 또는 과실로 인한 위법행위로 타인에게 손해를 가한 자는 그 손해를 배상할 책임이 있다.

✳ 형법 제366조(재물손괴등)
타인의 재물, 문서 또는 전자기록 등 특수매체기록을 손괴 또는 은닉 기타 방법으로 기 효용을 해한 자는 3년 이하의 징역 또는 700만원 이하의 벌금에 처한다.

그러나 신청인께서는 먼저 공격을 해오는 상대방의 반려견으로부터 자신의 반려견을 방어하기 위해 상대방의 반려견을 발로 찬 것으로서, 민법 제761조의 요건을 갖추는 경우 신청인의 손해배상책임이 면책될 가능성도 있습니다.

관련 법률

✳ 민법 제761조(정당방위, 긴급피난)
① 타인의 불법행위에 대하여 자기 또는 제삼자의 이익을 방위하기 위하여 부득이 타인에게 손해를 가한 자는 배상할 책임이 없다. 그러나 피해자는 불법행위에 대하여 손해의 배상을 청구할 수 있다.
② 전항의 규정은 급박한 위난을 피하기 위하여 부득이 타인에게 손해를 가한 경우에 준용한다.

또한 자동차사고에서 피해자와 가해자의 손해배상책임을 과실비율에 따라 분담하는 것처럼, 본 사안과 같은 경우에도 상대방이 사고 상황을 유발한 책임이 있다면 이는 과실상계사유가 되어 신청인의 손해배상책임이 면책, 감경될 수 있습니다. 상대방은 반려견에 목줄을 하지 않고, 신청인께서는 목줄을 하고 계셨기 때문에 상대방의 치료비 요구에 항변할 사유가 있다고 보입니다.

87 반려견 죽임 당함. 죽임 증거 입증. 피의자 법정 구속과 처벌 가능 여부

종: 푸들

성별: 남

나이: 6년

🐾 **내용:** 사건의 내용은 현장에 있던 저희 어머니의 진술과 피의자의 진술을 토대로 정리하였습니다.

저희 어머니와 평소 사이가 나쁜 피의자가 2019년 9월 14일 토요일 오전 11시경, 농사용 트랙터를 운전해서 어머니 집 앞을 지나가고 있었습니다. 피의자 밭이 어머니 집 바로 옆이기 때문에 하루에도 여러 번 지나다닙니다. 피의자가 지나다닐 때마다 반려견(까미)은 쫓아가서 짖었습니다. 이날도 까미는 똑같이 행동했고, 그 순간 까미가 깨갱거리며 비명을 질렀습니다. 집 안쪽 밭에서 일하시던 어머니는 그 소리에 달려갔습니다. 까미는 집 앞 입구 풀밭에 누워서 움직이지 않았고, 2~3m 떨어진 곳(입구 바로 앞)에서 트랙터에 앉아 있는 피의자가 까미와 어머니를 멍하니 바라보고 있었습니다. 어머니는 까미를 보자마자 피의자에게 "왜 강아지를 치고 지나가냐."라고 외치며 오열하였습니다. 어머니가 까미를 안으려 하자, 본인을 또 해친다고 생각했는지 이빨을 드러내며 물려고 하였습니다. 어머니가 "까미야, 엄마야." 하자마자 까미는 미동을 하지 않았고, 어머니는 까미를 안아 집 안 바닥에 눕혔습니다. 이때(오전 11시 30분경) 제가 영상통화를 걸었고, 바닥에 누워서 미동하지 않는 까미를 보았습니다. 어머니는 까미가 죽을 것 같다고 말씀하셨습니다.

어머니는 곧바로 시내에 있는 24시간 동물병원에 찾아갔지만, 동물병원 원장은 "외부의 인위적인 압력에 의해서 오른쪽 뒷다리에 찰과상이 있고, 복강 내 출혈이 의심되어 쇼크사 가능성이 있다."라는 소견을 주었습니다. 검진 결과, 일반적인 강아지보다 심장 크기가 훨씬 작아진 상태였는데, 출혈이 많아 나타난 현상이라고 합니다. 까미는 결국, 사건 발생 4시간 만에 죽었습니다.

강아지 관련 사고

저희는 피의자를 형사 고발하려고 신고했지만, 심증만 있고 물증이 없어 민사 소송으로 해야 한다고 전해 들었습니다.

어머니가 피의자를 의심하는 것은 농업용 트랙터가 아무리 빨리 달려도 시속 10km가 안 되므로, 평소에 까미가 피의자가 지나다닐 때마다 짖어서 보복성으로 까미를 일부러 쳤을 수도 있다는 점입니다. 트랙터 후미에 달린 스크류를 순간 작동시켜, 사고 전 트랙터 뒷바퀴를 쫓아가는 까미에게 일부러 기계적 외압을 가했고, 그로 인해 뒷바퀴에 깔렸거나 스크류에 말려서 트랙터로부터 2~3m 떨어진 풀밭에 나가떨어졌다고 의심했습니다. 까미가 육체적으로 건강한 강아지이므로 평소처럼 트랙터 뒷바퀴를 따라가며 짖을 때, 사각지대에 있는 스크류를 일부러 작동시켜 까미의 오른쪽 다리 부분을 친 것으로 보입니다.

또, 동네 이웃 주민이 피의자가 당시에 술을 마신 상태였다고 말했고, 사고 당시 어머니가 왜 강아지를 치고 갔냐고 물었을 때, 피의자는 트랙터 소리 때문에 강아지가 있는지 몰랐다고 했습니다. 하지만 사고 당시 까미가 비명을 지를 때, 피의자는 트랙터를 멈추었고 까미를 보고 있었습니다. 이는 까미가 트랙터 근처에 있었다는 것을 인지했다는 정황으로 보입니다.

물론 피의자 본인은 못봤다고 주장합니다. 하지만 까미 죽음에 대해 의사는 강한 압력(외압)이 가해져서 방광, 소장, 대동맥 등이 파열된 것 같다고 합니다. 상식적으로 저속력(10km/h)의 트랙터에 치여서 생길 수 없는 증상이며, 바퀴에 깔리거나 회전하는 스크류에 의해 사고를 당했다고 볼 수 밖에 없습니다. 농사용 트랙터에 대해 잘 아는 다른 트랙터 운전자도 트랙터 후미에 있는 스크류를 일부러 가동한 것 같다고 말했습니다.

어제(2019년 9월 16일 월요일) 어머니 댁에 갔는데, 마침 피의자가 앞을 지나가 불러 세워 당시 상황을 재현시켰습니다. 사진도 찍고 대화 내용을 녹음했습니다. 피의자는 횡설수설하며 "자기가 까미를 죽였다고 치자."라고 했습니다. 이 내용이 까미를 죽였다는 증거가 되는지 궁금합니다.

피의자는 사고 직전, 까미가 짖으며 트랙터에 다가왔다고 합니다. 그냥 지나가고 있었는데, 뒤에서 갑자기 까미가 깨갱거리며 비명을 질러 트랙터를 멈추고 내려왔다고 말했습니다. 이전에 피의자는 까미를 보지 못했으며, 트랙터 소리가 커서 강아지 짖는 소리도 못들었다고 했습니다. 그런데 어떻게 강아지의 비명을 듣고 트랙터를 멈췄을까요. 또, 당시 어머니가 기억하기에는 피의자가 트랙터 위에서 멍하니 쳐다만 보고 있었다고 했는데, 피의자는 본인이 트랙터에서 내려와서 까미를 쳐다봤다고 말했습니다(녹음 내용 참고). 피의자가 일관성 없이 한 말에 더욱 의심됩니다.

또, 어머니는 사건 당시에 피의자가 집 앞을 지날 때 기어를 바꾸는 소리가 났다고 합니다. 제가 피의자에게 요청해 확인한 결과, 트랙터 스크류를 바닥으로 내릴 때 기어를 바꿨습니다. 그리고 스크류 끝 위치는 정확하게 트랙터 왼쪽 후미 바로 앞으로, 까미가 트랙터를 쫓아가던 위치와 일치합니다.

제가 가진 사진, 녹음파일, 의사 진료 소견서로 피의자를 법정 구속시키고 처벌할 수 있는지 알고 싶습니다. 사고 당일(2019년 9월 14일) 이후부터 견주인 저와 지난 4년간 까미와 동고동락한 어머니는 극심한 우울증을 앓고 있으며, 잠자리에 들기 어려운 상태입니다. 까미는 저희에게 그냥 강아지가 아니고 '가족'이었습니다. 사람과 똑같이 대했기 때문에 저희에게는 가족을 잃은 아픔이 정말 고통스럽습니다.

피의자를 용서하려고 했지만, 사과 한번 하지 않는 뻔뻔함에 가능한 법적 조치는 다 하고자 법률상담을 신청합니다. 반려동물 보호법이 있으나, 동물학대에만 해당한다고 하여 이번 사고와 연계성을 가지고 형사 고발이 어렵다는 의견을 시청 반려동물 담당자로부터 들었습니다. 그래서 민사소송을 준비하고 있으며, 설사 까미의 죽음에 대한 민사소송으로 피의자 구속이나 법적 조치가 어렵다고 하더라고 저와 어머니 그리고 가족 모두에게 정신적 고통을 겪게 한 것과 까미를 4년간 길러오는데 들어간 비용과 시간에 대한 금전적 피해보상을 요구하고 싶습니다.

상담

현재 사건에 관한 직접적인 증거가 될 만한 현장 목격자, CCTV 등이 없는 상황에 확보하신 증거와 진술만으로 가해자에 대한 기소, 구속, 처벌이 가능한지 순서대로 살펴보겠습니다. 우선 가해자에게 적용할 수 있는 죄명은 형법의 재물손괴죄 또는 동물보호법 위반입니다.

✳ 형법 제366조(재물손괴등)

타인의 재물, 문서 또는 전자기록 등 특수매체기록을 손괴 또는 은닉 기타 방법으로 기 효용을 해한 자는 3년 이하의 징역 또는 700만원 이하의 벌금에 처한다.

✳ 동물보호법 제10조(동물학대 등의 금지)

① 누구든지 동물을 죽이거나 죽음에 이르게 하는 다음 각 호의 행위를 하여서는 아니 된다.

1. 목을 매다는 등의 잔인한 방법으로 죽음에 이르게 하는 행위

2. 노상 등 공개된 장소에서 죽이거나 같은 종류의 다른 동물이 보는 앞에서 죽음에 이르게 하는 행위

3. 동물의 습성 및 생태환경 등 부득이한 사유가 없음에도 불구하고 해당 동물을 다른 동물의 먹이로 사용하는 행위

4. 그 밖에 사람의 생명·신체에 대한 직접적인 위협이나 재산상의 피해 방지 등 농림축산식품부령으로 정하는 정당한 사유 없이 동물을 죽음에 이르게 하는 행위

가해자를 고소하실 경우 고소사건을 배정받은 경찰은 우선 고소인을 경찰서에 출석하도록 하여 진술조서를 작성하고, 고소인으로부터 자료를 받아 검토한 이후, 피고소인(가해자)을 경찰서에 출석하도록 하여 신문합니다. 가해자가 범행을 완강히 부인한다고 하더라도 고소인의 진술과 간접, 정황 증거들이 가해자의 범행을 상당 부분 뒷받침한다면 기소 가능성이 있을 것이나, 가해자의 범행과 고의를 입증하는 것이 쉽지는 않을 수 있습니다.

다만, 형사사건의 피의자 수사는 불구속수사를 원칙으로 하고, 형사소송법 제70조에서 정하고 있는 구속사유(피고인이 일정한 주거가 없는 때/피고인이 증거를 인멸할 염려가 있는 때/피고인이 도망하거나 도망할 염려가 있는 때)에 해당하는 경우에만 예외적으로 구속수사를 합니다. 따라서 가해자가 구속될 확률은 극히 낮다고 보셔야 합니다.

만약 검사가 가해자를 기소하는 단계까지 간다면 가해자에 대한 처벌 가능성, 즉 유죄판결이 선고될 확률은 상당히 높습니다. 일반적으로 고소사건에 대한 기소처분 비율에 비하여 불기소처분 비율이 현저히 높은 반면, 기소가 되고 나면 무죄판결 비율에 비하여 유죄판결 비율이 현저히 높습니다. 다만, 그렇다고 하더라도 실제 가해자에 대한 징역형이 선고될 가능성은 높지 않아 보이고, 벌금형이 선고될 가능성이 높습니다.

현행법상 경찰의 조치나 검사의 처분, 법원의 판결 등이 부당한 경우의 불복절차는 보장되어 있기는 하나, 처음부터 최대한 꼼꼼히 고소장과 관련 증거 등을 준비하시는 것이 필요합니다.

반려동물 자전거 사고

종: **토이푸들**

성별: **여**

나이: **3년**

🐾 **내용**: 10월 10일 목요일 밤 10시경 산책 도중, 아파트 단지 밖 도로(분리형 자전거 보행자 겸용 도로)에서 본인 강아지가 대변을 보려 하여(목줄 상태에서 대변을 보지 않는 습성이 있음), 전후방 100m 내외에 보행자와 자전거가 없음을 확인하고, 잠시 목줄을 푼 상태로 걸어갔습니다. 그 사이, 후방에서 다가오는 자전거를 발견해 강아지를 부르며 잡으려 했으나, 자전거를 발견한 강아지가 놀라 자전거 도로로 끼어들었습니다. 그 순간 자전거는 멈추지 않고 무리하게 지나가려고 해, 강아지 앞발을 밟았고 지나서야 멈췄습니다. 이후, 자전거 주인이 괜찮은지 물었으나 이미 강아지의 앞다리가 골절된 상태여서 연락처만 받은 뒤 급히 24시 병원으로 이송했습니다. 강아지는 2시간가량의 수술을 마치고 현재 입원 중에 있습니다. 외과 의사의 수술 전 X-ray 확인 결과, 앞다리 왼쪽 골절로 뼈 자체가 으스러진 상태였습니다.

🐾 **견주 측**: 사고 발생 당시, 목줄 미착용인 점을 과실로 인정하여 수술비 발생에 대해 전적으로 견주가 부담한다. 하지만 전방주시 태만 및 무리하게 지나가려고 했던 부분(브레이크 또는 속도를 줄이지 않은 점)으로 이와 같은 사고가 발생하여, 사과를 요구하며 사건 당시 응급 치료비 부분만 부담해 달라고 요청한다.

🐾 **자전거 주인 측**: 본인은 과실이 없으며, 견주의 100% 과실이고 견주 입장을 일체 무시한다. 되려 피해자라고 주장하며 견주가 고소할 시 맞고소 예정이라고 한다. 견주가 사고 목격 충격으로 정신적 피해를 얻었다 하니 본인 또한 그렇다며, 그 다음 날 정형외과 진단서(경추/요추의 염좌 및 긴장)를 발급하여 바로 견주

에게 문자를 보냈다.

🐾 사건 발생 당시 자전거에 서서 견주에게 괜찮냐고 말을 건넸던 것으로 보아, 허위 진단으로 추정

상담

　자전거와 반려견이 충돌한 사고인데, 목줄을 착용하지 않은 상태에서 반려견이 자전거 도로를 침범한 것이므로 반려견 측의 과실이 인정됩니다.

　자전거 운전자에게도 전방주시의무와 안전운전의무를 게을리 한 점이 인정될 수 있는데, 이 부분 과실정도에 따라 책임이 제한되어 손해배상금에서 공제될 수 있습니다. 만일 충돌사고로 자전거 운전자도 부상을 입었다면, 반려견주의 과실비율만큼 그 손해를 배상할 책임이 있습니다(진단서 허위 여부는 확인된 사항이 아니므로 이를 전제로 판단하기는 어려우나 진단서가 발급되었다면, 특별한 사정이 없는 한 부상이 존재하는 것으로 보아야 합니다).

　충돌사고로 인한 반려견의 손해에 대하여는 자전거 운전자의 과실비율의 정도만큼 배상할 책임이 있고, 자전거 운전자의 손해에 대하여는 반려견 측의 과실비율만큼 배상할 책임이 있다고 할 수 있는데, 자전거도로에서 갑자기 반려견이 뛰어 든 것이라면 반려견 측의 책임이 더 클 것으로 판단됩니다.

　반려견의 부상과 관련하여서는 민사책임 외에 형사책임은 문제가 되지 않으나 자전거 운전자가 부상을 입었다면, 민사책임 외에 형사적으로 과실치상의 책임도 문제가 될 수 있으므로 가급적 합의를 통해 사건을 해결하는 것이 필요합니다.

강아지 관련 사고

89 뺑소니 사망 사건

종: 말티즈 믹스견

성별: 여

나이: 1년 6개월

🐾 **내용:** 2019년 12월 21일 오후 2시 20분쯤, 경남 함양에서 반려견 두 마리와 한산한 골목 도로를 산책하고 있었습니다. 한 반려견(바다)의 목줄 손잡이를 놓쳤고, 손잡이가 바닥에 떨어지며 난 소리에 반려견이 놀라 길 한가운데 달려가 서 있게 되었고 주인인 제가 부르며 다가가고 있었습니다. 그때, 흰색 승용차가 빠르게 지나갔고(앞바퀴가 지나갈 때는 반려견을 간신히 비켜 갔으나) 뒷바퀴가 지나갈 때 반려견의 머리를 치고 멈춤 없이 그냥 가버렸습니다. 비명을 지르며 곧 달려갔으나 반려견은 머리에 피를 흘리고 입으로 피를 토하며 죽어가고 있었습니다. 제가 반려견을 안아 차에 싣고 동물병원으로 찾아갔지만, 의사 선생님이 출장 중이셨고 또 다른 병원은 문이 닫혀 있어 그 사이에 반려견이 사망했습니다. 저와 가족들은 가족 같은 반려견을 갑작스럽게 잃고 상실감에 지금껏 눈물과 고통 속에 있습니다. 골목 도로에서 빠르게 지나가며 상황을 살피지 않은 운전자, 저희 반려견을 치어 놓고도 멈춤 없이 그냥 지나가 버린 운전자에게 책임을 묻고 싶습니다.

이런 경우 어떤 법적인 책임을 물을 수 있는지 알려주시길 간절하게 부탁드립니다.

상담

우선 불의의 사고로 바다를 잃으신 큰 슬픔에 위로의 말씀 전합니다. 가해 운전자에 대한 법적인 책임을 묻는 방법은 형사 고소를 하여 처벌을 받게 하는 방법과 민사상 손해배상청구소송을 통하여 금전적으로 배상받는 방법이 있습니다.

🦴 1 형사책임

가해 운전자는 도로교통법위반의 죄명으로 처벌이 가능할 것으로 보이므로 사고 발생지 관할 경찰서에 신고(또는 고소)하셔서 형사절차를 진행하실 수 있습니다. 도로교통법 제54조 제1항은 교통사고를 낸 운전자의 조치의무를 규정하고 있습니다. 반려견의 법적 지위는 물건에 해당하므로 본 사안의 운전자는 차를 운전하다가 물건을 손괴한 것입니다. 사고를 낸 운전자는 즉시 정차하여 필요한 조치를 취하고 피해자에게 인적사항을 제공하여야 합니다. 그러나 본 사안의 운전자는 이를 위반하였으므로 도로교통법 제148조에 따라 처벌을 받을 수 있습니다.

관련 규정

❋ 도로교통법 제54조(사고발생 시의 조치)

① 차 또는 노면전차의 운전 등 교통으로 인하여 사람을 사상하거나 물건을 손괴(이하 "교통사고"라 한다)한 경우에는 그 차 또는 노면전차의 운전자나 그 밖의 승무원(이하 "운전자등"이라 한다)은 즉시 정차하여 다음 각 호의 조치를 하여야 한다.

1. 사상자를 구호하는 등 필요한 조치
2. 피해자에게 인적 사항(성명·전화번호·주소 등을 말한다. 이하 제148조 및 제156조제10호에서 같다) 제공

❋ 도로교통법 제148조(벌칙)

제54조제1항에 따른 교통사고 발생 시의 조치를 하지 아니한 사람(주·정차된 차만 손괴한 것이 분명한 경우에 제54조제1항제2호에 따라 피해자에게 인적 사항을 제공하지 아니한 사람은 제외한다)은 5년 이하의 징역이나 1천500만원 이하의 벌금에 처한다.

도로교통법 제54조 제1항의 보호법익은 도로교통의 안전과 원활이고, 그 행위주체는 차의 교통으로 인하여 사람을 사상하거나 물건을 손괴한 차의 운전자 및 승무원으로서 그 교통사고가 위 운전자 등의 고의, 과실 등의 귀책사유로 발생할 것을 요하지 아니하며, 또 사람의 사상, 물건의 손괴가 있다는 것에 대한 인식이 있을 것을 필요로 하는 고의범입니다(대법원 1991. 6. 14. 선고 91도253 판결 참조).

운전자로서는 길 한가운데 있는 동물을 발견하기 어렵지 않은 점, 본 사안에서 운전자가 바다를 발견하고 비켜 가려고 한 점, 견주가 비명을 지르며 곧 달려간 점 등에 비추어 본 사안의 운전자는 물건의 손괴가 있다는 것에 대한 인식이 있는 상태, 즉 고의가 있다고 할 것입니다. 도로교통법 제5조 제1항의 취지는 도로에서 일어나는 교통상의 위험과 장해를 방지·제거하여 안전하고 원활한 교통을 확보하기 위한 것으로서 피해자의 피해를 회복시켜주기 위한 것이 아니고, 이 경우 운전자가 취하여야 할 조치는 사고의 내용과 피해의 정도 등 구체적 상황에 따라 적절히 강구되어야 하고 그 정도는 건전한 양식에 비추어 통상 요구되는 정도의 조치를 말합니다.

2 민사책임

가해 운전자가 낸 교통사고는 민법상 불법행위에 해당하므로 견주는 손해배상청구소송을 통하여 사고로 인한 재산상 손해, 정신적 손해(위자료)를 배상받으실 수 있습니다.

관련 법률

✻ 민법 제750조(불법행위의 내용)

고의 또는 과실로 인한 위법행위로 타인에게 손해를 가한 자는 그 손해를 배상할 책임이 있다.

법원은 반려견의 사망에 따른 위자료를 인정하면서 다음과 같이 설시한 바 있습니다.

"물건의 멸실에 따른 정신적 고통은 통상 재산적 손해의 배상에 의하여 회복되나, 그로써도 회복될 수 없는 정신적 고통은 특별사정에 의한 손해이다. 이 사건의 경우, 일반적으로 애완견을 소유하는 목적은 애완견과 정신적인 유대와 애정을 나누기 위함이고, 원고 또한 같은 이유로 원고의 개를 소유한 것으로 보이는 점, 애완견은 보통 물건들과 달리 생명을 가진 동물인 점, 그러한 의미에서 요즘 애완견을 단순한 동물을 넘어서 반려견으로까지 여기는 점 등을 고려하면, 원고처럼 애완견 주인이 가지는 정신적 고통의 손해는 그 애완견의 구매가 또는 시가 상당액을 배상받는 것만으로는 회복될 수 없는 특별사정에 의한 손해이고, 사고를 야기한 피고는 그러한 특별사정을 알았거나 알 수 있었다고 봄이 타당하다. 사고 경위, 사고 정도, 원고의 개가 원고의 애완견으로 지내온 기간, 원고 개의 교환가치, 물적 손해에 대한 위자료인 점 등 모든 사정을 참작하여(이하생략)"

그러나 본 사안에서 견주가 반려견의 목줄을 놓친 과실도 있는 점, 법원에서 통상 인정하는 위자료 액수가 매우 적은 점, 소송에 소요되는 비용과 시간 등을 종합적으로 고려하면 소송의 실익은 크지 않을 것으로 판단되므로 신중하게 검토하신 후 결정하시는 것이 좋겠습니다.

종: 미니어처 슈나우저
성별: 여
나이: 5살

🐾 **내용**: 10월 29일 저녁 7시 55분 아파트 단지 내 산책 중 반려견의 짖음으로 인해 배달 오토바이가 넘어지는 비접촉사고가 있었습니다.

거주하고 있는 아파트는 정문차단기를 통과하여 지하주차장으로 통하는 입구와 지상주차장으로 연결되는 옆길이 있으며, 본 사고는 외부지상주차장으로 가는 길(보도블럭)에서 사고가 났고 사고 당일 아파트 정문 보수공사로 지하주차장으로 출입할 수 없는 상황으로 모든 차량이 우회하여 진입하며 서행하였습니다.

남편과 저는 반려견 목과 가슴줄인 이중줄을 착용시킨 후 아파트 단지 내를 산책 중이었고, 사고구간은 약간의 코너지역이나 차량 및 사람인식은 분명히 가능한 곳이므로 아파트 정문을 통과해 우회하던 배달 오토바이를 보고 갓길에 서있었으며 보도블럭 가운데로 빠르게 달려오는 오토바이를 보고 놀란 반려견이 짖었습니다. 그러자 오토바이가 저희를 지나 곧이어 좌측으로 쓰러졌고 뒤를 돌아 쓰러지는 것을 목격했습니다. 어찌나 빨리 달려오던지 남편과 저는 달려오는 순간부터 놀라 제자리에 서서 지나가는 것까지 보고 있던 상태였습니다.

사람이 옆에서 쓰러져 있는데 그냥 가는 것은 아닌 것 같단 생각이 들어 남편은 쓰러진 오토바이 배달 기사님을 부축해 일으켜 세우며 갓길에 기사님을 앉혀놓고 사고현장 또한 정리해주었습니다(쓰러진 오토바이로 인해 차량통행이 원활하지 못할 것으로 예상되어 오토바이를 한켠에 세워둠, 배달 음식을 정리해 갓길로 치움).

배달 기사님은 아무 말씀 없이 좌측 발목만 부여잡고 있다가 한참 뒤에 강아지가 달려들었다고 이야기하며 전화번호를 주고 가라고 했고, 황당한 생각이 들어 관할 경찰서에 신고를 했습니다. 신고를 하며 구급차 사용 여부도 확인을 했습니다(구급차 필요 없다고 함).

관할지구대에서 두 명의 경찰관이 출동하여 상황을 확인하고, 단지 내는 도로가 아니므로 형사적인 모든 것을 할 수 없으며 목줄 착용을 하였고 목줄 길이가 길지 않았으므로 견주의 관리소홀로도 크게 보이지 않으며 이야기를 통해 원만히 해결하시는 편이 좋을 것 같다고 이야기했습니다. 계속해서 강아지가 달려들었다는 주장만 하여 경찰관이 억울하신 부분이 있으시면 민사소송을 하시는 방법밖엔 없다고 이야기하였고, 전화번호 교환 후 일단 아픈 부위가 있으니 병원을 먼저 가시는 게 맞는 것 같다고 설명 후 구급차를 불러 근처 준종합병원 응급실로 이송하였습니다.

사고 현장이 CCTV 사각지대여서 (주차 공간만 잘 보이도록 설치하였음. 사진첨부) 사고 현장 근처에 주차된 차량 1대를 확인한 후 경찰관이 차주와 통화하여 블랙박스 영상을 확보하였고, 추후 저희도 블랙박스 영상을 받게 되었습니다.

집에 돌아온 후 배달 기사님께 연락달라고 문자를 남긴 후 얼마 되지 않아 전화가 왔고, 좌측 발목이 으스러졌다고 한다. 입원하라고 하는데 응급실에 정형외과 전문의가 없어 오늘은 그냥 가고 내일 다시 가보려고 한다며 저희에게 한번 잘 알아보시라고 이야기를 했습니다.

도의적 책임이 있다고 생각했기에 신고부터 병원이송까지 신경 썼고, 저희도 저희의 반려견이 달려들었다고 주장하시니 치료비 일부를 부담하고자 했던 마음이었습니다.

배달 기사님은 상해보험 등 보험 이야기를 하며 알아보시라고 같은 이야기를 반복하여 구체적으로 어디까지 원하시는 건지 묻자 치료비, 일 못한 비용, 오토바이 수리비, 배달용 PDA 파손비라고 대답하여 저희는 치료비 일부 보태드리려고 했는데 그렇게까지는 못해드릴 것 같다고 했습니다.

그리고는 기사님에게는 아무런 잘못이 없다고 생각하시냐고 묻자 8대2, 9대1을 이야기하면서. 예를 들어 천만원이다 그럼 8~9백만원을 본인이 받아야 한다고 이야기를 하시며 더 이상 둘이 전화할 필요가 없을 것 같다며 민사소송을 하겠다고 하고 끊었습니다.

그리고 다음날 오후에 기사분에게 전화가 왔는데 저희도 화가 나서 받지 않았습니다.

11월 5일 오전, 상대 측의 변호사라는 사람이 전화를 걸어왔고 본인이 사건을 수임하게 되었으므로 이름과 주소를 물어봤고 남편이 이런 일로 소송을 하시냐고 하소연하자 변호사님께서 합의 얘기가 나온게 없냐 물어 치료비를 드리려고 했는데 싫다고 하시고 8대2, 9대1 과실 얘기만 하셔서 그렇게까지는 못해 드린 다고 했다고 대답하자 합의금으로 얼마나 말하더냐고 물었습니다. 합의금 얘기하신 적 없다고 대답하며 전화통화는 끝난 상태입니다.

아파트 단지 내 CCTV는 주차라인만 비추고 있어 보이지 않을 것이라고 생각했는데 확인해보니 영상이 담겨있었고, 관리실 측에서는 소송에 쓸 자료임을 확인할 수 있는 첨부자료나 변호사 자료 요청서를 요구하고 있어 현재 미확보된 상태입니다(영상을 보내드리고 싶은데, 관리실에서 서면으로 뭔가를 요구하는 상황이라, 혹시 참고가 된다면 답변서에 영상에 관한 협조문 부탁드립니다).

블랙박스 영상은 화질이 좋지 않지만 갓길로 가고 있었고 반려견이 짖는 소리와 오토바이가 넘어지는 소리 등은 정확하게 확인되며 일시정지를 해가며 천천히 보다 보면 반려견이 짖고 오토바이가 옆을 지나고 넘어지는 순간에 강아지가 등장하는 것으로 보입니다(화소가 많이 좋지 않아 화면을 최대한 줄여서 원본 크기로 보시면 조금 더 선명하게 보실 수 있습니다).

아파트 CCTV 영상은 소리는 들리지 않지만, 오토바이가 상당히 빠른 속도로 달려오며 브레이크 등이 한 번도 점멸되지 않는 것을 볼 때 속도를 줄이지 않고 넘어지며 강아지가 놀라 화면 앞으로 뛰쳐나오는 것이 정확하게 찍혀있습니다. 평소 강아지 산책 시 모습의 사진과 사건 당일 차량 블랙박스 영상 및 사고현장 사진을 첨부합니다. 추후 확보되는 영상과 사진들은 필요하시다면 메일을 통해 재발송드리도록 하겠습니다. 부디 저희의 고민을 조금이라도 해결해 주셨음하는 마음으로 이렇게 긴 글 올립니다.

상담

반려견의 견주는 반려견이 타인의 생명, 신체, 재산에 피해를 입히지 않도록 주의할 의무가 있고, 주의의무를 위반한 경우 그로 인해 피해를 입은 상대방에 대해 손해배상책임이 있습니다(민법 제759조).

반려견이 짖는 소리로 인해 놀란 상대방이 다친 경우와 같은 비접촉사고의 경우에도 반려견의 견주가 동물점유자로서 주의의무를 다하지 않은 경우 손해배상책임이 성립됩니다.

첨부한 부산지방법원 2008. 4. 16. 선고 2007가단82390 판결은 반려견과 상대방의 비접촉사고 시 견주의 손해배상책임을 인정한 사례입니다. 다만, 상담자분의 사례와 위 판결 사례는 구체적인 사실관계에 있어서 목줄 착용여부, 사고 발생장소, 반려견의 행동에 있어서 차이가 있으므로 감안해서 참고해주시기 바랍니다. 위 판결의 사실관계는 '엘리베이터의 문이 열리면서 피고와 피고의 부인이 애완견을 목줄을 묶지 않은 상태에서 복도에 내려놓자 피고의 애완견이 원고를 보고 짖으면서 달려오는 바람에, 원고가 이에 놀라 피고의 애완견이 달려오는 반대쪽으로 도망가다가 뒤돌아보는 순간 피고의 애완견이 뒤로 쫓아온 것을 보고 원고의 엉덩이 부분으로 복도에 넘어져 상해를 입은 사례'입니다.

상담자분 반려견의 짖음과 오토바이 배달 기사님의 사고·상해 사이의 인과관계 유무를 섣불리 단정할 수는 없습니다만, 상담자분께서 반려견의 목과 가슴에 이중줄을 착용시킨 상태였고, 목줄 길이가 길지 않았으며, 사고 발생 전 오토바이를 향해 달려드는 등 위협적인 행동을 하지 않았다면, 일응 상담자분께서는 동물점유자로서 상당한 주의를 해태하지 아니한 것으로 볼 수 있을 것이고, 인과관계가 인정되지 않을 가능성이 있습니다. 오토바이 배달 기사님이 주장하는 과실비율도 아파트 단지 내 도로라는 사고 발생장소, 사고 전후의 상황 등에 비추어 다소 높아 보이는 면이 있습니다.

소송단계가 아니므로 영상에 관한 협조문을 드릴 수는 없습니다만, 추후 소송이 진행된다면 증거로 사용할 필요가 있으므로 관리사무소 측에 영상을 보존해달라는 요청을 해두시기 바랍니다.

법원 판례는 아파트 단지 내 도로가 도로교통법상 도로인지에 여부는 "방문객들이 자유롭게 통행할 수 있느냐"를 기준으로 판단하고 있습니다. 즉 차단기가 설치돼 입주민들만 통행하거나 방문객이 입주민의 허락을 받아야 통행이 가능하다면 단지 내 도로는 입주민들에 의해 자주적으로 관리되는 사적 공간이지 도로교통법상 도로가 아니라는 입장입니다. 귀하의 아파트 내 도로는 도로교통법상 도로가 아닌 것으로 보입니다.

오토바이 배달 기사님이 상담자분께 손해배상청구소송을 제기할 경우, 청구금액은 적극적 손해인 병원 검사비, 치료비, 약제비 등 합계액, 소극적 손해인 이 사건 사고로 인하여 오토바이 배달 기사님이 일을 하지 못하는 기간 동안의 휴업손해액,

정신적 손해액(=위자료)일 것입니다. 이에 대해 증거들을 확보하셔서 반려견과 사고 발생 사이에 인과관계가 없음을 밝히신다면 손해배상책임을 부담하지 않게 되실 것으로 보입니다.

관련 조문

❋ 민법 제759조(동물의 점유자의 책임)

① 동물의 점유자는 그 동물이 타인에게 가한 손해를 배상할 책임이 있다. 그러나 동물의 종류와 성질에 따라 그 보관에 상당한 주의를 해태하지 아니한 때에는 그러하지 아니하다.

② 점유자에 갈음하여 동물을 보관한 자도 전항의 책임이 있다.

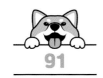

91 산책 중 조깅 중이던 사람과 충돌 시 치료비 비율

종: 비숑 프레제

성별: 여

나이: 16개월

🐾 **내용:** 산책 중 낯선 개의 갑작스러운 접근에 놀란 제 반려견이 뒷걸음질을 하다 조깅 중이던 20대 여성이 밟고 넘어졌습니다.

여성분은 찰과상과 타박상으로 병원 진료를 같이 보고, 병원비를 부담했습니다. 약 2주 후 피부과에서 드레싱 치료를 받겠다고 했습니다(2주 후 상처 흉터여부를 봐야 한다고 함).

견주로 어느 정도가 제 과실인 건지, 어떻게 대응해야 할지 문의드립니다.

원인 제공 후 그냥 가버린 상대견주에 대한 경찰 신고 시 찾을 수 있을지, 찾는 다면 비용 청구가 가능한 건지도 궁금합니다.

사고 후 제 반려견도 놀라 불안, 불면 증상이 있는데, 진료 시 비용은 제 전액 부담인가요?

상담

산책 중 발생한 의도치 않은 상황으로 상담자분의 반려견과 다른 사람 모두 다치게 되어 상심이 매우 크실 것으로 생각됩니다. 반려견이 사고로 불안, 불면 증상까지 겪었다고 하셨는데 잘 극복하였기를 바라며, 질문해주신 과실 여부나 신고 여부 등에 대해 말씀드리겠습니다.

반려견의 견주는 반려견이 타인의 생명, 신체, 재산에 피해를 입히지 않도록 주의할 의무가 있고, 이러한 주의의무를 위반한 경우 민사상 손해배상책임, 형사상 과실치상죄의 책임을 질 수 있습니다.

민법 제759조(동물의 점유자의 책임) 제1항은 "동물의 점유자는 그 동물이 타인에게 가한 손해를 배상할 책임이 있다. 그러나 동물의 종류와 성질에 따라 그 보관에 상당한 주의를 해태하지 아니한 때에는 그러하지 아니하다"고 규정하고 있고, 형법 제266조(과실치상)는 "과실로 인하여 사람의 신체를 상해에 이르게 한 자는 500만원 이하의 벌금, 구류 또는 과료에 처한다"고 규정하고 있습니다. 즉, 상담자분께서 반려견의 보관에 상당한 주의를 해태하지 않았는지가 관건이나, 민사상 과실과 형사상 과실은 동일하지는 않고 형사상 과실은 과실의 정도가 형사처벌이 필요할 정도로 큰 경우에 한합니다. 상담자분의 경우 형사상 과실치상죄가 성립될 사안은 아닙니다.

다만, 갑작스러운 낯선 개의 접근으로 발생한 안타까운 상황이기는 하지만 상담자분께서는 민사상 과실은 있는 것으로 보여서 그에 따른 손해배상책임으로 다친 분의 치료비는 부담하셔야 하고, 다친 분에게 반려견의 진료비를 부담하게 하실 수는 없을 것으로 보입니다.

반려견의 견주는 산책 시 반려견에게 목줄이나 하네스를 착용하도록 할 법적 의무가 있고, 이러한 의무는 사고 상황에서 반려견을 적절하게 통제할 수 있도록 하기 위한 것이며, 대체로 사고 상황은 갑작스럽게 발생한다는 점과 다친 분이 넘어진 직접적인 원인은 뒷걸음질 하는 반려견을 밟아서인 점, 다친 분이 조깅 중으로 갑작스럽게 속도를 제어하기 어려워 넘어지기까지 한 점 등을 종합적으로 고려하면 상담자분께서 반려견으로 인하여 피해를 입은 분에게 치료비 등 손해배상을 해주셔야 할 상황으로 사료됩니다.

원인 제공 후 그냥 가버린 상대견주의 경우 경찰 신고를 하더라도, 상담자분께서 형사상 과실치상죄가 성립되는 상황이 아니고 상대견주도 과실치상죄는 성립되지 않으며, 반려견의 상해로 인한 재물손괴죄도 상대견주가 손괴의 고의가 있을 경우에만 성립하기 때문에, 이 사안은 형사사건이 아니어서 경찰에 신고 자체가 접수되지 않는 등 신고를 통해 상대견주를 찾기는 어려워 반려견의 진료비를 청구하실 수 없습니다. 여러모로 안타까운 상황이고 속상하시겠지만 상담자분의 반려견이 충격을 잘 극복하기를 바라겠습니다.

❋ 민법 제759조(동물의 점유자의 책임)

① 동물의 점유자는 그 동물이 타인에게 가한 손해를 배상할 책임이 있다. 그러나 동물의 종류와 성질에 따라 그 보관에 상당한 주의를 해태하지 아니한 때에는 그러하지 아니하다.

② 점유자에 갈음하여 동물을 보관한 자도 전항의 책임이 있다.

❋ 형법 제266조(과실치상)

① 과실로 인하여 사람의 신체를 상해에 이르게 한 자는 500만원 이하의 벌금, 구류 또는 과료에 처한다.

② 제1항의 죄는 피해자의 명시한 의사에 반하여 공소를 제기할 수 없다.

❋ 형법 제366조(재물손괴등)

타인의 재물, 문서 또는 전자기록등 특수매체기록을 손괴 또는 은닉 기타 방법으로 기 효용을 해한 자는 3년이하의 징역 또는 700만원 이하의 벌금에 처한다.

강아지 관련 사고

종:	**사모예드**
성별:	**남**
나이:	**13개월**

🐾 **내용**: 7월 1일 오후 6시경 견주의 엄마인 본인 거주 중인 아파트 엘리베이터를 타고 내려가던 중에 1층에 도착하기 전 6층에서 엘리베이터 문이 열리자 타고 있던 반려견이 내리려고 앞으로 나갔습니다.

목줄을 착용 중이었으나 엘리베이터 문이 열리자 갑자기 나온 중형견에 6층에서 엘리베이터 탑승 대기중이던 남성이 놀라 뒷걸음질치다 방화문을 열어놓기 위해 받쳐놓은 소화기 받침대를 밟으며 휘청하여 방화문에 기대어 섰습니다.

엘리베이터를 잡고 죄송하다고 사과하며 괜찮냐고 수차례 물은 후 자유롭게 보행 가능함을 확인하여 이동하였으나 그 후 피해 남성이 강아지가 달려들어 죽을 뻔 했다며 오후 10시경 경찰에 신고했습니다.

당일 부재 중이어서 다음 날 병원비를 들고 두 차례 찾아갔지만 거부당했습니다.

고소를 진행하여 불송치 판결이 났으나 이의제기 신청 후 합의요청을 했습니다.

50만원의 합의 의사를 밝혔으나 상대 측이 500만원을 요구하며 합의가 불가능했습니다.

본인의 조건으로 합의를 거절할 시 민사소송을 진행하겠다며 협박하는 상태입니다.

> **상담**

제 답변이 신청인께서 사안을 해결하시는 데에 조금이라도 도움이 되기를 바랍니다. 감사합니다.

⭐ 상담내용

상담내용에 따르면 신청인께서 반려견과 함께 엘리베이터에 탑승하여 내려가는 중에 엘리베이터가 다른 층에서 멈추었습니다. 엘리베이터 문이 열리자 목줄을 한 신청인 반려견이 이웃 주민을 향하여 달려 나가 주민을 놀라게 하였습니다. 당시 해당 주민은 몸의 균형을 잠시 잃었으나 방화문에 기대었고 넘어지지는 않았습니다. 신청인이 두 차례 치료비 지급 의사를 표명하였으나 해당 주민은 이를 거절하고 고소하였고, 불송치 결정을 받은 후에는 이의신청을 하고 합의 의사를 표명하였습니다. 그러나 합의금에 관한 양 당사자의 의견에 상당한 차이가 있는 상황입니다.

⭐ 민사법적 검토

민법 제759조의 동물점유자의 책임과 민법 제750조의 불법행위에 근거한 손해배상책임을 검토할 필요가 있습니다. 민법 제759조 동물점유자의 책임 조항에 따르면 동물의 점유자는 동물이 타인에게 가한 손해에 대하여 손해배상책임을 집니다. 다만 동물의 점유자가 동물의 보관에 상당한 주의를 다하였으면 손해배상책임을 면합니다. 민법 제750조의 불법행위에 따른 손해배상책임의 요건사실은 ① 가해자의 고의 또는 과실, ② 위법성, ③ 가해행위, ④ 손해의 발생 및 범위, ⑤ 가해행위와 손해 사이의 인과관계, ⑥ 책임능력입니다.

사안에서 신청인 반려견이 목줄을 하고 있었던 점, 엘리베이터에 탑승하여 내려가는 중에 다른 층에서 이웃 주민이 탑승하려던 상황으로 반려견이 이웃 주민에게 돌진하는 것을 예견하기 어려웠던 점, 이웃 주민이 놀라긴 하였으나 넘어지지 않았고 심각한 상해의 결과가 없어 보이는 점 등을 고려하였을 때 신청인의 손해배상책임이 인정될 가능성이 낮아 보입니다.

⭐ 형사법적 검토

형사법적 관점에서는 형법 제266조 과실치상죄를 검토할 수 있습니다. 과실치상죄는 반의사불벌죄로 피해자의 처벌불원 의사가 있으면 처벌하지 않습니다. 본 사안에서는 이웃 주민이 놀라서 뒷걸음질 치다 소화기 받침대를 밟고 방화문에 기대었다는 사실만 존재할 뿐 상해를 입었다는 명백한 증거가 존재한다고 보기 어렵습니다. 결론적으로 과실치상죄가 성립할 가능성은 낮다고 볼 수 있습니다.

❋ 민법 제393조(손해배상의 범위)

① 채무불이행으로 인한 손해배상은 통상의 손해를 그 한도로 한다.

② 특별한 사정으로 인한 손해는 채무자가 그 사정을 알았거나 알 수 있었을 때에 한하여 배상의 책임이 있다.

❋ 민법 제750조(불법행위의 내용)

고의 또는 과실로 인한 위법행위로 타인에게 손해를 가한 자는 그 손해를 배상할 책임이 있다.

❋ 민법 제759조(동물의 점유자의 책임)

① 동물의 점유자는 그 동물이 타인에게 가한 손해를 배상할 책임이 있다. 그러나 동물의 종류와 성질에 따라 그 보관에 상당한 주의를 해태하지 아니한 때에는 그러하지 아니하다.

② 점유자에 갈음하여 동물을 보관한 자도 전항의 책임이 있다.

❋ 민법 제763조(준용규정)

제393조, 제394조, 제396조, 제399조의 규정은 불법행위로 인한 손해배상에 준용한다.

❋ 형법 제266조(과실치상)

① 과실로 인하여 사람의 신체를 상해에 이르게 한 자는 500만원 이하의 벌금, 구류 또는 과료에 처한다.

② 제1항의 죄는 피해자의 명시한 의사에 반하여 공소를 제기할 수 없다.

기타
문의

93 공원에서 다른 사람 옷에 마킹을 했을 경우 처리, 공원 내 CCTV를 확인하고자 할 경우 절차

종: 진도 믹스견
성별: 남
나이: 18개월

내용: 공원에서 반려견이 다른 사람 옷에 마킹을 했습니다. 견주는 세탁비를 제공하겠다고 하였으나, 상대방은 새 옷이라고 옷값(96,000원)을 요청했고 가방에도 묻었다며 가방 세탁비도 같이 요구했습니다.

세탁비만 제공하면 되는 건지, 상대방의 요구대로 옷값(96,000원)과 가방 세탁비를 다 물어줘야 하는지 상담 요청합니다.

그리고 강아지가 마킹하는 모습을 견주가 보지 못한 상황인데, 공원 내 CCTV를 확인하려면, 어떻게 해야 하는지 절차 상담을 요청합니다(견주가 알아본 내용으로는 경찰에게 사건조사 요청을 해야 한다고 하는데, 가해자가 신청할 수 있는지도 궁금).

상담

1 상대방에게 지급해야 하는 금액

민법 제759조에 따라 반려견의 견주는 반려견이 타인에게 손해를 가하지 않도록 주의할 의무가 있습니다. 반려견의 배설물로 타인의 옷, 가방이 오염된 손해는 재산상 손해이고, 반려견의 견주는 손해를 방지할 주의의무를 위반한 과실이 있으므로 상대방에 대한 손해배상책임이 있습니다. 일반적으로 불법행위로 인한 손해는 물건이 멸실되었을 때에는 멸실 당시의 시가를, 물건이 훼손되었을 때에는 수리 또는 원상회복이 가능한 경우에는 수리비 또는 원상회복에 드는 비용을 손해배상액으로 봅니다. 이 사안에서 반려견의 마킹으로 인하여 옷과 가방이 멸실, 즉 못 쓰는 것과 같은 상태가 된 것이 아니라 오염된 것이고, 세탁을 하면 원상회복이 가능하므로 상대방에게 지급할 금액은 옷값(96,000원)이 아닌 옷과 가방의 세탁비 상당액입니다. 반려견의 견주께서 반려견이 가방에도 마킹을 했는지 직접 보지 못하셨기 때문에 의심스럽거나 억울하실 수 있습니다. 그러나 반려견으로 인한 견주의 손해배상책임을 규정한 민법 제759조의 구조상 반려견의 견주가 '상당한 주의를 해태하지 아니하였음'을 입증하여야 손해배상책임이 면책됩니다. 반려견의 견주가 반려견의 마킹 상황을 보지 못한 것도 반려견에 대해 기울여야 할 충분한 주의를 다 하지 않은 것으로 해석될 수 있습니다. 이 사안에서 반려견의 견주께서 '상당한 주의'에 대한 입증이 어려울 것으로 보이므로 상대방에게 가방의 세탁비도 지급하셔야 할 것으로 판단됩니다.

관련 법률

✳ **민법 제759조(동물의 점유자의 책임)**
 ① 동물의 점유자는 그 동물이 타인에게 가한 손해를 배상할 책임이 있다. 그러나 동물의 종류와 성질에 따라 그 보관에 상당한 주의를 해태하지 아니한 때에는 그러하지 아니하다.

② CCTV 열람 방법

견주께서 알아보신 대로 경찰에 사건 접수를 하셔야 공원 내 CCTV 열람이 가능합니다. 그러나 이 사안은 어떠한 범죄가 성립하는 사안이 아닌, 개인 간의 민사적인 책임만 문제되는 사안이라 사건 접수 자체가 되지 않을 수 있습니다. 범죄가 성립하는 경우에는 가해자도 자수하는 방식으로 경찰에 사건조사를 요청하실 수 있으나, 이 사안은 범죄 성립이라는 전제가 충족되지 않아 해당사항이 없는 것으로 보입니다. 덧붙여 공원 내 CCTV 관리자가 정보주체의 동의를 받지 않고 임의로 타인에게 CCTV 화면을 열람하게 하거나 제공할 경우, 그 관리자뿐만 아니라 열람 또는 제공받은 상대방도 개인정보보호법 위반으로 처벌받을 수 있습니다.

기타 문의

94 범칙금 부과(위험한 동물 관리 소홀)에 대한 이의신청에 정식재판 승소 가능성

종: 진도 믹스견
성별: 남
나이: 18개월

🐾 **내용**: 반려견(보리) 산책 중, 고양이를 쫓아가다가 빌라 골목에 진입하게 되었습니다. 주민이 화를 내서 방향을 전환하고 돌아가던 중, 제 반려견이 다시 고양이 있는 곳으로 향했습니다. 고양이가 그 빌라 골목에 주차된 차 아래에 있어 그 부근을 계속 왔다갔다 하니, 화를 내던 주민이 자기를 위협하려고 다시 왔다며 경찰에 신고했고 범칙금 5만원을 통지받았습니다.

범칙금 내용
위반 내용: 위험한 동물 관리 소홀
적용 법조: 경범죄 제3조 제1항 제25호

반려견의 목줄은 잡고 있었고 사람들 털 끝 하나 안 건드렸고, 한 번도 사람을 문 적이 없는 완전 순한 반려견이라 범칙금에 대해 이의신청해 6월 19일 즉결심판을 받았습니다. 범칙금에 대해 이의가 있어 신청한 건 데 이의가 있다면 정식재판을 하라는 판결을 받았습니다. 정식재판을 하려면 경찰서에 오늘 21일 오라고 해서 갔습니다. 만약 패소하면 빨간줄이 그어지고, 즉결심판 후 1주일 이내에 정식재판을 신청해야 한다며 잘 생각해서 판단하라는 이야기를 들었습니다. 신청할 거면 6월 25일까지 오라고 합니다. 벌금이 더 많아질 수도 있고 지면 빨간줄이 그어진다는 등의 이야기를 들으니, 갑자기 자신이 없어져서 상담 요청합니다. 범칙금에 대해 이의신청하면 이길 수 있을까요?

　신청인께서 정식재판을 청구해서 이길 수 있는 확률을 단정적으로 말씀드리기는 어려운 상황으로 보입니다. 정식재판을 통하여 위험한 동물이 아니라는 점, 관리를 소홀히 하지 않으셨다는 점을 충분히 입증하실 수 있다면 무죄선고를 받으실 수 있지만, 정식재판을 하셔도 무죄를 선고받지 못하시면 벌금형이 기존 5만원보다 상향되거나 전과가 남는 부담을 감수하셔야 합니다.

　18개월 된 진도 믹스견인 보리가 신청인께서 충분히 통제 가능한 체구이고, 신청인께서 보리의 목줄을 단단히 잡고 계셨다면 관리를 소홀하지 않았다는 점의 근거가 될 수 있습니다. 반면, 해당 주민이 위협적으로 느꼈다고 주장하고, 주민이 보리가 가까이 오는 것에 화를 내서 의사표시를 했음에도 그 부근에 머무르신 것은 관리 소홀의 근거가 될 수 있습니다. 따라서 이길 수 있는 확률이 월등히 높다고 할 수는 없는 상황입니다.

　즉결심판으로 벌금이 부과된 경우 「형의 실효 등에 관한 법률」 제5조 제1항 제1호에 따라 전과기록이 남지 않습니다. 과거에는 즉결심판, 약식명령에 대해 정식재판 청구를 하는 경우 더 중한 형, 이를테면 더 많은 벌금을 부과하지 못했지만 2017년 12월 19일 형사소송법이 개정되어 현재는 즉결심판 벌금보다 더 많은 벌금이 부과될 수 있게 되었습니다. 저희는 유리한 점과 불리한 점을 대략적으로 말씀드릴 수 있을 뿐, 신청인께서 여러 사항들을 신중히 고려하셔서 판단하셔야 할 듯합니다.

관련 법률

＊ 형의 실효 등에 관한 법률 제5조(수사자료표)
　① 사법경찰관은 피의자에 대한 수사자료표를 작성하여 경찰청에 송부하여야 한다. 다만, 다음 각 호의 자에 대하여는 그러하지 아니하다.
　1. 즉결심판 대상자
＊ 형사소송법 제457조의2(형종 상향의 금지 등)
　② 피고인이 정식재판을 청구한 사건에 대하여 약식 명령의 형보다 중한 형을 선고하는 경우에는 판결서에 양형의 이유를 적어야 한다.
＊ 즉결심판에 관한 절차법 제19조(형사소송법의 준용)
　즉결심판절차에 있어서 이 법에 특별한 규정이 없는 한 그 성질에 반하지 아니한 것은 형사소송법의 규정을 준용한다.

공동주택에서 반려동물 무덤을 만든 경우

종: ***

성별: ***

나이: ***

🐾 **내용:** 저는 공동주택 관리자입니다. 주민이 공동주택 공원에 반려동물 무덤을 만들어 놓았습니다. 민원이 접수되었는데, 어떤 법을 알려드리며 이장하도록 권유하여야 하는지 궁금합니다.

상담

반려동물의 사체는 동물병원에 의뢰하여 의료폐기물로 소각 처리하거나 동물보호법에 따라 시·도에 등록한 동물장묘시설에서 처리해야 합니다. 그러나 동물보호관리시스템(www.animal.go.kr)에서 조회해 본 결과, 제주특별자치도 내 등록된 동물장묘시설은 없는 것으로 확인됩니다. 그렇다면 해당 반려동물의 사체는 동물병원에 위탁하여 처리하거나 견주가 '폐기물 관리법'에 따른 폐기물(생활폐기물)로서 생활쓰레기봉투에 넣어 분리 배출해야 합니다. 신청인께서는 견주에게 '해당 반려동물 사체는 폐기물관리법 제2조에 따라 생활폐기물에 해당하고, 공동주택 공원에 반려동물 무덤을 만든 행위는 같은 법 제8조를 위반하여, 같은 법 제68조 제3항 제1호에 따라 100만원 이하의 과태료 부과 대상임'을 고지하시고 시정 조치를 촉구하실 수 있습니다.

✵ 폐기물관리법 제2조(정의)

이 법에서 사용하는 용어의 뜻은 다음과 같다.

1. "폐기물"이란 쓰레기, 연소재, 오니, 폐유, 폐산, 폐알칼리 및 동물의 사체 등으로서 사람의 생활이나 사업활동에 필요하지 아니하게 된 물질을 말한다.

2. "생활폐기물"이란 사업장폐기물 외의 폐기물을 말한다.

✵ 폐기물관리법 제8조(폐기물의 투기 금지 등)

① 누구든지 특별자치시장, 특별자치도지사, 시장·군수 ·구청장이나 공원·도로 등 시설의 관리자가 폐기물의 수집을 위하여 마련한 장소나 설비 외의 장소에 폐기물을 버려서는 아니 된다.

② 누구든지 이 법에 따라 허가 또는 승인을 받거나 신고한 폐기물처리시설이 아닌 곳에서 폐기물을 매립하거나 소각하여서는 아니 된다. 다만, 제14조제1항 단서에 따른 지역에서 해당 특별자치시, 특별자치도, 시·군·구의 조례로 정하는 바에 따라 소각하는 경우에는 그러하지 아니하다.

✵ 폐기물관리법 제68조(과태료)

③ 다음 각 호의 어느 하나에 해당하는 자에게는 100만원 이하의 과태료를 부과한다.

1. 제8조제1항 또는 제2항을 위반하여 생활폐기물을 버리거나 매립 또는 소각한 자

96 가사 도우미가 고양이를 베란다에 가둬 놓고 청소한 경우

종: 코리안 숏헤어 / 먼치킨

성별: 남 / 여

나이: 1년 / 7개월

🐾 **내용:** 저는 7월 1일부터 7월 3일까지 강원도로 예비군 훈련을 하러 갔습니다. 제가 집에 없는 7월 3일에 집 청소를 위해 가사 도우미 어플을 이용해 가사도우미 청소를 부탁했습니다

7월 3일 오후 8시 30분경에 집에 도착해서 보니 고양이들이 베란다에서 울고 있었습니다. 가사 도우미 측에 연락을 취해서 어떻게 된 일인지 물어보고 방 안에 설치된 고양이용 CCTV를 확인해 보았습니다. 청소하시는 분이 고양이를 베란다에 방치시켜놓고 청소를 한 후 그대로 집에 가셨습니다. 청소가 다 끝나고 문도 안 열어주고 그 더운 날에 몇 시간 동안이나 밖에 방치되어 있었는데, 청소하신 분은 제가 업체에 전화해 달라고 한, 다음 날 오후나 돼서 저에게 사과하시더군요. 그런데 사과하시는 중간중간 계속 "회사에서 가둬 놓고 하라고 했다."라는 말만 반복했습니다. 제가 피해보상과 병원비를 달라고 하니 7월 4일 당일에는 주신다고 했으나, 7월 5일 오전에 연락을 드려서 어떻게 언제 주실 건지 여쭤봤더니 갑자기 "회사에서 알아서 해줄 거다. 알아서 해결해 줄 거니까 기다려라."라는 말만 했습니다. 회사에서도 순차적으로 연락할 거니까 기다리라고만 하고 지금까지 연락이 없습니다. 고양이들은 하루 동안이나 밥도 못먹고 놀라서, 제가 건드리기만 해도 도망가고 종일 힘도 없어 합니다. 아무것도 못해주고 미안함만 큰데 당사자들은 아무런 해결책을 제시해 주지 않았습니다. 저도 그냥 좋게 넘어가려고 했으나, 청소하신 분의 "책임진다고요. 회사에서 알아서 해결해 줄 거예요."라는 말이 너무 화가 나고 자기는 '책임이 없다'라는 말로 들려서 좋게 넘어가지 않으려고 합니다. 어떻게 해야 할지 해결책을 부탁드립니다. 구청, 소비자 보호원 모든 곳에 전화해도 자기들은 잘 모르겠다고 합니다.

　현행법상 반려묘는 '물건', '재물'에 해당하기 때문에 가사 도우미가 반려묘를 베란다에 오랜 시간 가둬두는 방법으로 건강을 해친 경우, 민법의 불법행위에 기한 손해배상으로 반려묘의 치료비 상당을 청구하시거나, 형법의 재물손괴죄로 수사기관에 고소하실 수 있습니다. 다만, 사안에서 가사 도우미에게 재물손괴의 고의가 인정되어 처벌될 확률이 높지는 않을 듯합니다.

관련 법률

❋ **민법 제750조(불법행위의 내용)**
　고의 또는 과실로 인한 위법행위로 타인에게 손해를 가한 자는 그 손해를 배상할 책임이 있다.
❋ **형법 제366조(재물손괴등)**
　타인의 재물, 문서 또는 전자기록 등 특수매체기록을 손괴 또는 은닉 기타 방법으로 기 효용을 해한 자는 3년 이하의 징역 또는 700만원 이하의 벌금에 처한다.

기타 문의

97 반려동물 소유권, 동의 없이 소유주 변경 및 절도

종: 말티즈, 말티푸

성별: 남

나이: 1년 6개월, 1년 4개월

🐾 **내용:** 저는 말티즈(사랑이), 말티푸 두 아이를 키우던 27살 남자입니다. 두 남자 아이를 2018년 5월 10일 입양했고 지금까지 저와 함께 살고 있었습니다. 하지만 며칠 전인 7월 14일 사귀던 여자친구와 다투게 되었고 싸우던 중 여자친구가 "애들을 데리고 가겠다!"라고 해서 "마음대로 해라!"라고 말했습니다. 옥상에서 흡연하고 오니, 두 아이를 데리고 1층으로 내려가고 있길래 뛰어 내려가 데려가지 말라고 손목을 잡았고 그렇게 실랑이 하던 중, 사랑이는 다시 데려올 수 있었습니다. 다음 날 일 때문에 바쁜데 애들을 자기 앞으로 소유 변경했으니 "사랑이도 내놔라!"라는 말에 너무 화가 났습니다. "비밀번호 ****이니까 네 마음대로 해!"라고 전화를 끊어버렸고 퇴근하고 집에 오니 사랑이와 집에 있던 용품도 모두 사라지고 없었습니다. 지금은 도난과 무단가택 침입으로 신고접수를 한 상태입니다.

전에 한 번 크게 싸워서 여자친구가 "헤어지기 싫으면 애들 포기하겠다는 각서를 써라!"라고 말해, 집 앞 편의점에서 A4용지에 작성한 각서가 있습니다. 저는 3년을 만나던 사이라 이런 상황이 벌어질지 몰랐고 당시에는 헤어지기 싫어서 작성했는데 그걸 들먹이며 애들을 데리고 가겠다고 했습니다. 이런 말까지 하기 그렇지만 지금껏 1년 반 동안 내 밥은 안 먹어도 애들 간식은 항상 넉넉하게 사주었고 병원비, 미용비, 아이들 처음 데려올 때 입양 비용 모두 제 돈으로 납부하였고 1년 반 동안 저희 집에서 저와 함께 살았습니다.

지금 애들은 상대방 측에서 데리고 가서 1주일가량 보지 못한 상태이고, 아이들이 없고 허전한 빈방을 보면 너무 괴롭고 힘들어서 잠도 못자고 있습니다.

　여자친구가 반려견주의 의사에 반하여 반려견을 데려간 행위는 절도에 해당할 수 있고, 평소 집에 드나들던 사람이더라도 범죄행위를 위해 집에 들어간 경우 주거침입에 해당할 수 있습니다.

관련 법률

✳ 형법 제329조(절도)
　타인의 재물을 절취한 자는 6년 이하의 징역 또는 1천만원 이하의 벌금에 처한다.

✳ 형법 제319조(주거침입, 퇴거불응)
　① 사람의 주거, 관리하는 건조물, 선박이나 항공기 또는 점유하는 방실에 침입한 자는 3년 이하의 징역 또는 500만원 이하의 벌금에 처한다.

　그러나 신청인께서 여자친구에게 반려견을 데려가라고 하면서 비밀번호를 가르쳐주었기 때문에 여자친구의 형사상 죄책이 면책될 수도 있습니다.

　범죄행위 이전에 처분권자의 양해 또는 승낙이 있었다면, 진정한 의사에 기한 것이 아니었더라도 범죄가 성립하지 않을 수 있기 때문입니다. 다만, 반려견은 데려가라고 했더라도 반려견용품을 가져가는 것까지 동의한 것은 아니어서 용품에 대한 절도죄가 성립될 수 있고, 주거침입도 거주자의 의사가 중요하기 때문에 범죄 성립될 가능성이 있습니다.

　각서도 법률적 효력이 있습니다. 다만 각서의 문구와 형식, 작성하게 된 경위 등을 종합적으로 검토해야 합니다. 협박에 의해 작성했거나, 문구가 불분명하거나, 조건이 있다거나 등의 사유가 있다면 그 사유를 들어 법률적 효력이 없음을 항변하실 수도 있습니다.

기타 문의

메이저 동물단체 회원들의 인권 무시 발언

98

	종: ***
	성별: ***
	나이: ***

내용: 시골에서 불쌍한 유기동물 입양도 하고 개인적으로 치료해서 입양 보내는 보람으로는 사는 시민입니다.

이번 '개 농장 사건'으로 동물단체 간 싸움에 대해 대학교수와 예술가라 지칭하는 회원이 다른 단체와 파벌싸움을 위해 '세월호 시즌 2'라며 가슴 아픈 대한의 아들딸을 비유하는 것을 보았습니다. 동물을 보호한다는 메이저 단체들의 SNS상의 언어폭력을 목격한 바 대한의 유가족의 한 사람으로 3일 동안의 공개 사과를 부탁했음에도 불구하고 그 대표 및 회원(정회원인지 확인 불가) 일부 사람들의 언어폭력을 그대로 묵과할 수 없기에 법조계의 힘을 빌어보고자 요청을 드립니다.

동물보호인들은 결코 인권을 무시해서는 동물을 보호할 수 없다고 생각하는 바, 인권의 소중함을 알리고자 합니다

본인들과 뜻이 같지 않으면 개백정과 가족을, 심지어 과거의 전과까지 들먹이는 사람들이 무슨 마음으로 동물보호를 한다는 건지요? 인권이 소중해야 동물보호도 할 수 있으며, 올바른 정신으로 동물보호하는 친구들이 후원금에 눈이 먼 동물단체의 물에 흐려지지 않도록 도움을 요청합니다.

상담

1 형사책임

인터넷 커뮤니티, 블로그, 사회관계망서비스 계정 등 정보통신망에 글을 올리거

나 공유하는 방법으로 타인의 명예를 훼손한 경우 형사적으로는 정보통신망 이용 촉진 및 정보보호 등에 관한 법률(약칭: 정보통신망법) 위반이 문제됩니다.

사람을 비방할 목적으로 공공연하게 사실을 드러내어 다른 사람의 명예를 훼손한 자는 정보통신망법위반죄로 처벌되는데, 만일 거짓의 사실을 드러내어 명예를 훼손할 경우에는 가중처벌됩니다.

'사람을 비방할 목적'이란 가해의 의사나 목적을 필요로 하는 것으로서, 적시한 사실이 공공의 이익에 관한 것인 경우에는 특별한 사정이 없는 한 비방할 목적은 부인됩니다. 공공의 이익에 관한 것에는 널리 국가·사회 그 밖에 일반 다수인의 이익에 관한 것뿐만 아니라 특정한 사회집단이나 그 구성원 전체의 관심과 이익에 관한 것도 포함합니다(대법원 2009. 5. 28. 선고 2008도8812 판결[부록1-6], 대법원 2010. 11. 25. 선고 2009도12132 판결 등 참조).

공급자 중심의 시장 환경이 소비자 중심으로 이전되면서 사업자와 소비자 사이의 정보 격차를 줄이기 위해 인터넷을 통한 물품 또는 용역에 대한 정보 및 의견 제공과 교환의 필요성이 증대되므로, 실제로 물품을 사용하거나 용역을 이용한 소비자가 인터넷에 자신이 겪은 객관적 사실을 바탕으로 사업자에게 불리한 내용의 글을 게시하는 행위에 비방의 목적이 있는지는 앞서 든 제반 사정을 두루 심사하여 더욱 신중하게 판단하여야 합니다(대법원 2012. 11. 29. 선고 2012도10392 판결[부록1-3]).

형사상이나 민사상으로 타인의 명예를 훼손하는 경우에도 그것이 진실한 사실로서 오로지 공공의 이익에 관한 때에는 그 행위에 위법성이 없습니다.

행위자의 주요한 목적이나 동기가 공공의 이익을 위한 것이라면 부수적으로 다른 사익적 동기가 내포되어 있었다고 하더라도 행위자의 주요한 목적이나 동기가 공공의 이익을 위한 것으로 보아야 합니다(대법원 1995. 6. 16. 선고 94다35718 판결, 대법원 1996. 10. 11. 선고 95다36329 판결 등 참조).

위와 같이 정보통신망법위반죄가 성립하기 위해서는 비방의 목적, 사실적시가 인정되어야 하고, 공공의 이익이 배제되어야 합니다.

관련 규정

✽ 정보통신망법 제70조(벌칙)

① 사람을 비방할 목적으로 정보통신망을 통하여 공공연하게 사실을 드러내어 다른 사람의 명예를 훼손한 자는 3년 이하의 징역 또는 3천만원 이하의 벌금에 처한다.

기타 문의

② 사람을 비방할 목적으로 정보통신망을 통하여 공공연하게 거짓의 사실을 드러내어 다른 사람의 명예를 훼손한 자는 7년 이하의 징역, 10년 이하의 자격정지 또는 5천만원 이하의 벌금에 처한다.

③ 제1항과 제2항의 죄는 피해자가 구체적으로 밝힌 의사에 반하여 공소를 제기할 수 없다.

2 민사책임

인터넷 커뮤니티, 블로그, 사회관계망서비스 계정 등 정보통신망에 글을 올리거나 공유하는 방법으로 타인의 명예를 훼손한 경우 민사적으로 불법행위 책임이 문제가 됩니다.

애견호텔에 위탁한 반려견이 사망하여 관련 사실을 사회관계망서비스 계정에 올리고 게시물을 공유한 사건에서 "게시 또는 공유한 사실들이 애견호텔을 이용하고자 하는 소비자들의 의사결정에 도움이 되는 정보 및 의견 제공이라는 공공의 이익에 관한 것이어서 위법하다고 보기 어렵다."라고 판단한 사례가 있습니다.

동물병원에서의 진료와 관련하여 "비싸고 별로다. 입원을 강요한다. 돈만보고 장사하는 병원. 강아지한테 고양이약 처방하고" 등의 표현을 인터넷 커뮤니티나 블로그에 게시한 사건, "불필요한 검사 싹 해요. 진짜 바가지 장난 아니다. 3개 병원을 절대 가지마라. 진료비가 비싸고 과잉진료하며, 급여가 싼 초보자를 야간에 둔다." 등의 표현을 인터넷 카페에 게시한 사건에서 게시 또는 공유한 사실이 허위사실이라고 볼 수 없거나 공공의 이익에 관한 것이어서 위법하다고 보기 어렵다고 판단한 사례가 있습니다.

표현행위자가 사실을 적시하여 명예훼손을 한 것이 아니라 인신공격적 표현을 한 경우에는 인격권 침해로 인한 불법행위에 해당하여 손해배상책임을 집니다.

판례는 '표현행위자가 타인에 대하여 비판적인 의견을 표명하였다는 사유만으로 이를 위법하다고 볼 수는 없지만, 만일 표현행위의 형식 및 내용 등이 모욕적이고 경멸적인 인신공격에 해당하거나 혹은 타인의 신상에 관하여 다소간의 과장을 넘어서서 사실을 왜곡하는 공표행위를 함으로써 그 인격권을 침해한다면, 이는 명예훼손과는 별개 유형의 불법행위를 구성할 수 있다'고 판시하고 있습니다.(대법원 2002. 1. 22. 선고 2000다37524, 37531 판결, 대법원 2003. 3. 25. 선고 2001다84480 판결 등 참조)

사안의 경우 구체적인 표현내용이 나와 있지 않아 형사책임, 민사책임 인정여부가 불분명한데, 만일 표현행위 중에 인신공격적 표현이 있는 경우에는 인격권 침해로 인한 불법행위에 해당하여 손해배상책임을 집니다.

관련 규정

※ 민법 제750조(불법행위의 내용)
고의 또는 과실로 인한 위법행위로 타인에게 손해를 가한 자는 그 손해를 배상할 책임이 있다.

99 집 앞에 강아지 유기

종:	**프렌치 불독**
성별:	**여**
나이:	**2년 6개월**

내용: 전 남자친구와 함께 양육하던 강아지 두 마리 아델(아메리칸불리, 여자, 2017년 1월생)과 잭슨(프렌치 불독, 남자, 2016년 12월생)이 있습니다.

입양은 가해자(전 남자친구) 단독으로 진행하였고, 분양금액 역시 모두 지불하여 저에게는 소유권이 없습니다(소유권 분쟁 당시, 경찰에 접수하였을 때 경찰 측에서 들은 내용).

아델의 분양금은 1,300만원가량으로 고액에 속하고, 잭슨 역시 300만원 정도의 분양금을 내고 입양한 것으로 알고 있습니다.

현재 동물등록은 아델은 가해자에게로, 잭슨은 본인으로 되어 있습니다. 지금은 가해자와 헤어진 상태인데, 저의 의사와 별개로 아이들을 잠시만 맡아달라며 저희 자택 기둥 앞에 7월 18일 오후 9시경 묶어두고 갔습니다(자신의 친누나와 함께). 문자로는 "10일만 봐달라."라는 내용과 함께 "10일 후에 데리러 가겠다."라고 하였으나, 10일이 지난 지금은 제가 키우라며 책임을 전가하고 입장을 번복합니다.

저는 지금 강아지 두 마리를 케어할 수 있는 여건이 되지 않을뿐더러, 저희 집 앞에 제 결정 없이 유기하고 간 것에 대해 처벌하고 싶고, 문자 내용과 다르게 저에게 키우라며 저희 집에 버리고 간 것에 대한 책임을 묻고 싶습니다.

현재 강아지들을 알아서 분양보내라는 식으로 이야기하는데, 저의 소유도 아니고 고가의 분양금을 주고 데려온 아이인 만큼 나중에 가해자가 악의적으로 저한테 피해를 주진 않을까 싶어 상담을 요청합니다.

신청인의 의사에 반하여 동물의 소유자가 신청인에게 동물을 맡기고 찾아가지 않고 있으므로 동물보호법 제10조 제4항의 유기에 해당할 수 있습니다. 동물의 유기는 동물보호법 제97조 제5항 제1호에 의하여 300만원 이하의 벌금에 처합니다.

관련 법률

＊ 동물보호법 제10조(동물학대 등의 금지)

④ 소유자등은 다음 각 호의 행위를 하여서는 아니 된다.

1. 동물을 유기하는 행위

2. 반려동물에게 최소한의 사육공간 및 먹이 제공, 적정한 길이의 목줄, 위생·건강 관리를 위한 사항 등 농림축산식품부령으로 정하는 사육·관리 또는 보호의무를 위반하여 상해를 입히거나 질병을 유발하는 행위

3. 제2호의 행위로 인하여 반려동물을 죽음에 이르게 하는 행위

＊ 동물보호법 제97조(벌칙)

⑤ 다음 각 호의 어느 하나에 해당하는 자는 300만원 이하의 벌금에 처한다.

1. 제10조제4항제1호를 위반하여 동물을 유기한 소유자등(맹견을 유기한 경우는 제외한다)

신청인께서는 소유자에게 속히 반려견을 찾아가도록 촉구하시고 해당 내용을 문자 또는 음성녹음으로 남겨두시기를 권해드립니다. 소유자가 신청인에게 반려견들을 분양해서 처분하라고 한다면, 해당 내용도 문자 또는 음성녹음으로 남겨두시고, 정식으로 동물보호법 제15조 등에서 정한 소유권이전절차를 진행할 것을 요구하시기 바랍니다.

관련 법률

＊ 동물보호법 제15조(등록대상동물의 등록 등)

① 등록대상동물의 소유자는 동물의 보호와 유실·유기 방지 및 공중위생상의 위해 방지 등을 위하여 특별자치시장·특별자치도지사·시장·군수·구청장에게 등록대상동물을 등록하여야 한다. 다만, 등록대상동물이 맹견이 아닌 경우로서 농림축산식품부령으로 정하는 바에 따라 시·도의 조례로 정하는 지역에서는 그러하지 아니하다.

② 제1항에 따라 등록된 등록대상동물(이하 "등록동물"이라 한다)의 소유자는 다음 각 호의 어느 하나에 해당하는 경우에는 해당 각 호의 구분에 따른 기간에 특별자치시장·특별자치도지사·시장·군수·구청장에게 신고하여야 한다.

1. 등록동물을 잃어버린 경우: 등록동물을 잃어버린 날부터 10일 이내
2. 등록동물에 대하여 대통령령으로 정하는 사항이 변경된 경우: 변경사유 발생일부터 30일 이내

③ 등록동물의 소유권을 이전받은 자 중 제1항 본문에 따른 등록을 실시하는 지역에 거주하는 자는 그 사실을 소유권을 이전받은 날부터 30일 이내에 자신의 주소지를 관할하는 특별자치시장·특별자치도지사·시장·군수·구청장에게 신고하여야 한다.

④ 특별자치시장·특별자치도지사·시장·군수·구청장은 대통령령으로 정하는 자(이하 이 조에서 "동물등록대행자"라 한다)로 하여금 제1항부터 제3항까지의 규정에 따른 업무를 대행하게 할 수 있으며 이에 필요한 비용을 지급할 수 있다.

⑤ 특별자치시장·특별자치도지사·시장·군수·구청장은 다음 각 호의 어느 하나에 해당하는 경우 등록을 말소할 수 있다.

1. 거짓이나 그 밖의 부정한 방법으로 등록대상동물을 등록하거나 변경신고한 경우
2. 등록동물 소유자의 주민등록이나 외국인등록사항이 말소된 경우
3. 등록동물의 소유자인 법인이 해산한 경우

⑥ 국가와 지방자치단체는 제1항에 따른 등록에 필요한 비용의 일부 또는 전부를 지원할 수 있다.

⑦ 등록대상동물의 등록 사항 및 방법·절차, 변경신고 절차, 등록 말소 절차, 동물등록대행자 준수사항 등에 관한 사항은 대통령령으로 정하며, 그 밖에 등록에 필요한 사항은 시·도의 조례로 정한다.

잃어버린 반려견의 치료비 청구, 원주인 소유권 포기 여부

종: 비숑 프리제
성별: 남
나이: 1년

내용: 6월 28일 저희 아파트 계단 18층에 강아지(장군이)가 있다는 소식을 듣고 달려가 보았습니다. 강아지의 상태가 안 좋아, 유기되었거나 잃어버린 기간이 좀 되었다고 생각하였습니다. 아파트이다 보니 관리사무소에서 보호 아닌 보호를 하였고 주인 찾는 방송도 하였습니다. 저희도 나름대로 인터넷 카페, SNS 등에 주인을 찾는 글을 올렸지만, 주인은 나타나지 않았습니다. 그 후 관리사무소는 강아지를 유기견보호센터로 보낼 것이라 하셨고, 유기견보호센터에서 일정 공고 기간이 지나면 안락사가 진행된다는 걸 알고 있어 급히 임시보호처를 마련하였습니다. 그 과정에서 장군이가 피부 가려움, 털 뭉침이 심해 1달가량 치료를 진행했고 미용비와 치료비 포함 약 32만원이 나왔습니다. 저희가 비용을 부담했고 주인이 나타나지 않아 계속 입양공고를 진행 중이었습니다.

그런데 45일 정도 지난 시점에서 본인이 주인이라는 전화가 왔습니다. 저희도 강아지 주인을 찾아 많이 좋아하며, 강아지 주인이라고 확인되면 저희가 이제 껏 들인 비용 32만원을 청구하겠다고 말했습니다. 그러자 갑자기 태도를 변경하여 "법적인 비용을 청구해라. 정식으로 청구하라."라고 하는데, 무슨 의미인지 전혀 납득되지 않아 되물으니 굉장히 공격적인 태도를 보였습니다. 우선, 만나기로 한 장소에서 만났고 저희도 주인임을 확인하여야 하니 본인 집에 가보자고 했습니다. 그런데 집을 왜 가냐며 펄쩍 뛰고 "그럼 내가 주인이 아니란 말이냐. 경찰을 불러라. 경찰을 부르면 데려가겠다."라는 협박을 하여, 저희도 홧김에 경찰을 불렀습니다. 경찰관을 대동하여 이동하였으나, 집 안은 들어가지도 못하게 하고 같이 산다는 딸, 어머니는 보이지도 않았습니다. 주인이라고 생각은 하지만 여러 가지 거짓말을 했다고 생각합니다. 원주인이라니 안 돌려줄 수도 없고 해서 장군이를 그 집에 두고 오면서, 경찰관들과 잘 이야기해 저희 계좌로 치료비용을 송금하기로 하고 돌아왔습니다. 그런데 제가 계좌번호를 보내니 저를 차단하고 연락은 받지 않고 있습니다. 솔직히 고작 32만원 하는 돈은 안 받아도 그만입니다. 저희가 구조하고 치료하고 보호하고 있었다는 것에 고마움은 전혀 느끼지 않고 오히려 공격적으로 나오니 너무 괘씸합니다. 반려견을 잃어버렸음에도 적극적으로 찾지 않고 45일이나 지나고 연락되고 반려견 등록도 되어 있지 않았으며 목줄도 없었습니다.

소유권 포기 각서, 치료비용을 받을 수 있나요?

상담

1 치료비 청구

치료비를 법적으로 청구하라는 것은 신청인께서 민사소송 또는 지급 명령신청(소송절차보다 간이, 신속, 저렴하게 분쟁을 해결할 수 있도록 하는 법원의 절차) 등 법적인 절차를 통해서 원주인에게 청구하지 않는 한, 원주인이 신청인에게 자발적으로 치료비를 지급할 의사는 없다는 뜻입니다. 신청인께서는 반려견의 치료비로 지출한 금액을 원주인에게 청구할 수 있는 권리가 있으므로 민사소송이나 지급명령을 진행하시면 원주인으로부터 치료비를 지급받으실 수 있습니다.

2 소유권 포기 여부

원주인이 반려견을 45일 후에 찾았고, 관리 부주의 등의 과실이 있으며, 적극적으로 찾지 않았다고 하더라도 원주인의 반려견에 대한 소유권은 유효하게 존재합니다. 원주인이 스스로 반려견의 소유권을 포기하지 않는 한 소유권 포기를 요구 또는 강제할 수는 없습니다. 참고로, 원주인이 등록대상동물의 등록을 하지 않은 행위는 동물보호법 제15조 제1항, 제101조 제3항 제4호 위반행위이므로 과태료 부과대상입니다.

✳ 동물보호법 제15조(등록대상동물의 등록 등)

① 등록대상동물의 소유자는 동물의 보호와 유실·유기 방지 및 공중위생상의 위해 방지 등을 위하여 특별자치시장·특별자치도지사·시장·군수·구청장에게 등록대상동물을 등록하여야 한다. 다만, 등록대상동물이 맹견이 아닌 경우로서 농림축산식품부령으로 정하는 바에 따라 시·도의 조례로 정하는 지역에서는 그러하지 아니하다.

② 제1항에 따라 등록된 등록대상동물(이하 "등록동물"이라 한다)의 소유자는 다음 각 호의 어느 하나에 해당하는 경우에는 해당 각 호의 구분에 따른 기간에 특별자치시장·특별자치도지사·시장·군수·구청장에게 신고하여야 한다.

1. 등록동물을 잃어버린 경우: 등록동물을 잃어버린 날부터 10일 이내

2. 등록동물에 대하여 대통령령으로 정하는 사항이 변경된 경우: 변경사유 발생일부터 30일 이내

③ 등록동물의 소유권을 이전받은 자 중 제1항 본문에 따른 등록을 실시하는 지역에 거주하는 자는 그 사실을 소유권을 이전받은 날부터 30일 이내에 자신의 주소지를 관할하는 특별자치시장·특별자치도지사·시장·군수·구청장에게 신고하여야 한다.

④ 특별자치시장·특별자치도지사·시장·군수·구청장은 대통령령으로 정하는 자(이하 이 조에서 "동물등록대행자"라 한다)로 하여금 제1항부터 제3항까지의 규정에 따른 업무를 대행하게 할 수 있으며 이에 필요한 비용을 지급할 수 있다.

⑤ 특별자치시장·특별자치도지사·시장·군수·구청장은 다음 각 호의 어느 하나에 해당하는 경우 등록을 말소할 수 있다.

1. 거짓이나 그 밖의 부정한 방법으로 등록대상동물을 등록하거나 변경신고한 경우

2. 등록동물 소유자의 주민등록이나 외국인등록사항이 말소된 경우

3. 등록동물의 소유자인 법인이 해산한 경우

⑥ 국가와 지방자치단체는 제1항에 따른 등록에 필요한 비용의 일부 또는 전부를 지원할 수 있다.

⑦ 등록대상동물의 등록 사항 및 방법·절차, 변경신고 절차, 등록 말소 절차, 동물등록대행자 준수사항 등에 관한 사항은 대통령령으로 정하며, 그 밖에 등록에 필요한 사항은 시·도의 조례로 정한다.

✳ 동물보호법 제101조(과태료)

④ 다음 각 호의 어느 하나에 해당하는 자에게는 50만원 이하의 과태료를 부과한다.

1. 제15조제2항을 위반하여 정해진 기간 내에 신고를 하지 아니한 소유자

2. 제15조제3항을 위반하여 소유권을 이전받은 날부터 30일 이내에 신고를 하지 아니한 자

⑤ 제1항부터 제4항까지의 과태료는 대통령령으로 정하는 바에 따라 농림축산식품부장관, 시·도지사 또는 시장·군수·구청장이 부과·징수한다.

101 아파트 경비원이 반려동물 입마개를 강제 요구할 경우

종: 재패니즈 스피츠

성별: 남

나이: 9년

🐾 **내용:** 아파트 거주자인데, 자정이 다 된 시간에 반려동물과 산책 중 경비원이 갑자기 이 강아지를 찾고 있었다며 다가왔습니다. "강아지가 입마개도 하지 않고 산책해서 위협을 느낀다."라는 민원이 들어왔다고 합니다. 아무런 위협도 하지 않았지만, "중형견의 외관 크기상 위협을 느낄 수 있다고 판단하여 늦은 시간, 인적 없는 곳으로 사람들을 피해 다녔고, 리드 줄을 1m도 안 되게 하여 항상 짧게 잡고 다닌다."라고 설명했습니다. 하지만 다짜고짜 당장 집으로 들어가라고 하여, "법적 의무도 아니고 지금 처음 듣는 얘긴데 당장 들어가라 하냐."라고 말했습니다. 그러자 화를 내면서 민원이라며 당장 귀가할 것을 계속 강제하고 강요했습니다. 양해도, 정중한 부탁도 아니고(이렇게 해도 선택사항인데) 사람을 죄인 취급했습니다. 당장 들어가라는 아저씨의 태도와 행동에서 불쾌감과 위협감을 느꼈습니다.

다음에 다시 이런 일이 발생할 수 있단 생각이 들어 대처 방법을 알고 싶습니다. 입마개를 하더라도 당장 할 수 있는 것도 아닌데, 그렇다면 입마개를 하기 전까지는 돌아다니지 말란 소리인가요. 입마개 구매 시간과 길들이는 시간도 필요한데 너무 갑자기 강제당하니 부당합니다. 내 강아지가 안 문다는 그런 안일한 생각을 하는 것도 아니고 항상 주시하며 산책합니다. 또, 강아지가 시끄럽게 짖는 것도 아니고 사람을 향해 짖어 위협을 준 것도 아니고 배설물을 유기한 것도 아닌데, 민원 신고만으로 강제하는 게 부당하다 느껴집니다. 심지어 아파트 주민에게 피해를 줄까, 성대 수술도 하였습니다. 그로 인해 성대 협착으로 인해 숨을 잘 쉬지 못해 항상 헉헉거리면서 다니는데 그건 오히려 동물 학대가 아닌지 싶습니다. 7년간 같은 아파트에 살고 있는데 이런 민원은 처음 들었으며, 강아지를 방치하지도 않았습니다. 사람이 키가 크면 위협감이 든다며 마스크 쓰기를 강요당하는 거 같았습니다. 부당하게 무리한 요구를 민원받았는데 그렇다면 저도 모든 중형견 이상 반려동물들이 사람을 해칠 것이라는 성급한 일반화를 하지 말라고 민원 넣을 수도 있지 않을까요?

상담

반려견을 동반하고 외출할 때에는 인식표를 부착하여야 하고, 목줄 또는 가슴줄을 하여야 한다. 현행법상 월령이 3개월 이상인 맹견을 동반하고 외출할 때에는 목줄 및 입마개 등 안전장치를 할 의무가 있습니다.

상담자분의 반려견인 재패니즈 스피츠는 맹견에 속하지 않으므로, 외출시 입마개를 착용할 의무는 없습니다. 다만, 반려견이 입마개를 착용하지 않은 상태에서 사람이나 다른 반려견을 문 경우 입마개를 착용하지 않은 점이 과실로 인정되어 민사적 책임뿐 아니라 형사적 책임을 물어야 하는 경우도 있으므로, 물림 사고가 일어나지 않도록 주의해야 합니다.

현행법상으로는 중형견이라고 할지라도 외출 시 입마개를 착용해야 할 법적 의무는 없으므로, 아파트 관리사무소 측이 입마개 착용을 강제하거나 미착용을 이유로 귀가를 종용한 것은 부당하다고 할 수 있습니다. 향후 그러한 조치가 있는 경우 관련 법령을 설명하시고, 그래도 부당한 조치가 계속될 경우 지방자치단체 동물담당 공무원에게 민원을 제기해 보시기 바랍니다.

관련 규정

⁕ **동물보호법 제16조(등록대상동물의 관리 등)**
① 등록대상동물의 소유자등은 소유자등이 없이 등록대상동물을 기르는 곳에서 벗어나지 아니하도록 관리하여야 한다.
② 등록대상동물의 소유자등은 등록대상동물을 동반하고 외출할 때에는 다음 각 호의 사항을 준수하여야 한다.
1. 농림축산식품부령으로 정하는 기준에 맞는 목줄 착용 등 사람 또는 동물에 대한 위해를 예방하기 위한 안전조치를 할 것
2. 등록대상동물의 이름, 소유자의 연락처, 그 밖에 농림축산식품부령으로 정하는 사항을

표시한 인식표를 등록대상동물에게 부착할 것

3. 배설물(소변의 경우에는 공동주택의 엘리베이터·계단 등 건물 내부의 공용공간 및 평상·의자 등 사람이 눕거나 앉을 수 있는 기구 위의 것으로 한정한다)이 생겼을 때에는 즉시 수거할 것

③ 시·도지사는 등록대상동물의 유실·유기 또는 공중위생상의 위해 방지를 위하여 필요할 때에는 시·도의 조례로 정하는 바에 따라 소유자등으로 하여금 등록대상동물에 대하여 예방접종을 하게 하거나 특정 지역 또는 장소에서의 사육 또는 출입을 제한하게 하는 등 필요한 조치를 할 수 있다.

✻ 동물보호법 제21조(맹견의 관리)

① 맹견의 소유자등은 다음 각 호의 사항을 준수하여야 한다.

1. 소유자등이 없이 맹견을 기르는 곳에서 벗어나지 아니하게 할 것. 다만, 제18조에 따라 맹견사육허가를 받은 사람의 맹견은 맹견사육허가를 받은 사람 또는 대통령령으로 정하는 맹견사육에 대한 전문지식을 가진 사람 없이 맹견을 기르는 곳에서 벗어나지 아니하게 할 것

2. 월령이 3개월 이상인 맹견을 동반하고 외출할 때에는 농림축산식품부령으로 정하는 바에 따라 목줄 및 입마개 등 안전장치를 하거나 맹견의 탈출을 방지할 수 있는 적정한 이동장치를 할 것

3. 그 밖에 맹견이 사람 또는 동물에게 위해를 가하지 못하도록 하기 위하여 농림축산식품부령으로 정하는 사항을 따를 것

② 시·도지사와 시장·군수·구청장은 맹견이 사람에게 신체적 피해를 주는 경우 농림축산식품부령으로 정하는 바에 따라 소유자등의 동의 없이 맹견에 대하여 격리조치 등 필요한 조치를 취할 수 있다.

③ 제18조제1항 및 제2항에 따라 맹견사육허가를 받은 사람은 맹견의 안전한 사육·관리 또는 보호에 관하여 농림축산식품부령으로 정하는 바에 따라 정기적으로 교육을 받아야 한다.

✻ 동물보호법 시행규칙 제11조(안전조치)

법 제16조제2항제1호에 따른 "농림축산식품부령으로 정하는 기준"이란 다음 각 호의 기준을 말한다.

1. 길이가 2미터 이하인 목줄 또는 가슴줄을 하거나 이동장치(등록대상동물이 탈출할 수 없도록 잠금장치를 갖춘 것을 말한다)를 사용할 것. 다만, 소유자등이 월령 3개월 미만인 등록대상동물을 직접 안아서 외출하는 경우에는 목줄, 가슴줄 또는 이동장치를 하지 않을 수 있다.

2. 다음 각 목에 해당하는 공간에서는 등록대상동물을 직접 안거나 목줄의 목덜미 부분 또는 는 가슴줄의 손잡이 부분을 잡는 등 등록대상동물의 이동을 제한할 것

가. 「주택법 시행령」제2조제2호에 따른 다중주택 및 같은 조 제3호에 따른 다가구주택의 건물 내부의 공용공간

나. 「주택법 시행령」제3조에 따른 공동주택의 건물 내부의 공용공간

다. 「주택법 시행령」제4조에 따른 준주택의 건물 내부의 공용공간

반려견 자가 접종 불법 여부

종: 코리안 숏헤어

성별: 남

나이: 8년

🐾 **내용:** 반려견 자가 접종과 관련하여 2017년 7월 수의사법 개정안을 확인하였을 때, 아래와 같이 예방목적의 경우 법령을 대신하여 사례집으로 하겠다는 내용을 확인하였습니다.

그간 수의사법 시행령(제12조)에서 자기가 사육하는 동물은 수의사가 아닌 사람도 예외로 진료를 할 수 있도록 허용되어 있어, '무자격자에 의한 수술 등 무분별한 진료'로 인한 동물학대로 이어지고 있었음

• 이번 수의사법 시행령 개정으로 수의사 외의 사람이 할 수 있는 자가진료 허용 대상을 소, 돼지 등 축산농가가 사육하는 가축으로 한정함으로써 개, 고양이 등 반려동물에 대해서는 원칙적으로 자가진료가 제한됨

• 그러나 자가진료 대상에서 제외된 개, 고양이 등 반려동물을 키우는 보호자라도 사회상규상 인정되는 수준의 자가처치는 허용할 필요가 있어 사례집 형식으로 그 기준을 정하고자 함

* 국민권익위원회 '부정청탁금지법' 제정 시 사례집으로 기준을 정해 알림

농식품부는 그간 동물보호자의 '자가처치 수준'에 대하여 의료법사례, 해외사례, 변호사 자문 등 법률적 검토와 함께 관련 단체 등에 의견을 수렴하여 '사례집'으로 그 기준을 마련하였다고 설명하였다.

〈사례집 주요 내용〉

① 약을 먹이거나 연고 등을 바르는 수준의 투약 행위는 가능

② 동물의 건강상태가 양호하고, 질병이 없는 상황에서 수의사처방대상이 아닌 예방목적의 동물약품을 투약하는 행위는 가능

　– 다만, 동물이 건강하지 않거나 질병이 우려되는 상황에서 예방목적이 아닌 동물약품을 투약하는 경우는 사회상규에 위배된다고 볼 수 있음

③ 수의사의 진료 후 처방과 지도에 따라 행하는 투약행위는 가능

④ 그 밖에 동물에 대한에 수의학적 전문지식 없이 행하여도 동물에게 위해가 없다고 인정되는 처치나 돌봄 등의 행위는 인정됨

이에 불법이 아니라는 이야기를 받았으나 '주사 투약 자체가 진료행위'이기에 백신 예방접종 또한 진료행위로 간주하여, 백신 자가 접종이 문제가 된다며 한 수의학과의 교수님께서 답변을 주셨습니다.

제가 해석하기에는 백신 또한 예방목적이기 때문에 사례집 ②에 해당하는 내용으로 불법이 아니라 판단되는데 이에 상담을 요청합니다.

상담

자기가 사육하는 동물은 수의사가 아닌 사람도 예외로 진료를 할 수 있도록 허용되어 있어, '무자격자에 의한 수술 등 무분별한 진료'로 인한 동물학대로 이어지고 있었습니다. 이에 따라 수의사법 시행령 제12조 제3호가 개정되어, 수의사 외의 사람이 할 수 있는 자가진료 허용 대상을 소, 돼지 등 축산농가가 사육하는 가축으로 한정함으로써 개, 고양이 등 반려동물에 대해서는 원칙적으로 자가진료가 제한됩니다.

개정법에 따를 때, 반려동물에 대한 자가진료는 원칙적으로 금지되고, 이를 위반할 경우 수의사법상 무면허진료행위에 해당하여 2년 이하의 징역 또는 2천만원 이하의 벌금형의 처벌을 받게 됩니다.

다만, 자가진료 대상에서 제외된 개, 고양이 등 반려동물을 키우는 보호자라도 사회상규상 인정되는 수준의 자가처치는 허용할 필요가 있어 농림축산식품부는 동물보호자가 행할 수 있는 자가처치의 범위에 관한 사례집을 마련하였습니다.

자가처치라 하더라도 ① 약을 먹이거나 연고 등을 바르는 수준의 투약 행위, ② 동물의 건강상태가 양호하고, 질병이 없는 상황에서 수의사 처방대상이 아닌 예방목적의 동물약품을 투약하는 행위, ③ 수의사의 진료 후 처방과 지도에 따라 행하는 투약 행위, ④ 그 밖에 동물에 대한 수의학적 전문지식 없이 행하여도 동물에게

위해가 없다고 인정되는 처치나 돌봄 등의 행위는 허용됩니다.

농림축산식품부는 상담자분께서 문의하신 반려동물 보호자의 자가접종과 관련하여 '기본적으로 약물의 주사투약은 먹이는 방법에 비해 약물을 체내에 직접 주입하는 방식으로 약제의 흡수 속도가 빠르고, 잘못된 접종에 의한 쇼크, 폐사, 부종 등 부작용이 있으며, 시술 후 의료폐기물을 적정하게 처리하지 못하면 공중보건학적인 문제는 물론 사회적인 문제도 야기될 수 있음'을 이유로 수의사의 진료 후에 수의사에 의해 직접 행하는 것을 권고하고 있어 해석상 반려동물 보호자의 자가접종은 '사회상규상 인정되는 수준의 자가처치'라고 보기 어렵다고 평가됩니다.

관련 규정

✳ 수의사법 제10조(무면허 진료행위의 금지)

수의사가 아니면 동물을 진료할 수 없다. 다만, 「수산생물질병 관리법」 제37조의2에 따라 수산질병관리사 면허를 받은 사람이 같은 법에 따라 수산생물을 진료하는 경우와 그 밖에 대통령령으로 정하는 진료는 예외로 한다.

✳ 수의사법 제39조(벌칙)

① 다음 각 호의 어느 하나에 해당하는 사람은 2년 이하의 징역 또는 2천만원 이하의 벌금에 처하거나 이를 병과할 수 있다.

2. 제10조를 위반하여 동물을 진료한 사람

✳ 수의사법 시행령 제12조(수의사 외의 사람이 할 수 있는 진료의 범위)

법 제10조 단서에서 "대통령령으로 정하는 진료"란 다음 각 호의 행위를 말한다.

1. 수의학을 전공하는 대학(수의학과가 설치된 대학의 수의학과를 포함한다)에서 수의학을 전공하는 학생이 수의사의 자격을 가진 지도교수의 지시·감독을 받아 전공 분야와 관련된 실습을 하기 위하여 하는 진료행위

2. 제1호에 따른 학생이 수의사의 자격을 가진 지도교수의 지도·감독을 받아 양축 농가에 대한 봉사활동을 위하여 하는 진료행위

3. 축산 농가에서 자기가 사육하는 다음 각 목의 가축에 대한 진료행위

가. 「축산법」 제22조제1항 제4호에 따른 허가 대상인 가축사육업의 가축

나. 「축산법」 제22조제2항에 따른 등록 대상인 가축사육업의 가축

다. 그 밖에 농림축산식품부장관이 정하여 고시하는 가축

4. 농림축산식품부령으로 정하는 비업무로 수행하는 무상 진료행위

103 고양이를 건네는 과정에서 고양이가 도망간 경우

종: **샴**

성별: *******

나이: **1년 4개월**

🐾 **내용:** 새벽에 고양이가 도어락 문을 열고 나갔습니다. CCTV 확인 결과 옆집 여자분이 보호하고 있다고 페이스북에 올렸습니다. 남자가 자기 고양이 같다고 연락이 왔습니다. 고양이를 건네주는 과정에서 남자가 안고 있던 고양이를 바닥에 내려놓았고 고양이가 놀라 그 길로 도망갔습니다. 고양이를 키워봤다는 사람이 어떻게 케이지도 없이 와서 바닥에 내려놓습니까? 저는 좀 의문입니다. 고양이를 안고 있는 모습 또한…. 통화를 했는데 죄송하다는 말은커녕, 제가 화를 낸다며 오히려 저한테 더 큰소리를 칩니다. 이 사람을 처벌할 방법은 없나요? 민사든 형사든 저는 모든 방법을 다 써서라도 처벌하고 싶은 마음입니다.

상담

1️⃣ 민사책임

동물점유자는 동물의 종류와 성질에 따라 그 보관에 상당한 주의를 해태하였음을 입증하지 않는 한, 그 동물이 타인에게 가한 손해를 배상할 책임이 있습니다(민법 제759조 제1항).

사안은 고양이를 건네는 과정에서 인도자가 고양이를 내려놓았고, 이 과정에서 고양이가 도망을 간 사건입니다. 고양이를 인도하려는 사람은 목줄이나 켄넬 등의 안전장치를 하여 고양이가 도망을 가지 않도록 주의할 의무가 있고, 이를 게을리한 경우 손해를 배상할 책임이 있습니다.

⭐2 형사책임

현행법에서 반려동물은 물건으로 취급되는데, 반려동물이 도망하여 유실된 경우 재물의 효용을 해한 것을 보아 손괴죄가 문제가 됩니다. 반려동물이 도망하여 유실된 경우 고의로 인한 것은 아니어서 과실범이 문제가 되는데, 손괴죄는 과실범 처벌 규정이 없어 현행형법에서는 처벌할 수가 없습니다.

관련 규정

＊ 민법 제759조(동물의 점유자의 책임)

① 동물의 점유자는 그 동물이 타인에게 가한 손해를 배상할 책임이 있다. 그러나 동물의 종류와 성질에 따라 그 보관에 상당한 주의를 해태하지 아니한 때에는 그러하지 아니하다.

반려견 관리 소홀로 인한 피해 대처 방법과 피해보상 방법

	종: ***
	성별: ***
	나이: ***

내용: 저희 앞집에서 소형 강아지를 키우고 있습니다. 1년 정도 되었으며, 이사 올 당시 저희에게 반려견을 키우는 것에 대하여 서면, 구두 어느 것으로도 동의를 구하지 않았습니다.

강아지가 낯선 사람만 보면 너무 짖어서, 여러 차례 관리해 달라고 요구를 하였으나 아무런 조치를 하지 않은 상황입니다. 저희 집에는 3학년, 6학년 아이들이 있습니다. 외출하려고 나가다 부딪히면 너무 짖어 식구들이 무방비 상태로 놀라는 일이 너무 많았습니다. 3학년 여자 아이는 수업을 마치고 집에 돌아오면서 전화로 "집에 가야 하는데 강아지가 나올까 봐 무서워서 못 가겠다."라고 전화한다고도 이야기했습니다. 여러 차례 요구했음에도 불구하고 시정하지 않아 신랑과 언성을 높이는 일도 발생했습니다.

경찰을 불러 경찰관 앞에서 "집 현관에서 로비에 내려갈 때까지만 입마개 착용을 해달라."라고 요구했습니다. 개가 예민하고 겁이 많아서 짖으니 아이들에게 설명해서 잘 이해시켜달라는 말만 돌아왔고, 입마개는 할 수 없으며 저희에게 입마개에 대해서 요구할 권리가 없다고 합니다.

얼마 전에는 엘리베이터 앞에서 아이들이 학원을 가기 위해 기다리고 있는데, 앞집 사람이 강아지와 같이 올라왔습니다. 엘리베이터가 열리자마자 강아지가 짖었고 아이들이 놀라서 소리지르니 "X나 소리지르네. X발…."라고 말하고서는 다시 아래로 내려갔다고 합니다. 아이들은 엘리베이터가 다시 와도 아래에 강아지가 있을까 봐 내려가지 못하였다고 합니다. 집 앞에서 엘리베이터를 기다리던 아이들은 욕을 들어야 했습니다.

20대로 보이는 앞집 딸은 저희 신랑에게 꼬박꼬박 "야~, 너~"라고 호칭하며 모욕적인 말을 합니다.

공동주택은 사람들이 모여 살기 위해 지어진 곳이지, 강아지를 키우기 위해 지어진 곳이 아닙니다. 저희 아이들은 강아지의 짖는 소리만 들어도 무섭다고 울고 있습니다. 경찰 쪽에서는 형사 사건이 발생하지 않는 이상 개입을 할 수 없다고 하며 개 짖음은 층간소음도 아니라고 합니다.

저희도 더는 참을 수 없어서 도움을 요청합니다. 저희가 이런 상황에서 할 수 있는 방법이 무엇이 있는지 궁금합니다.

상담

신청인께서는 앞집 견주에게 민사상 '손해배상(기)청구의 소'를 제기하셔서 소음으로 인한 정신적 고통에 대한 손해(위자료)를 배상받으셔야 할 것으로 보입니다. 현행법상 동물의 소음은 「소음·진동관리법」에서 정한 소음에 해당하지 않아 규제가 어렵기 때문입니다. 따라서 안타깝지만 현재는 반려견 소음으로 인한 피해자로서는 민사소송을 통해 피해 발생 및 피해액을 입증하여 동물의 견주로부터 배상을 받는 외에, 견주에게 제재를 가하거나 조치를 요구할 강력한 방법은 미비한 상황입니다.

관련 법률

❋ 민법 제759조(동물의 점유자의 책임)
① 동물의 점유자는 그 동물이 타인에게 가한 손해를 배상할 책임이 있다. 그러나 동물의 종류와 성질에 따라 그 보관에 상당한 주의를 해태하지 아니한 때에는 그러하지 아니하다.
② 점유자에 갈음하여 동물을 보관한 자도 전항의 책임이 있다.

❋ 민법 제751조(재산 이외의 손해의 배상)
① 타인의 신체, 자유 또는 명예를 해하거나 기타 정신상 고통을 가한 자는 재산 이외의 손해에 대하여도 배상할 책임이 있다.
② 법원은 전항의 손해배상을 정기금채무로 지급할 것을 명할 수 있고 그 이행을 확보하기 위하여 상당한 담보의 제공을 명할 수 있다.

❋ 소음·진동관리법 제2조(정의)
이 법에서 사용하는 용어의 뜻은 다음과 같다.

1. "소음"이란 기계·기구·시설, 그 밖의 물체의 사용 또는 공동주택(「주택법」제2조제3호
   에 따른 공동주택을 말한다. 이하 같다) 등 환경부령으로 정하는 장소에서 사람의 활동
   으로 인하여 발생하는 강한 소리를 말한다.

···

   대한민국법원 나홀로소송 웹사이트(pro-se.scourt.go.kr/wsh/wsh000/WSHMain.jsp)
에서는 소송의 준비와 진행, 서식과 작성요령, 인지대 및 송달료 계산 등이 상세히
안내되어 있으니 참고하시면 도움이 될 것입니다.

105 채무불이행 관련 문의

종: 푸들
성별: 여
나이: 1년

🐾 **내용:** 강아지 분양 시 작성했던 계약서를 토대로 분양받은 후 15일 이내에 질병이 발생하여 병원비를 청구하였고, 청구하는 과정에서 민사소송을 진행하여 승소하였습니다.

금액을 지급하라는 결정문이 떨어졌고 피고가 항소를 하여 조정까지 진행하였고, 조정하는 과정에서 원고인 제가 많이 양보하여 합의를 보았다고 생각했는데 피고는 채무를 이행하지 않고 있으며, 재산 명시 신청까지 하였으나 피고가 계속 등기를 받지 않고 있어서 그마저도 각하되었습니다. 법원에 전화해서 문의하니 재산조회신청이나 채무불이익명부등재라는 방법이 있다고 하는데, 어떠한 방법이 효율적인 방법인지 혹은 다른 방법이 있는지 궁금합니다.

추가로 금액적인 보상은 받지 못하더라도, 혹시 벌금을 내도록 하는 방법도 있을까요? 주기적으로 불법적인 가정 분양을 시행하는 거로 알고 있습니다. 다만 그에 맞는 증거가 그렇게 많지는 않습니다.

당사자 간에 임의조정이 성립하였고, 조정조서에 기한 피고의 채무이행기가 지났다면, 귀하께서는 조정조서를 집행권원으로 해서 피고의 재산에 대한 강제집행을 신청할 수 있습니다. '강제집행'이란 집행권원에 표시된 사법상의 이행청구권을 국가권력에 기하여 강제적으로 실현하는 법적 절차입니다.

강제집행은 피고 소유의 부동산 또는 유체동산의 압류 및 경매, 피고가 은행에 대하여 가지는 예금채권, 피고가 살고 있는 집이 자가가 아니라 전세 또는 월세라면 피고가 임대인에 대하여 가지는 임대차보증금반환채권 등에 대한 채권압류 및 추심 등으로 진행하실 수 있습니다. 그러나 부동산 또는 유체동산의 경매는 본건 조정의 액수와 비교하여 경매비용이 과다하고 장기간이 소요되므로 유효, 적절한 강제집행절차가 아닙니다. 실무에서는 보통 원고-채권자, 피고-채무자, 주요 6개 은행(국민, 신한, 우리, 하나, 기업, 농협은행)을 각 제3채무자로 하는 채권압류 및 추심명령을 통하여 은행으로부터 직접 돈을 수령합니다. 만약 각 통장에 피고의 돈이 없다면 은행으로부터 돈을 수령할 수는 없지만, 채권 압류가 된 피고는 은행거래가 전부 막혀 큰 불편을 겪으므로 스스로 변제하게끔 압박하는 효과가 있습니다. 귀하께서 말씀하신 재산조회신청이나 채무불이행자명부등재도 물론 가능합니다. 다만, 재산조회신청은 각 조회대상기관별로 비용이 발생하고, 재산을 파악하는 데 시간도 소요되어 그동안 상대방이 재산을 빼돌릴 위험도 배제할 수 없습니다. 채무불이행자명부등재 제도란 금전채무를 일정기간 내에 이행하지 아니하거나 재산명시절차에서 감치 또는 처벌대상이 되는 행위를 한 채무자에 관한 일정사항을 법원의 재판에 의하여 등재한 후 누구든지 보거나 복사할 수 있도록 하는 제도입니다. 이 제도는 다음의 경우에 해당할 때만 신청이 가능합니다.

1. 채무자가 6월 이내에 채무를 이행하지 아니하여 등재를 신청하는 경우(필요서류: 집행권원이 있는 확정판결 또는 조정조서 등)
2. 재산명시기일 불출석 및 재산목록 제출 거부, 선서 거부를 이유로 등재를 신청하는 경우(필요서류: 명시기일조서 등본)
3. 거짓된 재산목록 제출을 이유로 등재를 신청하는 경우(필요서류: 유죄판결, 불기소처분, 수사결과통지서 등)

106 펫시터 사업 관련 문의

종: **요크셔테리어**

성별: **여**

나이: **17개월**

🐾 **내용**: 프로펫시터를 목적으로 사업을 구상하고 있습니다. 저희 집 반려견은 당뇨와 백내장으로 인해 호텔에서 케어가 불가능한 점에 착안하여 질병이 있는 강아지도 케어해 줄 수 있을 듯합니다.

간호사면허가 있어서 약의 용량이라든지, 투여의 정확도는 누구보다도 안전하다고 생각이 드는데 특수한 경우를 제외한 수의사가 아닌 제3자의 침습적 처치는 불법이라는 말을 들었습니다. 보호자의 위임동의서나 다른 방법은 없는 것인지요?

상담

현행법상 수의사가 아니면 동물을 진료할 수 없고(수의사법 제10조), 이를 위반할 경우 2년 이하의 징역 또는 2천만원 이하의 벌금에 처할 수 있습니다(수의사법 제39조 제1항 제2호). 수의사법 제10조 단서에서 수의사가 아니더라도 동물을 진료할 수 있는 예외적인 경우를 수의사법 시행령 제12조, 수의사법 시행규칙 제8조 등에서 정하고 있으나, 귀하께서 구상하시는 사업은 예외규정에 해당하지 않으므로 현행법에 저촉됩니다.

판례는 '동물의 진료'의 개념에 관하여 "수의사법 제10조에 규정된 '동물의 진료'라 함은 같은 법 제2조 제3호에서 정하는 동물진료업의 정의에 따라 '동물을 진료하거나 동물의 질병을 예방하는 행위'를 의미한다 할 것이고, 여기서 '동물의 진료 또는 예방'이라 함은 '수의학적 전문지식을 기초로 하는 경험과 기능으로 진찰·검안·처방·투약 또는 외과적 시술을 시행하여 하는 질병의 예방 또는 치료행위'라고 해석하는 것이 상당하다."라고 판시하고 있습니다(대법원 2009. 1. 15. 선고 2007도6394 판결[수의사법위반]). 즉, 동물의 진찰, 검안, 처방, 투약, 외과적 시술 등은 모두 진료에 해당하므로 수의사만 행하여야 합니다. 수의사 아닌 사람이 동물의 진료를 하는 것은 징역 또는 벌금형이 부과되는 범죄에 해당하고, 범죄행위는 반려동물 보호자가 귀하께 동의, 약정, 위임, 계약 등 여하한 형태로 허락한다고 하더라도 결코 합법이 되지 않습니다.

관련 법률

※ 수의사법 제10조(무면허 진료행위의 금지)

수의사가 아니면 동물을 진료할 수 없다. 다만, 「수산생물질병 관리법」 제37조의2에 따라 수산질병관리사 면허를 받은 사람이 같은 법에 따라 수산생물을 진료하는 경우와 그 밖에 대통령령으로 정하는 진료는 예외로 한다.

※ 수의사법 제39조(벌칙)

① 다음 각 호의 어느 하나에 해당하는 사람은 2년 이하의 징역 또는 2천만원 이하의 벌금에 처하거나 이를 병과할 수 있다.

1. 제6조제2항을 위반하여 수의사 면허증을 다른 사람에게 빌려주거나 빌린 사람 또는 이를 알선한 사람
2. 제10조를 위반하여 동물을 진료한 사람
3. 제17조제2항을 위반하여 동물병원을 개설한 자

② 다음 각 호의 어느 하나에 해당하는 자는 300만원 이하의 벌금에 처한다.

1. 제22조의2제3항을 위반하여 허가를 받지 아니하고 재산을 처분하거나 정관을 변경한 동물진료법인
2. 제22조의2제4항을 위반하여 동물진료법인이나 이와 비슷한 명칭을 사용한 자

※ 수의사법 시행령 제12조(수의사 외의 사람이 할 수 있는 진료의 범위)

법 제10조 단서에서 "대통령령으로 정하는 진료"란 다음 각 호의 행위를 말한다.

1. 수의학을 전공하는 대학(수의학과가 설치된 대학의 수의학과를 포함한다에서 수의학을 전공하는 학생이) 수의사의 자격을 가진 지도교수의 지시·감독을 받아 전공 분야와 관련된 실습을 하기 위하여 하는 진료행위
2. 제1호에 따른 학생이 수의사의 자격을 가진 지도교수의 지도·감독을 받아 양축 농가에 대한 봉사활동을 위하여 하는 진료행위
3. 축산 농가에서 자기가 사육하는 다음 각 목의 가축에 대한 진료행위

가. 「축산법」 제22조제1항제4호에 따른 허가 대상인 가축사육업의 가축

나. 「축산법」 제22조제2항에 따른 등록 대상인 가축사육업의 가축

다. 그 밖에 농림축산식품부장관이 정하여 고시하는 가축

4. 농림축산식품부령으로 정하는 비업무로 수행하는 무상 진료행위

✽ 수의사법 시행규칙 제8조(수의사 외의 사람이 할 수 있는 진료의 범위)

영 제12조제4호에서 "농림축산식품부령으로 정하는 비업무로 수행하는 무상 진료행위"란 다음 각 호의 행위를 말한다.

1. 광역시장·특별자치시장·도지사·특별자치도지사가 고시하는 도서·벽지에서 이웃의 양축 농가가 사육하는 동물에 대하여 비업무로 수행하는 다른 양축 농가의 무상 진료행위

2. 사고 등으로 부상당한 동물의 구조를 위하여 수행하는 응급처치행위

종: **고양이**

성별: * * *

나이: * * *

🐾 **내용**: 임차인이 퇴거 후 집의 마룻바닥이 심각하게 훼손되어 있었습니다. 마루 시공업자를 통해 고양이과 반려동물에 의한 것이라는 확인이 있었고, 임차인이 고양이를 키우고 있었다는 증거 사진도 있어 이에 대해 원상복구를 요청했습니다. 임차인은 택배 상자 등에 의한 생활상의 기스라고 주장하면서 응하지 않고 있습니다.

두 줄, 세 줄 혹은 네 줄의 긁힘 현상이 집안 곳곳에 있고, 캣타워를 놓았던 근처나 먹이통을 놓았던 곳 주변 복도 등은 특히 더 심각합니다. 마루가 날카롭게 긁힌 자국을 보았을 때, 고양이과 반려동물에 의한 것이라는 확인을 어떻게 준비할 수 있을까요?

참고로 마루는 흰색 코르크 마루이고, 인테리어한 지 3년 정도 될 때 전세를 주었고, 전세 당시에는 마루에 이런 긁힘이 없었습니다(사진 있음).

상담

임대차는 당사자 일방이 상대방에게 목적물을 사용, 수익하게 할 것을 약정하고 상대방이 이에 대하여 차임을 지급할 것을 약정함으로써 그 효력이 생깁니다. 임대차계약이 종료되었을 때, 임대인은 보증금반환의무가 있고, 임차인은 임차목적물에 대해 원상회복의무가 있습니다.

임대차계약에서 있어서 임대차목적물이 일부 훼손되었다고 하더라도 통상 임차인이 임대차기간 중 목적물을 사용함으로써 임대차목적물이 마모되어 생기는 가치

훼손부분에 대한 경제적 평가는 이미 차임 등에 반영된 것이므로, 임차인의 원상회복의무는 임차인이 임대인으로부터 임대차목적물을 인도받을 당시 현황 그대로 회복하여야 한다는 의미로 볼 수 없고, 가치의 훼손이 자연적 마모 또는 감가상각의 정도를 초과한다는 특별한 사정이 있는 경우 원상회복의무를 부담합니다.

판례는 반려견을 다가구주택에서 키우면서 강화마루, 걸레받이가 손상된 사건에서 자연적 마모 또는 감가상각의 정도를 초과한다고 판단하여 임대차보증금에서 원상복구비용, 보수공사비 공제를 인정한 사례가 있고, 고양이 4마리 이상을 키우면서 배설물 등을 방치하여 아파트 내부와 복도 및 이웃 세대에 악취를 발생시킨 사안에서 세면대 수리비, 부동산 청소비, 도배비용에 대한 손해배상을 인정한 사례가 있습니다.

사안의 경우 손상의 정도가 자연적 마모나 감각상각 정도를 초과하는 것으로 보여, 임차인에게 원상복구비용 또는 보수공사비용을 손해배상으로 청구할 수 있습니다.

관련 규정

※ 민법 제618조(임대차의 의의)

임대차는 당사자 일방이 상대방에게 목적물을 사용, 수익하게 할 것을 약정하고 상대방이 이에 대하여 차임을 지급할 것을 약정함으로써 그 효력이 생긴다.

108 펫시터가 일방적으로 연락 거부

종: **토끼**

성별: **여**

나이: **7년 3개월**

내용: 반려동물(연부)의 보호자는 현재 전문연구 요원으로 군 대체 복무 중 기초 군사훈련을 받기 위해 5월 14일(목) 자로 입소하였습니다. 5월 13일(수)부터 6월 13일(토)까지 반려동물을 호텔링시키기로 하고 펫시터에게 맡겼습니다.

보호자가 훈련소에 머물러 연락이 되지 않는 동안, 본인은 보호자의 대리인으로서 반려동물의 상태를 지속해서 전달받기로 했고, 펫시터가 반려동물을 돌보는 동안 필요한 사항을 지원하기로 했습니다. 펫시터의 서비스를 받는 대가로 50만원을 보냈고, 계약서를 작성하지는 않았으나 보호자와 펫시터 간 메신저를 통해 합의했습니다.

5월 17일(일) 펫시터가 요청한 물품을 구매해 보낸 이후, 잠시 대화를 나누었고 펫시터가 일방적으로 메신저를 확인하지 않기 시작했습니다. 5월 18일(월), 19일(화) 오후 6시쯤 메시지를 보냈으나 마찬가지로 확인하지 않았고, 19일(화) 오후 7시쯤 전화를 3통 걸었으나 받지 않았습니다. 얼마 지나지 않아 펫시터가 메시지를 5~6개 보내고 본인과 대화 중이던 오픈 메신저에서 내보냈습니다.

펫시터가 보낸 메시지의 요지는 다음과 같습니다.

- 본인이 펫시터에게 심한 갑질을 일삼았고 사사건건 시비조였으므로 더는 연락을 원하지 않음.
- 본인은 보호자의 대리인이 될 자격이 없으므로 보호자에게 직접 사진과 동영상을 보낼 것임.
- 본인이 펫시터와 한 대화 내용을 보호자의 메신저로 전달할 것임.

본인은 펫시터를 상대로 갑질을 하거나 시비건 일이 없으며, 당초 합의하였던 대로 서비스를 제공하지 않는 펫시터에게 반려동물을 맡길 생각이 없어 데려오고자 했습니다. 현재 이메일로 보호자에게 상황을 전달하였고 보호자의 의사에 따라 그대로 둘지, 데리고 올지 결정할 예정입니다. 데리고 오도록 결정할 경우, 본인이 펫시터에게 주중에 고지하고 주말에 직접 찾아가 반려동물을 데려올 예정입니다.

본인이 대리인으로서 반려동물을 찾아올 수 있는지 궁금합니다. 현재 펫시터가 보호자에게 직접 사진이나 동영상을 전달한다고 하나, 훈련소에 있는 보호자가 연락받을 수 없습니다. 또한, 펫시터의 대응이 상식적이지 않고 매우 공격적이므로 반려동물에게 해코지하지 않을 것이라고 장담할 수 없습니다.

보호자에게 서면으로, 본인이 보호자의 대리인으로서 권한이 있다는 내용을 적어달라고 요청했습니다만, 이것이 유효한지 궁금합니다.

펫시터에게 찾아갈 날짜를 고지했을 때 또는 펫시터의 집에 직접 찾아갔을 때, 반려동물을 돌려주지 않겠다고 하거나 문을 열어주지 않는 경우 어떻게 해야 할지 궁금합니다. 경찰의 중재를 요청할 수 있을지 검색해 보았으나 개인 간 충돌의 경우 관여하지 않는다는 얘기를 보았습니다. 되도록 반려동물에게 해가 가지 않는 선에서 원만히 해결하고 싶으나 펫시터가 본인이 하는 이야기를 계속 공격으로 받아들이고 있어 당사자 간 대화로 해결이 어려워 보입니다.

상담

펫시터에게 반려동물을 위탁하는 것은 민법 제680조의 위임계약에 해당합니다. 계약당사자는 반려동물의 보호자와 펫시터인데, 계약당사자 사이에 귀하가 보호자의 대리인으로서 계약상 의무를 이행하는 동시에 권리도 행사하기로 하는 약정이 있었다고 볼 수 있습니다. 즉, 귀하는 펫시터에게 연부에게 필요한 용품을 제공하고, 펫시터는 귀하에게 연부가 지내는 모습을 공유하는 것도 계약의 내용에 포함되었다고 할 것입니다. 그런데 펫시터는 계약기간 중 일방적으로 귀하와의 연락을 거부하고, 보호자에게 직접 연락하겠다고 통보하였습니다.

위임계약은 민법 제689조에 따라 당사자가 언제든지 해지할 수 있는데, 귀하는 보호자의 대리인으로서 펫시터에게 위임계약 해지의사를 통보하고 계약을 해지할 수 있습니다. 보호자로부터 서면으로 '계약해지권을 포함한 일체의 권한을 수권한 다.'라는 내용의 위임장은 유효하므로 위임장을 받아두시면 펫시터에게 대항하기 수월하실 것입니다. 귀하께서는 상대방에게 문자, 전화 등 어떠한 방법으로든 계약 해지의사와 특정일자에 연부를 데려갈 것이라는 내용을 보내고 연부를 데리러가셔 도 괜찮지만, 펫시터가 연락을 차단해서 도달이 되지 않는다면 내용증명으로 위 내 용을 보내시는 것도 한 방법입니다.

나아가 귀하께서 펫시터에게 계약해지의사를 통보하였음에도 연부를 돌려주지 않는다면 이는 형법상 횡령죄에 해당할 수 있습니다. 반려동물의 법적 지위는 재물 에 해당하므로 타인(보호자)의 재물(연부)을 보관하는 자(펫시터)가 그 반환을 거부한 때에는 형법상 횡령죄의 죄책을 질 수 있습니다. 그렇다면 이는 민사상 영역에 국 한되는 것이 아니라, 형사상 영역이므로 경찰에 신고하셔서 횡령의 점에 관하여 설 명하시고 경찰의 도움을 요청하실 수 있습니다.

관련 조문

❋ **민법 제680조(위임의 의의)**
위임은 당사자 일방이 상대방에 대하여 사무의 처리를 위탁하고 상대방이 이를 승낙함으로 써 그 효력이 생긴다.

❋ **민법 제689조(위임의 상호해지의 자유)**
① 위임계약은 각 당사자가 언제든지 해지할 수 있다.
② 당사자 일방이 부득이한 사유없이 상대방의 불리한 시기에 계약을 해지한 때에는 그 손 해를 배상하여야 한다.

❋ **형법 제355조(횡령, 배임)**
① 타인의 재물을 보관하는 자가 그 재물을 횡령하거나 그 반환을 거부한 때에는 5년 이하 의 징역 또는 1천500만원 이하의 벌금에 처한다.

동물 소음으로 스트레스 받은 경우

109

종: 말티즈 외 4마리

성별: ***

나이: ***

🐾 **내용:** 주택에 이사온 지 얼마 안 되어서 개 주인과 직접 이야기하기는 부담스럽고 얼굴 붉히기 뭐해서 말 못하고 지내고 있습니다. 개 주인 말로는 5마리를 키운다고 합니다. 길가에 있는 집이라 사람이나 자전거가 많이 자주 지나다닙니다. 다닐 때마다 여러 마리가 울타리 쪽으로 쫓아와 엄청 심하게 짖어댑니다.

새벽부터 밤까지 개들이 짖는데, 주인은 수시로 강아지를 내놓습니다. 정원에 내놓지 않으면 실내에서는 안 짖는 것 같습니다. 너무 시끄러운 개 소음에 저희 가족은 스트레스를 받아 살 수가 없습니다.

시청 민원실에 전화하여 반려동물 법률상담센터를 소개받았습니다.

상담

반려견 소음으로 수면방해 등 생활의 불편을 겪는 경우 현행법상으로는 소음발생을 중지시키거나 직접 견주에게 제재를 가하는 방법은 마련되어 있지 않습니다. 소음과 관련하여서는 소음·진동관리법에서 규제하고 있는데, 동물의 소음은 소음·진동관리법에서 정한 소음에 해당하지 않기 때문입니다. 따라서 피해자는 동물의 점유자에게 민사상 손해배상을 청구하여 간접적으로 책임을 묻는 방법을 취해야 합니다.

동물의 점유자는 그 동물이 타인에게 가한 손해를 배상할 책임이 있는데, 반려견의 짖음으로 발생한 소음이 사회통념상 수인할 정도를 넘어서는 경우에는 불법행위 책임이 인정되어 그 점유자는 피해자에게 손해를 배상해야 합니다.

소음이 수인할 수 있는 정도인지 여부는 주거지역 심야 소음규제 기준치인

기타 문의

40~60dB가 기준이 될 수 있는데, 법원은 휴대용 디지털소음측정기로 측정된 심야 소음이 82.5~97.4dB로 확인된 사건에서 그 소음이 수인할 수 있는 정도를 넘었다고 판단하였고, 동물점유자에게 불법행위 책임을 인정하였습니다.

반려견의 점유자에게 불법행위 책임이 인정될 경우 피해자에게 그 손해를 배상하여야 하는데, 법원 실무에서는 생활상의 불편으로 인한 정신적인 고통에 대해 위자료를 인정하고 있습니다. 위자료 액수는 소음의 기준치 초과의 정도, 소음노출기간, 소음을 경감하려는 노력이 있었는지 여부 등을 고려하여 결정하는데, 위에서 언급한 사건의 경우 1인당 100만원의 위자료를 인정하였습니다.

일반적으로 민사소송을 제기하거나 소송에서 책임이 인정될 경우 반려견주 또는 점유자는 추가 손해배상의 우려로 소음방지를 위해 적극적인 조치를 할 가능성이 높으므로, 현재 시점에서는 가장 효과적인 방법이라고 할 수 있습니다.

다만, 민사소송으로 제기하는 경우 피해자는 가해행위와 피해발생 간의 인과관계를 입증해야 하고, 이 과정에서 법률지식이 없는 일반인은 상당한 비용을 들여 변호사의 도움을 받아야 하는 단점이 있습니다.

환경분쟁조정제도는 국민들이 생활 속에서 부딪히는 크고 작은 환경분쟁을 복잡한 소송절차를 통하지 않고 전문성을 가진 행정기관에서 신속히 해결하도록 하기 위해 마련한 제도입니다. 환경분쟁조정제도를 이용하는 경우에는 환경분쟁조정위원회에서 적은 비용으로 피해사실 입증을 대신해 주고, 소송보다 절차도 간단하다는 장점이 있습니다.

다만, 동물의 소음은 「소음·진동관리법」에서 정한 소음에 해당하지 않아 원칙적으로 환경분쟁조정대상으로 보기 어려우나, 반려견 소음으로 인한 분쟁이 다수 발생하고 있는 상황이고, 공동주택의 층견소음과 관련하여 공동주택관리분쟁조정위원회에서 분쟁조정절차를 진행하기도 하며, 소송은 여러 가지 단점이 있으므로 환경분쟁조정위원회에 조정신청을 하는 것도 고려해 볼 수 있습니다.

관련 규정

※ 민법 제759조(동물의 점유자의 책임)
① 동물의 점유자는 그 동물이 타인에게 가한 손해를 배상할 책임이 있다. 그러나 동물의 종류와 성질에 따라 그 보관에 상당한 주의를 해태하지 아니한 때에는 그러하지 아니하다.
② 점유자에 갈음하여 동물을 보관한 자도 전항의 책임이 있다.

110 탁묘 중 탁묘인 물림 사고 발생 시 치료비 보상 정도

종: 코리안 숏헤어

성별: 남

나이: 3살

🐾 **내용:** 개인사정으로 카페에서 고양이 두 마리를 키우시는 일반 가정 탁묘인을 구했습니다. 한 달 정도 탁묘를 부탁하였고 탁묘비용 10만원을 바로 입금했습니다. 그런데 한 달이 안 된 채로 저희 고양이에게 물렸다고 연락이 왔고 치료를 하러 병원을 간다고 하였습니다.

병원에서는 염증이 가라 앉을 때까지 치료를 해야 되고 그 뒤에 수술부위를 봉합하여야 한다고 했고 고양이는 앞으로 돌보지 못할 것 같다고 하여 데리고 왔습니다. 치료받은 비용 며칠치는 전액 바로 보내주었고 한 달 다 못채운 비용은 계산하여 받았습니다.

그 뒤로도 치료, 수술받은 비용 142,700원을 청구하여 집에 데려온 후 고양이 이곳저곳 확인해 본 결과 한 쪽 발 발톱 두세개만 잘려 있었는데 발톱 하나는 혈관까지 잘라서 피가 나있는 흔적이 있었습니다.

이걸 보고서 정확히 무슨 상황에서 물린 건지 알 수 없으므로 10만원을 보내주며 앞으로 나오는 비용은 더이상 지원을 못해주겠다고 얘기를 했더니 그 탁묘인이 법적으로 하겠다며 협박을 하는 상태입니다. 이 상황은 17일까지의 내용이며 26일날 치료가 끝난다고 말했습니다.

상담

물림사고가 발생한 경우 형사적으로는, 자신의 고양이가 다른 사람을 물거나 할퀴지 않도록 목줄을 하는 등 필요한 조치를 해야 할 주의의무가 있음에도 이를 게을리한 경우 묘주의 과실을 인정하여 과실치상죄(형법 제266조 제1항)로 처벌하고 있습니다.

민사적으로는 동물점유자는 동물의 종류와 성질에 따라 그 보관에 상당한 주의를 해태하지 않았음을 입증하지 않는 한, 그 동물이 타인에게 가한 손해를 배상할 책임이 있습니다(민법 제759조 제1항). 실무에서는 반려동물이 사람을 문 경우는 거의 예외 없이 반려동물 주인의 과실을 인정하고 있습니다.

사안은 일반적인 물림사고와 달리 반려묘를 점유하고 있는 탁묘인이 물림사고를 당한 것으로서, 묘주의 주의의무 위반여부와는 달리 판단되어야 합니다.

물림사고가 난 구체적인 경위에 따라 묘주의 과실여부가 달라질 것으로 보이는데, 반려묘를 돌보는 과정에서 과도하게 반려묘를 자극하는 상황이 있었고, 그에 대한 반작용으로 물림사고가 있었다면, 묘주에게까지 과실 책임을 인정하기는 어려워 보입니다.

이와 달리 위탁 당시에 반려묘의 특성, 기질, 보살피는 방법 등에 대한 주의사항이 충분히 전달하지 않았고, 이와 관련하여 물림사고가 난 것이라면, 과실책임이 인정될 수도 있습니다.

피해자 측의 과실이 인정되는 경우 묘주의 책임이 제한되고, 그만큼 비율적으로 재산상 손해에서 공제되는데, 사안의 경우 탁묘인이 반려견을 돌보는 중에 사고가 난 것이므로, 묘주에게 책임이 인정된다고 하더라도 어느 정도 피해자 측의 과실은 인정될 것으로 보입니다.

책임여부와 그 범위를 판단하기 위해서는 사고경위, 부상의 부위 및 그 정도 등에 대한 정보가 중요한데, 탁묘인과 반려묘 사이에 있었던 일을 제대로 밝히는 것은 쉽지 않은 점이 있고, 법적 분쟁화 될 경우 상호간에 소모되는 노력과 비용이 증가하는 점 등을 고려해서 대응수위를 조절하는 것이 필요해 보입니다.

관련 조문

* 형법 제266조(과실치상)
① 과실로 인하여 사람의 신체를 상해에 이르게 한 자는 500만원 이하의 벌금, 구류 또는 과료에 처한다.
② 제1항의 죄는 피해자의 명시한 의사에 반하여 공소를 제기할 수 없다.

* 민법 제759조(동물의 점유자의 책임)
① 동물의 점유자는 그 동물이 타인에게 가한 손해를 배상할 책임이 있다. 그러나 동물의 종류와 성질에 따라 그 보관에 상당한 주의를 해태하지 아니한 때에는 그러하지 아니하다.
② 점유자에 갈음하여 동물을 보관한 자도 전항의 책임이 있다.

111 세입자의 이사 후 강아지 유기에 대한 소송 및 동물 학대 고발

종: **모름**

성별: *******

나이: **1~2살 추정**

내용: 세입자가 1년 전부터 강아지를 기르면서 이웃집들에게 민원이 계속 들어왔었습니다. 그런데 8일 전쯤 아무 말도 없이 이사짐을 거의 챙겨 나가고 강아지만 남겨놓고 나갔습니다. 며칠에 한 번 들려서 먹이만 주고 가는 것 같은데, 사람이 없으니 강아지가 하루종일 짖습니다. 특히 밤에 계속 짖어서 주민들 고통이 극심합니다. 민사소송하려면 증거자료를 어떻게 수집하며 소액제한으로 가능할지요? 이런 경우 동물학대로 고발할 수 있을지요?

> **상담**

1 소음관련

반려견 소음으로 수면방해 등 생활의 불편을 겪는 경우 현행법상으로는 소음발생을 중지시키거나 직접 견주에게 제재를 가하는 방법은 마련되어 있지 않습니다. 소음과 관련하여서는 소음·진동관리법에서 규제하고 있는데, 동물의 소음은 소음·진동관리법에서 정한 소음에 해당하지 않기 때문입니다.

따라서 피해자는 동물의 점유자에게 민사상 손해배상을 청구하여 간접적으로 책임을 묻는 방법을 취해야 합니다.

동물의 점유자는 그 동물이 타인에게 가한 손해를 배상할 책임이 있는데, 반려견의 짖음으로 발생한 소음이 사회통념상 수인할 정도를 넘어서는 경우에는 불법행위 책임이 인정되어 그 점유자는 피해자에게 손해를 배상해야 합니다.

소음이 수인할 수 있는 정도인지 여부는 주거지역 심야 소음규제 기준치인 40~60dB가 기준이 될 수 있는데, 법원은 휴대용 디지털소음측정기로 측정된 심야 소음이 82.5~97.4dB로 확인된 사건에서 그 소음이 수인할 수 있는 정도를 넘었다고 판단하였고, 동물점유자에게 불법행위 책임을 인정하였습니다.

반려견의 점유자에게 불법행위 책임이 인정될 경우 피해자에게 그 손해를 배상하여야 하는데, 법원 실무에서는 생활상의 불편으로 인한 정신적인 고통에 대해 위자료를 인정하고 있습니다. 위자료 액수는 소음의 기준치 초과의 정도, 소음노출기간, 소음을 경감하려는 노력이 있었는지 여부 등을 고려하여 결정하는데, 위에서 언급한 사건의 경우 1인당 100만원의 위자료를 인정하였습니다.

일반적으로 민사소송을 제기하거나 소송에서 책임이 인정될 경우 반려견주 또는 점유자는 추가 손해배상의 우려로 소음방지를 위해 적극적인 조치를 할 가능성이 높으므로, 현재 시점에서는 가장 효과적인 방법이라고 할 수 있습니다.

소송목적의 값이 3,000만원 이하의 사건은 민사소액사건에 해당합니다. 관할법원은 사고발생지 법원 또는 견주의 주소지 법원입니다. 법원에 소장을 접수하시면서 인지액, 송달료를 납부하시면 민사소송이 시작됩니다.

환경분쟁조정제도는 국민들이 생활 속에서 부딪히는 크고 작은 환경분쟁을 복잡한 소송절차를 통하지 않고 전문성을 가진 행정기관에서 신속히 해결하도록 하기 위해 마련한 제도입니다. 환경분쟁조정제도를 이용하는 경우에는 환경분쟁조정위원회에서 적은 비용으로 피해사실 입증을 대신해 주고, 소송보다 절차도 간단하다는 장점이 있습니다.

다만, 동물의 소음은 소음·진동관리법에서 정한 소음에 해당하지 않아 원칙적으로 환경분쟁조정대상으로 보기 어려우나, 반려견소음으로 인한 분쟁이 다수 발생하고 있는 상황이고, 소송은 여러 가지 단점이 있으므로 환경분쟁조정위원회에 조정신청을 하는 것도 고려해 볼 수 있습니다.

② 학대행위 관련

반려견주는 사육관리의무를 준수하여야 하는데, 동물의 영양이 부족하지 않도록 사료 등 동물에게 적합한 음식과 깨끗한 물을 공급하여야 하고, 사료와 물을 주기 위한 설비 및 휴식공간은 분변, 오물 등을 수시로 제거하고 청결하게 관리하여야 합니다. 이러한 사육·관리 의무를 위반하여 상해를 입히거나 질병을 유발시킨 경우 동물보호법상 학대행위에 해당합니다.

또한 동물의 습성 또는 사육환경 등의 부득이한 사유가 없음에도 불구하고 동물을 혹서·혹한 등의 환경에 방치하여 신체적 고통을 주거나 상해를 입혔다면, 이 또한 동물보호법상 학대행위에 해당합니다.

반려견주가 반려견을 남겨놓고, 이사를 간 것으로 보이나 먹이를 주기 위해서 가끔은 들리는 것으로 보입니다.

동물보호법상 학대행위로 인정되기 위해서는 반려견이 질병이나 상해를 입을 정도의 피해가 있어야 하는데, 사안의 경우 반려견의 잦은 짖음은 확인되지만, 반려견이 상해를 입었거나 질병을 얻은 사정은 확인되지 않습니다(견주가 들러서 먹이를 주고 있으므로, 유기라고 보기도 어렵습니다).

다만, 반려견의 장기간 방치로 인하여 상해를 입거나 질병을 얻은 사정이 확인된다면, 동물보호법상의 학대행위에 해당할 수 있습니다.

관련 조문

※ **민법 제759조(동물의 점유자의 책임)**

① 동물의 점유자는 그 동물이 타인에게 가한 손해를 배상할 책임이 있다. 그러나 동물의 종류와 성질에 따라 그 보관에 상당한 주의를 해태하지 아니한 때에는 그러하지 아니하다.

② 점유자에 갈음하여 동물을 보관한 자도 전항의 책임이 있다.

※ **동물보호법 제10조(동물학대 등의 금지)**

② 누구든지 동물에 대하여 다음 각 호의 행위를 하여서는 아니 된다.

1. 도구·약물 등 물리적·화학적 방법을 사용하여 상해를 입히는 행위. 다만, 해당 동물의 질병 예방이나 치료 등 농림축산식품부령으로 정하는 경우는 제외한다.

2. 살아있는 상태에서 동물의 몸을 손상하거나 체액을 채취하거나 체액을 채취하기 위한 장치를 설치하는 행위. 다만, 해당 동물의 질병 예방 및 동물실험 등 농림축산식품부령으로 정하는 경우는 제외한다.

3. 도박·광고·오락·유흥 등의 목적으로 동물에게 상해를 입히는 행위. 다만, 민속경기 등 농림축산식품부령으로 정하는 경우는 제외한다.

4. 동물의 몸에 고통을 주거나 상해를 입히는 다음 각 목에 해당하는 행위

　가. 사람의 생명·신체에 대한 직접적 위협이나 재산상의 피해를 방지하기 위하여 다른 방법이 있음에도 불구하고 동물에게 고통을 주거나 상해를 입히는 행위

　나. 동물의 습성 또는 사육환경 등의 부득이한 사유가 없음에도 불구하고 동물을 혹서·혹한 등의 환경에 방치하여 고통을 주거나 상해를 입히는 행위

　다. 갈증이나 굶주림의 해소 또는 질병의 예방이나 치료 등의 목적 없이 동물에게 물이나 음식을 강제로 먹여 고통을 주거나 상해를 입히는 행위

라. 동물의 사육·훈련 등을 위하여 필요한 방식이 아님에도 불구하고 다른 동물과 싸우게 하거나 도구를 사용하는 등 잔인한 방식으로 고통을 주거나 상해를 입히는 행위

유기묘 입양 후 소유권 분쟁

종: ***

성별: 남

나이: 3~4세 추정

내용: 2020년 4월 26일 유기묘를 구조하였습니다. 품종묘로 보이며 사람을 잘 따르기에 근처에서 집을 나온 고양이로 생각하여 제일 가까운 동물병원으로 데리고 가 이 병원을 다니던 고양이인지, 혹시 고양이를 찾는 사람은 없는지 확인하였으나 병원에서는 알지 못하였고, 수의사가 고양이의 사진을 찍어 지역수의사협회 카페에도 글을 써주셨고, 저도 주변 다른 동물병원에 확인도 하고 전단지가 붙어있지 않을까 찾아다니기도 하고 포인핸드, 지역 캣맘 카페, 동물보호협회 등에 주인을 찾는 글을 작성하기도 했습니다.

이 고양이를 다시 길에 두고 올 수 없어 집으로 데려와 임시보호를 하였으며, 임시보호 중 이 고양이를 찾는 전단지나 실종신고도 없고 연락도 없었습니다. 입양도 생각해봤지만 아무래도 마음이 쓰여 제 가족으로 들이고 함께 살고 있는 상태입니다.

그리고 2020년 12월 5일 밤에 갑자기 본인이 주인이라는 사람에게서 연락이 왔습니다. 포인핸드를 보고 연락을 했다고 합니다. 본인이 주인이고 잃어버린 아이와 똑같이 생겼다고 하여, 잃어버린 날짜와 다니던 동물병원을 물었으나 정확한 실종 날짜를 기억도 하지 못하고 처음엔 4~5월, 잠시 후에는 3~5월 사이에 잃어버렸다고 합니다. 다녔던 동물병원은 제가 구조 후 바로 데려갔던 병원이었으며, 진료기록으로 확인이 가능할 거라 하는데, 확인해본 바 예방접종, 심장사상충 접종 등으로 실제 동일한 고양이인지 확인할 수 없는 진료기록이었습니다. 주인이라고 주장하는 사람이 보내온 고양이 사진도 같은 종의 고양이지만 저는 사진과 진료기록만으로는 동일한 고양이인지 확인할 수 없다고 답변했습니다.

아이를 잃어버린 후 어떻게 찾아봤냐는 물음에도 발로 뛰어 찾아다녔다고 하는데, 기본적으로 다니던 동물병원에 문의 또는 전단지조차 붙이지 않았고 인터넷에 찾아보는 것조차 하지 않았습니다. 그리고 아이를 잃어버린 후 한 달이 채 안 된 시기에 이사를 갔다고 합니다. 이사를 가지 않았다면 반드시 아이를 찾았을 거라고 하는데, 한 달도 안 된 시기에 이사를 갔으면서 아이를 잃어버린 시기조차 제대로 알지 못하는 사람이 약 8개월이 지난 후에 본인이 주인이라며 아이를 돌려주길 바라는데 이런 상황에서 무엇을 믿고 아이를 그 사람에게 보내겠습니까.

주인이란 걸 확실히 알 수 없으며, 이미 제 가족으로 맞아 함께 살고 있기에 아이를 보내드릴 수 없다라는 뜻을 보이니 본인이 주인인 걸 알면서 제가 아이를 주지 않으려 한다며 법적으로 처리하겠다고 합니다. 본인의 고양이란 걸 확인할 수 있는 것들을 가지고 있다며, 제가 마치 잘 있는 고양이를 납치해서 돌려주지 않는 취급을 하면서 저를 횡령죄와 다른 법적 내용으로 고소하겠다고 합니다.

이런 경우 고소가 성립되는 건가요? 고소가 성립된다면 어떻게 진행되는 건지, 제가 아이를 그 사람에게 보내줘야 하는 건지 궁금합니다. 고양이에게 칩이 등록된 것으로 보이진 않은데 어떻게 진짜 주인인 것을 확인할 수 있는지 궁금합니다.

상담

구조된 고양이가 자신이 잃어버린 고양이라고 주장하고 있는 상황에서 고양이의 동일성을 인정할만한 자료가 있어야 할 것으로 보입니다.

고양이 주인이 맞다면, 유실 당시에 찾는 노력을 게을리 한 점이 있다고 하더라도 소유자의 지위를 상실한다고 보기 어려워 원칙적으로 고양이를 주인에게 반환해야 할 것으로 보입니다.

고양이를 등록하지 않았고, 인식칩이 없는 등으로 주인을 알 수 없는 상황에서 주인임을 주장하는 쪽에서 이를 입증해야 할 것으로 보입니다.

만일 유실 고양이를 지자체나 지자체에 등록한 동물보호센터에 신고를 하고, 이후 일정기간 이상이 지나도 소유자가 나타나지 않아 소유권을 취득하고, 입양을 한 경우에는 입양자가 지자체로부터 고양이 소유권을 승계취득하여 원 소유자에게 대항할 수 있습니다.

사안은 지자체나 지자체에 등록한 동물보호센터에 신고와 공고를 통해 지자체가 소유권을 취득한 경우가 아니므로, 소유자가 그 동물의 소유권을 포기하였다는 특별한 사정이 없는 한 고양이의 소유권을 원 소유자에게 있다고 할 것입니다.

주인임을 주장하는 쪽은 상담자분의 고양이 반환거부에 대하여 형사적 고소를 이야기하고 있는데, 이러한 경우 점유이탈물횡령죄가 문제가 될 수 있습니다. 다만, 진정한 소유자임이 확인되지 않아 반환을 거부하고 있는 것이라면, 불법영득의사를 인정하기는 어려워 보이나 죄에 해당여부를 두고 논란이 될 수 있습니다.

객관적인 자료를 통해 고양이의 원 소유자임이 어느 정도 입증이 된다면, 반환을 고려해 보셔야 할 것으로 판단됩니다.

기타 문의

443

113 동물위탁관리업 무허가 가정위탁 중 고양이 골절로 인한 손해배상

종: ***

성별: ***

나이: 9개월

내용: 가정위탁을 하는 관리인에게 탁묘비를 매달 20만원씩 내고(사료, 간식, 모래 비용 제외 순수 위탁비용) 고양이를 위탁했습니다. 관리인의 관리 소홀로 곰팡이성 피부염이 여기저기 번졌고, 정상체중이었던 아이가 등뼈가 만져질 정도로 말랐으며, 다리가 골절되어 진단결과 다리 수술비만 150만원 이상 나올 상황입니다.

이에 관리인에게 책임소지를 물었으나 사과 한 마디 없이 오히려 모욕적인 언사와 함께 발뺌하는 것이 괘씸해 손해배상 소송을 하고자 하는데, 내용증명을 먼저 보내고 전자소송을 진행하려 합니다.

이때 승소 가능성이 얼마나 될지, 변호사를 선임하여 강력한 내용증명을 작성할 때와 소송까지 함께 선임하였을 때의 비용 그리고 주의하거나 꼭 확인, 준비해야 할 사항이 있는지 알고 싶습니다.

또한 금전을 받으며 무허가 가정위탁을 하는 그 곳이 불법영업 중이라 간주할 수 있는 것인지, 이를 소장에 포함하거나 경찰신고하는 것이 저에게 유리할 지도 궁금합니다.

상담

동물보호법 제73조 제1항 제2호의 동물위탁관리업을 하려는 자는 특별자치시장·특별자치도지사·시장·군수·구청장 등록을 하여야 하고, 등록을 하지 않은 경우 동물보호법 제97조 제3항 제5호에 따라 1년 이하의 징역 또는 1천만원 이하의 벌금에 처해질 수 있습니다.

내용증명을 먼저 보내고 전자소송을 진행하실 예정이고, 승소 가능성 및 변호사 선임 비용을 질문하셨는데 보내주신 자료만으로는 승소 가능성을 확률로 구체적으로 말씀드리기는 어렵습니다. 상대방의 행위가 손해배상책임이 성립하는 채무불이행 또는 불법행위에 해당한다는 점을 어느 정도 입증하느냐에 따라 승소 가능성이 결정될 것입니다. 변호사 선임비용으로 정해진 금액은 없으므로 비용은 선임하고자 하는 변호사님과 개별 상담을 통해 정하셔야 하고, 대체로 소송으로 피고에게 청구하는 금액, 사건의 난도 등과 비례하지만 제반 사정을 종합적으로 고려하여 결정됩니다.

주의하거나 준비하셔야 할 사항은 무엇보다 증거 수집입니다. 동물의 상해, 질병 발생 사건은 시간이 지남에 따라 증거가 사라지고, 발생이 가해자의 사적 공간에서 일어나며, 피해 당사자인 동물이 표현을 할 수 없다는 특수성이 있기 때문에 입증에 보다 정확하고 다양한 증거가 요구됩니다.

금전을 받으며 무허가 가정위탁을 하는 곳은 동물보호법상 등록하여야 하는 업종을 등록하지 아니하고 영업행위를 하는 것이므로 형사처벌인 벌금 부과 대상에 해당하여 불법영업이라 할 수 있습니다. 또한 만약 해당 업체가 등록한 업체라고 하더라도 동물보호법 제73조 제3항 및 동물보호법 시행규칙 제44조, [별표 11] 등록영업의 시설 및 인력 기준을 갖추지 못하였거나, 동물보호법 제78조 제1항 또는 제6항, 동물보호법 시행규칙 제49조, [별표 12] 영업자의 준수사항을 위반할 경우 불법영업이므로 영업정지 처분에 처해질 수 있습니다. 이러한 내용을 소장에 포함하는 것은 가정위탁 관리인 행위의 위법성에 관한 것이므로 포함하시는 것이 유리합니다.

경찰신고를 먼저 하기보다는 가정위탁 관리인에게 내용증명에서 관련 법 위반 사항 및 벌금 부과 또는 영업정지 대상임을 알려줘서 관리인으로 하여금 스스로 손해배상을 하도록 유도하시고, 만약 관리인이 거부하거나 묵묵부답이면 그때 민사소송과 경찰신고를 하셔도 늦지 않습니다.

농림축산검역본부에서 운영하는 국가동물정보시스템(https://www.animal.go.kr)은 지자체에서 인허가된 동물병원, 동물생산업, 동물수입업, 동물판매업, 동물전시업, 동물위탁관리업, 동물운송업, 동물미용업, 동물장묘업체의 업체명, 전화번호, 소재지, 허가(등록)번호, 이전 허가(등록)번호 정보를 1일 1회 자동연동하여 제공하고 있습니다. 이 사이트에서 가정위탁 관리인이 등록된 업체인지 조회해보실 수 있습니다. 또한 가정위탁 관리인을 경찰신고 하신 후 검찰이 관리인을 기소하거나 법원에서 관리인에게 유죄판결을 선고한다면 민사소송에서도 유리합니다.

관련 조문

✳ 동물보호법 제73조(영업의 등록)

① 동물과 관련된 다음 각 호의 영업을 하려는 자는 농림축산식품부령으로 정하는 바에 따라 특별자치시장·특별자치도지사·시장·군수·구청장에게 등록하여야 한다.

1. 동물전시업
2. 동물위탁관리업
3. 동물미용업
4. 동물운송업

② 제1항 각 호에 따른 영업의 세부 범위는 농림축산식품부령으로 정한다.

③ 제1항에 따른 영업의 등록을 신청하려는 자는 영업장의 시설 및 인력 등 농림축산식품부령으로 정하는 기준을 갖추어야 한다.

④ 제1항에 따라 영업을 등록한 자가 등록사항을 변경하는 경우에는 변경등록을 하여야 한다. 다만, 농림축산식품부령으로 정하는 경미한 사항을 변경하는 경우에는 특별자치시장·특별자치도지사·시장·군수·구청장에게 신고하여야 한다.

✳ 동물보호법 제97조(벌칙)

③ 다음 각 호의 어느 하나에 해당하는 자는 1년 이하의 징역 또는 1천만원 이하의 벌금에 처한다.

5. 제73조제1항 또는 같은 조 제4항을 위반하여 등록 또는 변경등록을 하지 아니하고 영업을 한 자
6. 거짓이나 그 밖의 부정한 방법으로 제73조제1항에 따른 등록 또는 같은 조 제4항에 따른 변경등록을 한 자

⑥ 상습적으로 제1항부터 제5항까지의 죄를 지은 자는 그 죄에 정한 형의 2분의 1까지 가중한다.

✳ 동물보호법 제78조(영업자 등의 준수사항)

① 영업자(법인인 경우에는 그 대표자를 포함한다)와 그 종사자는 다음 각 호의 사항을 준수하여야 한다.

1. 동물을 안전하고 위생적으로 사육·관리 또는 보호할 것
2. 동물의 건강과 안전을 위하여 동물병원과의 적절한 연계를 확보할 것
3. 노화나 질병이 있는 동물을 유기하거나 폐기할 목적으로 거래하지 아니할 것
4. 동물의 번식, 반입·반출 등의 기록 및 관리를 하고 이를 보관할 것
5. 동물에 관한 사항을 표시·광고하는 경우 이 법에 따른 영업허가번호 또는 영업등록번

호와 거래금액을 함께 표시할 것

6. 동물의 분뇨, 사체 등은 관계 법령에 따라 적정하게 처리할 것

7. 농림축산식품부령으로 정하는 영업장의 시설 및 인력 기준을 준수할 것

8. 제82조제2항에 따른 정기교육을 이수하고 그 종사자에게 교육을 실시할 것

9. 농림축산식품부령으로 정하는 바에 따라 동물의 취급 등에 관한 영업실적을 보고할 것

10. 등록대상동물의 등록 및 변경신고의무(등록·변경신고방법 및 위반 시 처벌에 관한 사항 등을 포함한다)를 고지할 것

11. 다른 사람의 영업명의를 도용하거나 대여받지 아니하고, 다른 사람에게 자기의 영업명의 또는 상호를 사용하도록 하지 아니할 것

⑥ 제1항부터 제5항까지의 규정에 따른 영업자의 준수사항에 관한 구체적인 사항 및 그 밖에 동물의 보호와 공중위생상의 위해 방지를 위하여 영업자가 준수하여야 할 사항은 농림축산식품부령으로 정한다.

※ 동물보호법 제83조(허가 또는 등록의 취소 등)

① 특별자치시장·특별자치도지사·시장·군수·구청장은 영업자가 다음 각 호의 어느 하나에 해당하는 경우에는 농림축산식품부령으로 정하는 바에 따라 그 허가 또는 등록을 취소하거나 6개월 이내의 기간을 정하여 그 영업의 전부 또는 일부의 정지를 명할 수 있다. 다만, 제1호, 제7호 또는 제8호에 해당하는 경우에는 허가 또는 등록을 취소하여야 한다.

1. 거짓이나 그 밖의 부정한 방법으로 허가를 받거나 등록을 한 것이 판명된 경우

2. 제10조제1항부터 제4항까지의 규정을 위반한 경우

3. 허가를 받은 날 또는 등록을 한 날부터 1년이 지나도록 영업을 개시하지 아니한 경우

4. 제69조제1항 또는 제73조제1항에 따른 허가 또는 등록 사항과 다른 방식으로 영업을 한 경우

5. 제69조제4항 또는 제73조제4항에 따른 변경허가를 받거나 변경등록을 하지 아니한 경우

6. 제69조제3항 또는 제73조제3항에 따른 시설 및 인력 기준에 미달하게 된 경우

7. 제72조에 따라 설치가 금지된 곳에 동물장묘시설을 설치한 경우

8. 제74조 각 호의 어느 하나에 해당하게 된 경우

9. 제78조에 따른 준수사항을 지키지 아니한 경우

종: 진도 믹스

성별: 남

나이: 3년 3개월

🐾 **내용**: 산 산책로에서 4월 11일 밤 10시 30분경 J군(만 15세 4개월)을 마주쳤습니다. 당시 3m 리드줄과 입마개를 착용하고 있었으나, 사람이 있을 거라고 예상 못한 시간과 장소여서 미리 대비를 못했습니다. 개짖음과 거의 동시에 비명소리가 들렸고, 제가 고개를 돌렸을 때는 이미 뒤도 돌아보지 않은 채로 20m 이상을 뛰어서 도망가는 통에 미처 안심시킬 틈이 없었습니다. 산책로 입구에서 폭이 좁고 경사가 가파른 계단으로 뛰어내려가는 것을 보고 잠시 후 확인해보니 아니나다를까 계단 끝에 쓰러져 있었습니다. 곧바로 119에 신고를 하고 J군 핸드폰으로 보호자에게 연락을 취하면서, 혹시 모르니 저의 핸드폰 번호를 알려달라는 요청에 제 번호를 알려주었습니다.

이후 병원으로 이송되는 것까지 보고 귀가했는데, 보호자가 100% 저의 과실을 주장하며 치료비 전액을 요구합니다. 두개골 복합골절로 두개골 내 출혈 제거를 위한 뇌수술을 진행하였고 향후 안면성형과 임플란트 이식 등이 진행예정으로 치료기간은 약 1년을 예상한다고 합니다.

쟁점은, 1) 당시 다른 요인은 없었으리라 전제하고 사고 당시 119 신고 및 보호자에게 '개 짖는 소리에 놀라서 뛰어갔다'고 진술하긴 했습니다만 실제로 J군이 무엇에 그렇게 놀랐는지는 확인이 되지 않은 상태입니다. 보호자에 따르면 '아이 상태가 정확한 상황을 캐물을 수 없는 상황'이라고 합니다. 2) 지인과 사고 이야기를 나누던 중, '혹시 다른 무언가에 둘이 같이 놀란 건 아니냐'는 얘기가 나왔지만 장소나 정황상 그럴 가능성은 없다고 생각했습니다. 헌데 사고 발생 열흘 후 사고장소에서 멀지 않은 곳에서 들개 떼를 마주하고 보니 (급히 **동영상을 촬영하긴 했습니다만 제대로 담기진 않은 것 같습니다**) 실제 그랬을 가능성을 완전 배제할 수는 없겠다 싶기도 합니다. 3) 사고 당시 현장이 워낙 어둡긴 했지만, 제가 주의의무를 해태한 것도 아니고 더구나 J군의 반응도 일반적이지 않은 데다가 가파른 계단을 뻔히 보고도 자의로 뛰어내려가다 발생한 사고에 대해 피해자 과실 전혀 없이 100% 책임을 져야 하는 건지 납득이 되지 않습니다. 주요 쟁점은 아닙니다만, 추락지점은 계단을 수백개 올라가서야 나오는 산 바로 아래쪽이라 그 시각에 지나다니는 사람은 거의 없다고 단언합니다. 의식이 없는 것을 깨워서 상태를 확인하며 구급대원이 올 때까지 혹시라도 의식을 잃지 않도록 계속해서 대화하며 지켜보았습니다. 당시만 해도 많이 아파하면서도 저에게 자기 이름과 나이, 핸드폰의 위치와 잠금해제방법 등을 다 일러주었고, 본인 얼굴 상태가 어떤지를 물을 만큼 의식도 명료했었습니다. 만일 제가 살펴보고 조치를 취하지 않았다면 쓰러져서 정신을 잃은 상태로 아침까지 방치되었을 가능성이 매우 큽니다. 그런데 발빠르게 조처를 위한 것에 대해서는 일언반구 없이 제가 알려주지 않은 저의 이름과 직장을 거론하며 소송/과실치상/범죄자 등을 언급하는 보호자의 태도에 섭섭함과 분노가 입니다. 그럼에도 불구하고 — 사고 발생의 1차 원인이 불분명하고 직접 낙상사고에 대한 본인의 책임은 전혀 묻지 않은 채로 제가 '가해자'로서 모든 피해를 변상해야 할 책임이 있는 것인지에 관해 상담을 요청합니다.

(평소 착용하는 조끼형 하네스와 입마개, 리드줄입니다. 다만 사고 당시에는 리드줄이 엉덩이쪽 뒷고리에 걸려있었습니다.)

추가내용: 상대방 측에서 명확한 사실관계 규명없이 일방적으로 치료비의 전액 배상을 요구할 경우 제가 취할 수 있는 방법이 있는지 여부와 적절한 방법이 있다면 그에 대한 절차 등에 대해 도움을 받고 싶습니다.

상담

동물점유자는 동물의 종류와 성질에 따라 그 보관에 상당한 주의를 해태하지 않았음을 입증하지 않는 한, 그 동물이 타인에게 가한 손해를 배상할 책임이 있습니다(민법 제759조 제1항). 실무에서는 반려견이 사람을 문 경우나 물려고 하는 반려견을 피하려다 부상을 입은 경우 견주의 과실을 인정하고 있으므로 견주는 피해자에게 손해배상책임을 져야 합니다.

손해배상의 범위에는 기왕치료비, 향후치료비, 일실수입 등의 재산상 손해와 위자료가 포함되는데, 피해자가 실제로 지급한 치료비, 입원기간 동안의 수입상실분이 재산상 손해로 인정됩니다.

위자료는 치료기간, 후유장애여부에 따라 다른데, 법원 실무에서는 피해자의 후유장애(또는 **노동능력상실률**)가 높을 경우 고액의 위자료가 인정될 수 있습니다.

판례는 골든리트리버 대형견 비포장 통행로 산책 중 목줄을 놓치는 바람에 80m를 달려가 피해자에게 덤벼들었고, 이를 피하려다 통행로 옆에 설치된 2m 아래의 개방형 콘크리트 배수로 바닥으로 추락, 외상성 경막하출혈, 두개골 골절, 외상성 지주막하 출혈, 대뇌좌상 등의 상해를 입은 사건에서 견주의 책임을 70%, 피해자의 책임을 30% 인정한 사례가 있습니다.

경우에 따라서는 목줄을 충분히 당기지 않은 등의 이유로 견주에게 반려견의 관리·감독을 소홀히 한 과실 또는 안전조치를 취하지 않은 과실이 인정되어 과실치상죄(형법 제266조 제1항)로 처벌될 수 있습니다.

과실치상죄는 피해자의 명시한 의사에 반하여 공소를 제기할 수 없기 때문에, 피해자와 합의를 한다면 기소를 하지 않거나 기소되더라도 공소기각의 판결을 하게 되므로 사안에 따라서는 피해자와 합의를 하는 것이 필요한 접근방법입니다.

사안은 밤에 산책로에서 발생한 사고이기 때문에 발생상황에 대한 사실관계가 불확실한 점이 있어 피해자의 책임의 정도는 달라질 수 있습니다.

  사실규명은 형사적인 절차 내에서 수사를 통해 이루어질 수 있습니다. 상대방 측에 형사적인 절차에 따라 책임의 여부 및 정도가 어느 정도 확인이 되면, 그때 피해배상을 하겠다고 이야기할 수 있습니다. 다만, 이러한 태도는 상대방을 자극하여 형사처벌의 위험이 증가할 수도 있다는 점을 고려할 필요가 있습니다.

  지금까지의 상황으로 보아 어느 정도의 책임을 벗어날 수 없는 경우라면, 적극적으로 상대방 측에 접촉을 통해 합의의 노력을 하는 것도 생각해 볼 수 있습니다. 다만, 현재 상대방이 치료 중에 있기 때문에 손해의 범위를 특정하기 어려워 합의에 이르지 못하는 경우가 많으니 여러 가지 점들을 참고할 필요가 있습니다.

관련 조문

※ **민법 제759조(동물의 점유자의 책임)**

  ① 동물의 점유자는 그 동물이 타인에게 가한 손해를 배상할 책임이 있다. 그러나 동물의 종류와 성질에 따라 그 보관에 상당한 주의를 해태하지 아니한 때에는 그러하지 아니하다.

  ② 점유자에 갈음하여 동물을 보관한 자도 전항의 책임이 있다.

※ **형법 제266조(과실치상)**

  ① 과실로 인하여 사람의 신체를 상해에 이르게 한 자는 500만원 이하의 벌금, 구류 또는 과료에 처한다.

  ② 제1항의 죄는 피해자의 명시한 의사에 반하여 공소를 제기할 수 없다.

유기묘 쉼터 고양이 소유권 논쟁

종:	**코리안 숏헤어**
성별:	***
나이:	**만 7살(추정)**

🐾 **내용**: 2018년 11월 25일 한 사설 유기묘 쉼터에서 계약서를 작성하고 책임비 입금 후 반려묘를 입양했습니다. 2년 반째 저희 집에서 키우고 있습니다.

밥, 물, 화장실 등 기본적인 케어는 문제없었습니다. 다만 순화가 거의 되지 않아 사나웠고, 병원을 데리고 가지 못해 불편해 보이는 부분이 있으면 사진을 찍어 병원에 가 약 처방을 받아왔었습니다.

그런데 3일 전 반려묘가 가출을 했고, 저희는 바로 쉼터에 연락해서 고양이탐정을 의뢰하여 반려묘를 무사히 데리고 왔습니다. 그런데 그 과정에서 쉼터사람 한 명이 병원을 못데리고 간다는 얘기를 들었고, 그 내용을 쉼터에 공유했습니다.

쉼터에서는 가출과 병원을 못데리고 가는 것이 큰 문제라고 했고, 병원에 가는데 도움을 주겠다며 직원 세 명이 저희 집에 방문해 반려묘를 잡아 병원에 데려갔습니다(저희도 동의했습니다). 그런데 문제는 어느 병원에 갔는지, 언제 돌아오는지에 대한 내용은 전혀 고지받은 것이 없고, 연락도 잘 되지 않으며, 병원이라도 알려 달라 여러 번 부탁했지만 절대 알려주지 않았습니다.

저는 그 지역 동물병원을 모두 검색했고, 병원을 알아내 전화했지만 직접 맡긴 보호자가 아니라면(예약자 명이 쉼터 이름입니다) 관련 내용은 전혀 알려줄 수 없고 찾아올 수도 없다고 합니다.

1. 아래 계약서 18번의 내용에도 불구하고 저희가 소유권을 인정받을 수 있는지 궁금합니다.
2. 현재 상황에서 반려묘를 찾아올 수 있는 방법이 없을까요?
3. 만약 병원비를 부담하라고 하면 내야 할 의무가 있는지 궁금합니다.

4. 계약서 12번의 항목 관련, 사정이 어찌되었든 저희가 2년 반 동안 반려묘를 병원에 데려가지 않은 것은 사실이며, 현재 병원 검사결과 구내염이 심각한 상태라고 합니다. 계약서 12번을 이행하지 못한 것으로 볼 수 있는지 궁금합니다.

5. 계약서상 계약해지에 대한 내용은 전혀 없는데(예: OO을 하지 않을 시 계약을 파기하거나 다시 데려간다는 내용 등), 만약 계약해지를 통보한다면 받아들여야 하는 것인지 알고 싶습니다.

〈계약서〉

12. 입양동물이 아프게 될 경우 적절한 진료 혜택을 받게 해 주실 수 있나요?

18. 입양 후에도 동물의 소유권은 쉼터에 있으며 이는 동물학대 발생 시 동물의 압수를 위하여 필요함을 알려드립니다. 동의하시나요?

상담

⭐1 1번 질문에 대한 답변

소유권을 인정받을 수 있습니다.

신청인은 입양신청 및 입양계약을 통해 반려묘를 입양하였습니다(입양신청서, 입양계약서 참조).

입양신청서에 "입양 후에도 입양한 동물의 소유권은 유기묘 쉼터에 있으며 이는 동물학대 발생 시 동물의 압수를 위하여 필요함을 알려드립니다. 동의하시나요?" 라는 항목(이하 '입양신청서상 소유권 귀속 항목'이라 합니다)에 의하면, 입양 후에도 반려묘의 소유권은 여전히 쉼터에 있는 것으로 해석됩니다.

그러나 입양계약서에 "입양조건에 명시된 사항을 위반하는 경우에는 고양이에 대한 소유권이 원 보호자와 유기묘 쉼터에 귀속됨을 인정합니다."라는 항목(이하 '입양계약서상의 소유권 귀속 항목'이라 합니다)에 의하면, 입양으로 인해 입양자가 소유권을 취득하고, 입양조건을 위반할 시에만 소유권이 원보호자와 보호소에 복귀하는 것으로 해석됩니다.

본 사안은 반려묘의 소유권 귀속에 관해 입양신청서와 입양계약서의 내용이 다른 경우로 볼 수 있으므로, 법률행위 해석이 필요합니다.

법률행위 해석은 일정한 표준에 의해 이루어져야 합니다. 그것은 당사자가 의도한 목적, 거래 관행 그 밖의 사정을 고려하여 신의성실의 원칙에 따라 해석하여야 합니다. 판례도, "문언의 내용과 법률행위가 이루어진 동기 및 경위, 당사자가 법률행위에 의하여 달성하려고 하는 목적과 진정한 의사, 거래의 관행 등을 종합적으로 고찰하여 사회 일반의 상식과 거래의 통념에 따라 합리적으로 해석하여야 한다."라고 보고 있습니다.

위와 같은 기준에 따라 입양신청서 및 입양계약서상 소유권 귀속에 관한 항목을 해석하면, 입양으로 인해 소유권이 입양자에게 귀속되고 입양조건위반 또는 동물학대 시에만 그 소유권이 원 보호자 및 보호소에 귀속되는 것으로 해석해야 합니다. 그 이유는 다음과 같습니다.

첫째, 입양신청서와 입양계약서의 내용이 서로 배치되는 경우 최종적으로 작성된 계약서의 내용이 입양신청서보다 우선 되어야 합니다.

둘째, 입양계약서 및 입양신청서에 소유권 귀속에 관한 항목을 둔 동기, 목적, 경위에 비추어 볼 때 이는 동물 학대 방지 및 학대 발생 시 회수의 편의를 위해 둔 것입니다.

따라서 입양신청서상 소유권 귀속에 관한 항목은, 입양에도 불구하고 소유권이 여전히 보호소에 있다고 해석하기보다 동물 학대 발생 시 압수 목적 달성의 한도 내에서 소유권이 보호소에 귀속된다고 해석하는 것이 합리적입니다.

이와 같이 입양신청 및 입양계약이 이루어진 목적, 진정한 의사 등을 종합적으로 고려하여 입양신청서 및 입양계약서상 소유권 귀속 항목을 해석 적용하면, 신청인 입양으로 인해 반려묘의 소유권을 취득하였습니다. 더 나아가 입양 조건 위반 및 동물 학대는 존재하지 않으므로 신청인이 취득한 소유권에는 영향이 없습니다.

2 2번 질문에 대한 답변

소유물반환청구권을 행사하여 찾아올 수 있습니다.

소유자는 현재 자신의 물건을 점유하고 있는 자에 대해 소유물반환청구권을 행사하여 점유를 회복할 수 있습니다(민법 제213조).

원고는 물건이 자신의 소유이고 상대방이 이를 점유하고 있다는 사실만 주장·입증하면 됩니다. 상대방이 이를 배척하려면 점유할 권리가 있음을 주장·입증하여야 합니다.

우선은, 내용증명우편을 통해 소유물반환청구권을 행사할 수 있으며, 이에 응하지 않는 경우 소송을 통한 반환을 구할 수 있습니다(물론 구두로 반환을 구하고 상대방이 이에 응하는 경우가 가장 이상적입니다).

소송을 통해 소유물반환청구권을 행사할 경우, 입양신청서 및 계약서 등의 제출을 통해 반려묘의 소유권이 자신에게 있음을 주장·입증할 수 있습니다. 또한 보호소 또는 병원에서 반려묘를 현재 점유하고 있음을 주장·입증하여야 합니다.

이 경우 청구의 상대방은 간접점유자와 직접점유자 모두가 될 수 있습니다(대법원 1991. 4. 23. 선고 90다19695 판결 참조). 따라서 만약 병원이 반려묘를 보관하고 있는 경우 신청인은 병원(직접점유자)과 보호소(간접점유자) 모두 또는 각자를 피고로 삼아 반환청구권을 행사할 수 있습니다.

3 3번 질문에 대한 답변

사무관리 또는 부당이득에 해당하므로 병원비를 내야 할 의무가 있습니다.

의무 없이 타인을 위하여 사무를 관리하는 것을 '사무관리'라고 합니다(민법 제734조 제1항). 사무관리가 본인의 의사에 반하지 않는 경우 관리자가 본인을 위하여 비용을 지출한 때에는 본인에게 그 지출한 비용 전부의 상환을 청구할 수 있습니다(민법 제739조 제1항).

앞서 말씀드린 바와 같이, 반려묘의 소유권은 신청인에게 있으므로 원칙적으로 반려묘의 소유자인 신청인이 치료와 비용을 부담할 의무가 있습니다. 따라서 보호소가 치료를 대신한 것은 사무관리에 해당하며 보호소는 그 비용 전부의 상환을 청구할 수 있습니다.

법률상 원인 없이 타인의 재산 또는 노무로 인하여 이익을 얻고 이로 인하여 타인에게 손해를 가한 것을 '부당이득'이라 하며, 이 경우 그 받은 이익을 반환하여야 합니다(민법 제741조).

보호소는 치료비를 대신하여 부담해야 할 법률상 의무가 없습니다. 따라서 보호소가 치료비를 부담한 것은, 신청인이 법률상 원인 없이 치료비 대납으로 인하여 이익을 얻고 이로 인해 보호소는 손해를 입은 경우로 볼 수 있습니다. 따라서 신청인은 보호소에 그 치료비를 부당이득으로써 반환해야 합니다.

기타 문의

④ 4번 질문에 대한 답변

12번 항목은 "입양이 동물이 아프게 될 경우, 적절한 진료 혜택을 받게 해줄 수 있나요?"입니다.

반려묘를 병원에 데리고 가지 않고 그 대신 사진을 찍어 병원에서 처방받은 것이 적절한 진료 혜택에 해당하는지가 문제가 됩니다.

반려묘가 순화가 거의 되지 않고 사나워서 병원에 가지 못하고 부득이 사진을 통해 처방받은 것은 병원에 직접 가는 것에 갈음한 것으로써 적절한 진료 혜택이라고 볼 가능성이 있습니다.

다만, 현재 구내염이 심각한 상태이므로 적절한 진료 혜택을 제공한 것인지 여부에 대한 분쟁의 여지가 있습니다.

⑤ 5번 질문에 대한 답변

일방적 해지통보는 불가능합니다.

계약의 해지는 해지권이 있는 경우에만 가능합니다. 해지권은 당사자의 약정이나 법적인 근거가 있는 경우에만 발생합니다. 따라서 당사자 간 약정이나 법적 근거 없이 하는 일방적 해지는 아무런 법적 효과도 없습니다.

본 사안의 계약서를 보면 해지권에 관해 당사자 간에 정한 사항은 없습니다. 또한 법정 해지권이 발생하였다고 볼 만한 특별한 사정도 보이지 않습니다. 따라서 일방적 해지권 행사는 불가능합니다. 보호소가 계약위반을 이유로 해지권을 행사하고자 한다면 보호소가 자신에게 해지권이 발생하였음을 주장·입증하여야 하나 이는 어려울 것입니다.

다만, 보호소는 입양계약서상 입양조건 위반을 이유로 반려묘의 소유권이 자신에게 있음을 주장할 수 있습니다. 그러나 상담내용에 비추어 볼 때, 신청인이 위 입양조건을 명시적으로 위반한 사정은 보이지 않습니다.

116 인터넷상 불법 동물 분양사이트에 대한 민원 제기 방법

종:	**믹스**
성별:	***
나이:	1살

🐾 **내용**: 인터넷상에서 분양 사이트를 만들어서 동물 사진과 가격 등을 명시하고 여러 사이트마다 신고를 당하면서도 분양글을 수백수천건 이상 다량으로 올리는 동물판매업자에 대해 공정거래위원회에 통신판매업 위반 신고 가능한지 여부에 관하여 문의 드립니다.

통신판매란 정보를 제공하고 소비자의 청약을 받아 재화·용역을 판매하는 것을 말하고 청약은 일정한 내용의 계약을 체결할 것을 목적으로 하는 일방적·확정적 의사 표시하는 것을 의미하며 재화는 사람이 바라는 바를 충족시켜 주는 모든 물건을 말합니다.

현행법상 동물은 물건으로 규정되어 있고 온라인상에서 동물을 사고 파는 행위를 하는 동물판매업자에 대해 통신판매업 위반 소지가 있다고 보여집니다.

통신판매업 신고 대상은 대한민국에서 일어나는 모든 사업의 종류 중 부가가치세법에 근거하는 사업자는 그 종류와 상관없이 온라인을 매개체로 이용하는 모든 사업은 "전자상거래 등에서의 소비자보호에 관한 법률(**전자상거래법**)"에 의거하여 전자상거래 사업자로 신고/허가받아야 합니다.

해당 법률에서는 "전자상거래 및 통신판매"로 전자상거래의 범위를 규정하고 있기 때문에 소비자가 직접 방문하지 않고 전자, 통신, 전화 등을 이용하는 모든 사업자는 소비자보호에 관한 법률에 적용되며 통신판매업 신고를 꼭 해야 한다고 볼 수 있습니다.

위와 관련하여 본인의 개인분양사이트를 운영하고 있으며 여러 사이트마다 신고를 당하면서도 불법분양글 홍보를 하며 개를 파는 행위를 상습적으로 지속하는 동물판매업자에 대해 공정거래위원회에 신고할 수 있는 법적근거 및 조언을 제시해 주시기 바랍니다. 고맙습니다.

기 타 문 의

반려동물 분양사이트를 운영하면서 여러 사이트에 불법 분양글을 올려 반려견을 판매하며 사이트들로부터 신고를 당하면서도 상습적·지속적으로 같은 행위를 반복하는 동물판매업자에 대해 공정거래위원회에 신고할 수 있는 법적근거를 질의하셨기 때문에 우선 관련 조문 위주로 말씀드리겠습니다.

통신판매사업자의 미신고 및 신원표시의무 위반의 처벌 근거규정은 「전자상거래 등에서의 소비자보호에 관한 법률(이하 '전상법'이라 합니다)」 제42조 제1호 및 제12조 제1항 본문입니다. 전상법 적용대상인지와 관련하여, 전상법 제3조 제1항 및 제4항은 법 제12조가 적용 제외되는 경우를 정하고 있습니다. 한편 전상법 제12조 제1항 단서에서는 공정거래위원회가 고시로 정하는 기준 이하인 경우 제12조 제1항 본문의 통신판매업 신고 의무를 면제한다고 정하고 있고, 공정거래위원회 고시인 통신판매업 신고 면제 기준에 대한 고시 제2조에서 기준을 정하고 있습니다. 상담자분께서는 이러한 법적근거에 따라 해당 동물판매업자에 대한 신고 등 조치를 취하실 수 있을 것으로 보입니다.

공정거래위원회에는 전상법에 따라 통신판매업 미신고 및 신원표시의무 위반 사업자에 대해 신고할 수 있고, 공정거래위원회 누리집(https://www.ftc.go.kr)의 민원참여─신고서식에서 「공정거래위원회의 회의운영 및 사건절차 등에 관한 규칙」 [별지 제9호 서식] 전자상거래 등에서의 소비자보호에 관한 법률 위반행위 신고서를 제공하고 있습니다.

전자상거래를 규제하는 이유는, 비대면·비접촉·원격거래에 따른 기대하는 실물의 상이로 인해 분쟁이 빈발하고, 전자문서 등의 사용 및 기록의 조작 가능성 등으로 인해 책임소재의 입증이 어려운 부분이 있으며, 대금결제가 이루어진 후 재화가 인도되므로 지연배송, 계약내용과 다른 재화의 배송 등의 사고발생 우려가 크고, 비대면으로 거래가 이루어져 개인정보가 노출될 경우 신분이 도용될 우려가 있기 때문입니다.

민사상의 채권·채무관계 등 사적인 법률관계에 관한 다툼이나 일반소비자가 사업자로부터 상품 또는 서비스를 구입하거나 이용하는 과정에서 입은 개별적·구체적인 피해와 관련된 분쟁 등은 공정거래법 적용대상이 아니나, 이와 달리 상담내용의 동물판매업자의 경우 미신고 및 신원표시의무 위반 사업자이면서 통신판매 대상 업체이고 전상법 적용대상에 해당한다면 공정거래위원회 신고대상이 될 수 있을 것으로 보입니다.

관련 조문

❋ 전자상거래 등에서의 소비자보호에 관한 법률 제42조(벌칙)

다음 각 호의 어느 하나에 해당하는 자는 3천만원 이하의 벌금에 처한다.

1. 제12조제1항에 따른 신고를 하지 아니하거나 거짓으로 신고한 자

❋ 전자상거래 등에서의 소비자보호에 관한 법률 제12조(통신판매업자의 신고 등)

① 통신판매업자는 대통령령으로 정하는 바에 따라 다음 각 호의 사항을 공정거래위원회 또는 특별자치시장·특별자치도지사·시장·군수·구청장에게 신고하여야 한다. 다만, 통신판매의 거래횟수, 거래규모 등이 공정거래위원회가 고시로 정하는 기준 이하인 경우에는 그러하지 아니하다.

1. 상호(법인인 경우에는 대표자의 성명 및 주민등록번호를 포함한다), 주소, 전화번호

2. 전자우편주소, 인터넷도메인 이름, 호스트서버의 소재지

3. 그 밖에 사업자의 신원 확인을 위하여 필요한 사항으로서 대통령령으로 정하는 사항

❋ 전자상거래 등에서의 소비자보호에 관한 법률 제3조(적용 제외)

① 이 법의 규정은 사업자(「방문판매 등에 관한 법률」제2조제6호의 다단계판매원은 제외한다. 이하 이 항에서 같다)가 상행위를 목적으로 구입하는 거래에는 적용하지 아니한다. 다만, 사업자라 하더라도 사실상 소비자와 같은 지위에서 다른 소비자와 같은 거래조건으로 거래하는 경우에는 그러하지 아니하다.

④ 「자본시장과 금융투자업에 관한 법률」의 투자매매업자·투자중개업자가 하는 증권거래, 대통령령으로 정하는 금융회사 등이 하는 금융상품거래 및 일상 생활용품, 음식료 등을 인접지역에 판매하기 위한 거래에 대하여는 제12조부터 제15조까지, 제17조부터 제20조까지 및 제20조의2를 적용하지 아니한다.

❋ 통신판매업 신고 면제 기준에 대한 고시 제2조(통신판매업 신고 면제 기준)

① 다음 각 호의 하나에 해당하는 통신판매업자는 법 제12조제1항에 따른 통신판매업 신고를 아니할 수 있다.

1. 직전년도 동안 통신판매의 거래횟수가 50회 미만인 경우

2. 「부가가치세법」제2조제4호의 간이과세자인 경우

② 청약철회 등의 경우에는 제1항의 통신판매의 거래횟수에 산입하지 아니한다.

117 반려묘 관련 문제로 인한 명예훼손 및 폭행 발생 시 대처방안

종:	**하이랜드 폴드**
성별:	**남**
나이:	**7개월**

🐾 **내용:** 집에서 키우는 고양이가 새끼 3마리를 낳았는데 너무 예뻐서 지인이 사진과 동영상 보내달래서 보내주고 크는 동안 키우고 싶다, 분양할 생각없냐 해서 분양할 생각없다고 했습니다. 너무 예쁘다고 부러워하고 집에 새끼들 보러 오고 싶어 하고 자꾸 키우고 싶어 해서 10년 동안 개 한 마리를 키우고 있어서 책임감있게 잘 키울 거라는 생각이 들었습니다. 일반분양할 생각은 아니었어서 일반분양가로 치면 몸값이 비싼 아이라 제가 먼저 돈 얘기하기가 어려웠습니다. 본인이 먼저 얘기할 줄 알았고 협의하고 맞춰줄 생각이었습니다. 데려가서도 아무말 없고 해서 굳이 돈이 우선은 아니었기에 반려동물 쇼핑몰을 하는 친구라 물품으로라도 사례를 할 줄 알았습니다. 나중에 서로 확인한 건데 자기는 돈을 주고 데려올 거면 데려오지 않았을 거다라고 했고 저는 무료분양할 생각이 아니었다고 했습니다. 그걸 꼬투리 잡아 보호소에 기다리는 애들도 많은데 돈 주고 애들 데려오고 돈주고 교배하고 새끼 낳고 돈받고 새끼 보내냐며 저를 비난하고 주변 사람들한테 저를 고양이장사로 매도를 했습니다.

저는 그 사람을 지인들끼리 연결돼서 오래 알고는 지냈지만 어떤 사람인지 잘 알지 못했고 저한테 의도적으로 접근한 거라는 걸 나중에 알게 됐습니다. 사실 그 아이가 3마리 중에 제일 이쁜 아이고 부모묘와 그 윗대 윗대까지 아는데 우월한 유전자의 혈통을 받은 품종묘이고 부모묘가 너무 이뻐서 2세를 갖고 싶어서 낳은 건데 분양할 생각도 없었고 그 아이를 보내고 싶지도 않았는데 상대가 좋다는 아이로 보내자 하고 보낸 거였습니다. 보내기 전까지 그 아이가 대가족사이에서 살다가 혼자 낯선 공간으로 가면 외로워하거나 숨거나 울거나 할까 봐 그 아이가 좋아하는 방석과 쓰던 모래, 케이지집, 다 챙기고 케이지를 집

삼아 동배 아이들과 같이 들어가 있게 하고 혼자도 편안하게 좋아하는 공간으로 적응하게 며칠 동안 적응훈련을 했습니다. 이방 저방에 혼자 떨어져 있기도 해보고 갈 때는 집에서 놀이방으로 쓰게 한 큰 이동장에 세 아이들을 다 데리고 같이 갔습니다. 혼자 무섭고 낯설지 말라고 쓰던 물품들 꺼내놓고 세 아이들과 새집에서 몇 시간 동안 같이 놀아주고 왔습니다.

동물들은 무한사랑을 뿜어내니까 다른 데 가서 사랑을 전해라 하고 아쉽지만 그렇게 결국 아이는 갔습니다. 며칠 후에 한 번 저희 집에 아이를 데려왔고 우리 애들과 좀 놀다가 갔고 많이 보고 싶긴 했었지만 그때까지도 저는 담담했습니다. 며칠 후 동영상을 보내왔는데 밥 달라고 우는 모습이라며 찍은 모습을 보는 순간 심장이 쿵 내려앉으며 "내 새끼!"하면서 오열을 했습니다. 눈물이 멈춰지질 않고 가슴이 찢어지는 듯 아팠습니다. 정면에서 우는 모습은 보지 못했는데 우는 얼굴이 죽은 아이랑 똑같았습니다.

이 이쁜 세 아이들이 오기까지 제 욕심 때문에 다섯 아이들의 희생이 있었습니다. 14년 함께 한 개가 떠난 후 펫로스증후군을 심하게 겪다가 죽지 않기 위해 아이들을 입양하게 되었습니다. 동물들은 저한테 친구 이상의 존재로 저를 죽지 않게 지켜주고 사랑을 주는 아주 특별한 역할을 합니다. 처음 암컷 아이가 너무 예뻐서 그 아이 닮은 2세를 보고 싶었고 신랑냥을 찾아서 교배를 했는데 임신이 안 됐고 신랑냥이 너무 예쁘고 둘이 너무 애틋하게 사랑하고 사이가 좋아서 추가비용 주고 교배를 해도 임신이 안 됐고 수컷 아이에 대한 애착이 너무 강해서 주인한테 분양의사를 물었는데 없다고 했습니다. 신랑냥이 그 집에 돌아가서 새로 온 강아지 때문에 스트레스를 받아선지 똥오줌테러를 한다고 저한테 연락이 와서 우여곡절 끝에 그 신랑냥은 제 고양이가 됐어요. 온전히 우리 가족이 돼서 둘이 너무나 사이가 좋은데도 임신은 안 되었습니다. 암컷 아이 가슴에 작은 혹이 있었고 유선종양 진단을 받고 수술했는데 며칠 만에 떠났고 저는 제 욕심에 아이를 보냈다는 죄책감과 그리움, 미안함에 괴로워서, 너무 고통스럽고 울면서 한 번만 다시 와달라고 부탁했습니다.

저도 아프지만 남은 수컷 아이가 너무 힘들어서 새로운 짝을 찾아 나섰습니다. 사랑을 많이 받은 아이가 새로 온 아이한테 사랑을 많이 주고 새로 온 아이도 너무 착하게 잘 따르고 사이좋게 잘 지내다가 금새 임신이 됐습니다. 새끼를 낳았는데 구순구개열로 태어나 4마리가 이틀 만에 다 죽었습니다.

살릴 수 없음에 죽어가는 걸 지켜보면서 너무나 괴로웠습니다. 2세 복이 없나 보다고 수술시켜야겠다고 생각하고 시간이 여유될 때 날 잡아야지 했는데 어영 부영하다 그 사이 다시 임신이 된 겁니다. 혹시나 또 장애묘가 나올까 걱정도 됐지만 다행히 너무나 예쁘고 건강한 아이들이 나온 겁니다. 이 아이들이 오기까지 다섯 아이들을 떠나보낸 아픔이 있어서 더 각별하고 더 품성이 뛰어난 아이들이 온 것 같고 다른 데 보낼 생각이 없었습니다.

새 암컷을 데려오고 지인한테 제가 그런 말을 했습니다. 죽은 그 아이가 남편냥이었던 아이의 2세로 다시 올 것 같다고. 아빠냥이 애기들이랑 잘 놀아주고 애기들을 이뻐합니다. 잘못 보냈단 생각이 뒤늦게 들어 많이 고민하다 다시 돌려 달라고 했습니다. 12일이 지나 정말 너무 미안하지만 간곡히 부탁했습니다. 상대는 자기가 아플까 봐 자기 꺼라고 못돌려준다며 강경하고 야멸차게 거절을 했습니다. 그리고는 저에 대한 무례하고 무자비한 패악질을 하기 시작했습니다. 제가 고양이를 보낼 때 챙겨준 많은 용품들을 싹 다 포장해서 택배로 보내고 사료를 몇 포 보내고 그동안 키워줬으니 받으라고 20만원을 보내고 저와 같이 아는 지인한테 제 얘기를 일방적으로 거짓말을 꾸며서 저한테 전하라고 했다며 파일들을 보내고 너무 무례하고 비상식적인 행동을 해서 제가 점점 화가 났지만 그게 어느 정도인지 상상도 못했고 그 정도일 줄은 몰랐습니다. 저를 비난하고 비방하고 허위사실유포 등 너무 심한 패악질을 했습니다.

저는 고양이를 보고 싶었고 다른 사람을 통해서 약속을 힘들게 잡았고 집으로 혼자 오라고 해서 갔는데 제가 올 줄 알고 나갔다는 겁니다. 저한테 고양이를 절대 보여주지 않을 것 같아 몇달 동안 고양이를 보지 못해 최근에 집 앞에 찾아가서 문이 열리기를 기다렸습니다. 고양이를 보내고 나서 처음 찾아갔을 때도 다른 집에 보냈다고 거짓말을 하고 안 보여주고 두 번째는 마음을 좀 부드럽게 돌릴 수 있을까 해서 음식을 먹으라고 다른 사람한테 부탁해서 문 앞에 두고 온 적이 있는데 전한 사람한테 좋지도 않은 거 왜 갖다주냐며 다시는 오지 말라고 했답니다. 그리고 마지막으로 보라며 약속을 힘들게 잡았는데 바람맞았습니다. 고양이를 보여달라고 하면 이 핑계 저 핑계를 대며 피하니 문 앞에서 기다리게 된 겁니다. 최근에 고양이가 그 집 현관 문 앞에서 저를 기다리는 모습이 자꾸 보여서 저도 어떻게 할 수 없는 그런 심정으로 가게 된 거였습니다. 천륜을 갈라놓을 수 없는 것처럼 고양이와 제가 교감하고 연결되어 있는 걸 어찌할 수가 없었습니다.

택배온 걸 가지러 문이 열리고 앞에 있던 저를 보고 놀라더니 뭐냐고 해서 고양이를 보러 왔다고 했습니다. 제가 문 앞쪽으로 가니 기겁을 하면서 여기 고양이 있는 곳이라 신발을 밖에다 벗고 들어오라고 하는 겁니다. 계단을 올라가서 신발이 문 밖에 있어서 왜 신발이 밖에 있지? 했는데 문 열고 들어가면 신발 벗는 곳을 고양이가 잘 있는 곳이라 고양이자리로 만들어놓은 겁니다.

고양이가 문 앞에 있는 걸 좋아하니 그 자리를 내주고 한 층에 세 가구가 좁게 붙어있는 공동주택에서 신발을 밖에 벗어놓는다는 건 옆집에는 엄청난 민폐일 텐데 남이 피해받는 건 아랑곳하지 않는 겁니다.

안에 들어가서 고양이가 있어서 제가 안았습니다. 너무 오랜만에 보는 낯설음에 고양이가 놀라는데 옆에서 흥분하며 소리를 지르는 통에 고양이가 더 놀라서 현관 앞에 있는 고양이집으로 들어갔습니다. 케이지 안에 있는 고양이한테 조심스럽게 손을 넣었는데 하악질도 하지 않고 물지도 않아서 꺼내서 다시 안았습니다. 옆에서는 흥분해서 고양이가 아프다, 수술했다는 등 경찰에 신고하겠다면서 저를 주거침입으로 신고를 했고 경찰이 왔습니다. 제가 고양이를 안고 있는데 고양이와 눈이 마주치고 교감을 했습니다. 현관 앞에서 숨이 막혀서 문밖으로 뛰쳐나갔습니다. 바로 그 여자와 경찰이 저를 잡았고 고양이를 뺏고 경찰이 보는 앞에서 제 머리를 주먹으로 내리치고 "신고해!" 하면서 집으로 들어갔습니다.

파출소에 가서 진술서를 쓰고 경찰서에서 연락오면 가서 조사받으라고 해서 연락이 왔고 경찰서 가는 날을 좀 미뤄놓은 상태입니다. 상대와 저를 아는 지인들이 주거침입이 아니라는 걸 증언도 해주겠다고 하지만 저는 무고죄, 허위사실 명예훼손, 폭행죄, 모욕죄라든가 가능한 건 다 걸고 싶습니다. 저보고 법대로 하라고 했는데 주변사람들도 말리고 그렇게까지 하기엔 너무 많은 에너지를 낭비하는 일이라 쉽지 않지만 제가 고소당해서 경찰서에 가야 하는 상황이라 저 혼자서는 힘들 거 같아 전문가의 도움을 확실히 받고 싶습니다.

저에 대한 최소한의 예의를 지키고 고양이를 보여줬더라면 이렇게까지 감정이 상하지 않았을 겁니다. 의도적으로 접근해서 부당하게 고양이를 데려간 것도 모자라 저를 정신병자, 고양이장사 등 비방하고 매도한 걸 알고도 상대하지 말라고들 하지만 먼저 신고해서 경찰서에 가야 하는 상황이라 그 여자가 했던 못된 짓을 다 알리고 싶고 처벌을 받게 하고 싶습니다.

기타 문의

상담

1 명예훼손죄 성립 여부

가. 관련규정

관련 조문

✻ 형법 제307조(명예훼손)

① 공연히 사실을 적시하여 사람의 명예를 훼손한 자는 2년 이하의 징역이나 금고 또는 500만원 이하의 벌금에 처한다.

② 공연히 허위의 사실을 적시하여 사람의 명예를 훼손한 자는 5년 이하의 징역, 10년 이하의 자격정지 또는 1천만원 이하의 벌금에 처한다.

나. 명예훼손죄 성립 요건

명예훼손죄가 성립하려면, ① 공연하게, ② 사실을 적시하여, ③ 명예를 훼손해야만 합니다.

특히 '사실의 적시'와 관련하여 판례는, "적시된 사실은 이로써 특정인의 사회적 가치 내지 평가가 침해될 가능성이 있을 정도로 구체성을 띠어야 한다(대판 2011. 8. 18. 선고 2011도6904 판결)"고 합니다. 또한 "명예훼손죄에 있어서 '사실의 적시'라 함은 사람의 사회적 평가를 저하시키는 데 충분한 구체적 사실을 적시하는 것을 말하므로, 이를 적시하지 아니하고 단지 모멸적인 언사를 사용하여 타인의 사회적 평가를 경멸하는 자기의 추상적 판단을 표시하는 것은 사람을 모욕한 경우에 해당하고 명예훼손죄에 해당하지 아니한다(대법원 1981. 11. 24. 선고 81도2280 판결)"고 합니다.

다. 사안의 경우

상담자께서 말씀하신 내용 중, "그걸 꼬투리 잡아 보호소에 기다리는 애들도 많은데 돈 주고 애들 데려오고 돈 주고 교배하고 새끼 낳고 돈 받고 새끼 보내냐며 저를 비난하고 주변 사람들한테 저를 고양이장사로 매도를 했습니다."라고 한 부분과 "저를 비난하고 비방하고 허위사실유포 등 너무 심한 패악질을 했습니다."라고 한 부분에 대해 살펴보겠습니다.

우선 상담자께서 알려주신 내용만으로는, 상대방이 실제로 어떠한 내용과 표현으로 구체적인 사실을 적시한 것인지 정확히 파악하기가 어렵습니다. 따라서 명예훼손죄의 성립 여부에 관하여도 구체적인 판단을 하기 어렵습니다.

따라서 추상적으로 판단하건대, 상대방이 한 표현이 "사람의 사회적 평가를 저하시키는데 충분한 구체적 사실의 적시"에 해당하는 경우 명예훼손죄가 성립할 수 있으나, 가치판단에 따른 단순한 비난에 불과한 경우 명예훼손죄가 성립하지 않습니다.

다만 그것이 "모멸적인 언사를 사용하여 사회적 평가를 경멸하는, 자기의 추상적 판단을 표시하는 것"에 해당하는 경우 모욕죄가 성립합니다.

상담자께서는 상대방이 '실제로 한', '구체적 표현'을 고소장에 적시하고 이를 입증할 증거를 첨부하여 경찰에 고소장을 접수하는 방식으로 상대방을 명예훼손죄 또는 모욕죄로 고소할 수 있습니다.

폭행죄 성립 여부

가. 관련규정

✳ 형법 제260조(폭행, 존속폭행)
① 사람의 신체에 대하여 폭행을 가한 자는 2년 이하의 징역, 500만원 이하의 벌금, 구류 또는 과료에 처한다.

나. 폭행죄의 폭행

폭행죄에서 폭행이란, 사람의 신체에 대해 유형력을 행사하는 것을 말합니다.

다. 사안의 경우

사람의 머리를 주먹으로 내리친 행위는 명백한 폭행에 해당합니다. 따라서 상담자께서는 상대방을 폭행죄로 고소할 수 있습니다. 폭행 당시 이를 목격한 경찰관도 있으므로 상대의 폭행을 입증하기에 큰 어려움은 없어 보입니다.

폭행죄는 반의사불벌죄에 해당합니다. 따라서 상대방의 처벌을 원하지 않은 의사(처벌불원의사)를 수사기관 또는 재판부에 표시하면 더 이상 상대방을 처벌할 수 없습니다. 이러한 처벌불원의사는 이후에 취소 또는 철회할 수 없는 것이 원칙입니다. 따라서 상대방과 합의가 이뤄지기 전이라면, 처벌불원의사를 표시하는 것에 관하여 신중을 기해야 합니다.

관련 조문

❊ 형법 제307조(명예훼손)

① 공연히 사실을 적시하여 사람의 명예를 훼손한 자는 2년 이하의 징역이나 금고 또는 500만원 이하의 벌금에 처한다.

② 공연히 허위의 사실을 적시하여 사람의 명예를 훼손한 자는 5년 이하의 징역, 10년 이하의 자격정지 또는 1천만원 이하의 벌금에 처한다.

❊ 형법 제260조(폭행, 존속폭행)

① 사람의 신체에 대하여 폭행을 가한 자는 2년 이하의 징역, 500만원 이하의 벌금, 구류 또는 과료에 처한다.

② 자기 또는 배우자의 직계존속에 대하여 제1항의 죄를 범한 때에는 5년 이하의 징역 또는 700만원 이하의 벌금에 처한다.

③ 제1항 및 제2항의 죄는 피해자의 명시한 의사에 반하여 공소를 제기할 수 없다.

118 애견 카페의 후기글 작성 후 고소당한 건에 대한 피해 구제

종: 포메라니안
성별: 남
나이: 8개월

내용: 5월에 애견카페에 방문하였고, 당시에 제 강아지가 3개월 반이어서, 강아지를 좋아하는 조카들과 저는 새끼 강아지를 안고 구경하려 했는데, 직원이 제 허락없이 강아지를 데리고 가서 무리에 두고, 그 후 그곳 중형견에게 개 물림 사고를 당할 뻔하고, 이후론 제 강아지가 놀래서 벌벌떨고 벽에 붙어있거나 제 의자 밑에만 있으니 제가 데리고 있다 집에 가기 전에 다른 집 강아지들에게 인사시키려 했더니, 사장이 제게 "소심한 개 데리고 와서 인사하는 법도 모른다"며 지속적으로 타박하며, 제가 친절히 대답해도 사장은 "소심한 개"라는 워딩을 반복적으로 사용하여 제가 몇 번 참다가 그렇게 말씀하지 말라고 전했으나 대화가 통하지 않아, 싸우기 싫어 피하려고 제가 뒤돌아 가는데, 사장이 뒤에서 코웃음 쳐서 도무지, 매장 내에서 불친절과 험한 꼴을 당했고, 또한 매장 내에서 지속적으로 마운팅하는 애들 제재하지 않고, 장난이라지만 중형견이 소형견의 머리채 안에 넣고 놀아도 놔두는 등 관리가 소홀한 것 같아 이게 맞나 싶어서, 지역 인터넷 카페에 매장명을 밝히지 않고 후기글과 질문을 썼습니다.

이후 댓글에서 어느 분이 그 카페를 유추하고 초성으로 기재하며, 자신도 작년에 비슷한 경험을 당한 적이 있어서 그 뒤로 안 가는 곳이라는 댓글이 올라왔고, 다음 날 매장 주인이 업장명을 스스로 밝히고, 견주인 제가 다른 집 강아지들을 치고 다니고, 제가 제 강아지만 애지중지하고, 다른 집 강아지들을 위협해서 유심히 지켜봤다는 허무맹랑한 허위글과 자신은 코웃음 친 적이 없고 견주가 자기 자리로 돌아가서도 큰소리쳐서 멋쩍어서 웃었던 것뿐이다라는 인과관계를 바꾸고, 허위글로 분위기를 유도하면서, 명예훼손으로 저를 고소하였습니다.

저는 다른 집 강아지들을 쓰담하고 이뻐만 하고, 업장 주인과 싸우기 싫어 그냥 피하려고 돌아서는데, 뒤에서 코웃음 크게 치는 소리가 들려 뒤돌아보니 업장 주인이 몸을 앞뒤로 움직이며 비웃는 모습을 보았기에, CCTV를 확인하러 갔으나 업장주인이 보여주지 않아, 지방법원에 증거보전 신청을 하여 열람을 받아, 해당 영상을 확보하였으나, 앞부분의 제 강아지가 물릴 뻔한 영상은 업장에서 제출하지 않아 중간 부분부터 영상을 확보받았고, 그 영상 속에서도 제가 다른 집 강아지들을 쓰담쓰담하며 이뻐하는 모습만 보였고, 결국 경찰조사에서 좀 더 영상을 확인해보니 역시나 제가 다른 집 강아지들을 이뻐하는 모습만 보았습니다. 저는 공익성과 때린 증거를 찾을 수 없어 무혐의로 불송치 결정으로 수사가 종결되었습니다.

이전에 사장의 거짓글, 댓글로 무수한 공격을 받았고 새끼 강아지를 데리고 애견카페에 왜 왔냐부터 자기 개만 애지중지하는 사람들은 애견카페에 오지마라는 글로 인해 너무 많은 오해와 지탄을 받았기에 저는 경찰조사에서 확인한 영상 결과와 불송치 결정 의견을 카페에 게시하였습니다.

그런데 업장 주인은 또 다시 제가 카페에 불송치 결정글을 쓴 것을 추가 제출하여 이의신청하여서 결국 종결된 사건이 검찰로 송치되었습니다. 강아지가 애견카페 이후 엄청난 하울링과 분리불안으로 강아지나 저는 너무 고생했는데 무혐의 후 무고죄로 맞고소하지 않고 저는 사과를 기다렸는데 제가 쓴 무혐의로 결정난 것을 밝힌 글을 매장은 추가 제출로 이의신청할지는 꿈에도 몰랐습니다.

용서하고 덮으려 했는데, 이렇게까지 반성보다는 어떡하든 몰아가는 매장 주인에 대해, 이젠 저도 무고죄로 맞고소가 가능한지와 제가 무혐의 글을 카페에 추가 게시한 게 잘못됐다고 생각되지 않는데 무혐의에서 결과가 혹여 바뀔 여지나 이런 글이 법에 위반되는 게 있는지도 궁금합니다. 제가 무혐의 추가 게시한 글은 카페 링크로 기재하겠습니다(https://cafe.naver.com/dogpalza/17275618).

또한 거짓말과 사과보다는 끝까지 저를 몰아세우는 매장 사장에게 이번 고소건 때문에 저의 신상(집 주소 등)이 다 노출되었는데, 개인정보 보호 신청(예: 상대가 저의 관련 서류를 카피할 때 제한이나 거부할 수 있는) 같은 게 있는지 궁금합니다.

혹시 메일 답변이 길어지거나 세세한 답변이 가능하시다면 상담 비용을 좀 내더라도 유선 상담을 하고 싶습니다. 감사합니다.

1 무고죄 성립 가능성

가. 관련규정

✳ 형법 제156조(무고)

타인으로 하여금 형사처분 또는 징계처분을 받게 할 목적으로 공무소 또는 공무원에 대하여 허위의 사실을 신고한 자는 10년 이하의 징역 또는 1천500만원 이하의 벌금에 처한다.

나. 사안의 경우

애견카페 주인이 제출한 고소장의 내용이 허위 사실이라면 무고죄가 성립합니다. 다만, 허위 사실이라는 점을 입증할 수 있는 객관적인 증거가 필요합니다.

또한, 신청인이 애견카페 주인이 허위 글을 게시하였다고 하였는데, 이 경우 무고죄와는 별개로 애견카페 주인을 명예훼손으로 고소할 수 있습니다.

2 추가 글 게시가 이의신청 결과에 대해 영향을 주는지 여부

이의신청은 '본래의 고소'에 대한 불기소 결정에 대해 하는 것입니다. 따라서 본래 고소의 기초가 된 범죄와는 별개의 새로운 사실 또는 사유는 이의신청에 영향을 주지 않습니다.

신청인이 추가로 글을 게시한 것은 고소 후 발생한 별개의 사실이므로 이의신청 결과에 영향을 주지 않습니다.

3 개인정보보호신청에 관하여

현행법상 개인정보보호신청권 등을 직접적으로 인정하고 있는 법률은 없습니다.

주소 등 개인의 신상은 공공기관의 정보공개에 관한 법률 제9조 제1항 제6호의 개인정보로서, 공개될 경우 사생활의 비밀 또는 자유를 침해할 우려가 있다고 인정되는 정보에 해당하므로, 공공기관은 이를 근거로 공개하지 아니할 수 있습니다.

신청인의 신상이 공공기관에 의해 애견카페 주인에게 제공된 것은 개인정보 침해에 해당합니다. 따라서 신청인은 개인정보보호법상 개인정보보호위원회에 개인정보 침해 사실을 신고하는 등 조치를 취할 수 있습니다. 또한 구체적인 경우에 따라 국가 배상 청구도 가능할 수 있습니다.

반려동물 미용 서비스 어플리케이션 법률 자문

종: •••
성별: •••
나이: •••

내용:

- 서비스 내용

애견미용사의 집에 고객이 찾아가서 미용을 받는 서비스(지역 기반)

- 서비스 구조

1) 고객이 애플리케이션 및 웹에 접속

2) 날짜, 커트종류, 사전협의(사나움, 노령 등), 전달사항, 디자이너 선택

3) 정해진 일시에 디자이너를 방문하여 미용 진행

4) 결제는 애플리케이션 내에서 이루어짐

- 현재상황

가정방문 미용(고객의 집에 애견미용사가 방문)을 진행하는 서비스 업체(애플리케이션)가 있습니다. 저는 반대로 고객이 애견미용사 집에 방문하는 미용 서비스를 수행하려고 합니다.

- 상담내용

1) 형태: 애견미용사의 고객 집 방문 후 미용 / 고객이 애견미용사 집 방문 후 미용

2) 결제방식: 애플리케이션을 통한 결제

위 두 경우 모두 법적인 문제가 없는지 확인 부탁드립니다.

상담

1 들어가기

본 상담은 법적 쟁점에 관한 판단 및 답변이 아닌, 행정청에 문의한 결과를 토대로 한 행정절차에 관한 안내임을 알려드립니다.

2 사업자등록 및 통신판매업 신고

애견미용플랫폼 사업을 하려는 경우 사업자등록 및 통신판매업 신고가 필요합니다[경기지방중소벤처기업청(비즈니스지원단, ☎ 031-201-6805) 문의 결과].

사업자등록은 홈택스(www.hometax.go.kr)의 "신청/제출 → 사업자등록신청"란에서 신청(업종은 관할 세무서 민원봉사실로 문의)하면 됩니다.

통신판매업은 정부24(www.gov.kr) 서비스 검색란에 '통신판매업신고'를 검색하여 신청하시면 됩니다.

3 동물보호법에 따른 시설기준

동물미용업은 반드시 동물보호법에 따른 시설기준을 갖춘 장소에서 영위해야 합니다[동물미용업 관련 광진구청(지역경제과, ☎ 02-450-7378) 문의 결과].

따라서 고객이 미용사의 집을 방문하는 경우와 그 반대의 경우 모두, 그 미용이 이루어지는 장소에 해당하는 미용사 또는 고객의 집에 위 법률상 요구되는 기준을 갖추고 허가 등을 받아야 합니다.

세부절차 등 기타 문의 사항은 지자체 동물보호 부서(지자체마다 담당 부서가 다름. 예: 광진구 동물보호 부서 → 지역경제과)에 문의하시기 바랍니다.

반려동물 관련 기업(스타트업) 관련 법률 상담

종: ***

성별: ***

나이: ***

🐾 **상담목적:** 반려동물 가정견/묘에 대한 입양/교배 관련 플랫폼 사업을 하는 데 있어서 서비스가 현재 동물보호법(법령)과 동물보호법(농림축산식품부령) 그리고 대한민국 헌법상에 위법이 되는지 확인을 하는 게 목적입니다.

🐾 **상담내용:** 반려동물 가정견/묘에 준한 입양/교배에 대해 중개/알선 스타트업을 이하 S기업, 반려동물 교배를 원하는 서로 다른 사람을 이하 A(남성), B(여성), 반려동물 분양을 원하는 서로 다른 사람을 이하 C(남성), D(여성), 반려동물 입양을 원하는 서로 다른 예비보호자를 이하 E(남성), F(여성)로 칭하겠습니다(단, A, B, C, D, E, F는 반려동물 동물생산업과 동물판매업이 없는 보호자이다).

S기업의 서비스가 교배에 관해서는 단순 중개에 그치지만, 가정견 분양에 대해서 C와 E(또는 C와 F, D와 E, D와 F)의 거래를 중개/알선하여 책임비(금전)에 대한 수수료를 받는 것이 가능한지에 대해 궁금합니다(저희는 동물판매업으로 사업자를 등록할 것입니다).

2021년 11월 30일 농림축산식품부에 전화 문의한 결과는 "가정견에 분양에 대해서는 플랫폼 역할을 하는 건 안 된다"라고 확인을 했는데 대한민국 헌법, 동물보호법(법령), 동물보호법(농림축산식품부령)에 준해서 문제가 되는지 궁금합니다. 플랫폼을 이용하는 C와 E의 거래(또는 C와F, D와E) [3~7]

책임비자체가 불법인 것으로 아는데 이게 A와 C(또는 A와 D, B와 C, B와 D)에 준해 1회성이면 크게 문제가 되지 않지만 반복성을 띌 경우 동물보호법에 저촉된다고 알고 있습니다(저희가 알아본 바에 의하면 → 불확실). 하지만 S기업의 서비스 자체가 A, B, C, D, E, F 사이에서 S기업만 동물판매업을 등록한 채 중개를 해주는 것이 불법이 되는 건 아닌지의 여부가 궁금합니다.

C와 D 사이의 거래에서 책임비를 주고 받을 수 있게 해주고, 그에 대해 S기업에서 수수료를 받는 방식의 거래가 가능한지 궁금합니다.

저희가 중개자로써 E로부터 책임비를 받고, C에게 책임비에 상응하는 등가교환식의 물품으로 전달하는 방식으로 했을 경우 법적으로 문제가 생기는지 궁금합니다.

E가 책임비대신 저희 서비스의 스토어(반려동물 관련 쇼핑몰) 결제창에서 저희 플랫폼에 등록된 상품을 금액에 상응하는 물품으로 구매하여 C에게 물품으로 보내게 한다면 법적으로 동물을 거래하는 것으로 간주되어 문제가 생길 수 있는지 궁금합니다.

동물판매업을 등록한 사람이 C 또는 D에게 반려동물을 구매하여 재판매하는건 문제가 될지 궁금합니다.

동물 관련 업종에 관해서 등록이 아닌 허가제로 변경된다고 하는데(반려동물 생산업을 제외한 나머지 → 반려동물 생산업은 이미 허가제입니다). 기존에 등록해서 사업자등록증을 갖고 있는 사람들도 새로 허가를 받아야 하는지 궁금합니다.

"가정견을 분양보내는 행위에 대해 개인이 아닌 판매업자를 거쳐 판매하여야 한다"라는 조항이 동물보호법에 추가된다고 들었는데, 이와 같은 조항이 추가됐을 때 플랫폼 서비스를 제공하는 데 있어서 법적으로 문제가 될 것들이 있는지 궁금합니다. 개인과 개인 사이의 가정분양 시 돈이 오가면 판매(매매)에 해당하므로 가정분양이라는 이름으로 판매하는 게 동물보호법에 걸리지만 동물판매업을 가지고 있는 판매업자(플랫폼)를 통하여 거래되면 괜찮은지 궁금합니다.

개, 고양이 등 가정에서 반려 목적으로 기르는 동물과 관련해 동물판매업을 하려는 자는 농림축산식품부령으로 정하는 기준에 맞는 시설과 인력을 갖추고, 시장 · 군수 · 구청장(지자체)에게 등록해야 한다는데, S기업은 연결만 해주는 플랫폼 서비스이므로 등록할 때 농림축산식품부령이 정하는 어떤 기준을 갖춰야 하는지 궁금합니다.

동물생산업의 경우 가정에서 암, 수 한 쌍을 데리고 있으면 문제가 되지 않는것으로 알고있는데, 만약 허가증이 없는 보호자들끼리 교배를 시키기 위해 허가증이 있는 중개자를 통해 진행하게 된다면 현재 동물보호법에 저촉되지 않는지 궁금합니다.

반려동물 관련 법률 외 기타 다른 법률에 관한 검토는 특별히 거치지 않았음을 미리 밝혀드립니다.

1. S기업의 서비스가 교배에 관해서는 단순 중개에 그치지만, 가정견 분양에 대해서 C와 E(또는 C와 F, D와 E, D와 F)의 거래를 중개/알선하여 책임비(금전)에 대한 수수료를 받는 것이 가능한지에 대해 궁금합니다(저희는 동물판매업으로 사업자를 등록할 것입니다).

2. 2021년 11월 30일 농림축산식품부에 전화 문의한 결과는 "가정견에 분양에 대해서는 플랫폼 역할을 하는 건 안 된다"라고 확인을 했는데 대한민국 헌법, 동물보호법(법령), 동물보호법(농림축산식품부령)에 준해서 문제가 되는지 궁금합니다.

    [1,2 답변] 동물보호법 제32조 제1항 및 제33조 제1항에 따르면, 동물판매업을 하려는 자는 일정한 기준에 맞는 시설과 인력을 갖추고 등록하여야 합니다.

    동물보호법 시행규칙 제36조 제2호에 따르면, 동물판매업은 반려동물을 구입하여 판매, 알선 또는 중개하는 영업을 말합니다.

    플랫폼 영업은 반려동물 알선중개업에 해당하고 이는 동물판매업에 속하므로, 일정 기준에 맞는 시설과 인력을 갖추어 등록한 뒤에 할 수 있습니다.

3. 책임비자체가 불법인 것으로 아는데 이게 A와 C(또는 A와 D, B와 C, B와 D)에 준해 1회성이면 크게 문제가 되지 않지만 반복성을 띨 경우 동물보호법에 저촉된다고 알고 있습니다(저희가 알아본 바에 의하면 → 불확실) 하지만 S기업의 서비스 자체가 A, B, C, D, E, F 사이에서 S기업만 동물판매업을 등록한 채 중개를 해주는 것이 불법이 되는 건 아닌지의 여부가 궁금합니다.

    [답변] 동물 교배를 영업으로 할 경우, 동물생산업에 해당하므로 허가받아야 합니다.

    분양을 영업으로 할 경우, 동물판매업에 해당하므로 등록하여야 합니다.

    따라서 허가 또는 등록하지 않은 자가 이를 영업으로 할 경우, 관련 법령 위반에 해당합니다.

플랫폼에서 이러한 자들을 중개하려고 한다면, 우선 이들이 허가 또는 등록을 갖추었는지 확인해야 합니다.

4. C와 D 사이의 거래에서 책임비를 주고 받을 수 있게 해주고, 그에 대해 S기업에서 수수료를 받는 방식의 거래가 가능한지 궁금합니다.

   [답변] 수수료는 중개에 따른 대가이므로 가능합니다.

5. 저희가 중개자로써 E로부터 책임비를 받고, C에게 책임비에 상응하는 등가교환식의 물품으로 전달하는 방식으로 했을 경우 법적으로 문제가 생기는지 궁금합니다.

   [답변] 상대방이 동의한 경우 가능합니다.

6. E가 책임비 대신 저희 서비스의 스토어(반려동물 관련 쇼핑몰) 결제창에서 저희 플랫폼에 등록된 상품을 금액에 상응하는 물품으로 구매하여 C에게 물품으로 보내게 한다면 법적으로 동물을 거래하는 것으로 간주되어 문제가 생길 수 있는지 궁금합니다.

   [답변] 대금 지급의 방식이 다소 다를 뿐, 분양 및 플랫폼 운영은 여전히 동물판매업에 해당합니다.

7. 동물판매업을 등록한 사람이 C 또는 D에게 반려동물을 구매하여 재판매하는 건 문제가 될지 궁금합니다.

   [답변] 등록을 마쳤으므로 문제가 없습니다.

8. 동물 관련 업종에 관해서 등록이 아닌 허가제로 변경된다고 하는데(반려동물 생산업을 제외한 나머지 → 반려동물 생산업은 이미 허가제입니다), 기존에 등록해서 사업자등록증을 갖고 있는 사람들도 새로 허가를 받아야 하는지 궁금합니다.

   [답변] 동물보호법이 개정되어 허가제로 변경될 경우 일정한 유예기간을 부여한 후 해당 기간 내에 허가받게 할 것으로 예상되기는 하나, 개정 입법 전에는 정확한 답변드리기가 어렵습니다.

9. "가정견을 분양보내는 행위에 대해 개인이 아닌 판매업자를 거쳐 판매하여야 한다"라는 조항이 동물보호법에 추가된다고 들었는데 이와 같은 조항이 추가됐을 때 플랫폼 서비스를 제공하는 데 있어서 법적으로 문제가 될 것 들이 있는지 궁금합니다. 개인과 개인 사이의 가정분양 시 돈이 오가면 판매(매매)에 해당하므로 가정분양이라는 이름으로 판매하는 게 동물보호법에 걸리지만 동물판매업을 가지고 있는 판매업자(플랫폼)를 통하여 거래되면 괜찮은지 궁금합

니다.

　　[답변] 실제 추가될 조항의 내용을 확인한 후 정확한 상담이 가능합니다.
　　다만, 질문의 내용만을 토대로 판단하였을 때, 플랫폼은 동물판매업이므로
　　문제가 없어 보입니다.

10. 개, 고양이 등 가정에서 반려 목적으로 기르는 동물과 관련해 동물판매업을
　　하려는 자는 농림축산식품부령으로 정하는 기준에 맞는 시설과 인력을 갖추
　　고, 시장·군수·구청장(지자체)에게 등록해야 한다는데, S기업은 연결만 해
　　주는 플랫폼 서비스이므로 등록할 때 농림축산식품부령이 정하는 어떤 기준
　　을 갖춰야 하는지 궁금합니다.

　　[답변] 플랫폼도 판매업에 해당하므로, 동물보호법 시행규칙 제35조 [별표
　　9]에 따른 기준을 갖추어야 합니다.

11. 동물생산업의 경우 가정에서 암, 수 한 쌍을 데리고 있으면 문제가 되지 않는
　　것으로 알고있는데, 만약 허가증이 없는 보호자들끼리 교배를 시키기 위해
　　허가증이 있는 중개자를 통해 진행하게 된다면 현재 동물보호법에 저촉되지
　　않는지 궁금합니다.

　　[답변] 동물보호법에 저촉됩니다. 동물생산업은 허가받아야 합니다.

🐾 상담목적:

반려동물 가정견/묘에 대한 입양/교배 관련 플랫폼 사업을 하는 데 있어서 서
비스가 현재 동물보호법(법령)과 동물보호법(농림축산식품부령) 그리고 대한민국
헌법상에 위법이 되는지 확인을 하는 게 목적입니다.

🐾 일전의 상담내용:

반려동물 가정견/묘에 준한 입양/교배에 대해 중개/알선 스타트업을 이하 S기업,
반려동물 교배를 원하는 서로 다른 사람을 이하 A(남성), B(여성), 반려동물 분양
을 원하는 서로 다른 사람을 이하 C(남성), D(여성), 반려동물 입양을 원하는 서
로 다른 예비보호자를 이하 E(남성), F(여성)으로 칭하겠습니다(단, A, B, C, D, E, F
는 반려동물 동물생산업과 동물판매업이 없는 보호자이다).

플랫폼을 이용하는 C와 E의 거래(또는 C와 F, D와 E)

책임비자체가 불법인 것으로 아는데 이게 A와 C(또는 A와 D, B와 C, B와 D)에 준

해 1회성이면 크게 문제가 되지 않지만 반복성을 띌 경우 동물보호법에 저촉된 다고 알고 있습니다(저희가 알아본 바에 의하면 → 불확실). 하지만 S기업의 서비스 자체가 A, B, C, D, E, F 사이에서 S기업만 동물판매업을 등록한 채 중개를 해 주는 것이 불법이 되는 건 아닌지의 여부가 궁금합니다.

[답변] 동물 교배를 영업으로 할 경우 동물생산업에 해당하므로 허가를 받아야 합니다. 분양을 영업으로 할 경우 동물판매업에 해당하므로 등록을 하여야 합니다. 따라서 허가 또는 등록을 하지 않은 자가 이를 영업으로 할 경우 관련 법령 위반에 해당합니다. 플랫폼에서 이러한 자들을 중개하려고 한다면, 우선 이들이 허가 또는 등록을 갖추었는지 확인해야 합니다.

- 위의 답변에 이러한 자와 이들에 대해서 명확하지 않아, 읽는 사람에 따라 다르게 해석이 될 것 같습니다. 그래서 질문을 달리 해서 다시 여쭤보려고 합니다. 확실하게 알고 싶어서 반복되는 말이 있거나 질문이 있는 점 양해부탁드립니다. 감사하면서 동시에 죄송합니다.

상담목적:

반려동물 가정견/묘에 대한 입양/교배 관련 플랫폼 사업을 하는 데 있어서 서비스가 현재 동물보호법(법령)과 동물보호법(농림축산식품부령) 그리고 대한민국 헌법상에 위법이 되는지 확인을 하는 게 목적입니다.

일전에 상담받았던 내용에서 궁금한 게 있어서 확인하고 싶어서 상담을 신청하게 되었습니다.

새로운 상담내용:

1. 동물교배를 영업으로 하지 않는 사람, 즉 본인의 반려동물의 출산으로 한마리 더 키우고 싶거나, 가족, 지인이 키우고 싶어서와 같은 영리를 목적으로 하지 않고 교배를 하는 것 또한 불법인가요?

2. 분양을 영업이 아닌 자신, 즉 영리의 목적이 아닌 교배를 통해 출산한 새끼 반려동물에 대해서 전부를 책임질 수 없어서 남는 새끼 반려동물을 가정분양하는데 동물판매업(알선, 중개)을 등록한 플랫폼을 이용하여 제3자에게 분양하는 것은 불법일까요?

3. 영리목적이 아닌 일반 보호자(고객)가 교배를 위해서 플랫폼에서 상대방(일반

보호자)을 찾을 수 있게만 도와주는 서비스(동물판매업을 등록한 플랫폼)를 제공할 경우에도 각 일반 보호자들 모두 필수로 동물생산업의 허가를 받아야만 하는 것인가요?

4. 가정분양 시 금전거래는 불법이고 무료분양은 동물보호법 또는 현행법에 저촉되지 않나요?

5. 동물생산업 또는 동물판매업을 허가/등록하지 않은 (영리 목적 없는) 일반 보호자들이 교배를 통해 출산한 새끼 반려동물 중 책임질 수 없는 새끼 반려동물에 대해 제3자에게 가정분양 시 책임비를 주고 받는 게 불법인가요?

6. 유실 유기된 반려동물을 데려와서 책임비를 받고 분양하는 건 불법인가요?

7-1. 동물생산업 또는 동물판매업을 허가/등록하지 않은 일반 보호자 A씨가 한 마리 더 키우고 싶어서 또는 부모님이 반려동물 입양을 원하셔서 또는 지인이 입양을 원해서와 같은 비영리의 목적으로 교배를 하려는데 판매업을 등록한 플랫폼을 통해 제3자(비영리 목적의 일반 보호자 B씨)와 매칭하여 교배를 진행하는 건 불법인가요?

7-2. 그리고 이 교배를 통해 출산한 많은 새끼 반려동물(평균 출산 마리 약 4마리) 중 비영리 목적(한 마리 더 키우고 싶어서 또는 부모님이 반려동물 입양을 원하셔서 또는 지인이 입양을 원해서와 같은)으로 무료 분양할 새끼 반려동물 이외의 양육하기 힘든(책임지기 힘든) 새끼 반려동물에 대해서 일반 보호자 A씨가 판매업을 등록한 플랫폼에서 반려동물을 제3자(반려동물 입양을 원하는 예비 보호자 C씨)에게 분양한다면 법에 저촉될까요?

7-3. 이때 분양 시 책임비(금전거래 ex. 돈)를 통해 거래한다면 법에 저촉될까요?

7-4. 또는 분양 시 물물거래(직접적인 금전거래가 아닌 ex. 예비 보호자 C씨가 5만원 상당의 '반려동물 용품'을 구매하여 분양의 대가로 일반 보호자 A씨에게 전달)로 거래한다면 법에 저촉될까요?

상담

반려동물 관련 법률 외 기타 다른 법률에 관한 검토는 특별히 거치지 않았음을 미리 밝혀드립니다.

1. 동물교배를 영업으로 하지 않는 사람, 즉 본인의 반려동물의 출산으로 한 마리 더 키우고 싶거나, 가족, 지인이 키우고 싶어서와 같은 영리를 목적으로 하지 않고 교배를 하는 것 또한 불법인가요?
   – 영리를 목적으로 하지 않는 경우 불법이 아닙니다.

2. 분양을 영업이 아닌 자신, 즉 영리의 목적이 아닌 교배를 통해 출산한 새끼 반려동물에 대해서 전부를 책임질 수 없어서 남는 새끼 반려동물을 가정분양하는데 동물판매업(알선, 중개)을 등록한 플랫폼을 이용하여 제3자에게 분양하는 것은 불법일까요?
   – 영리를 목적으로 하지 않는 경우 불법이 아닙니다. 다만, 단속 시 단순한 1회성에 그치고, 영리의 목적이 없었다는 점을 입증할 수 있는 자료가 필요합니다. 또한 플랫폼에서 반려동물을 구입한 후 가정에 돈을 받고 분양하는 방식일 경우, 동물보호법 제36조 제2항에 의해 구매자(분양받는 자)의 명의로 등록 대상 동물의 등록 신청을 한 후 판매해야 합니다.

3. 영리목적이 아닌 일반 보호자(고객)가 교배를 위해서 플랫폼에서 상대방(일반 보호자)을 찾을 수 있게만 도와주는 서비스(동물판매업을 등록한 플랫폼)를 제공할 경우에도 각 일반 보호자들 모두 필수로 동물생산업의 허가를 받아야만 하는 것인가요?
   – 아닙니다. 동물보호법 시행규칙 제36조 제4호에 따르면, 동물생산업이란, 반려동물을 번식시켜 판매하는 '영업'입니다. 말씀하신 일반 보호자는 판매하여 영업하는 자가 아니므로, 동물생산업에 해당하지 않습니다. 다만, 이 또한 영리 목적이 없음을 입증할 자료가 필요할 것입니다.

4. 가정분양 시 금전거래는 불법이고 무료분양은 동물보호법 또는 현행법에 저촉되지 않나요?
   – 가정분양이 동물판매업(반려동물을 구입하여 판매, 알선 또는 중개하는 영업)에 해당하고, 이에 관해 일정 기준에 맞는 시설과 인력을 갖추어 등록하지 않았다면, 위법입니다. 무료 분양은 저촉되지 않습니다.

5. 동물생산업 또는 동물판매업을 허가/등록하지 않은 (영리 목적 없는) 일반 보호자들이 교배를 통해 출산한 새끼 반려동물 중 책임질 수 없는 새끼 반려동물에 대해 제3자에게 가정분양 시 책임비를 주고 받는 게 불법인가요?

− 반려동물을 번식시켜 판매하는 영업은 동물생산업에 해당하므로 이에 대한 허가를 받아야 합니다. 다만, 영업성이 부정되는 경우 동물생산업에 해당하지 않습니다. 이를 입증할 수 있는 자료가 있어야 할 것입니다.

6. 유실 유기된 반려동물을 데려와서 책임비를 받고 분양하는 건 불법인가요?

− 유실, 유기동물임을 알면서도 알선, 구매하는 행위를 한 자는, 동물보호법 제97조 제2항 제1호에 의해 2년 이하의 징역 또는 2천만원 이하의 벌금에 처해집니다.

7-1. 동물생산업 또는 동물판매업을 허가/등록하지 않은 일반 보호자 A씨가 한 마리 더 키우고 싶어서 또는 부모님이 반려동물 입양을 원하셔서 또는 지인이 입양을 원해서와 같은 비영리의 목적으로 교배를 하려는데 판매업을 등록한 플랫폼을 통해 제3자(비영리 목적의 일반 보호자B씨)와 매칭하여 교배를 진행하는 건 불법인가요?

− 당사자들에게 영리 목적이 없다면 불법이 아닙니다. 다만, 일방이 대가를 지불하고, 플랫폼 또한 일정한 수수료를 지급받을 경우, 행정청 입장에서는 실질적으로 동물생산업에 해당한다고 판단할 여지도 있습니다. 다만, 이에 관한 실제 사건이 없어 확답을 드리기는 어렵습니다.

7-2. 그리고 이 교배를 통해 출산한 많은 새끼 반려동물(평균 출산 마리 약 4마리) 중 비영리 목적(한 마리 더 키우고 싶어서 또는 부모님이 반려동물 입양을 원하셔서 또는 지인이 입양을 원해서와 같은)으로 무료로 분양할 새끼 반려동물 이외의 양육하기 힘든(책임지기 힘든) 새끼 반려동물에 대해서 일반 보호자 A씨가 판매업을 등록한 플랫폼에서 반려동물을 제3자(반려동물 입양을 원하는 예비 보호자 C씨)에게 분양한다면 법에 저촉될까요?

− A씨가 돈을 받고 분양한다면, 이는 반려동물을 번식시켜 판매하는 영업인 동물생산업에 해당하므로 허가받아야 합니다.

7-3. 이때 분양 시 책임비(금전거래 ex. 돈)를 통해 거래한다면 법에 저촉될까요?

– A씨가 돈을 받고 분양한다면, 이는 반려동물을 번식시켜 판매하는 영업인 동물생산업에 해당하므로 허가받아야 합니다.

7-4. 또는 분양 시 물물거래(직접적인 금전거래가 아닌 ex. 예비 보호자 C씨가 5만원 상당의 '반려동물 용품'을 구매하여 분양의 대가로 일반 보호자 A씨에게 전달)로 거래한다면 법에 저촉될까요?

– 동물생산업에서 분양의 대가가 꼭 금전으로 한정되는 것은 아닙니다. 따라서 이는 여전히 동물생산업에 해당하므로 허가받아야 합니다.

121 임시보호자와 구조자 사이의 소유권 분쟁

종: 리트리버 믹스

성별: 남

나이: 1살 추정

내용: 유기견을 임시보호하다가 입양을 하려는데, 구조자와의 갈등이 있습니다. 자세한 내용은 다른 파일에 첨부해 드립니다.

주요 궁금사항은, 이러한 상황에 구조자가 유기견에 대한 자신의 소유권을 주장하며 독단적으로 해외입양에 대한 절차를 진행해도 되는지입니다.

이외의 궁금사항도 다른 파일에 있습니다. 감사합니다.

상담

– 설명해주신 사실관계에서 "지역 동물보호센터", "단체"가 등장하는 관계로 2가지 상황을 가정하여 답변드리겠습니다.

1 유기견 또는 유실견(이하 '유기견'이라 한다)의 소유권 귀속 등

가. 지방자치단체가 소유권을 취득하는 경우

지방자치단체장이 유실, 유기동물을 발견한 때에는 그 동물을 구조하여 보호조치를 하여야 합니다(동물보호법 제34조). 지방자치단체장은 위 구조, 보호조치 등을 위해 동물보호센터를 설치, 운영할 수 있으며, 일정 기준을 충족하는 기관이나 단체를 동물보호센터로 지정할 수 있습니다(동물보호법 제35조 제1항, 제36조 제1항). 지방자치단체장이 유기견에 대한 보호조치를 하고 있는 경우 동물보호관리시스템에 7일 이상 공고하여야 하며(동물보호법 제40조, 동물보호법 시행령 제16조), 공고를 한 날로부터 10일 지나도 소유자 등을 알 수 없는 경우 지방자치단체가 동물의 소유권을 취득합니다(동물보호법 제43조 제1호).

　지방자치단체가 위와 같이 유기견의 소유권을 취득한 경우 유기견을 보호조치하고 있는 동물보호센터의 운영자는 보호조치 중인 동물을 분양할 수 있습니다(동물보호센터 운영 지침 제19조 제1항).

나. 그 외의 자가 소유권을 취득하는 경우

　발견자가 지방자치단체장이 아닌 일반인이거나, 발견자가 유기견을 동물보호센터에 인계하지 아니한 경우, 유기견의 소유권 귀속은 유실물법과 민법에 따라 정해집니다. 이러한 경우는 동물보호법이 유기와 유실을 대등하게 취급하는 것과는 달리 유기와 유실을 구분하여 판단해야 합니다.

1) 유기견일 경우

　주인이 없는 물건(동산), 즉 무주물 동산의 소유권은 이를 소유의 의사로 점유한 자가 취득합니다(민법 제252조).

　유기견의 경우 전 주인의 유기행위는 소유권 포기에 해당하므로, 유기견은 무주물 동산에 해당합니다. 따라서 유기견을 소유할 의사를 가지고 점유한 자가 유기견의 소유권을 취득합니다.

2) 유실견일 경우

　유실한 가축은 일정한 요건을 갖추어 공고한 후 6개월 내에 그 소유자가 권리를 주장하지 아니하면 습득자가 소유권을 취득합니다(유실물법 제12조, 민법 제253조).

② 사안의 경우

가. "지역 동물보호센터" 또는 "단체"에 유기견 보호조치를 인계한 경우

　만약 구조자나 임보자가 자신들이 행하던 유기견에 관한 보호조치를 지역 동물보호센터 또는 단체에 인계한 경우 ① 센터 또는 단체가 동물보호법 제15조에 따라 설치된 센터에 해당하고, ② 앞서 설명한 공고 등의 절차를 거친 경우라면, 분양에 관한 법적 권한은 단체 또는 지방자치단체에 있습니다.

　상담내용에 따르면, 동물보호관리시스템을 통한 유기견 공고는 하지 않은 것으로 보이므로, 상담 신청인께서는 단체의 해외 입양을 다툴 수 있습니다.

나. "지역 동물보호센터" 또는 "단체"에 유기견 보호조치를 인계하지 않은 경우

유기견에 관한 보호조치를 파주독 동물보호센터 또는 단체에 인계하지 않은 경우라면, 유기견인지 유실견인지에 따라 소유자가 달라질 수 있습니다.

유실견이라면 습득자인 구조자 1, 2가 소유권을 취득합니다. 유기견이라면 소유의 의사, 즉 입양의 의사를 가지고 점유한 자가 소유권을 취득합니다.

사안에서, 발견 당시 목줄과 인식 칩이 없는 점, SNS와 전단지를 통해 소유자를 물색했으나 소유자가 나타나지 않은 점 등을 고려할 때, 발견 당시 반려견은 유기견에 해당한다고 볼 수 있습니다.

그렇다면, 상담 신청인이 유기견을 보호(점유)하는 도중 입양할 의사가 생긴 때에 상담 신청인은 유기견의 소유권을 취득합니다. 다만 2월 21일 카톡 내용(붙임4)만으로는 확정적으로 입양의 의사가 생기거나 그 의사가 표시된 때를 특정하기 어려우므로, 소유권 취득시기를 특정하기는 어렵습니다.

그러나 해외 입양에 대해 문제를 제기하고 본 상담 신청에 이르게 된 사실에 비추어 보면, 2월 21일 이후 일정한 시점에는 확정적인 소유의 의사가 생기고 그러한 의사가 구조자나 임보자에게 표시된 것으로 충분히 인정할 수 있습니다. 따라서 상담 신청인은 자신이 현재 소유자임을 주장할 수 있습니다.

상담 신청인의 소유권 주장에 대하여, 구조자 2는 "지역 동물보호센터"에 자신의 이름으로 입양서류를 작성한 사실을 들며 이는 상담 신청인보다 먼저 소유의 의사를 표시한 것이므로 자신이 신청인보다 먼저 소유권을 취득하였다고 주장할 수도 있습니다.

이에 대하여 상담 신청인은, "구조자 2가 입양서류 작성 이후에 보인 행위(스스로 보호조치 등을 하지 않은 점, 다른 곳에 입양을 보내는 것에 대해 이의를 하지 않은 점 등)들은 입양하려는 자가 통상적으로 취하는 태도라고 볼 수 없으므로, 구조자 2의 입양서류 작성행위만으로는 소유의 의사를 표시한 것으로 인정할 수 없다"고 반박할 수 있습니다.

다. 임시보호 신청서 관련

상담 신청서 11.항의 법적책임은 일반적 추상적으로 명시해 놓은 것에 불과하여 상대방이 구체적인 법적책임을 주장하는 때를 기다려도 문제가 없을 것으로 보입니다.

상담 신청서 12.항의 법적책임으로는 소유물 반환청구, 횡령죄 등을 들 수 있으나, 상담 신청인이 소유권을 취득하였다면 이와 같은 법적책임은 지지 않습니다.

라. 기타 질문

'유기견을 구조한 이후부터 구조자 2가 입양서류를 쓰는 과정'이 구체적으로 어떠한 과정을 말하는지 명확하지는 않으나, 상담내용에만 비추어 본다면 문제없습니다.

관련 조문

※ 동물보호법 제34조(동물의 구조 · 보호)

① 시 · 도지사와 시장 · 군수 · 구청장은 다음 각 호의 어느 하나에 해당하는 동물을 발견한 때에는 그 동물을 구조하여 제9조에 따라 치료 · 보호에 필요한 조치(이하 "보호조치"라 한다)를 하여야 하며, 제2호 및 제3호에 해당하는 동물은 학대 재발 방지를 위하여 학대행위자로부터 격리하여야 한다. 다만, 제1호에 해당하는 동물 중 농림축산식품부령으로 정하는 동물은 구조 · 보호조치의 대상에서 제외한다.

1. 유실 · 유기동물

2. 피학대동물 중 소유자를 알 수 없는 동물

3. 소유자등으로부터 제10조제2항 및 같은 조 제4항제2호에 따른 학대를 받아 적정하게 치료 · 보호받을 수 없다고 판단되는 동물

② 시 · 도지사와 시장 · 군수 · 구청장이 제1항제1호 및 제2호에 해당하는 동물에 대하여 보호조치 중인 경우에는 그 동물의 등록 여부를 확인하여야 하고, 등록된 동물인 경우에는 지체 없이 동물의 소유자에게 보호조치 중인 사실을 통보하여야 한다.

③ 시 · 도지사와 시장 · 군수 · 구청장이 제1항제3호에 따른 동물을 보호할 때에는 농림축산식품부령으로 정하는 바에 따라 수의사의 진단과 제35조제1항 및 제36조제1항에 따른 동물보호센터의 장 등 관계자의 의견 청취를 거쳐 기간을 정하여 해당 동물에 대한 보호조치를 하여야 한다.

④ 시 · 도지사와 시장 · 군수 · 구청장은 제1항 각 호 외의 부분 단서에 해당하는 동물에 대하여도 보호 · 관리를 위하여 필요한 조치를 할 수 있다.

※ 동물보호법 제35조(동물보호센터의 설치 등)

① 시 · 도지사와 시장 · 군수 · 구청장은 제34조에 따른 동물의 구조 · 보호 등을 위하여 농림축산식품부령으로 정하는 시설 및 인력 기준에 맞는 동물보호센터를 설치 · 운영할 수 있다.

※ 동물보호법 제36조(동물보호센터의 지정 등)

① 시 · 도지사 또는 시장 · 군수 · 구청장은 농림축산식품부령으로 정하는 시설 및 인력 기준

에 맞는 기관이나 단체 등을 동물보호센터로 지정하여 제35조제3항에 따른 업무를 위탁할 수 있다. 이 경우 동물보호센터로 지정받은 기관이나 단체 등은 동물의 보호조치를 제3자에게 위탁하여서는 아니 된다.

❋ 동물보호법 제40조(공고)

시·도지사와 시장·군수·구청장은 제34조제1항제1호 및 제2호에 따른 동물을 보호하고 있는 경우에는 소유자등이 보호조치 사실을 알 수 있도록 대통령령으로 정하는 바에 따라 지체 없이 7일 이상 그 사실을 공고하여야 한다.

❋ 동물보호법 시행령 제16조(공고)

① 특별시장·광역시장·특별자치시장·도지사 및 특별자치도지사(이하 "시·도지사"라 한다)와 시장·군수·구청장은 법 제40조에 따라 동물 보호조치 사실을 공고하려면 동물정보시스템에 게시해야 한다. 다만, 동물정보시스템이 정상적으로 운영되지 않는 경우에는 농림축산식품부령으로 정하는 동물보호 공고문을 작성하여 해당 기관의 인터넷 홈페이지에 게시하는 등 다른 방법으로 공고할 수 있다.

② 시·도지사와 시장·군수·구청장은 제1항에 따른 공고를 하는 경우에는 농림축산식품부령으로 정하는 바에 따라 동물정보시스템을 통하여 개체관리카드와 보호동물 관리대장을 작성·관리해야 한다.

❋ 동물보호법 제43조(동물의 소유권 취득)

시·도 및 시·군·구가 동물의 소유권을 취득할 수 있는 경우는 다음 각 호와 같다.

1. 「유실물법」 제12조 및 「민법」 제253조에도 불구하고 제40조에 따라 공고한 날부터 10일이 지나도 동물의 소유자등을 알 수 없는 경우

❋ 민법 제252조(무주물의 귀속)

① 무주의 동산을 소유의 의사로 점유한 자는 그 소유권을 취득한다.

② 무주의 부동산은 국유로 한다.

③ 야생하는 동물은 무주물로 하고 사양하는 야생동물도 다시 야생상태로 돌아가면 무주물로 한다.

❋ 유실물법 제12조(준유실물)

착오로 점유한 물건, 타인이 놓고 간 물건이나 일실(逸失)한 가축에 관하여는 이 법 및 「민법」 제253조를 준용한다. 다만, 착오로 점유한 물건에 대하여는 제3조의 비용과 제4조의 보상금을 청구할 수 없다.

❋ 민법 제253조(유실물의 소유권취득)

유실물은 법률에 정한 바에 의하여 공고한 후 6개월 내에 그 소유자가 권리를 주장하지 아니하면 습득자가 그 소유권을 취득한다.

기타 문의

동네 길고양이 배식 후 소송으로 인한 피해 구제 방안

종: **길고양이**

성별: ***

나이: ***

🐾 **내용:** 2022년 9월 20일(송달받은 날짜)에 같은 아파트 입주민이 길고양이가 본인 차에 보닛에 올라가서 차량이 훼손되었고 고양이 사료로 인하여 화단에 벌레가 꼬이고 그로 인해 비둘기가 유입되었다고 주장하며 손해배상을 3천만원을 청구하였습니다.

이후 2023년 3월 14일에 재판에 참석하였습니다. 조정협의로 끝났고 판사님이 조정을 갈음하는 결정을 내리셨습니다

1. 2023년 5월 2일 내용은 피고 및 선정자는 2023년 5월 31일부터 아파트의 쾌적한 조성을 위하여 아래의 각 행위를 하지 아니기로 한다. 피고 및 피고 선정자가 만약 아래의 각 행위를 하는 경우 원고에게 위반행위 1회당 10만원 씩을 각 지급한다.

    가. 위 아파트의 고용공간 내에서 길고양이에게 사료 등 음식을 주는 행위

    나. 위 아파트의 공용공간 내에서 길고양이에게 집을 지어주는 행위

2. 원고는 나머지 청구를 포기한다.

3. 소송비용 및 조정비용은 각자 부담한다.

이렇게 나왔는데 원고가 항소를 하여 오늘 법원에 다시 다녀오게 되었습니다. 오늘 법원에서 원고가 제출한 자료를 보니 공동주택 CCTV로 저희를 감시한 것을 제출하였고(길고양이가 원고차량 바닥에 있는 사진, 저희 어머니가 밥을 주는 사진이 찍혀있습니다), 소송 중에는 길고양이 밥을 건물 내에서는 주지도 않았고 입주민 확인서도 받아 제출한 상태입니다.

길고양이 밥을 준 것이 위법한 내용인지 돌아다니는 길고양이가 차량 보닛에 올라간 것이 저랑 연관성이 있는 건지 여러 부분들이 궁금합니다.

이른 시일 내에 분쟁이 해결되기를 바랍니다.

길고양이에게 사료를 급여한 사실만 가지고 법적으로 문제가 된다고 보기는 어렵습니다. 다만 길고양이에게 사료를 급여하는 과정에서 타인에게 손해를 가하면 법적책임을 질 수 있습니다.

본 사안에서는 길고양이에게 사료와 집을 제공하지 않겠다는 것을 골자로 한 조정을 갈음하는 결정 이후, 길고양이에게 사료 급여로 인한 이웃의 손해가 문제 된 것으로 보입니다.

민법 제750조는 불법행위에 관하여 규정하고 있습니다. 민법 제750조의 불법행위에 따른 손해배상책임의 요건사실은 ① 가해자의 고의 또는 과실, ② 위법성, ③ 가해행위, ④ 손해의 발생 및 범위, ⑤ 가해행위와 손해 사이의 인과관계, ⑥ 책임능력입니다.

가령 가해행위와 손해 사이의 인과관계와 관련하여, 사안에서 신청인의 어머니께서 길고양이에게 사료 급여를 한 사실, 길고양이가 사료 섭취를 위하여 이동한 사실, 이 과정에서 길고양이가 이웃 소유의 재산 등에 손해를 가한 사실 등이 입증되면 가해행위와 손해 사이에 인과관계가 인정될 것입니다.

본 사건의 당사자가 조정을 갈음하는 결정의 내용을 충실하게 이행하지 않고, 길고양이에게 재차 사료 급여를 하여 이웃에게 손해를 가했다면 손해배상책임에 관한 법적 판단에 영향을 미칠 수 있습니다.

민법 제750조의 불법행위에 따른 손해배상책임의 요건사실을 모두 충족하면 원칙적으로 가해자는 손해배상책임을 부담합니다. 손해배상의 범위는 재산적 손해와 위자료로 구분됩니다.

제 답변이 신청인께서 사안을 해결하시는 데에 조금이라도 도움이 되었으면 좋겠습니다. 감사합니다.

관련 조문

＊ 민법 제393조(손해배상의 범위)

① 채무불이행으로 인한 손해배상은 통상의 손해를 그 한도로 한다.

② 특별한 사정으로 인한 손해는 채무자가 그 사정을 알았거나 알 수 있었을 때에 한하여

배상의 책임이 있다.

✳ 민법 제750조(불법행위의 내용)

고의 또는 과실로 인한 위법행위로 타인에게 손해를 가한 자는 그 손해를 배상할 책임이 있다.

✳ 민법 제763조(준용규정)

제393조, 제394조, 제396조, 제399조의 규정은 불법행위로 인한 손해배상에 준용한다.

부록1
참조 판례

[판시사항] 갑이 애완견을 데리고 공원에서 휴식을 취하던 중 애완견의 목줄을 놓치는 바람에 애완견이 부근에 있던 만 4세의 을을 물어 상해를 입게 한 사안에서, 갑은 을이 입은 손해를 배상할 의무가 있다고 한 사례

[판결요지] 갑이 애완견을 데리고 공원에서 휴식을 취하던 중 애완견의 목줄을 놓치는 바람에 애완견이 부근에 있던 만 4세의 을을 물어 상해를 입게 한 사안에서, 갑은 애완견이 주변 사람들에게 위해를 가하지 못하도록 목줄을 단단히 잡고 있을 의무를 위반한 과실로 을로 하여금 상해를 입게 하였으므로 을이 입은 손해를 배상할 의무가 있고, 어린아이의 보호자로서는 아이에게 위해를 가할 수 있는 주변 상황을 잘 살필 의무가 있고 아이 주변에 동물이 있을 경우 동물이 아이를 공격할 가능성에 대비할 필요가 있으나, 주인이 동행하는 애완견의 경우 주인이 사고 가능성을 예방하는 적절한 조치를 취할 것으로 믿는 것이 일반적이고, 을의 보호자가 사고 예방을 위하여 마땅히 취해야 할 조치를 방임하였다고 볼 수 없다고 한 사례

주문

1. 피고의 항소를 기각한다.
2. 항소비용은 피고가 부담한다.

청구취지 및 항소취지

청구취지: 피고는 원고에게 6,079,385원 및 이에 대하여 2013. 6. 23.부터 청구취지확장 및 청구원인 변경신청서 부본 송달일까지는 연 5%의, 그 다음날부터 다 갚는 날까지는 연 20%의 각 비율로 계산한 돈을 지급하라.

항소취지: 제1심 판결 중 피고 패소부분을 취소하고, 위 취소부분에 해당하는 원고의 청구를 기각한다.

이유

🐾 1. 손해배상책임의 성립

가. 인정사실

1) 피고는 2013. 6. 23. 11:00경 서울 성동구 성수동 1가 OO공원 호수 부근에서 피고의 처와 함께 애완견을 데리고 나와 공원 벤치에 앉아 휴식을 취하고 있던 중 피고의 처와 얘기를 나누다가 잡고 있던 애완견의 목줄을 놓치는 바람에 그 애완견이 때마침 그 옆 벤치 부근에 있던 원고(2009. 2. 4.생)에게 달려들어 왼쪽 종아리를 물었고, 그로 인하여 원고가 약 2주간의 치료를 요하는 표재성 손상 등을 입게 되었다(이하 '이 사건 사고').

2) 피고는 이 사건 사고로 인하여 서울동부지방법원 2013고약9104호로 과실치상죄로 약식기소되어 벌금 50만 원의 약식명령을 받았고, 위 약식명령은 그대로 확정되었다.

나. 판단

피고는 자신의 애완견이 주변 사람들에게 위해를 가하지 못하도록 애완견 줄을 단단히 잡고 있을 의무가 있음에도 불구하고 그러한 의무를 위반한 과실로 원고로 하여금 상해를 입게 하였으므로 피고는 원고에게 이 사건 사고로 인하여 원고가 입은 손해를 배상할 의무가 있다.

🐾 2. 손해배상책임의 범위

가. 재산상 손해

1) 기왕치료비 및 성형수술 진단비용: 573,805원(= 치료비 합계 686,865원 – 피고가 이미 지급한 치료비 113,060원)

2) 향후치료비: 2,505,580원

나. 위자료

원고가 이 사건 사고로 인하여 정신적 고통을 받았을 것임은 경험칙상 명백하므로 피고는 금전으로나마 이를 위자할 의무가 있다. 원고의 나이가 4세에 불과하여 상처 부위에 대한 고통뿐만 아니라 정신적으로도 치료가 필요할 정도로 상당한 불안감에 시달렸을 것으로 보이는 점 등을 비롯하여 이 사건 사고의 경위 및 결과 등 이 사건 변론에 나타난 제반 사정을 참작하여, 위자료 액수는 2,500,000원으로 정한다.

다. 한편 피고는 원고의 보호자가 원고를 방치하였고 원고가 혼자 놀면서 애완견을 자극함으로써 이 사건 사고를 자초하였을 가능성이 있으므로 이를 원고 측 과실로 참작하여야 한다고 주장한다. 그러나 피고의 주장은 단지 이 사건 사고 경위에 대한 추측에 의한 것으로서, 이에 대한 근거로 제시하는 을 제1호증의 4(피고에 대한 피의자신문조서)의 기재는 피고의 일방적인 진술일 뿐만 아니라 그에 의하더라도 '피고는 이 사건 사고 직전에 여자 아이(원고)가 옆 벤치에서 왔다 갔다 하는 것을 보았는데 처와 얘기를 하느라 애완견의 목줄을 놓치는 바람에 사고가 발생하였다'는 것으로서 그 정확한 경위를 알지 못한다는 취지의 진술일 뿐 원고 측 과실을 뒷받침할 만한 증거라고 보기 어렵다. 또한 어린 아이의 보호자로서는 아이에게 위해를 가할 수 있는 주변 상황을 잘 살필 의무가 있고 아이 주변에 동물이 있을 경우 그 동물이 아이를 공격할 가능성에 대비할 필요가 있다고 할 것이나, 주인이 동행하는 애완견의 경우 그 주인이 그러한 사고 가능성을 예방하는 적절한 조치를 취할 것으로 믿는 것이 일반적이고, 더욱이 이 사건 사고 직전에 원고의 보호자가 원고를 혼자 놀도록 방치하였다고 인정할 증거가 없고 사고가 순간적으로 발생하여 그 정확한 경위에 관한 객관적인 자료가 없는 이 사건에서, 원고의 보호자가 사고 예방을 위하여 아이의 보호자로서 마땅히 취해야 할 조치를 방임하였다고 볼 근거도 없으므로 피고의 주장은 받아들일 수 없다.

🐾 3. 결론

가. 따라서 피고는 원고에게 이 사건 사고로 인한 재산상 손해 3,079,385원(= 573,805원 + 2,505,580원) 및 위자료 2,500,000원 합계 5,579,385원 및 이에 대하여 불법행위일인 2013. 6. 23.부터 피고가 그 이행의무의 존재 여부나 범위에 관하여 항쟁함이 상당한 제1심 판결선고일인 2014. 7. 8.까지는 민법이 정한 연 5%의, 그 다음날부터 다 갚는 날까지는 소송촉진 등에 관한 특례법이 정한 연 20%의 각 비율로 계산한 지연손해금을 지급할 의무가 있다.

나. 그렇다면 원고의 청구는 위 인정 범위 내에서 이유 있어 인용하고, 나머지 청구는 이유 없어 기각할 것인바, 제1심 판결은 이와 결론을 같이하여 정당하므로 피고의 항소는 이유 없어 기각하기로 하여 주문과 같이 판결한다.

부록 1-2   대구고등법원 1980. 10. 30. 선고 80나258 제2민사부판결

[판시사항] 난폭한 도사견을 함부로 타인에게 맡긴 점이 과실이라 하여 그 소유자에게 손해배상책임을 인정한 사례

[판결요지] 도사견은 난폭한 성질을 지녀 사람을 물 위험성이 크므로 그 소유자가 타인에게 이를 맡길 때에는 그 도사견을 안전하게 관리보관할 수 있는 시설이 있는지 여부를 확인하여 그 시설을 갖춘 경우에 한하여 맡김으로써 사고를 방지하여야 할 주의의무가 있으므로 이를 확인하지 아니하고 함부로 맡겨 사고가 난 경우에는 소유자에게도 이로 인한 손해를 배상할 책임이 있다.

주문

(1) 원판결 중 다음에서 지급을 명하는 돈에 해당하는 원고의 패소부분을 취소한다.

(2) 피고는 원고에게 돈 600,000원 및 이에 대한 1979. 7. 6.부터 완급일까지의 연 5푼의 비율에 의한 돈을 지급하라.

(3) 원고의 나머지 항소를 기각한다

(4) 소송비용은 제1, 2심을 통하여 이를 5등분하여 그 3은 원고의, 나머지는 피고의 각 부담으로 한다.

(5) 제2항은 가집행할 수 있다.

항소 및 청구취지

원판결을 취소한다. 피고는 원고에게 돈 1,704,000원 및 이에 대한 이사건 소장 부본 송달 다음날부터 완급일까지의 연 5푼의 비율에 의한 돈을 지급하라.

소송비용은 제1, 2심 모두 피고의 부담으로 한다라는 판결과 가집행의 선고

이유

1. 손해배상책임의 발생

원고가 1976. 6. 17. 20:00경 부산 동래구 연산3동(상세주소 1 생략) 소외 1의 집

참조 판례

마당에 매어져 있던 도사견에 물려 전신에 교창을 입은 사실은 당사자 사이에 다툼이 없고, 원심증인 소외 2, 당심증인 소외 3의 각 일부 증언내용과 당원의 형사기록 검증결과의 일부에 변론의 전취지를 종합하면, 위 도사견은 피고의 소유로서 투견대회에서 우승까지 한 바 있고 사람을 잘 무는 성질을 지닌 몸집이 크고 아주 사나운 수캐인데, 소외 1이 위 일시경 처형되는 소외 4를 통하여 교배를 붙이기 위하여 피고로부터 빌려 마당에 매어 두었던 중 원고가 접근하자 맨끈을 끊어버리고 덤벼들어 원고의 전신을 여러 차례 물어뜯어 위와 같은 상해를 입힌 사실을 인정할 수 있고, 이 인정에 반하여 이건 사고당시 위 도사견은 소외 4가 피고로부터 무상으로 양여받아 그녀의 소유라는 취지의 을 제3호증(확인서), 을 제6호증의 5(진술서)에 각 적힌 일부내용과 원·당심증인 소외 4, 당심증인 소외 5의 각 일부 증언내용 및 당원의 형사기록 검증결과의 일부는 위 증인들의 각 나머지 일부 증언내용과 변론의 전취지(피고가 값진 도사견을 특단의 사정없이 소외 4에게 무상으로 양여한다는 것과 남의 집 방 1칸을 빌려 소아마비로 불구인 아들 1명과 더불어 근근히 생계를 이어가는 소외 4가 많은 사육비와 상당한 면적의 사육장소가 필요한 위 도사견을 사육한다는 것은 우리의 경험칙상 극히 이례에 속한다 할 것이다)에 비추어 믿기 어렵고, 그 밖의 피고의 전거증으로써도 이 인정을 좌우할 수 없다.

그런데, 위 도사견을 다른 사람에게 빌려줌에 있어서 그 소유자인 피고로서는 위 도사견이 난폭한 성질을 지녀 사람을 물 위험성이 크므로 그 사람이 위 도사견을 안전하게 보관 관리할 수 있는 시설을 갖추고 있는가 여부를 확인하여 위 도사견에 의한 사고를 미연에 방지하여야 할 주의의무가 있다고 할 것인바, 위 인용증거들에 의하면 피고는 이를 태만히 하여 위 도사견을 보관할 별도의 개집(적어도 철책과 철조망으로 만들고 사람의 접근을 막는 시설을 갖추어야 할 것이다)도 갖추고 있지 아니한 소외 1에게 빌려주어 그로 하여금 오래전부터 사용하여 온 낡은 개끈만으로써 사람이 드나드는 그의 집 마당에 그냥 매어 두게 한 과실로 말미암아 이건 사고를 일으키게 한 사실을 인정할 수 있으므로, 피고는 이건 사고로 말미암아 원고가 입은 손해를 배상할 의무가 있다고 할 것이다.

피고는 소외 4가 피고 또는 그와 부진정 연대책임관계에 있는 위 도사견의 직접 보관자인 소외 1을 대리하여 원고에게 1976. 7. 9.에 돈 30,000원을, 같은해 12. 18. 돈 20,000원을 각 지급하고 이로써 이건 사고로 인한 손해배상문제를 결말 짓기로 합의하였은즉 원고의 청구는 부당하다고 주장하므로 살피건대, 1976. 12. 18.

소외 4로부터 돈 20,000원을 수령하였음은 원고가 인정하고 있고, 원·당심증인 소외 4의 일부 증언내용에 의하여 진정성립을 인정할 수 있는 을 제2호증(현금보관증)에 적힌 일부내용과 위 증인의 일부 증언내용 및 당원의 형사기록 검증결과의 일부에 의하면 소외 4가 1976. 7. 9. 원고의 사돈되는 소외 6(원고의 형과 동서간)에게 돈 30,000원을 교부한 사실을 인정할 수는 있으나, 위의 각 돈이 이건 사고로 인한 손해배상으로서, 나아가 위 돈으로써 이건 사고로 인한 손해배상문제를 결말 짓기로 합의한 것이라는 점에 일부 부합하는 듯한 위 증인 소외 4, 당심증인 소외 5의 각 일부 증언내용과 위 형사기록 검증결과의 일부는 믿기 어렵고, 달리 이를 인정할 만한 증거가 없으며, 오히려 위 형사기록 검증결과의 일부와 변론의 전취지에 의하면 이건 사고 후 소외 4는 자기가 위 도사견의 주인이라고 하면서 원고의 병문안을 온 소외 6을 보고 합의하자면서 돈 30,000원을 내어 놓는 것을 그는 원고와 상의한 바도 없이 또한 아무런 권한도 없이 위 돈을 받아 그 뜻을 원고에게 전하였던 바 원고가 노발대발하면서 그 수령을 거절함에 그가 그냥 보관하고 있고, 원고가 수령하였음을 인정하고 있는 위 돈 20,000원은 이건 사고로 인한 손해배상문제로 원·피고 사이에 시비가 벌어져 원고가 피고로부터 폭행을 당하여 형사문제화 하기에 이르자 소외 4가 자기 소유인 위 도사견 때문에 불상사가 난 것이니 위 폭행사실에 대하여 좋도록 하라고 하면서 교부한 것임을 인정할 수 있으니 피고의 위 합의주장은 이유가 없다고 할 것이다. 그러나 한편, 위 증인 소외 4, 5의 각 일부 증언내용과 위 형사기록 검증결과의 일부에 변론의 전취지를 종합하면, 원고는 이건 사고당시 술을 마시고 소외 1의 집에 놀러 왔다가 마당에 위 도사견이 매어져 있는 것을 발견하고 호기심에 이에 접근하여 놀람으로써 위 도사견의 난폭성을 끄드긴 사실을 인정할 수 있고, 반대증거가 없으므로 이건 사고 발생에는 원고에게도 적지 아니한 과실이 있었음이 뚜렷하므로 이건 손해배상액을 정함에 있어 이를 참작하기로 한다.

🐾 2. 손해배상의 범위

(가) 재산적 손해

성립에 다툼이 없는 갑 제5호증의 1, 2(진단서, 추정치료비 계산서), 원심증인 소외 7의 증언내용에 의하여 진정성립을 인정할 수 있는 갑 제1호증(확인서)에 각 적힌 내용과 위 증인의 증언내용에 변론의 전취지를 종합하면, 원고는 이건 상해로 말미암아 1976. 6. 17.부터 같은해 7. 4.까지 부산 동래구 연산동(상세주소 2 생략)에 있는 소외 7 외과의원에 입원치료하여 치료비 돈 124,000원을 소비한 사실, 이건 상해부위에 대하여는 성형수술을 하여야 하는데 그 수술비로 돈 1,350,000원 상당이 소요되는 사실을 인정할 수 있고, 반대 증거가 없다.

이밖에 원고는, (1) 퇴원 후에도 이건 상해의 치료를 위하여 약값으로 90일간 매일 돈 2,000원씩 합계 돈 180,000원을 소비하였고, (2) 이건 상해로 말미암아 4개월간 운전업무에 종사하지 못하여 매월 돈 150,000원씩 합계 돈 600,000원의 수입을 상실하였다고 주장하므로 살피건대, 원고가 퇴원 후에도 그 주장의 약값을 소비하였다고 인정할 아무런 증거가 없고, 성립에 다툼이 없는 갑 제2호증(운전면허증)에 적힌 일부내용과 원심증인 소외 2의 일부 증언내용에 변론의 전취지를 종합하면, 이건 사고당시 원고가 운전업무에 종사하고 있었던 점은 인정할 수 있으나 그 수입의 점을 인정할 아무런 증거가 없으니(원고는 당원의 몇 차례의 걸친 입증촉구에도 입증을 하지 아니하다) 원고의 위 주장은 모두 이유가 없다고 할 것이다.

그러면, 원고가 이건 사고로 입은 재산상의 손해는 합계 돈 1,474,000원이 되는데, 앞서 본 원고의 과실을 참작하면 피고가 지급하여야 할 돈은 돈 500,000원으로써 상당하다 할 것이다.

(나) 정신적 손해(위자료)

원고가 이건 사고로 상해를 입은데 대하여 적지 아니한 정신적 고통을 받았을 것임은 우리의 경험칙상 충분히 이를 추인할 수 있는바, 그 수액은 이건 사고의 경위와 결과, 상해부위 및 정도, 원고의 과실정도, 그밖의 변론에 나타난 제반사정을 참작하면 돈 100,000원으로써 상당하다 할 것이다.

(다) 그렇다면 피고는 원고에게 돈 600,000원 및 이에 대한 원고의 청구에 따라 이건 소장부본이 송달된 다음날임이 기록상 뚜렷한 1979. 7. 6.부터 완급일까지의 민법 소정의 연 5푼의 비율에 의한 지연손해금을 지급할 의무가 있다고 할 것이므로, 원고의 청구는 위에서 인정된 범위 내에서 정당하여 이를 인용하고, 그 나머지 청구는 부당하여 이를 기각할 것이다.

📌 3. 결론

따라서 이와 결론을 달리한 원판결의 원고의 패소부분은 부당하고, 원고의 항소는 이 부분에 한하여 그 이유가 있으므로 원판결을 위 범위 내에서 취소하고, 원고의 나머지 항소는 그 이유가 없으므로 이를 기각하며, 소송비용의 부담에 관하여는 민사소송법 제96조, 제89조, 제92조를, 가집행의 선고에 관하여는 같은법 제199조를 적용하여 주문과 같이 판결한다.

부록 1-3 **대법원 2012. 11. 29. 선고 2012도10392 판결**

[판시사항]

[1] 소비자가 자신이 겪은 객관적 사실을 바탕으로 인터넷에 사업자에게 불리한 내용의 글을 게시하는 행위에 정보통신망 이용촉진 및 정보보호 등에 관한 법률 제70조 제1항에서 정한 '사람을 비방할 목적'이 있는지 판단하는 방법

[2] 甲 운영의 산후조리원을 이용한 피고인이 인터넷 카페나 자신의 블로그 등에 자신이 직접 겪은 불편사항 등을 후기 형태로 게시하여 甲의 명예를 훼손하였다고 하여 정보통신망 이용촉진 및 정보보호 등에 관한 법률 위반으로 기소된 사안에서, 제반 사정에 비추어 볼 때 피고인에게 甲을 비방할 목적이 있었다고 보기 어려운데도, 이와 달리 보아 유죄를 인정한 원심판결에 '사람을 비방할 목적'에 관한 법리오해의 위법이 있다고 한 사례

[판결요지]

[1] 국가는 건전한 소비행위를 계도(啓導)하고 생산품의 품질향상을 촉구하기 위한 소비자보호운동을 법률이 정하는 바에 따라 보장하여야 하며(헌법 제124조), 소비자는 물품 또는 용역을 선택하는 데 필요한 지식 및 정보를 제공받을 권리와 사업자의 사업활동 등에 대하여 소비자의 의견을 반영시킬 권리가 있고(소비자기본법 제4조), 공급자 중심의 시장 환경이 소비자 중심으로 이전되면서 사업자와 소비자의 정

보 격차를 줄이기 위해 인터넷을 통한 물품 또는 용역에 대한 정보 및 의견 제공과 교환의 필요성이 증대되므로, 실제로 물품을 사용하거나 용역을 이용한 소비자가 인터넷에 자신이 겪은 객관적 사실을 바탕으로 사업자에게 불리한 내용의 글을 게시하는 행위에 비방의 목적이 있는지는 해당 적시 사실의 내용과 성질, 해당 사실의 공표가 이루어진 상대방의 범위, 표현의 방법 등 표현 자체에 관한 제반 사정을 두루 심사하여 더욱 신중하게 판단하여야 한다.

[2] 甲 운영의 산후조리원을 이용한 피고인이 9회에 걸쳐 임신, 육아 등과 관련한 유명 인터넷 카페나 자신의 블로그 등에 자신이 직접 겪은 불편사항 등을 후기 형태로 게시하여 甲의 명예를 훼손하였다는 내용으로 정보통신망 이용촉진 및 정보보호 등에 관한 법률 위반으로 기소된 사안에서, 피고인이 인터넷 카페 게시판 등에 올린 글은 자신이 산후조리원을 실제 이용하면서 겪은 일과 이에 대한 주관적 평가를 담은 이용 후기인 점, 위 글에 '甲의 막장 대응' 등과 같이 다소 과장된 표현이 사용되기도 하였으나, 인터넷 게시글에 적시된 주요 내용은 객관적 사실에 부합하는 점, 피고인이 게시한 글의 공표 상대방은 인터넷 카페 회원이나 산후조리원 정보를 검색하는 인터넷 사용자들에 한정되고 그렇지 않은 인터넷 사용자들에게 무분별하게 노출되는 것이라고 보기 어려운 점 등의 제반 사정에 비추어 볼 때, 피고인이 적시한 사실은 산후조리원에 대한 정보를 구하고자 하는 임산부의 의사결정에 도움이 되는 정보 및 의견 제공이라는 공공의 이익에 관한 것이라고 봄이 타당하고, 이처럼 피고인의 주요한 동기나 목적이 공공의 이익을 위한 것이라면 부수적으로 산후조리원 이용대금 환불과 같은 다른 사익적 목적이나 동기가 내포되어 있다는 사정만으로 피고인에게 甲을 비방할 목적이 있었다고 보기 어려운데도, 이와 달리 보아 유죄를 인정한 원심판결에 같은 법 제70조 제1항에서 정한 명예훼손죄 구성요건요소인 '사람을 비방할 목적'에 관한 법리오해의 위법이 있다고 한 사례

서울동부지방법원 2011. 9. 21. 선고 2009나558 판결

　　[판시사항] 甲이 반려견에게 빈뇨·혈뇨 등의 증상이 있어서 수의사 乙이 운영하던 동물병원에 찾아가 진찰을 받고 약을 처방받아 투약하였는데도 증상이 계속되자 다른 동물병원을 방문하여 반려견이 방광염과 방광결석을 앓고 있다는 진단을 받은 사안에서, 乙의 의료상 과실로 인하여 甲이 반려견의 방광염 및 방광결석을 적기에 적절하게 치료하지 못하여 반려견의 방광염이 만성화되었으므로, 乙은 의료상 과실로 인하여 반려견의 증상이 악화됨으로써 甲이 입은 손해를 배상할 책임이 있다고 한 사례

　　[판결요지] 甲이 자신이 키우는 반려견에게 빈뇨·혈뇨 등의 증상이 있어서 치료를 위하여 반려견을 데리고 수의사 乙이 운영하던 동물병원에 찾아가 진찰을 받고 약을 처방받아 투약하였는데도 증상이 계속되자 다른 동물병원을 방문하여 반려견이 방광염과 방광결석을 앓고 있다는 진단을 받은 사안에서, 乙이 반려견의 방광염 및 방광결석에 대하여 부적절한 처방을 한 의료상의 과실이 있었고, 이로 인하여 甲이 반려견의 방광염 및 방광결석을 적기에 적절하게 치료하지 못하는 바람에 반려견의 방광염이 만성화된 것으로 볼 수 있으므로, 乙은 위와 같은 의료상 과실로 인하여 반려견의 증상이 악화됨으로써 甲이 입은 손해를 배상할 책임이 있다고 한 사례(다만 반려견의 나이, 건강상태, 향후치료기간 등을 고려하여 乙의 甲에 대한 손해배상책임을 80%로 제한함)

❙ 주문

　　1. 당심에서 확장된 원고의 청구를 포함하여 제1심판결을 다음과 같이 변경한다.
　　가. 피고는 원고에게 8,296,652원과 그 중 7,296,652원에 대하여는 2008. 5. 8.부터, 1,000,000원에 대하여는 2009. 5. 27.부터 각 2011. 9. 21.까지는 연 5%, 2011. 9. 22.부터 갚는 날까지는 연 20%의 각 비율로 계산한 돈을 지급하라.
　　나. 원고의 나머지 청구를 기각한다.
　　2. 소송총비용은 이를 5분하여 그 1은 원고가, 나머지는 피고가 각 부담한다.
　　3. 제1의 가.항은 가집행할 수 있다.

▎청구취지 및 항소취지

제1심판결을 취소한다. 피고는 원고에게 11,200,000원과 이에 대하여 2008. 5. 8.부터 이 사건 청구취지확장 및 청구원인변경신청서 부본 송달일까지는 연 5%, 그 다음 날부터 갚는 날까지는 연 20%의 각 비율로 계산한 돈을 지급하라(원고는 당심에서 청구취지를 확장하였다).

▎이유

🐾 1. 인정 사실

가. 원고는 원고가 키우는 페키니즈 암컷 반려견인 '쭌이'(2001. 12. 31.경 출생, 이하 '이 사건 반려견'이라고 한다)에게 다음, 다뇨, 빈뇨, 배뇨곤란, 혈뇨 등의 증상이 있자, 이 사건 반려견의 치료를 위하여 2008. 5. 8. 17:00경 당시 피고가 서울 송파구 잠실동(이하 생략)에서 운영하던 '○○○한방동물병원'을 방문하였다.

나. 피고는 2008. 5. 8. 원고가 데리고 온 이 사건 반려견을 진찰한 후, 뇨스틱 검사를 실시하였는데, 그 검사 결과 뇨단백 수치가 ph8로 정상범위를 초과하여 알칼리성으로 나타났으며, 피고는 2008. 5. 9. 16:00경 다시 이 사건 반려견에 대하여 초음파검사, 혈액전해질검사를 실시한 다음, 그 검사 결과 등을 토대로 이 사건 반려견의 신장과 방광에는 신부전, 방광염, 방광결석 등의 증상이 없는 것으로 판단하고, 원고에게 이 사건 반려견의 방광에 슬러지만 보인다고 하면서 '하초습열(한방적으로 방광에 열이 찬 상태)'로 진단하였으며, 치료 목적이 아닌 기를 보충하는 보약으로, 그 성분이 숙지황, 산수유, 택사, 복령, 목단피 등으로 구성된 '육미지황' 1주일분을 처방하였는데, 당시 원고가 피고에게 이 사건 반려견에 염증이나 결석이 있느냐고 질문하였으나, 피고는 초음파 영상을 보면서 양방적으로는 문제가 없는 것 같다고 대답하였다.

다. 원고는 이 사건 반려견에게 피고가 처방한 '육미지황'을 투약하였음에도, 혈뇨가 멈추지 아니하자, 2008. 5. 12. 피고에게 이를 문의하였고, 이에 대하여 피고는 원고에게 처방한 약의 투약량을 늘려보라고 답변하였으며, 이에 따라 원고가 이 사건 반려견에 대한 '육미지황'의 투약량을 늘린 결과, 2008. 5. 15.경 이 사건 반려견의 혈뇨 증상이 일시적으로 멈추자, 원고는 피고에게 전화를 걸어 혈뇨가 멈추었다고 말하였고, 이에 대하여 피고는 원고에게 만약 이 사건 반려견에 염증이 있었다면 그 약은 염증을 치료하는 약 성분이 아니기 때문에 계속 혈뇨가 나와야 정상인데, 혈뇨가 멈춘 것으로 보아 이 사건 반려견에 염증이 있었던 것은 아니었다는 취지로 대답하였다.

라. 그 후 원고는 이 사건 반려견의 체력이 떨어지고 혈뇨 증상이 재발하여 멈추지 아니하자, 2008. 5. 26. 다시 이 사건 반려견을 데리고 위 동물병원을 방문하였으나, 피고는 방광염 등을 진단하기 위한 뇨침사검사(소변에서 염증세포들을 관찰하는 검사), 소변배양검사 등을 전혀 실시하지 아니한 채 이 사건 반려견에 대하여 종전과 동일하게 '육미지황'을 처방하였다.

마. 원고는 피고가 처방한 '육미지황'을 모두 투약하였음에도, 이 사건 반려견의 혈뇨 증상이 계속되자, 2008. 6. 3. 성남시 분당구 금곡동 소재 △△△△동물병원을 방문하였고, 위 동물병원의 수의사는 이 사건 반려견을 진찰한 후, 이 사건 반려견이 방광염과 방광결석을 앓고 있다는 진단을 하였다.

바. △△△△동물병원의 수의사는 원고에게 위 동물병원의 온라인 상담실에 4월 말부터 호소했던 증상과 혈뇨 및 빈뇨 증상이 6월 초까지 꾸준히 있어 왔던 점으로 보아 이 사건 반려견의 방광염의 진행이 4월 말부터 시작되어 방광염이 만성화되어 2차적으로 결석이 형성된 것으로 보이고, 5㎜ 정도 크기의 결석은 생성되는 시기가 아무리 빨라도 최소 2~3주 정도의 시간이 소요된다. 결석은 성분에 따라 스트루바이트(Struvite)와 칼슘 옥살레이트(Calcium oxalate)로 나누어지는데, 스트루바이트 결석은 S/D 처방식을 통한 내과적 처치로 용해를 시도해 볼 수 있으며, 용해가 안 되면 수술을 해야 하고, 칼슘 옥살레이트 결석은 용해가 불가능하여 외과적 수술을 요하는데, 이 사건 반려견의 경우에는 결석이 소실된 것으로 보아 스트루바이트였던 것으로 생각된다. 반려견에 있어 혈뇨의 원인 중 큰 비중을 차지하는 것이 방광염과 방광결석이다. 결석 중에서도 감염에 의한 방광염에서 쉽게 발생되는 것이 스트루바이트 결석이다. 스트루바이트 결석인 경우는 방광염이 재발하게 되면 결석이 재발할 가능성이 높으므로 주기적인 관리가 필요하고, 주기적인 뇨검사 및 정기적으로 1, 3, 6개월마다 뇨분석 및 침사, 초음파, X레이검사가 필요하다는 내용의 진료소견서를 작성하여 주었다.

사. 원고는 2008. 6. 4. 피고에게 전화를 걸어 원고가 피고로부터 처방을 받은 약을 이 사건 반려견에게 투약하였음에도, 계속 혈뇨가 나와 가까운 양방 동물병원에 갔는데, 그 동물병원의 수의사가 이 사건 반려견에게 무슨 약을 사용하였는지

물어보라고 하였다고 하면서 피고가 처방한 약의 성분을 물어보았고, 이에 따라 피고는 원고에게 '숙지황, 산수유, 택사, 복령, 목단피 등의 성분이 섞인 약'이라고 하면서 '육미지황'의 성분을 불러주었다.

아. 원고는 다른 수의사 및 인터넷 검색 등을 통하여 반려견의 방광결석이 며칠 내에 생길 가능성이 거의 없다는 것을 확인한 후, 2008. 6. 9.경 피고에게 새로 방문한 동물병원에서 검사한 결과 이 사건 반려견의 방광에서 5㎜ 정도 크기의 결석이 발견되었다고 하면서 피고가 검사를 하였을 때에는 발견하지 못하였다가 25일 만에 발견된 것에 비추어, 피고가 오진하였다는 취지로 항의하면서 원고로부터 수령한 진료비를 환불하여 달라고 요구하였다.

자. 피고는 위와 같이 원고로부터 피고가 오진을 하였다는 취지의 항의를 받은 후, 이 사건 반려견에 대한 진료기록부 중 '감별진단'란에 '방광결석'이라고 기재하고, 처방약에 대하여는 '육미지황'이 아닌 치료 목적의 '용담사간탕'을 처방한 것으로 기재하였다.

차. 원고는 2008. 6. 말경까지 △△△△동물병원에서 이 사건 반려견의 방광결석 및 방광염을 치료하였고, 2008. 10. 12.경 이 사건 반려견의 방광염 등이 재발하여 2008. 10. 23.부터 위 동물병원에서 이 사건 반려견을 치료하였으나, 혈뇨가 멈추지 아니하자, 2008. 12. 15.경 ▽▽동물병원으로 전원하였다가, 2009. 4.부터 2009. 8.경까지 다시 △△△△동물병원에서 재발에 따른 치료를 하였으며, 이 사건 반려견에 대한 2009. 2. 6.자 진단서에는 "생리가 발생하면서 면역이 저하될 때마다 주기적으로 방광염이 재발하고 한번 발생했을 때 표준치료(5~6주의 항생제 처치)를 해야 호전되는 재발성 방광염으로, 중성화 수술 및 주기적인 방광상태 체크가 필요할 것으로 보입니다."라고 기재되어 있고, 2009. 8. 8.자 소견서에는 "현재도 방광염이 재발하여 항생제를 투여 중이며, 이번 치료가 4~5주 정도 꾸준히 약물이 처치된다고 하더라도 호전되었다가 일정한 시간이 지난 이후에는 방광염이 재발할 수 있을 것으로 보입니다."라고 기재되어 있다.

카. 한편 원고는 원고가 2008. 6. 9. 및 2008. 6. 11. 피고를 비방할 목적으로 인터넷이 연결된 컴퓨터를 이용하여 공공연하게 거짓의 사실을 드러내어 피고의 명예를 훼손하는 내용의 글을 게시하였다는 공소사실로 정보통신망 이용촉진 및 정보보호 등에 관한 법률위반(명예훼손)죄로 이 법원 2009고약891호로 약식기소 되어, 2009. 1. 23. 이 법원으로부터 벌금 3,000,000원의 약식명령을 받은 후, 이 법

원 2009고정662호로 정식재판청구를 하여, 2009. 11. 11. 이 법원으로부터 벌금 2,000,000원을 선고받았고(원고는 약식기소 될 당시에는 위와 같이 '거짓 사실 적시로 인한 명예훼손죄'로 기소되었으나, 2009. 10. 1. 검찰에서 '사실 적시로 인한 명예훼손죄'로 공소장 변경신청을 하였고, 이 법원은 위 공소장 변경신청을 허가하였다). 위 판결에 불복하여 이 법원 2009노1721호로 항소를 제기하여, 2010. 6. 11. 이 법원으로부터 선고유예 판결을 선고받았으며, 다시 위 항소심 판결에 불복하여 대법원 2010도8143호로 상고를 제기함으로써 당심 변론종결일 무렵까지 원고에 대한 상고심이 계속되었다.

타. 피고는 위와 같이 이 사건 반려견을 진료한 후, 기를 보충하는 효능을 가진 약물로서 그 성분이 '숙지황, 산수유, 택사, 복령, 목단피' 등으로 구성된 '육미지황'을 처방하고, 이를 이 사건 반려견에 대한 진료기록부에 기재하였음에도, 2008. 6. 4. 원고가 진료비를 반환하여 달라고 요구하면서 피고의 오진 문제를 제기하자, 이후 이 사건 반려견에 대한 진료기록부에 '방광결석'이라고 기재하고, '용담사간탕'을 처방한 것처럼 기재함으로써 위 진료기록부를 조작하였음에도, 2009. 5. 27. 원고에 대한 이 법원 2009고정662호 정보통신망 이용촉진 및 정보보호 등에 관한 법률위반(명예훼손) 사건의 공판정에 증인으로 출석하여 선서하고 증언하면서 "증인(피고를 의미한다, 이하 같다)은 진료기록부를 고의적으로 위조한 사실이 있나요."라는 검사의 신문에 대하여 "없습니다."라고, "증인이 처방해 준 약을 먹고 잠깐 혈뇨가 멈췄는데 원고가 그 약에 대해 알아보았더니 산후복통, 안염에 좋은 약들이라고 하는데, 과연 그 약을 지속적으로 먹었을 때 이 사건 반려견에게 결석이 안 생겼을 것 같은가요."라는 변호인의 신문에 대하여 "증인이 사용한 약이 '용담사간탕'이라는 것인데 …"라고 각 진술함으로써 기억에 반하는 허위의 진술을 하여 위증을 하였다는 공소사실로 2010. 2. 3. 이 법원 2010고단207호로 위증죄로 기소되어, 2010. 6. 21. 이 법원으로부터 징역 6월에 집행유예 2년의 판결을 선고받았다.

파. 그 후 피고는 위 판결에 불복하여 이 법원 2010노941호로 항소를 제기하였으나, 이 법원은 2010. 12. 30. 피고가 사실은 이 사건 반려견을 진료한 후, '육미지황'을 처방하고, 이를 이 사건 반려견에 대한 진료기록부에 기재하였으며, 원고와 전화 통화를 한 이후에 피고가 '용담사간탕'을 처방한 것처럼 위 진료기록부에 기재함으로써 이를 조작하였음에도, 원고에 대한 정보통신망 이용촉진 및 정보보호 등에 관한 법률위반(명예훼손) 사건의 공판정에 증인으로 출석하여 피고의 기억에 반하여 이 사건 반려견에 대하여 '용담사간탕'을 처방하였으며, 이 사건 반려견에

대한 진료기록부를 위조한 사실이 없다고 허위의 진술을 하여 위증을 하였다는 범죄사실로 피고에 대하여 벌금 3,000,000원의 판결을 선고하였고, 위 판결은 2011. 1. 7. 그대로 확정되었다.

하. 원고는 2011. 6. 14.경 이 사건 반려견의 방광염 및 방광결석이 다시 재발하자, 그 때부터 당심 변론종결일 무렵까지 이 사건 반려견을 치료하여 왔다.

거. 이 사건과 관련된 수의학 정보

(1) 반려견 등에 대한 뇨스틱검사에서 뇨단백이 검출될 때 의심되는 질환으로는 신우신염, 신종양, 세균성 방광염, 방광결석 등이 있고, 초음파검사에서 나타나는 슬러지는 사료, 방광염 및 신장염 등의 영향으로 발생할 수 있으며, 다른 부위에서 염증, 결석이 발견되지 아니하는 상태에서 단지 방광에 슬러지가 있고, 소변을 참았다가 보는 습관으로 인하여 과부하가 생김으로써 혈뇨 증상이 발생할 수 있는 가능성은 매우 낮으며, 결석은 1개월이 채 되기도 전에 발생하기 어렵고, 약 1~2주 만에 5㎜ 정도 크기의 결석이 형성되는 경우는 거의 없는 것으로 알려져 있으며, 초음파검사를 통하여 방광염을 확진하기는 어렵고, 방광염을 확진하려면 초음파검사를 통한 방광 벽의 두께 측정, 뇨침사검사 및 소변배양검사를 실시하여야 한다.

(2) 반려견 등에서 발생하는 결석은 스트루바이트 결석과 칼슘 옥살레이트 결석으로 나누어지는데, 스트루바이트 결석은 암컷 반려견 등에게 빈번하게 발생하고, 소변 ph가 알칼리성일 때 잘 생성되며, 세균감염 등이 주원인인 것으로 알려져 있고, 수술 또는 내과적 치료로도 이를 제거하는 것이 가능한데, 소변을 산성화시키는 특수 처방식을 먹어서 결석을 용해하는 시도를 해 볼 수 있는 것으로 알려져 있다.

(3) 대한약사회 발행의 "한약제제 해설과 복약지도" 책자에 따르면, '용담사간탕'은 스트레스, 분노, 과로 등으로 인하여 발생한 간과 비뇨생식기 질환의 염증을 제거하고, 소변을 잘 나오게 하는 작용을 하며, 요도염, 방광염, 질염 등에 처방되는데, 소변이 탁하고 잘 나오지 아니하거나, 배뇨통 등의 증상에 사용하는 것으로 되어 있고, '육미지황탕'은 간과 신장의 기능을 튼튼하게 하여 조혈작용과 내분비계 기능을 강화하며, 배뇨기능을 좋게 하는 약제로서, 골수, 뇌수, 척수, 호르몬 등을 보충하기 위하여 처방되는 것으로 되어 있고, 염증성 질환에는 '용담사간탕'을, 기능성 장애에는 '육미지황탕'을 각 처방하는 것으로 되어 있다.

2. 의료상의 과실로 인한 손해배상청구에 대한 판단

가. 손해배상책임의 발생

(1) 앞서 인정한 사실에 의하면, 피고는 수의사로서 2008. 5. 8. 원고가 처음으로 이 사건 반려견을 데리고 피고가 운영하는 동물병원을 방문하였을 때 이 사건 반려견에게 혈뇨, 빈뇨 등의 증상이 있었고, 이 사건 반려견에 뇨스틱검사를 실시한 결과, 뇨단백 수치가 ph8로 알칼리성으로 나타났으면, 방광염의 가능성을 예견하고, 방광염 진단을 위한 뇨침사검사, 소변배양검사를 실시하여야 함에도 불구하고, 위와 같은 검사를 전혀 실시하지 아니하였으며, 2008. 5. 9. 이 사건 반려견에 대한 초음파검사상 슬러지가 관찰되었음에도, 초음파검사를 통하여 방광 벽의 두께도 측정하지 아니한 채 단지 이 사건 반려견이 소변을 참아 과부하가 발생하여 역류로 인하여 혈뇨 증상이 발생하였고, 방광염은 발병하지 않았다고 오진하였으며, 당시 이 사건 반려견에게 필요한 염증의 치료와는 아무런 관계가 없는 보약의 일종인 '육미지황'을 처방하였고, 2008. 5. 26. 원고가 피고로부터 처방받은 '육미지황'을 이 사건 반려견에게 투약하였음에도, 이 사건 반려견의 혈뇨 증상이 멈추지 아니하여 재차 피고 운영의 동물병원을 방문하였으므로, 피고는 이 사건 반려견에게 방광염이 발병하였거나, 방광결석이 존재할 가능성을 염두에 두고, 방광 벽의 두께 측정, 뇨침사검사, 소변배양검사 등의 염증과 관련된 적절한 검사를 실시하여야 함에도 불구하고, 이와 같은 검사를 전혀 실시하지 아니한 채 만연히 종전과 동일하게 '육미지황'을 처방함으로써 피고에게 이 사건 반려견의 방광염 및 이로 인한 방광결석을 제대로 진단하지 못하고, 이 사건 반려견의 방광염 및 방광결석에 대하여 부적절한 처방을 한 의료상의 과실이 있었던 것으로 봄이 상당하고, 이로 인하여 원고가 이 사건 반려견의 방광염 및 방광결석을 적기에 적절하게 치료하지 못하는 바람에, 이 사건 반려견의 방광염이 만성화된 것으로 봄이 상당하므로, 피고는 위와 같은 의료상의 과실로 인하여 이 사건 반려견의 증상이 악화됨으로써 원고가 입은 손해를 배상할 책임이 있다고 할 것이다.

(2) 다만 원고가 2008. 5. 8. 처음으로 이 사건 반려견의 다뇨, 빈뇨, 배뇨곤란, 혈뇨 등의 증상을 치료하기 위하여 피고가 운영하는 동물병원을 방문한 당시의 이 사건 반려견의 나이, 건강상태, 이후의 치료과정, 치료기간, 피고가 이 사건 반려견을 치료한 횟수, 기간 및 아래에서 보는 바와 같은 이 사건 반려견의 향후치료기간

등을 종합하여 보면, 피고의 원고에 대한 손해배상책임은 80% 정도로 제한함이 상당하다.

나. 손해배상책임의 범위

(1) 기왕치료비

갑 제12호증의 1 내지 3, 갑 제25, 53, 161 내지 166호증의 각 기재에 변론 전체의 취지를 종합하면, 원고는 2008. 5. 8.경부터 2011. 7. 8.경까지 이 사건 반려견의 검사비, 진료비, 약제비, S/D주1) 처방식 및 C/D주2) 처방식 구입비, 뇨스틱 구입비 등으로 합계 2,846,870원을 지출한 사실을 인정할 수 있고, 위 2,846,870원에서 원고가 2008. 5.경 다른 동물병원에서 이 사건 반려견의 방광염을 치료하였다고 하더라도 지출되었을 비용으로 원고가 자인하고 있는 합계 76,000원(= 진료비 5,000원 + 뇨스틱검사비 20,000원 + 뇨침사검사비 10,000원 + 초음파검사비 20,000원 + 약제비 21,000원)을 공제하면, 원고는 이 사건 반려견의 기왕치료비로 2,770,870원(= 2,846,870원 − 76,000원)을 지출하는 손해를 입었다고 할 것이다.

(2) 향후치료비

(가) 성별, 견종: 암컷, 페키니즈 생년월일: 2001. 12. 31.

(나) 기대여명: 약 4년 4개월(갑 제31호증의 기재에 변론 전체의 취지를 종합하면, 페키니즈 반려견의 수명은 약 10년~14년인 사실을 인정할 수 있는바, 이 사건 반려견의 수명을 14년으로 보면, 당심 변론종결일인 2011. 8. 24.을 기준으로 한 이 사건 반려견의 기대여명은 약 4년 4개월로 봄이 상당하다).

(다) 치료비 액수

① 앞서 든 각 증거 및 갑 제104호증, 갑 제170호증의 1, 2, 갑 제171, 173호증의 각 기재에 변론 전체의 취지를 종합하면, 이 사건 반려견은 적기에 방광염에 대한 치료를 제대로 받지 못하여 방광염이 만성화되어 재발성 방광염 진단을 받게 된 사실, S/D 캔은 이 사건 반려견에게 발생한 스트루바이트 결석을 녹이는 처방식으로서, 동물로 하여금 물을 먹게 하여 결석의 배출을 돕는데, 이는 장기 복용이 불가능하고, 3~6개월 정도만 복용이 가능하며, 결석이 용해된 이후에는 소변의 산성화를 유지하는 C/D 캔 또는 C/D 건사료 처방식을 먹으며 치료 및 재발 방지를 하게 되는 사실, 원고는 2008. 6. 3. △△△△동물병원에서 이 사건 반려견을 치료하기 시작한 때로부터 2011. 7. 12.까지 이 사건 반려견의 재발성 방광염, 결석 예방 및 그 치료를 위하여 1년에 처방식 건사료 2.5봉지(1봉지당 2kg), 처방식 캔 8.3캔, 뇨스틱

2.7통, 애니멀 에센셜 소변팅크 3개, 기본 진료 4회, 뇨검사 2회, 뇨침사검사 2회, 소변배양검사 및 항생제 감수성검사 2회, 초음파 검사 2회, 혈액검사 1.3회, 70일분에 해당하는 내복약의 구입비용, 검사비용 등으로 평균 1,147,740원씩을 각 지출한 사실을 인정할 수 있는바, 위 인정 사실 및 이에 덧붙여 이 사건 반려견이 재발성 방광염 진단을 받은 점, 이 사건 반려견이 당심 변론종결일 무렵에도 재발성 방광염에 대한 치료를 계속 받고 있는 점 등을 종합하여 보면, 원고는 당심 변론종결일 이후에도 이 사건 반려견의 재발성 방광염 및 방광결석을 치료하여야 하고, 그 치료비로 1년에 1,147,740원 정도를 지출하여야 하는 것으로 봄이 상당하다.

② 계산: 생략

(3) 책임의 제한

• 피고의 책임비율: 80%

• 6,620,816원(= 2,770,870원 + 3,849,946원) × 0.8= 5,296,652원

(4) 위자료

앞서 인정한 사실에 의하면, 원고는 상당한 기간 동안 함께 지내 온 이 사건 반려견이 피고의 의료상의 과실로 인하여 방광염 및 방광결석에 대한 치료를 적기에 적절하게 받지 못하여 방광염이 만성화되는 바람에, 이미 오랫동안 상당한 시간과 비용을 들여 이 사건 반려견의 만성 방광염 등을 치료하여 왔을 뿐만 아니라, 향후에도 계속하여 만성 방광염의 재발을 예방하기 위하여 주기적으로 관련 검사를 받게 하거나, 만성 방광염이 재발하는 경우 이를 치료하여야 함으로써 상당한 정신적 고통을 겪었다고 할 것이어서, 피고는 위와 같은 원고의 정신적 고통을 금전으로 위자할 의무가 있다고 할 것인데, 이 사건 반려견이 앓는 만성 방광염의 정도, 재발 가능성, 이 사건 반려견의 기대여명, 치료기간, 치료내역 및 피고의 과실 정도 등 이 사건 변론에 나타난 모든 사정을 참작하면, 그 위자료 액수는 2,000,000원으로 정함이 상당하므로, 피고는 원고에게 위자료로 2,000,000원을 지급할 의무가 있다고 할 것이다.

🐾 3. 위증으로 인한 손해배상청구에 대한 판단

가. 손해배상책임의 발생

(1) 형사사건에서 증인이 위증을 한 경우, 비록 그 형사사건의 피고인이 유죄판결

을 받지 않았다고 하더라도 증인의 허위진술로 유죄의 판결을 받을지도 모를 위험에 노출되었다면 위와 같은 허위진술로 인하여 피고인이 정신적 고통을 받았을 것임은 경험칙상 인정되므로, 허위진술을 한 증인은 위 정신적 손해를 배상할 의무가 있다고 할 것이다(대법원 1994. 2. 8. 선고 93다32439 판결 참조).

(2) 앞서 인정한 사실에 의하면, 피고는 2009. 5. 27. 원고에 대한 정보통신망 이용촉진 및 정보보호 등에 관한 법률 위반 사건의 공판정에 증인으로 출석하여 위증을 하였고, 이로 인하여 위증죄에 대하여 유죄의 확정판결을 받았는바, 위와 같은 피고의 허위의 진술로 인하여 원고는 '사실 적시로 인한 명예훼손죄'보다 형량이 더 무거운 '거짓 사실 적시로 인한 명예훼손죄'의 유죄판결을 받을지도 모를 위험에 노출되어(다만 앞서 인정한 바와 같이 검찰에서 '사실 적시로 인한 명예훼손죄'로 공소장을 변경함으로써 원고는 '사실 적시로 인한 명예훼손죄'로 유죄판결을 받았다), 상당한 정신적 고통을 겪었다고 할 것이므로, 피고는 위와 같은 원고의 정신적 고통을 금전으로 위자할 의무가 있다고 할 것이다.

나. 손해배상책임의 범위

나아가 피고가 배상하여야 할 위자료의 액수에 관하여 보건대, 원고와 피고 사이에 분쟁이 발생하게 된 원인, 경위, 분쟁의 전개과정 및 당초 피고는 원고가 허위의 사실을 적시하여 피고의 명예를 훼손하였다는 취지로 진정을 하였고, 이에 따라 원고는 '거짓 사실 적시로 인한 명예훼손죄'로 약식기소된 후, 원고가 적시한 사실이 허위인지 여부를 다투기 위하여 정식재판청구를 거쳐 제1심에서 장기간에 걸쳐 재판을 받아야 했고, 결국 '사실 적시에 의한 명예훼손죄'로 공소장이 변경된 점, 피고의 위증의 내용, 피고가 위증을 하게 된 경위, 원고에 대한 형사재판 결과 등 이 사건 변론에 나타난 모든 사정을 참작하면, 피고가 원고에게 배상하여야 할 위자료는 1,000,000원으로 정함이 상당하다.

4. 결론

그렇다면 피고는 의료상의 과실 및 위증의 불법행위로 인한 손해배상으로 원고에게 합계 8,296,652원[=의료상의 과실로 인한 손해배상금 7,296,652원(= 5,296,652원 + 2,000,000원) +위증으로 인한 손해배상금 1,000,000원]과 그 중 7,296,652원에 대하여는 피고의 의료상의 과실로 인한 불법행위일인 2008. 5.

8.부터, 1,000,000원에 대하여는 피고의 위증의 불법행위일인 2009. 5. 27.부터 각 피고가 그 이행의무의 존부 및 범위에 관하여 항쟁함이 상당하다고 인정되는 당심 판결 선고일인 2011. 9. 21.까지는 민법이 정한 연 5%, 그 다음 날부터 갚는 날까지는 소송촉진 등에 관한 특례법이 정한 연 20%의 각 비율로 계산한 지연손해금을 지급할 의무가 있다고 할 것이므로, 원고의 이 사건 청구는 위 인정 범위 내에서 이유 있어 이를 인용하고, 나머지 청구는 이유 없어 이를 기각하여야 할 것인바, 제1심판결은 이와 결론을 달리하여 부당하므로, 당심에서 확장된 원고의 청구를 일부 받아들여 제1심판결을 위와 같이 변경하기로 하여, 주문과 같이 판결한다.

부록 1-5   대법원 1988. 12. 13. 선고 85다카1491 판결

[판시사항]   의사가 환자에게 부담하는 진료채무의 법적성질

[판결요지]   의사가 환자에게 부담하는 진료채무는 질병의 치유와 같은 결과를 반드시 달성해야 할 결과채무가 아니라 환자의 치유를 위하여 선량한 관리자의 주의의무를 가지고 현재의 의학수준에 비추어 필요하고 적절한 진료조치를 다해야 할 책무 이른바 수단채무라고 보아야 하므로 진료의 결과를 가지고 바로 진료채무불이행사실을 추정할 수는 없으며 이러한 이치는 진료를 위한 검사행위에 있어서도 마찬가지다.

[판시사항]

[1] 구 정보통신망 이용촉진 및 정보보호 등에 관한 법률 제61조 제1항에 정한 '사실의 적시'의 의미 및 그 판단 방법

[2] 구 정보통신망 이용촉진 및 정보보호 등에 관한 법률 제61조 제1항에 정한 '사람을 비방할 목적'이 있는지 여부의 판단 방법 및 공공의 이익에 관한 것일 경우와의 관계

[3] 인터넷 포털 사이트의 지식검색 질문·답변 게시판에 성형시술 결과가 만족스럽지 못하다는 주관적인 평가를 주된 내용으로 하는 한 줄의 댓글을 게시한 사안에서, '사실을 적시'한 것은 맞지만 '비방할 목적'이 있었다고 보기 어렵다고 한 사례

[판결요지]

[1] 구 정보통신망 이용촉진 및 정보보호 등에 관한 법률(2007. 12. 21. 법률 제8778호로 개정되기 전의 것) 제61조 제1항에 정한 '사실의 적시'란 가치판단이나 평가를 내용으로 하는 의견표현에 대치되는 개념으로서 시간과 공간적으로 구체적인 과거 또는 현재의 사실관계에 관한 보고 내지 진술을 의미하는 것이며, 그 표현내용이 증거에 의한 입증이 가능한 것을 말하고, 판단할 진술이 사실인가 또는 의견인가를 구별하는 때에는 언어의 통상적 의미와 용법, 입증가능성, 문제된 말이 사용된 문맥, 그 표현이 행하여진 사회적 상황 등 전체적 정황을 고려하여 판단하여야 한다.

[2] 구 정보통신망 이용촉진 및 정보보호 등에 관한 법률(2007. 12. 21. 법률 제8778호로 개정되기 전의 것) 제61조 제1항에 정한 '사람을 비방할 목적'이란 가해의 의사 내지 목적을 요하는 것으로서, 사람을 비방할 목적이 있는지 여부는 당해 적시 사실의 내용과 성질, 당해 사실의 공표가 이루어진 상대방의 범위, 그 표현의 방법 등 그 표현 자체에 관한 제반 사정을 감안함과 동시에 그 표현에 의하여 훼손되거나 훼손될 수 있는 명예의 침해 정도 등을 비교, 고려하여 결정하여야 하는데, 공공의 이익을 위한 것과는 행위자의 주관적 의도의 방향에 있어 서로 상반되는 관계에 있으므로, 적시한 사실이 공공의 이익에 관한 것인 경우에는 특별한 사정이 없는 한 비방할 목적은 부인된다고 봄이 상당하고, 공공의 이익에 관한 것에는 널리 국가·

사회 기타 일반 다수인의 이익에 관한 것뿐만 아니라 특정한 사회집단이나 그 구성원 전체의 관심과 이익에 관한 것도 포함하는 것이고, 행위자의 주요한 동기 내지 목적이 공공의 이익을 위한 것이라면 부수적으로 다른 사익적 목적이나 동기가 내포되어 있더라도 비방할 목적이 있다고 보기는 어렵다.

[3] 인터넷 포털 사이트의 지식검색 질문·답변 게시판에 성형시술 결과가 만족스럽지 못하다는 주관적인 평가를 주된 내용으로 하는 한 줄의 댓글을 게시한 사안에서, 그 표현물은 전체적으로 보아 성형시술을 받을 것을 고려하고 있는 다수의 인터넷 사용자들의 의사결정에 도움이 되는 정보 및 의견의 제공이라는 공공의 이익에 관한 것이어서 비방할 목적이 있었다고 보기 어렵다고 한 사례

| 주문

원심판결 중 유죄 부분을 파기하고, 이 부분 사건을 서울중앙지방법원 합의부에 환송한다.

| 이유

상고이유를 본다.

🐾 1. 사실의 적시 여부에 관한 상고이유에 대하여

'구 정보통신망 이용촉진 및 정보보호 등에 관한 법률'(2007. 12. 21. 법률 제8778호로 개정되기 전의 것, 이하 '이 사건 법률'이라 한다.) 제61조 제1항 소정의 명예훼손죄의 구성요건요소인 '사실의 적시'란 가치판단이나 평가를 내용으로 하는 의견표현에 대치되는 개념으로서 시간과 공간적으로 구체적인 과거 또는 현재의 사실관계에 관한 보고 내지 진술을 의미하는 것이며, 그 표현내용이 증거에 의한 입증이 가능한 것을 말하고, 판단할 진술이 사실인가 또는 의견인가를 구별함에 있어서는 언어의 통상적 의미와 용법, 입증가능성, 문제된 말이 사용된 문맥, 그 표현이 행하여진 사회적 상황 등 전체적 정황을 고려하여 판단하여야 한다.

원심은 그 채택 증거를 종합하여, 피해자 공소외인이 운영하는 ○○성형외과에서 턱부위 고주파시술을 받았다가 그 결과에 불만을 품은 피고인이 인터넷 포털 사이트 지식검색 질문·답변 게시판에 2007. 5. 2. 10:22경 "아… 공소외인씨가 가슴

전문이라... 눈이랑 턱은 그렇게 망쳐놨구나... 몰랐네..."라는 글을, 같은 날 10:27 경 "내 눈은 지방제거를 잘못 했다고... 모양도 이상하다고 다른 병원에서 그러던 데... 인생 망쳤음... ㅠ.ㅠ"이라는 글을 각 게시한 사실을 인정한 다음, 위 각 표현 물이 '피고인이 피해자로부터 눈, 턱을 수술받았으나 수술 후 결과가 좋지 못하다', '피고인이 피해자 운영의 ○○성형외과에서 눈 수술을 받았으나 지방제거를 잘못하여 모양이 이상해졌고, 다른 병원에서도 모두 이를 인정한다'라는 취지의 피해자의 명예를 훼손할 만한 구체적인 사실을 적시한 것이라고 판단하였는바, 앞서 본 법리에 비추어 보면 위와 같은 원심의 판단은 정당한 것으로 받아들일 수 있고, 거기에 이 사건 법률 제61조 제1항 소정의 명예훼손죄의 구성요건요소인 '사실의 적시'에 관한 법리오해 등의 위법이 없다.

🐾 2. 비방의 목적 유무에 관한 상고이유에 대하여

이 사건 법률 제61조 제1항 소정의 '사람을 비방할 목적'이란 가해의 의사 내지 목적을 요하는 것으로서, 사람을 비방할 목적이 있는지 여부는 당해 적시 사실의 내용과 성질, 당해 사실의 공표가 이루어진 상대방의 범위, 그 표현의 방법 등 그 표현 자체에 관한 제반 사정을 감안함과 동시에 그 표현에 의하여 훼손되거나 훼손될 수 있는 명예의 침해 정도 등을 비교, 고려하여 결정하여야 한다. 한편 '사람을 비방할 목적'이란 가해의 의사 내지 목적을 요하는 것으로서 공공의 이익을 위한 것과는 행위자의 주관적 의도의 방향에 있어 서로 상반되는 관계에 있다고 할 것이므로, 적시한 사실이 공공의 이익에 관한 것인 경우에는 특별한 사정이 없는 한 비방할 목적은 부인된다고 봄이 상당하고, 공공의 이익에 관한 것에는 널리 국가ㆍ사회 기타 일반 다수인의 이익에 관한 것뿐만 아니라 특정한 사회집단이나 그 구성원 전체의 관심과 이익에 관한 것도 포함하는 것이며, 행위자의 주요한 동기 내지 목적이 공공의 이익을 위한 것이라면 부수적으로 다른 사익적 목적이나 동기가 내포되어 있더라도 비방할 목적이 있다고 보기는 어렵다.

원심은 위와 같은 적시 사실의 내용과 성질, 당해 공표가 이루어진 상대방의 범위, 그 표현의 방법 등 그 표현 자체에 관한 제반 사정을 감안함과 동시에 그 표현에 의하여 훼손될 수 있는 명예 침해의 정도 등을 비교ㆍ고려하고, 여기에 피고인이 수사기관 이래 일관되게 자신이 피해자로부터 눈, 턱의 성형수술을 받았으나 부작용이 발생하였음에도 피해자가 자신의 잘못을 인정하지 않아 반성하도록 하기 위해 위와 같은 글을 작성하였다고 진술하고 있는 점 등을 종합하여 보면, 피고인에게는 피해자를 비방할 목적이 있었다고 봄이 상당하다고 판단하였다.

그러나 위와 같은 원심의 판단은 다음과 같은 이유에서 그대로 수긍할 수 없다.

기록에 의하면, 위 각 표현물은 인터넷 사용자들이 질문을 올리면 이에 대해 답변하면서 질문사항에 의견과 정보를 공유하는 기능을 가진 인터넷 포털 사이트의 지식검색 질문·답변 게시판에 단 한 줄의 댓글 형태로 각 게시된 점, 그 동기에 대해 피고인은 제1심 및 원심 법정에서 피해자의 성형시술 결과에 불만을 품고 있던 중 인터넷에서 피해자의 성형시술능력에 대한 질문·답변을 보고 다른 피해사례를 막아야겠다는 생각에 자신의 경험과 의견을 다른 사람들과 공유하고자 위 각 표현물을 게시하였다고 진술하기도 한 점, 피고인은 피해자로부터 피고인의 글을 삭제해 달라는 요청을 받고 즉시 삭제한 점 등을 알 수 있는바, 이러한 점들과 원심이 인정한 사실관계를 위 법리에 비추어 보면, 위 각 표현물의 공표가 이루어진 상대방은 피해자의 성형시술능력에 관심을 가지고 이에 대해 검색하는 인터넷 사용자들에 한정되고 그렇지 않은 인터넷 사용자들에게 무분별하게 노출되는 것이라고 보기는 어려우며, 그 분량도 각 한 줄에 불과하고, 그 내용 또한 피고인의 입장에서는 피해자의 시술 결과가 만족스럽지 못하다는 주관적인 평가가 주된 부분을 차지하고 있으며, 성형시술을 제공받은 모든 자들이 그 결과에 만족할 수는 없는 것이므로 그러한 불만을 가진 자들이 존재한다는 사실에 의한 피해자의 명예훼손의 정도는 위와 같은 인터넷 이용자들의 자유로운 정보 및 의견 교환으로 인한 이익에 비해 더 크다고 보기는 어려우므로, 피해자의 입장에서는 어느 정도 그러한 불만을 가진 자들의 자유로운 의사의 표명을 수인하여야 할 것이라는 점을 고려해 볼 때, 위 각 표현물의 표현방법에 있어서도 인터넷 사용자들의 의사결정에 도움을 주는 범위를 벗어나 인신공격에 이르는 등 과도하게 피해자의 명예를 훼손한 것이라고 보기는 어렵다고 평가할 수 있어, 위 각 표현물은 전체적으로 보아 피해자로부터 성형시술을 받을 것을 고려하고 있는 다수의 인터넷 사용자들의 의사결정에 도움이 되는 정보 및 의견의 제공이라는 공공의 이익에 관한 것이라고 볼 수 있고, 이와 같이 피고인의 주요한 동기 내지 목적이 공공의 이익을 위한 것이라면 부수적으로 원심이 인정한 바와 같은 다른 목적이나 동기가 내포되어 있더라도 그러한 사정만으로 피고인에게 비방할 목적이 있었다고 보기는 어렵다고 할 것이다.

그럼에도 불구하고 원심이 그 판시와 같은 사정만을 들어 피고인에게 피해자를 비방할 목적이 있었다고 판단한 것은 이 사건 법률 제61조 제1항 소정의 명예훼손죄의 구성요건요소인 '사람을 비방할 목적'에 관한 법리를 오해하여 판결에 영향을 미친 위법이 있다고 할 것이다.

🐾 3. 결론

그러므로 나머지 상고이유의 주장에 대하여 판단할 필요 없이 원심판결 중 유죄부분을 파기하고, 이 부분 사건을 다시 심리 · 판단하도록 원심법원에 환송하기로 하여 관여 대법관의 일치된 의견으로 주문과 같이 판결한다.

부록 2
기타참조 판례

- 대구지방법원 2014. 2. 13. 선고 2013가소35765 판결
- 서울동부지법 2011. 9. 21. 선고 2009나558 판결
- 대법원 1998. 2. 27. 선고 97다38442 판결
- 대법원 1988. 12. 13. 선고 85다카1491 판결
- 헌법재판소 2012. 3. 29. 선고 2010헌바83 결정
- 대법원 2013. 4. 11. 선고 2010도1388 판결
- 대법원 1983. 3. 22. 선고 82다카1533 전원합의체 판결
- 대법원 1995. 1. 20. 선고 94다3421 판결
- 서울중앙지방법원 2019. 7. 26 선고 2018나64698 판결
- 울산지방법원 2020. 6. 24 선고 2019가소219840(본소), 2020가소201265(반소) 판결
- 서울동부지방법원 2011. 9. 21. 선고 2009나558 판결
- 서울지방법원 2002. 10. 10. 선고 2002나21720 판결
- 대법원 2004. 7. 22. 선고 2002다51586 판결
- 광주지방법원 2021. 12. 7. 선고 2020가소615990 판결
- 부산지방법원 동부지원 2008. 8. 28. 선고 2007가단19916 판결
- 춘천지방법원 2017. 12. 7. 선고 2017고정243 판결
- 대법원 2021. 5. 24. 선고 2010도5948 판결
- 대법원 2013. 6. 27. 선고 2013도4172 판결
- 대법원 1991. 6. 14. 선고 91도253 판결
- 부산지방법원 2008. 4. 16. 선고 2007가단82390 판결
- 대법원 1991. 4. 23. 선고 90다19695 판결
- 대법원 2021. 6. 3. 선고 2016다33202, 2016다33219(병합) 판결

저자 약력

박상진
(현) 건국대학교 경찰학과 교수 / 법학박사
건국대학교 기획조정처장, 공공인재대학 학장, 링크사업단 ICC장

이진홍
건국대학교 교수 / 법학박사 / 반려동물 법률상담센터장
건국대학교 스마트동물보건융합전공 · 반려동물생태전문인재양성전공 주임교수
(주)한국반려동물진흥원 대표
충청북도 반려견 기질평가위원회 위원
농림수산식품교육문화정보원 평가위원
충주시 동물보호센터 운영위원
「견생법률」, 「반려동물 법률상담사례집」, 「반려동물학개론」, 「반려동물 행동지도사」 집필

문효정
법률사무소 정인 대표변호사
건국대학교 · (주)한국반려동물진흥원 반려동물법률상담센터 자문변호사
한국동물법연구회 편집위원
한국엔터테인먼트법학회 이사
서울특별시 공익변호사
대한상사중재원 자문위원

서영현
서영현 법률사무소 대표변호사
한국의료분쟁조정중재원 조정위원
서울시 업무상질병판정위원회 판정위원
서울중앙지방법원 조정위원

김명섭

법무법인 디케이 파트너 변호사
건국대학교 · (주)한국반려동물진흥원 반려동물법률상담센터 자문변호사
건국대학교 최고경영자과정(AMP) 초빙교수
사단법인 스트리투홈 이사
서울 소방 민간 네트워크 자문위원

김범상

법무법인 디케이 대표 변호사
건국대학교 · (주)한국반려동물진흥원 반려동물법률상담센터 자문변호사
(유)이룸건설컨트럭션 고문변호사

나은지

법무법인 디케이 변호사
건국대학교 · ㈜한국반려동물진흥원 반려동물법률상담센터 자문변호사
대한변호사협회 법관평가특별위원회 위원
서울지방변호사회 법관평가특별위원회 간사
대법원, 서울중앙지방법원, 서울북부지방법원 국선변호인
법제처 어린이 법제관 자문변호사
서울시교육청 사학기관 전문가 자문단 자문위원

안소영

동물과 법 법률사무소 변호사
건국대학교 스마트동물보건융합전공 강사
건국대학교 · (주)한국반려동물진흥원 반려동물법률상담센터 자문변호사

* 법률 상담의 사례에 나오는 사진은 견종은 같으나, 실제 사진은 아님을 밝힙니다.

개정판
반려동물을 위한 91가지 법률상담 이야기

반려동물 법률상담사례집

초판발행 2021년 2월 19일
개정판발행 2024년 9월 20일

지은이 박상진·이진홍·문효정·서영현·김명섭·김범상·나은지·안소영
펴낸이 노 현

편 집 사윤지
기획/마케팅 김한유
표지디자인 이영경
제 작 고철민·김원표

펴낸곳 ㈜피와이메이트
서울특별시 금천구 가산디지털2로 53, 한라시그마밸리 210호(가산동)
등록 2014. 2. 12. 제2018-000080호

전 화 02)733-6771
f a x 02)736-4818
e-mail pys@pybook.co.kr
homepage www.pybook.co.kr
ISBN 979-11-6519-957-9   03490

정 가 28,000원

박영스토리는 박영사와 함께하는 브랜드입니다.